Jetzt helfe ich mir selbst

Start-Schwierigkeiten

Dieser Wegweiser soll Ihnen helfen, bei streikendem Motor den Fehler einzukreisen. In Frage kommen fast immer nur zwei Störungsursachen: Zünd- oder Kraftstoffanlage. Der aussichtsreichste Weg: Von beiden Gruppen die Anfangsfrage beantworten und falls diese bejaht werden können, mit dem Wegweiser für die Zündanlage beginnen. Entsprechend unserer Tabelle

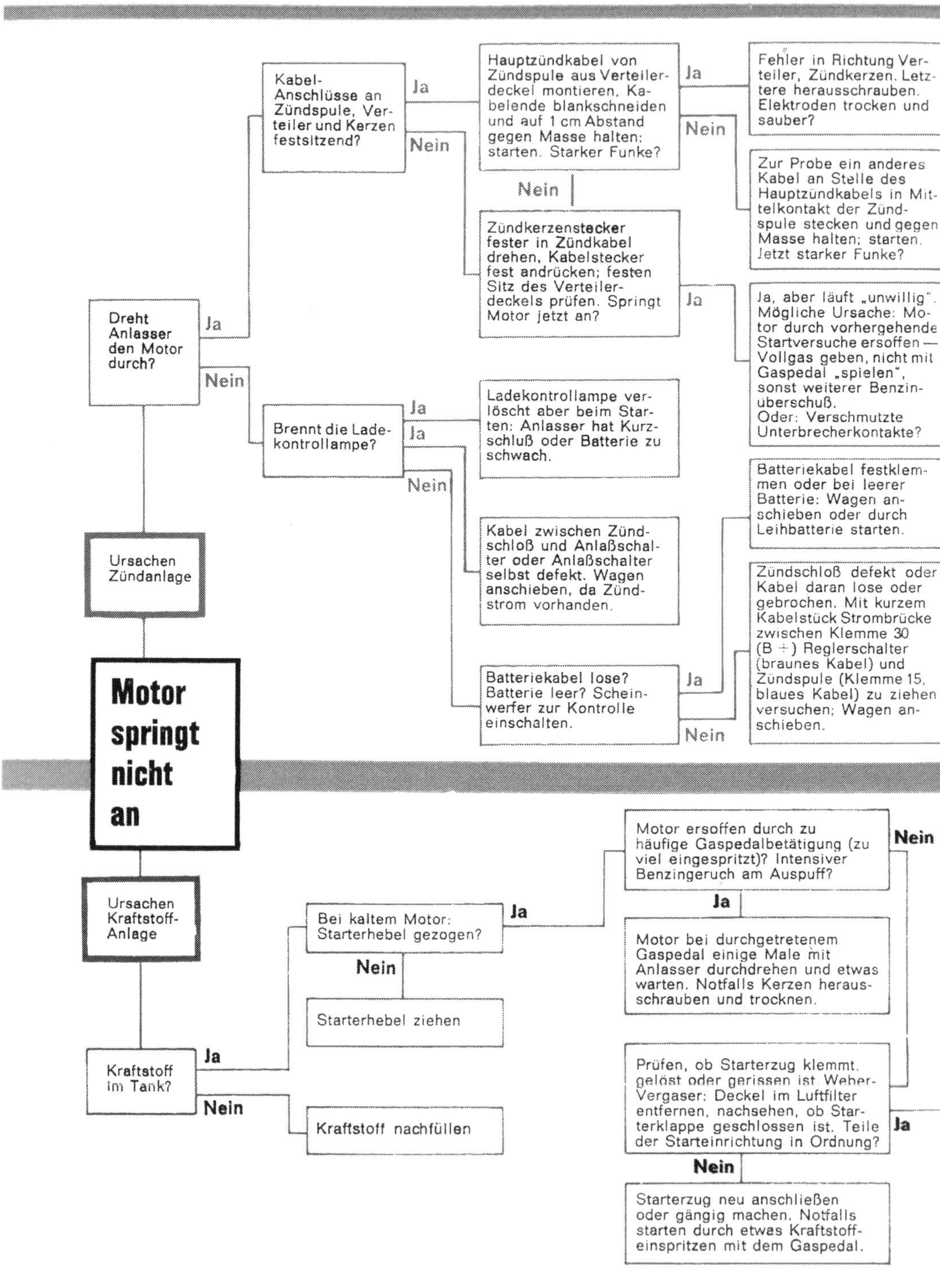

läßt sich der Motor auch bei Störungen, die **während** einer Fahrt auftreten, durchprüfen. Man beachte auch die näheren Ausführungen zu den einzelnen Punkten in den Kapiteln und die damit verbundenen speziellen Störungshilfen, die auf den rechts unten angegebenen Seiten zu finden sind. Dieses Schema gilt sinngemäß auch für die meisten anderen Automobilfabrikate.

Kerzenstecker auf herausgeschraubte Zündkerze stecken und diese auf Motorblock legen; mit Anlasser starten. Starker Funke an Elektrode?

Ja

Nein

Obgleich Zündanlage wahrscheinlich in Ordnung, möglichst neue Zündkerzen einsetzen (alte Kerzen können unter Druck versagen). Springt Motor nun an?

Ja

Nein

Falls jedoch öfters Anlaßschwierigkeiten, Motoreinstellung (Zündzeitpunkt, Vergasereinstellung) überprüfen lassen.

Fehler in der Kraftstoffanlage suchen.

Motor ersoffen durch zu starkes Betätigen der Beschleunigungspumpe: Starten mit konstant durchgetretenem Gaspedal. Kerzen trocknen, besser gegen trockene austauschen. Motor bei offenen Zündkerzenlöchern ohne Gasgeben mit Anlasser innen trocknen.

Statt Zündkerze Schraubenzieher oder Nagel in Zündkabelstecker drücken und gegen Masse halten; Anlasser betätigen. Funken zwischen Schraubenzieherklinge und Masse?

Ja

Nein

Zündkerzen defekt: austauschen.

Verteilerkappe innen naß (nach Motorwäsche) oder gebrochen (Kriechstrom zur Masse) oder Verteilerfinger bzw. Kontaktkohle in Verteilerkappe defekt.

Ja

Zu starker Funke: Kontakte blau angelaufen? Wahrscheinlich Kondensator defekt.

Hauptzündkabel austauschen.

Ja

Guter Funke: Motor jetzt mit Anlasser durchdrehen. Funken beim Abheben der Kontakte?

Ja

Nein

Unterbrecher in Ordnung, Fehler in der Zündspule (Sekundärwicklung).

Unterbrecherhebel hebt nicht ab oder hat lahme Feder oder Halteschraube sitzt nicht fest.

Fehler in Richtung Unterbrecher (Verteilerunterteil), Kondensator, Zündspule? Verteilerdeckel abnehmen. Wagen bei eingelegtem, höchstem Gang schieben, bis Unterbrecherkontakte geschlossen; Zündung einschalten, Unterbrecherhebel abheben (mit Schraubenzieher, Kugelschreiber). Funke zu sehen und zu hören?

Unterbrecherkontakte verschmort? Wenn ja, dann austauschen.

Nein

Nein

Zündspule (Primärwicklung) in Ordnung? Schwarzes Kabel von Klemme 1 (bzw. D) der Spule abziehen, statt dessen Prüflampe anklemmen und an Masse halten; Zündung einschalten: Leuchtet Prüflampe dauernd auf?

Ja

Nein

Kondensator oder schwarzes Kabel von Klemme 1 der Spule zum Unterbrecher hat Kurzschluß oder Kabel ist unterbrochen.

Zündspule (Primärwicklung) nicht in Ordnung oder blaues Kabel zwischen Zündschloß und Spule defekt.

…rd Vergaser mit Kraftstoff …rsorgt? 1. Prüfung: Deckel im …ftfilter abnehmen, Gasgestänge …tätigen. Wird Benzin (durch …schleunigungspumpe) eingespritzt? Beobachten und hören! … Prüfung: Hauptdüsenträger …kern (Bild in Kap. „Vergaser…schreibung"). Fließt Benzin …raus?

Vergaser wird mit Kraftstoff versorgt. Störungen im Vergaser: Schwimmer oder Schwimmernadelventil klemmt. Gegen Vergaser klopfen oder Vergaserdeckel abnehmen und Ventil gängig machen oder auswechseln.
Oder: Leerlaufdüse verstopft. Herausschrauben und reinigen.

… aber Motor springt nicht an

… Prüfung: Die von der Kraft…offpumpe zum Vergaser füh…nde Zuleitung am Vergaser …nehmen. Kurz Anlasser be…tigen. Läuft Benzin heraus? …orsichtig handhaben, Lappen …terlegen.)

Ja

Nein

Zulauf zum Vergaser gestört. Leitung vom Tank an Kraftstoffpumpe abnehmen. Läuft Benzin heraus?

Nein **Ja**

…ulauf vom Tank unterbrochen. … B. Tankentlüftung verstopft …alscher Verschlußdeckel) oder …ankauslauf verschmutzt.

Zulauf vom Tank bis vor Pumpe in Ordnung. Pumpe fördert nicht. Pumpe defekt (Membrane oder Ventile) oder Sieb in Pumpe verschmutzt.

Eingehende Störungstabellen finden Sie auf den Seiten

Dieter Korp

Fiat 600
Jagst
770 S

Jetzt helfe ich mir selbst

Unter Mitarbeit von
Albrecht G. Thaer

Motorbuch Verlag Stuttgart

ISBN 3 87943 049 7

Auflage Nr. 1 042 712
Umschlagentwurf und Buchgestaltung: Peter Werner / Siegfried Horn.
Titelbild: Albrecht G. Thaer.

Eine Abteilung der Paul Pietsch GmbH. & Co. KG.

Idee und Gestaltung des Störungsfahrplanes in der Buchklappe: Verfasser.
Fotos: Thaer 143; Korp 2; Zeichnungen: Horn 1; Blandow 1.
Werk-Fotos und -Zeichnungen: Fiat 16; Solex 2; Weber 2;
Veith-Pirelli 3; Dunlop 1; Metzeler 1; Conti 1; Holert 1; Semperit 1;
Den Schaltplan in der hinteren Buchklappe zeichnete
Siegfried Blandow nach Werksunterlagen.
Buchherstellung: SV-DRUCK, 7304 Ruit bei Stuttgart.
Klischees: Grafische Kunstanstalt Walter Huber, Ludwigsburg.
Buchbinderische Verarbeitung: Verlagsbuchbinderei Wilhelm Nething, Weilheim/Teck.
Printed in Germany.

Sie finden in diesem Buch

Pflege der Karosserie

DER PRAKTIKER-TEIL

Der Motor

Das Fahrwerk

Dies und jenes

Vorher gesagt

Bei keinem Automobil-Fabrikat ist man vor unvorhergesehenen Störungen sicher. Zum Beispiel kann bei Ihrem Wagen folgender Fall eintreten: Das Gaspedal wird leer durchgetreten — der Drahtzug zur Betätigung des Vergasers ist gerissen oder hat sich aus einer Klemmschraube gelöst. Man ist fern der Heimat auf einer Urlaubsreise, es ist Sonntag oder sonst einer der vielen Feiertage, jedenfalls ist die Werkstatt nicht oder nur über einen teuren Abschleppdienst erreichbar. Was also tun? *

Man sollte sich, weil kaum jemand zu viel Geld sein eigen nennt, aber auch aus Gründen der Verkehrssicherheit, soviel wie möglich selbst helfen können. Aber das ist nur eine Seite des Problems, das auf den Menschen zukommt, der ein Auto besitzt. Abgesehen von unvorhergesehenen und immer unwillkommenen Störungen und Pannen bescheren uns heutzutage schon die normalen Werkstattbesuche zwecks Inspektion Schwierigkeiten.

Die Kraftfahrzeugbetriebe können – das muß man ihnen zugestehen – weder mit ihrer technischen Leistungsfähigkeit noch mit ihrem Personalbestand Schritt mit der Motorisierungswelle halten. Um fast 1 Million wachsen die jährlichen Zulassungszahlen an! Dessen ungeachtet droht weitere Arbeitszeitverkürzung in den Werkstätten bei ansteigenden Arbeits- und Teilepreisen.

Dieses Handbuch soll dem Autofahrer – indirekt auch den Werkstätten – eine gewisse Entlastung bringen. Es ist freilich kein Reparaturleitfaden, sondern eine in Richtung Eigenhilfe, Störungsbehebung und Eigenpflege ganz erheblich erweiterte Betriebsanleitung. Das Buch kann aber auch jenem Autofahrer, der sich nicht praktisch betätigen kann oder möchte, das notwendige Wissen geben, um Werkstätten gegenüber etwas sachkundiger auftreten zu können. Auch das spielt eine Rolle.

Das vorliegende Handbuch berücksichtigt den Fiat 600, wie er seit 1955 mit verschiedenen, der allgemeinen Entwicklung entsprechenden Änderungen hergestellt und auch in Heilbronn als Fiat Jagst montiert und mit deutschen Teilen komplettiert wurde. Ab 1970 heißt dieses nun in Barcelona gebaute Auto 770 S.

Viele freundliche und hilfsbereite Leute haben bei der Arbeit an diesem Handbuch ihre Unterstützung nicht versagt. Vielen herzlichen Dank dafür!

Dipl.-Ing. Dieter Korp

* Man kann sich zunächst selbst helfen: Leerlauf-Einstellschraube am Vergaser-Drosselklappenhebel herausschrauben und kleine Feder entfernen (wo diese sitzt: siehe Kapitel „Vergaserbeschreibung"). Dann Schraube wieder einsetzen und ganz hineinschrauben. Dadurch wird Drosselklappe geöffnet und bleibt während der Fahrt in dieser Stellung. Das entspricht einer Motordrehzahl von rund 3000 U/min, was auch für das Befahren von Steigungen ausreichen dürfte. Beim Gangwechsel sinkt der Motor natürlich nicht auf Leerlaufdrehzahl zurück. Mit diesem Notbehelf kann man zu einer Werkstatt oder vielleicht schon nach Hause fahren.

Keineswegs handelt es sich hier um die Darstellung einer besonderen Freizeit-Wagenwäsche. Vielmehr nimmt der Beschauer an einem geradezu historischen Augenblick teil: Wir tauften unseren Jagst mit Wasser aus der Jagst, wo es am jagstigsten ist – an der Quelle dieses per Fiat weltweit bekannt gewordenen Bächleins. Nichtsdestoweniger ist dasselbe 202 km lang, was neben den 200 cm Radstand des den Heilbronner Werkshallen entsprungenen Jagst gar nicht wenig ist.
An ihren Ufern liegen die romantischen Städtchen des Hohenloher Landes und zahlreiche Schlösser grüßen von den Höhen. Auch lecken ihre Wellen am Fuße jener trutzigen Burg des weiland Ritter Götz von Berlichingen, wo selbiger mit eiserner Hand den literarisch anerkannten »schwäbischen Gruß« kaiserlichem Parlamentär entbot.
Sollten Sie Ihrem Jagst ein gleiches anzutun gedenken – nämlich, ihn mit frischem Jagst-Quellwasser zu taufen –, so müssen Sie im landschaftlich reizvollen Dreieck Aalen – Nördlingen – Dinkelsbühl nach dem Dörflein Walxheim suchen. Falls Sie mit einem Seemanns-Sextanten unterwegs sind, könnte Ihnen die Lagebezeichnung 10 Grad, 20 Minuten östlicher Länge und 28 Grad, 55 Minuten, 40 Sekunden nördlicher Breite weiter helfen. Dort entspringt auf einer wiesenbedeckten Hochebene, wo sanfte Schäflein gerne weiden, 518 Meter über dem Meer und 250 Meter westlich des Walxheimer Gasthauses »Zur Sonne« die Jagst und der Jagst hat es nicht leicht, über seltsamerweise nicht-gesperrte Feldwege – so fremdenverkehrsentfernt liegt dieser Platz – dorthin zu gelangen. Für Geographen eine Delikatesse, denn jenseits der Dorfstraße fließen alle Wasser nicht via Neckar gen Norden, sondern durch die Donau ins Schwarze Meer, was manchen Regentropfen vor äußerst schwierige Entscheidungen stellt.
Auch bietet sich Ausländern Gelegenheit, in die grammatikalischen Feinheiten deutscher Sprache tiefer einzudringen und sich darüber aufklären zu lassen, was jeweils unter der, die, des, den, dem Jagst zu verstehen ist. Doch wird man nach gehabter Reise bestätigen: Jagst und Jagst gesellt sich gern.

Erstens, zweitens, drittens

Sicherlich haben Sie schon die Seiten dieses Buches durchgeblättert. Oder nicht? Dann tun Sie's spätestens, wenn Sie dieses Kapitel zu Ende gelesen haben. Denn unser Buch will nicht von Seite 1 bis Seite 240 der Reihe nach durchgelesen werden wie ein Roman – Sie wüßten auf Seite 149, wenn Sie dort über Lackpflege lesen, sicher nicht mehr, wie das auf Seite 61 mit der Batterie war. In diesem Buch sollen Sie »naschen« (obgleich man es zur Kategorie der »Sachbücher« rechnen muß), wenn Ihnen dies oder jenes wissenswert erscheint, wenn Sie sich überlegen: »Wie ist das eigentlich an meinem Auto?«
Am besten liest sich dieses Buch, so meinen wir, wenn man in oder neben seinem Fiat 600, Jagst oder 770 S sitzt und mit nicht zu schmutzempfindlichen Bekleidungsstücken umhüllt ist, um jederzeit ohne Zögern unter oder in das Auto kriechen zu können, dabei Buch und eigenes Fahrzeug kritisch miteinander vergleichend.

Erste Pannenhilfe

Dazu noch ein gewichtiger Tip: Im Bücherschrank nimmt sich dieses Handbuch zweifellos recht schmuck aus. Was nützt es jedoch dort, wenn man sich unterwegs neben dem nicht-mehr-weiter-wollenden Auto die Haare rauft und sich nicht zu helfen weiß? Darum ist des Buches bester Platz im Ablagefach unter dem Armaturenbrett, immer griffbereit. Jeden Wagen trifft nämlich einmal unterwegs eine Panne, auch bei sorgfältigster und regelmäßiger Pflege. Deshalb nehmen in diesem Handbuch die Hinweise zur planmäßigen Störungssuche bei überraschenden Pannen (besonders wichtig: »Entstörungs-Fahrplan« in der vorderen Buchklappe) einen breiten Raum ein. Denn Hilflosigkeit unterwegs kommt meist teuer zu stehen. Ganz abgesehen von den Abschleppkosten, die schnell 30,– bis 50,– DM oder noch mehr betragen und die sich mit einem »Gewußt wie« so oft vermeiden lassen. Mit einiger Sachkenntnis läßt sich fast immer ein Weg finden, bis zur nächsten Werkstatt mit eigener Kraft zu rollen – wenn nicht gerade ein Unfall die weitere Fortbewegung hemmt. Oft liegt es nur an einem lockeren Kabel, an einem verschmorten Unterbrecherkontakt oder an Schmutz im Kraftstoffsystem, den es zu finden gilt.

Ein Hobby pflegen

Vielen Autofahrern ist ihr »fahrbarer Untersatz« mehr als nur eine tote Maschine zur Fortbewegung. Sie freuen sich am Anblick ihres Autos, fahren es mit Genuß und möchten es mit viel Sorgfalt pflegen und hegen, kurzum, sie sehen in ihm sozusagen ein vollwertiges Familienmitglied. Aber nicht selten

Obgleich die Sage geht, daß junge Autofahrerinnen unterwegs nicht lange auf Hilfe zu warten brauchen, ist auch für sie das Selber-wissen und Selber-können am Auto doch mehr wert als der noch so große Eifer auto-unkundiger Kavaliere. Und ganz zu Unrecht beschuldigt das Schlagwort »Selbst ist der Mann« indirekt die Frauen, sich nicht selbst helfen zu können. So liegt es ganz im Programm dieses Buches, auch Autofahrerinnen Mut zur Wartung ihres Wagens und zur Selbsthilfe bei Pannen zu machen. Wußten Sie übrigens, daß die Stärke einer Damen-Nagelfeile ziemlich genau dem vorgeschriebenen Zündkerzen-Elektrodenabstand entspricht? Der jungen Dame, die da so aufmerksam eine Zündkerze prüft, ist es offensichtlich geläufig.

geschieht es, daß ein so liebevoll umhegtes Auto in Wirklichkeit zu Tode gepflegt wird, denn das ist leicht möglich, wenn es an der rechten Sachkenntnis und der richtigen Wahl der Hilfsmittel mangelt. So hält sich dieses Buch auch für den Fall bereit, beim Auto-Pflege-Hobby ein getreulicher Berater zu sein. Diese Selbstpflege braucht sich keinesfalls auf das wochenendliche Autowaschen und die gelegentliche Lackpflege zu beschränken – vor allem hier ist allzuviel schnell ungesund –, denn bald werden Sie feststellen, daß sich viele der regelmäßigen technischen Wartungsarbeiten ohne große Mühe und ohne viel Aufwand selber machen lassen, darüber hinaus der Zuverlässigkeit des Wagens sehr zugute kommen und zum großen Teil jene Umständlichkeiten ersparen, die heutzutage zumeist mit dem Weg zur Werkstatt verbunden sind. Dort muß man sich in der Regel sehr zeitig vorher anmelden, einen Termin erfragen, seinen Wagen frühmorgens hinbringen, tagsüber ohne ihn auskommen und nach mehr oder weniger langer Wartezeit wieder abholen. Das ist ärgerlich, vor allem, wenn man bei zunehmender Erfahrung gelegentlich feststellt, daß der Wagen zur Wartung weggegeben wurde, nur weil ein »runder« Kilometerstand erreicht war, für den sich ein Blatt im Kundendienstheft fand, obwohl dem Wagen eigentlich gar nichts fehlte.

Erleichterungen sind möglich

Welche Pflege- und Wartungsarbeiten jeweils vom Werk vorgeschrieben sind, ist im Kapitel »Wartung, wann und wo« zu finden. Dazu muß man aber wissen, daß die von den Kraftfahrzeugherstellern festgelegten Wartungsintervalle nur Mittelwerte sein können, »Sicherheitsabstände« als Kompromiß aus der großen Zahl unterschiedlicher Beanspruchungen der Wagen »gleichen Namens«. Der eine fährt seinen 600 bzw. 770 S nur bei gutem Wetter oder am Wochenende, der andere muß immer und auf allen Sorten von Straßen fahren. Stadtfahrten oder Schleichfahrten auf der Autobahn beanspruchen besonders Kupplung, Getriebe und Batterie, während schnelle Fahrten auf »Landstraßen letzter Ordnung« vor allem Federn, Fahrwerk und Stoß-

dämpfer hart hernehmen. Solche unterschiedlichen Strapazen müssen verständlicherweise von einem Herstellerwerk sicherheitshalber alle in den pauschal aufgestellten Wartungsplänen berücksichtigt werden, obgleich die eine oder andere Beanspruchung diesem oder jenem Fahrzeug gar nicht oder nur sehr behutsam abgefordert wird.
Man kann also, mit sorgfältiger Überlegung, die Wartung seines Wagens den eigenen Fahrverhältnissen anpassen, ohne an dessen Verkehrssicherheit etwas zu versäumen. Man braucht sich demnach nicht ängstlich an die Abstände im Kundendienstheft oder der Betriebsanleitung zu halten. Geringfügige Überschreitungen spielen vor allem dann keine Rolle, wenn es sich nicht um besonders strapazierte Teile (als Folge einseitiger ungünstiger Fahrbedingungen) handelt.
Damit wir uns richtig verstehen: Es ist ja nicht so, daß wir uns hier mit einem schlechten und reparaturanfälligen Wagen befassen. Unsere Vorschläge basieren auf dem guten Gebrauchsnutzen eines Fiat und auf eigenen Erfahrungen.

Gezielte Inspektionsarbeiten

Es gibt also nicht wenige durchaus gewissenhafte Autobesitzer, die sich zwar während der Garantiezeit genau an die Werksempfehlungen halten (um etwaiger Garantieansprüche nicht verlustig zu gehen), danach aber alles, was sie sich an Wartungsarbeiten zutrauen, in unterhaltsamen Hobbystunden regelmäßig selbst erledigen und nur noch aus zwei Gründen die Werkstatt aufsuchen: Wenn tatsächlich Störungen oder Schäden die Hilfe des Fachmannes erfordern, oder wenn wichtige Wartungsarbeiten notwendig erscheinen, die entsprechendes Wissen, Geschick und spezielle Werkstatthilfsmittel erfordern, wie die Kontrolle von

- Lenkungsspiel
- Bremsenzustand
- Radlager
- Zündzeitpunkt
- Ventilspiel
- Vorderrad-Einstellung

Das sind gewissermaßen jene Wartungsarbeiten, die bei der Selbstpflege-Wartung »übrig« bleiben können, natürlich nicht versäumt werden dürfen und wesentlich schneller und preiswerter als ein kompletter Wartungsdienst von der Werkstatt erledigt werden. Denn solche nur geringe Zeit in Anspruch nehmende Wartungsarbeiten lassen sich oft zwischen die umfangreichen Inspektions- und Reparaturarbeiten an anderen Wagen einschieben. Das spart Zeit und schont die Finanzen.

Verstärkte Eigenkontrolle

Diese Art, dem Werkstattengpaß auszuweichen, bedingt natürlich für den gewissenhaften Fahrer ein bestimmtes Maß an Eigenkontrolle. Dazu wären vor allem jene Kontrollen zu nennen, die sowieso nicht nur bei jedem offiziellen Wartungsdienst, sondern in wesentlich kürzeren Zeitabständen vorgenommen werden müssen:

- Beleuchtung
- Batteriesäurestand
- Bremsflüssigkeitsstand
- Kühlflüssigkeitsstand
- Motorölstand
- Reifenluftdruck und -zustand
- Leerlaufeinstellung
- Wirkung der Bremsen

Als Gedächtnisstütze klebt man sich am besten ein Kärtchen mit diesen Punkten in eine Ecke der Windschutzscheibe oder befestigt es – noch besser – am Armaturenbrett. Wer sich regelmäßig die dafür notwendigen Minuten Zeit nimmt, erreicht eine verstärkte, vorbeugende Wartung, die den Wagen weitgehend vor Störungen und Schäden bewahrt.

Der Spezialist machts möglich

Bei Störungen und Schäden an seinem Fahrzeug fühlt man sich als Fiat-Besitzer natürlich zu den Fiat-Werkstätten hingezogen und ist damit im Prinzip auch gar nicht schlecht dran. Zumal, wenn Sie das Anschriften-Verzeichnis der Fiat-Vertragswerkstätten bei sich im Wagen haben, werden Sie auch unterwegs in der Regel zuerst das vertraute Firmenschild ansteuern. Aber die nächste Fiat-Werkstätte kann überlastet oder zu weit entfernt sein. Was tun? In vielen Fällen kann dann der Weg zum Spezialisten nützlich sein. Einer Karosserie- oder Reifenwerkstatt, einer Autolackiererei oder Autopolsterei ist es einerlei, welches Markenzeichen der Wagen trägt. Auf ihrem Spezialgebiet ist sie mit jedem Wagen vertraut. Dort lassen sich auch leichter spezielle Wünsche erfüllen und erfahrungsgemäß sind diese Spezialwerkstätten nicht so überlastet wie die Werksvertretungen der verschiedenen Automarken. Anschriften dieser Spezialwerkstätten, zu denen natürlich auch Reifendienste und Elektrowerkstätten zählen, finden sich im Telefonbuch.

Gewissermaßen beim Spezialisten ist man auch bei den Vertragswerkstätten jener Firmen, die Fiat mit ihren Erzeugnissen beliefern. Bei ihnen kommt es manchmal zu jenem aufklärenden und interessanten Fachgespräch, das man von einem noch so guten Kraftfahrzeugmeister gar nicht erwarten kann. Hier wären besonders zu nennen:

■ Die Bosch-Vertretungen für alle Fragen der Autoelektrik. Man beschränkt sich in den Bosch-Werkstätten keineswegs auf Zündkerzen und Scheinwerferlampen, sondern unterhält teil- und vollelektronische Testgeräte, die u. a. auch zur Prüfung der Unterdruckverstellung des Zündverteilers, für die richtige Zündeinstellung, Vergasereinstellung und weitere Messungen geeignet sind. Wenn man dort neue Teile kauft, erfolgt der Einbau und die richtige Regulierung in vielen Fällen kostenlos. Es gibt ein Verzeichnis aller Bosch-Dienste im In- und Ausland, aber unterwegs gibt auch das Telefonbuch Auskunft.

■ Die Solex-Vertretungen sind für alle Probleme des Vergasers und der Kraftstoffpumpe zuständig, wenn Ihr Wagen einen Solex- und keinen Weber-Vergaser hat. Die Adressen der Solex-Dienste sind von der Deutschen Vergaser-Gesellschaft mbH, 404 Neuß am Rhein, Leuschstraße 1, zu haben.

Auch Tankstellen können helfen

Suchen Sie sich eine gut geführte Stammtankstelle. Besonders an den Tankstellen jener Marken, die hierzulande keine große Bedeutung gewonnen haben, deren Kraft- und Schmierstoffe jenen der »großen Marken« aber durchaus ebenbürtig sind, findet sich oftmals ungenutzte Pflegekapazität und Zeit für den Kunden. Den geringeren Zuspruch der Autofahrer suchen diese Tankstellenhalter durch besonders höfliche, schnelle und gute Bedienung auszugleichen. An solch einer Tankstelle ist man gut aufgehoben, denn ihre technische Ausstattung bietet mehr als nur Benzin für den Tank. Dort finden sich durchweg alle Geräte zum Abschmieren, zum Ölwechsel, zur Reifenpflege und Batteriepflege. Und noch ein Vorteil: Der persönliche Kontakt ist an Tankstellen immer gegeben. Man kann bei seinem Wagen bleiben und zuschauen, was gemacht wird. Das ist sonst nur selten möglich.

»Hohe Schule« der Selbsthilfe

Der erfahrene Autopraktiker – es gibt viele auch in anderen Berufen außerhalb des Kraftfahrzeughandwerks – kann sich natürlich noch mehr selbst helfen. Allerdings muß dazu sein Werkzeugschrank schon recht gut ausgestattet sein. Der zweite Teil dieses Buches, der »Praktiker-Teil«, ist auf diese »Hohe Schule« der Eigenhilfe abgestimmt, wobei nicht verschwiegen wird,

was Sache der Werkstatt bleiben muß. Wir denken dabei in erster Linie an Bremsanlage und Lenkung, also an Teile, die für die Verkehrssicherheit des Fahrzeuges in erster Linie verantwortlich sind.
Wer nun Freude daran findet, sich aufmerksam mit seinem Wagen zu befassen, oder auch nur wissen will, was der Mann in der Werkstatt mit seinem Fahrzeug macht, wird im zweiten Teil dieses Handbuches die theoretischen und praktischen Kenntnisse der Fiat-Intimitäten vertiefen können. Diese Wissensvertiefung sollte nicht unterschätzt werden. Auch wenn zu Anfang der Kraftfahrzeugmeister etwas gequält das Gesicht verzieht, falls Sie Ihr neues Wissen anzubringen versuchen, mit der Zeit werden Sie schon bei der Reparaturannahme Ihre Sorgen und Wünsche präziser vorbringen können. Andererseits lernt man auch Fachausdrücke der Werkstattsprache auf den Rechnungen verstehen und kann den dahinter stehenden Betrag ins rechte Verhältnis zur Arbeit bringen. Für Autofahrer, die lieber unter berufener Anleitung selbst Hand anlegen möchten, gibt es in einigen Großstädten auch Autohobby-Mietwerkstätten. In diesen kann man Eigenhilfe durch zur Verfügung stehendes Werkzeug und praktische Ratschläge des Personals wirkungsvoller gestalten.

Sparen helfen

»Erst unter dem Strich wird zusammengezählt«, sagt man. So auch in diesem Kapitel. Und darum steht an letzter Stelle desselben, jedoch keineswegs an letzter Stelle in der Wichtigkeit, das Bestreben dieses Handbuches, Ihnen sparen zu helfen. Denn mit dem Autokauf ist das Geldausgeben ja keineswegs beendet. Das gute Stück will auch betrieben werden. Dies kostet nicht nur Benzin, Öl, Steuer, Versicherung und eventuell Garage. Das kostet auch Wartung, Reparaturen und Reifenabnutzung. Ganz abgesehen von der Wertminderung, die Ihr Fiat bei jedem Kilometer und an jedem Tag erleidet. Kann man daran etwas sparen? Auf keinen Fall an der Steuer. Auch nicht an der Versicherung; eher legt man bei ihr noch einige Mark hinzu, um höher haftpflichtversichert, kaskoversichert oder auch noch insassenversichert zu sein. Also hier ist nichts zu holen, abgesehen von den Schadensfreiheitsrabatten, die man sich bei der Versicherung durch schadenfreies Fahren während mehrerer Jahre erringt.
An Kraftstoff und Öl können Sie aber bereits sparen. Darüber geben verschiedene Kapitel des Buches Auskunft. Und auf die vielen Möglichkeiten, durch richtige Wartung und Pflege zur Werterhaltung des Wagens beizutragen, sowie die Wartungskosten durch Selbsthilfe zu senken, haben wir bereits ausführlich hingewiesen. Da ist es unser ganzer Stolz, daß Sie bei weniger als zwei ersparten Werkstattstunden – mit Hilfe dieses Handbuches durch Selbsthilfe erspart – bereits den Kaufpreis dieses Buches »herausgewirtschaftet« haben. Fürwahr, so kann man sagen: Guter Rat ist gar nicht teuer.
Darüber hinaus sind nahezu alle Kapitel mit Preisangaben gespickt, um Ihnen einen Anhaltspunkt zu geben, was dieses und jenes Werkzeug, Ersatzteil oder Zubehör, diese oder jene Reparatur kosten kann, damit Sie einen ungefähren Überblick haben, wie hart bei Erfüllung Ihrer Wünsche oder bei unumgänglichen Instandsetzungen Ihr Geldbeutel hergenommen werden wird.
Sollten Sie aber nun noch dies und jenes in unserem Handbuch vermissen, was Ihnen als Heimwerker wissenswert erscheint, dann seien Sie bitte nicht gleich ungehalten. Wollte man alles berücksichtigen, was an einem Auto zu tun ist, müßte dieses Buch viermal so umfangreich werden. Sie wollen aber auch noch andere Dinge im Ablagefach Ihres Wagens unterbringen und ihn nicht von einem dicken Werkstattwälzer blockieren lassen. Alsdann – –

Private Probefahrt

Vorbeugen ist besser als heilen. Es kann deshalb nichts schaden, wenn Sie ab und zu eine Fahrt auf einer Ihnen bekannten Strecke für die aufmerksame Beobachtung des eigenen Fahrzeuges verwenden. Das ist gewissermaßen eine private Probefahrt. Die Werkstatt hat ohnehin nur selten die Zeit, eine solche Probefahrt bei einer fälligen Inspektion auf die erforderliche Länge bzw. Zeit auszudehnen.

Durch aufmerksames Hinhören und Hinsehen können Sie vielleicht zu mancher auffallend notwendigen Pflegearbeit angeregt werden, bevor ein Werkstattbesuch wegen einer Störung fällig ist. Freilich sollte man auch nicht ins andere Extrem verfallen und in ständiger Angst vor Reparaturen und Pannen leben. Nicht jedes ungewöhnliche Geräusch deutet einen Schaden an. Eine klappernde Tür z. B. kann die Freude am Auto nehmen, sie beeinträchtigt aber nicht die Fahrsicherheit.

Werkzeug ist dazu noch nicht notwendig. Sie brauchten nur einen Bogen Packpapier im Wagen. Darauf können Sie sich unterwegs knien oder legen, um Ihren Wagen unterwärts zu betrachten, ohne daß Ihre Kleidung Schaden leidet.

Prüfen im Stand

Vor dem Einsteigen gelegentlich um den Wagen gehen. Bei Tage:

- Neue Kratzer?
- Beulen?
- Rostansatz?
- Reifenzustand?

Bei Dunkelheit verdient die Beleuchtung einen prüfenden Blick:

- Standlicht?
- Abblendlicht?
- Fernlicht?
- Scheinwerfer verschmutzt?
- Bremslichter?
- Rückleuchten?

Beim Motor sollte man achten auf:

- Ölstand?
- Vergaser benzinfeucht?
- Ölspuren?
- Auspuffschrauben fest?
- Starke Ventilgeräusche?
- Genügend Kühlwasser?

Wagenstandplatz ansehen: Neue Ölflecken? Wenn ja, woher? (Jedoch treten Ölverluste in erster Linie beim Fahren auf, weil dann das Öl dünner ist.)

Aufschlußreich kann das Betrachten der Wagenunterseite sein, etwa auf einer Hebebühne (beim Abschmieren oder Ölwechsel) einer Tankstelle:

- Rostansatz am Unterboden?
- Bremsschläuche feucht?
- Stoßdämpfer feucht?
- Schwergängige Räder?
- Ölfeuchtigkeit unten am Motor?
- Radlager mit zu großem Spiel?
- Auspufftopf beschädigt?

Prüfen der elektrischen Anlage:

- Batteriepole verschmutzt?
- Säurestand ungenügend?
- Brennen die Kontrolleuchten?
- Tönt die Hupe?

Ganz ohne Werkzeug können Sie sich bei nächtlichen Autofahrten bessere Sicht auf die Fahrbahn verschaffen: durch Säuberung der verschmutzten Scheinwerfergläser. Das ist noch wichtiger als das Reinigen der Windschutzscheibe, denn dort hilft notfalls der Scheibenwischer. Durch Spritzwasser getrübte Scheinwerfergläser nehmen jedoch schnell die Hälfte der Scheinwerfer-Leuchtkraft weg.

Prüfen während der Fahrt

Pflegearbeit Nr. 36

Was die Reihenfolge der Kontrollen betrifft, so hält man sich am besten an dieses Schema: Bremsen – Lenkung – Motor – Kupplung – Getriebe:

- Bremsen Sie (zunächst vorsichtig auf leerer, ebener und nicht gewölbter Straße) mit losgelassenem Lenkrad: Zieht der Wagen einseitig? Lenkung kurz anreißen und dann loslassen: Kommt der Wagen ohne Mithilfe der Hände in die Geradeausspur zurück? Stellt sich die Lenkung nach Kurven ohne Handbewegung zurück? Läßt sich das Lenkrad leicht drehen? Rollt der Wagen leicht bei abgestelltem Motor weiter (sonst zu schwergängige Räder)?
- Läuft der Motor im Leerlauf leise und gleichmäßig? Auch nach längerer Fahrt? Sauberer Übergang und ruckfreies Beschleunigen beim Gasgeben? Gaswegnehmen bei höherem Tempo: Unübliche Geräusche von Motor, Getriebe, Auspuff? Patschen des Vergasers? Weitere Prüfungen: Trennt die Kupplung ganz oder rutscht sie durch? Arbeitet die Synchronisation im Getriebe einwandfrei und geräuschlos?
- Nach scharfer Fahrt anhalten und sofort die Zündung ausschalten: Läuft der Motor weiter (»Nachdieseln«)? Springt der Motor in heißem Zustand leicht wieder an?

Es ist ein Unterschied, ob man gelegentlich auf solche Dinge bewußt achtet oder alles nur routinemäßig ausführt. Die Gewöhnung gleicht nämlich vieles aus und man sieht im Laufe der Zeit leicht über Mängel hinweg. Zu jedem dieser Punkte wird in diesem Buch noch Erläuterndes gesagt.

Benzinverbrauch messen

Zu hoher Verbrauch deutet auf Abweichungen vom Normalzustand hin, wenn Fahrweise, Belastung, Verkehrsdichte und Witterung ungefähr gleichgeblieben sind. Deshalb lohnt es sich, gelegentlich oder regelmäßig den Verbrauch zu messen. Ein genau geführtes Fahrtenbuch erleichtert die Feststellung eines wöchentlichen oder monatlichen Durchschnittswertes.

Norm- und Straßenverbrauch

Der in den Prospekten angegebene Normverbrauch (beim Fiat 600 mit 23- oder 25-PS-Motor sind das jeweils 5,8 Liter Normalbenzin auf 100 km) ist kein Praxiswert, sondern nur ein genormter Vergleichsfaktor zu anderen Autos. Der Normverbrauch wird nach DIN 70 030 unter besonders günstigen Bedingungen ermittelt: mit halber Nutzlast (= 160 kg) und gleichbleibend ¾ der Höchstgeschwindigkeit auf ebener Straße mit vorgeschriebenem Reifendruck, dazu kommt ein Zuschlag von 10 %. Den Normverbrauch wird man zwar bei sparsamer Fahrt erreichen können, aber der durchschnittliche Verbrauch liegt immer höher.

Für die 600- und 770 S-Typen mit 767 ccm Hubraum liegt der Straßenverbrauch zwischen 6,0 und 8,5 Liter Normalbenzin auf 100 km. Die Grenzwerte schließen dabei gemütliche Überlandfahrt und Kurzstrecken- bzw. Stadtverkehr oder Autobahn-Dauervollgas ein. Ältere Fiat 600 mit 633 ccm Hubraum brauchen etwa 0,5 Liter weniger. Der Jahresdurchschnitt dürfte bei 6,5–7,0 Liter liegen. Es gilt also die Faustformel, daß der Verbrauch rund 1% des Wagengewichts in Litern beträgt. Der vollbesetzte Wagen wiegt zwischen 900 und 925 kg, mit dem Fahrer allein sind es 675–700 kg.

Zwei Möglichkeiten können für das Messen des Benzinverbrauches benützt werden: 1. stets volltanken; 2. in regelmäßigen Abständen volltanken.

Stets volltanken

Dabei wird der Tank immer gleichvoll (bis knapp unter den Rand des Einfüllstutzens) aufgetankt. Überschüssiges Benzin fließt durch die Tankentlüftung ab (ergibt ungenaue Messung). Kilometerstand (am besten auf Tankquittung) notieren und mit dem letzen Tanken vergleichen. Beispiel: 22,6 Liter getankt, letzter km-Stand 19 129, jetzt 19 447 km, Differenz 318 km. Durch Teilen der Literzahl mit der gefahrenen Strecke erhält man den Verbrauch. Also 22,6 : 318 = 0,071 auf 1 km oder 7,1 Liter auf 100 km. Mit dieser Methode kann man die Durstprüfung für jede beliebige Strecke ausführen, wenn der Wagen an der Tankstelle eben steht und richtig vollgefüllt wird.

In gleichen Abständen volltanken

Volltanken und dann alle 100 oder 200 km auffüllen lassen. Ein Vergleich der Literzahl mit dem letzten Mal ergibt ohne Rechenarbeit Mehr- oder Minderverbrauch.

Zu hoher Verbrauch

Der heutige, dichte Verkehr läßt es – zumal im Stadtgebiet – meist nicht mehr zu, ausgesprochen sparsam zu fahren. Lassen Sie sich nicht durch den angeblich sagenhaft niedrigen Verbrauch anderer Fiat 600-Fahrer beeinflussen. Diese Angaben beruhen nur selten auf gemessenen Tatsachen. Man sollte aber nicht kleinlich sein. Besser einen halben Liter Mehrverbrauch als ein rollendes Verkehrshindernis! Mit einem schwächeren Wagen wie dem Fiat 600/770 S muß man ohnehin öfters als in einem stärkeren die volle Motorleistung ausnützen, um im Verkehr mithalten zu können. Außerdem: Motoren, die ständig niedrigtourig und lahm gefahren werden, erreichen auf kurzen Strecken kaum die günstige Betriebstemperatur und unterliegen deshalb – trotz scheinbar schonender Fahrweise – einem höheren Verschleiß. Gerade die Fiat-Motoren sind für zügige Fahrweise geschaffen. Doch gibt über die Höhe des Verbrauchs meistens der Fahrer den Ausschlag!

Fahrerursachen

■ Gänge werden beim Beschleunigen zu scharf ausgefahren. Der günstige Verbrauch liegt im Bereich der höchsten Durchzugskraft (= größtes Drehmoment bei bester Zylinderfüllung), also zwischen 2500 und 3500 U/min beim 767-ccm-Motor. Das entspricht folgenden Geschwindigkeiten:

im 1. Gang zwischen 14 und 19 km/h im 3. Gang zwischen 35 und 48 km/h
im 2. Gang zwischen 22 und 31 km/h im 4. Gang zwischen 52 und 72 km/h

■ Unruhiger Gasfuß. Die Beschleunigungspumpe im Vergaser spritzt bei jedem Gasgeben (»Pedal-Pumpen«) bis zu einem Fingerhut voll Benzin zusätzlich ein.

Ungünstige Fahrbedingungen

■ Hauptsächlich Stadtverkehr: der Motor dreht zuviel im Leerlauf, wird nicht richtig warm, Benzin vergast schlecht. Besonders ungünstig, aber oft nicht zu vermeiden: vieles Beschleunigen treibt den Verbrauch in die Höhe.
■ Niedrige Außentemperaturen kühlen den Motor stark ab, er wird dann erst nach längerer Fahrt mit zügigem Tempo richtig warm, oftmals im Winter gar nicht, das Getriebeöl bleibt länger steif (höherer Widerstand).
■ Viele Kurven und Gebirgsstrecken führen zu Mehrverbrauch.
■ Schnee, Matsch oder M+S-Reifen erhöhen den Rollwiderstand.

Wagenursachen

■ Hohe Belastung kostet mehr Verbrauch. Man kann sagen: 100 kg Zuladung erfordert etwa 0,5–1,0 Liter auf 100 km mehr.
■ Zu niedriger Reifendruck erhöht den Rollwiderstand.
■ Schwergängige Räder: zu knappes Radlagerspiel, schleifende Bremsbacken.
■ Radeinstellung (Vorspur) stimmt nicht.
■ Viel Dreck oder Eis am Wagen erhöhen unnötig das Wagengewicht.
■ Wagen in Sonne geparkt. Benzin verdunstet über Tankentlüftung.

Motorursachen

■ Manche Motoren brauchen unter ungünstigen Bedingungen 8000 bis 10 000 km, bis der Wagen richtig »frei« ist und die günstigen Leistungs- und Verbrauchswerte erreicht.
■ Großserienmotoren streuen in der Leistung und im Verbrauch um 5 % nach oben und unten.
■ Verschmutztes Luftfilter: es behindert das Ansaugen der Luft.
■ Zündung: verbrauchte oder locker sitzende Kerzen, verbrannte Unterbrecherkontakte, verstellter Zündzeitpunkt. Näheres im Kapitel »Zündanlage«.
■ Störungen am Vergaser, siehe betreffendes Kapitel.
■ Falsch eingestellte oder defekte Kraftstoffpumpe, siehe betreffendes Kapitel.
■ Starker Motorverschleiß: z. B. nicht mehr völlig dicht schließende Ventile, ausgeschlagene Ventilführungen, mangelnde Kompression, klebende oder abgenutzte Kolbenringe, verschlissene Kolben und Zylinder, Ablagerungen im Verbrennungsraum.

Die Höchstgeschwindigkeit

Obwohl sie in der Praxis nur selten erreicht wird, spielt die Höchstgeschwindigkeit bei Autofahrergesprächen eine wichtige Rolle. Doch sollte man hier Angaben, die lediglich auf dem Tachometer beruhen, mit Vorsicht genießen. Das optimistische Tachometer schwindelt immer einige Prozente dazu. Der Gesetzgeber erlaubt dies sogar: In den oberen beiden Dritteln des Anzeigebereiches darf das Tachometer bis zu + 7 % zuviel anzeigen. 110 km/h auf dem Tacho sind also in der Regel nur 102 km/h.
Sie können die Voreilung auf einer ebenen, mäßig befahrenen Autobahnstrecke nachprüfen. Voraussetzungen: Beifahrer(in) mit Stoppuhr, notfalls Armbanduhr mit Sekundenzeiger. Bei Vollgas die Zeit für einen Kilometer messen lassen. Die Tachonadel darf dabei während der Messung nicht mehr ansteigen, was einen kilometerlangen Anlauf bedingt (Fenster und evtl. Schiebedach schließen). Die Geschwindigkeit in Kilometer pro Stunde (3600 Sekunden) ergibt sich, wenn Sie 3600 durch die gestoppte Zeit (in Sekunden) dividieren.
Übrigens läßt sich ähnlich auch das Tacho eichen: 3600 geteilt durch die zwischen zwei km-Markierungen auf der Autobahn gestoppte Zeit, während man genau nach Tacho ein bestimmtes Tempo fuhr. Beispiel: 3600 : 38 sec = 95 km/h (Tacho zeigte 100 km/h!).

Zum Hand anlegen

In sozusagen grauer Vorzeit, wenn der Automobilist unterwegs von einer Panne betroffen wurde – und das war dazumalen gar nicht selten –, entstieg derselbe seinem Fahrzeug und öffnete eine fest auf das Trittbrett montierte große Werkzeugkiste, woselbst sich die Grundausstattung einer kleinen Dorfschmiede vorfand. Jene Zeiten sind längst vorbei. Pannen sind selten geworden und weil die heutigen Autofahrer zumeist sowieso bezüglich Werkzeug zwei linke Daumen haben, wurde das seinerzeit so stattliche Bordwerkzeug immer unansehnlicher und kümmerlicher und es gibt sogar schon Fahrzeuge – nicht von Fiat! –, die lediglich einen armseligen Schraubenzieher – welch ein Aufwand! – mit auf den Lebensweg bekommen.
Da kann man nur feststellen, daß das Bordwerkzeug der Fiat-Wagen immerhin noch recht vernünftig zusammengestellt ist und die beiden Schraubenschlüssel tatsächlich die am meisten vorkommenden Schraubengrößen repräsentieren. Dem kommt die Fiat-Bestrebung entgegen, die am Fahrzeug vorkommenden Schrauben und Muttern auf einige wenige Normgrößen zu konzentrieren. Trotzdem werden Sie sich alsbald recht verlassen vorkommen, wenn Sie sich bei Ihren Selbstpflege-Bemühungen und Pannenhilfen auf das vorhandene Bordwerkzeug verlassen wollen.

Empfehlenswerte Grundausrüstung

Wenn Sie sich selbst um Ihren Fiat 600, Jagst oder Fiat 770 S kümmern wollen, werden also Ihre Gedanken bald in Richtung Werkzeugkauf gehen. Unbedingt sollte die Qualität dieser Neuerwerbungen besser sein als die des Bordwerkzeuges. Denn nur mit wirklich gutem Werkzeug läßt sich leicht und zuverlässig arbeiten. Ein Werkmeister kann auch zur Not mit schlechtem Werkzeug hantieren – er weiß sich zu helfen. Aber ein Heimwerker, der

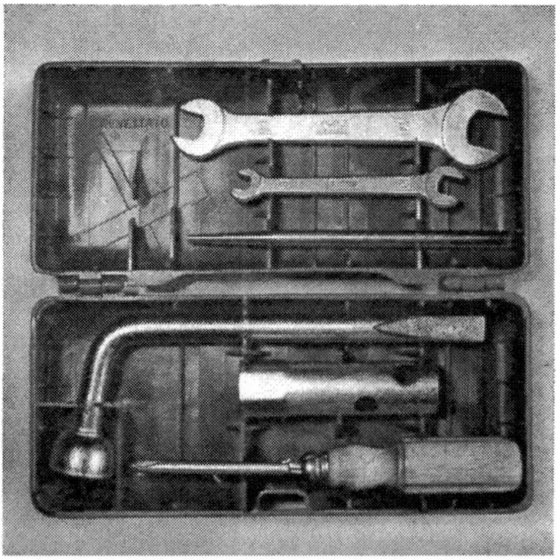

Das Bordwerkzeug, wie es serienmäßig zum Fiat 600 und Jagst geliefert wird. Bis 1963 war es ein Schraubenschlüssel mehr. Aber Fiat hat, wie viele andere Kraftfahrzeughersteller auch, die damaligen Schlüsselweiten 12 und 14 mm auf Schlüsselweite 13 zusammengezogen. Der Schraubenzieher ist umsteckbar in seinem Griffstück und dadurch für Kreuzschlitz- wie für Querschlitzschrauben verwendbar.

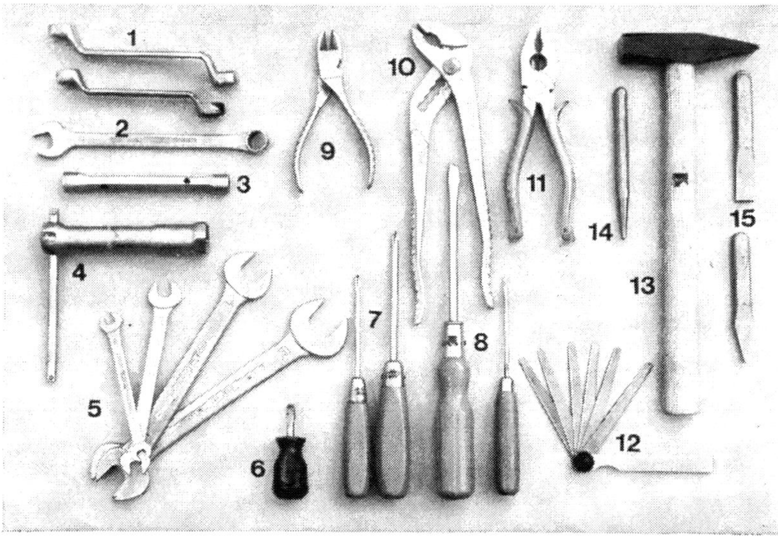

Werkzeuge, die wir als Grundausrüstung für Fiat 600 und Jagst vorschlagen: 1. Ring-Schraubenschlüssel, kurze hochgekröpfte Form. – 2. Gabel-Ring-Schlüssel SW 13. – 3. Rohrsteckschlüssel 8 x 10. – 4. Zündkerzenschlüssel (Hazet-Nr. 764). – 5. Gabel-Schraubenschlüssel. – 6. Vergaser-Schraubenzieher. – 7. Kreuzschlitzschraubenzieher. – 8. Querschlitzschraubenzieher. – 9. Seitenschneider. – 10. Rohrzange. – 11. Isolierte Kombizange. – 12. Fühlerblattlehre. – 13. Hammer. – 14. Körner. – 15. Flachmeißel und Kreuzmeißel.

den Umgang damit nur nebenbei und ungelernt betreibt, ist mit schlechten Schraubenschlüsseln und Schraubenziehern schnell am Ende seiner Kunst. Gutes Werkzeug ist aber nicht billig. Um so wichtiger ist es, daß man sein gutes Geld zweckmäßig anlegt und nicht einfach aufs Geratewohl ganze Werkzeugsätze kauft. Denn mancher Schraubenschlüssel oder manches andere, so in Bausch und Bogen gekaufte Werkzeug wird nie benötigt, dagegen kann man für Fiat-Wagen verschiedenes Spezialwerkzeug gut gebrauchen, das in allgemeinen Werkzeugsätzen nicht enthalten ist. Aus diesem Grund erscheinen uns auch fertige Werkzeugsätze »für den Herrenfahrer« nicht empfehlenswert, denn ihre Zusammenstellung ist viel zu allgemein gehalten.

Aus der nachfolgenden Liste ist erkennbar, was als schon recht vielseitig verwendbare Grundausrüstung für den heimischen Werkzeugschrank empfehlenswert erscheint. Die beigefügten Preise haben wir dem Katalog der Firma Hazet entnommen, die zu den renommierten Werkzeugherstellern zählt und in allen guten Werkzeuggeschäften bekannt ist. Die Verwendungsmöglichkeit einzelner Werkzeuge ist anschließend erläutert. So können Sie, falls Sie die entsprechenden Arbeiten ausführen wollen, selbst entscheiden, ob Sie das betreffende Werkzeug früher, später oder gar nicht anschaffen wollen. Wer beispielsweise nie die Zylinderkopfhaube demontieren und das Ventilspiel selbst einstellen will, braucht weder den Rohrsteckschlüssel SW 10 für die Schrauben der Zylinderkopfhaube noch den Schraubenschlüssel SW 11 für die Kontermuttern der Ventil-Kipphebel.

Größen und Preise

	Preise in DM
1 Satz Doppel-Gabelschlüssel 7 × 8, 10 × 11, 13 × 17, 19 × 22 zus.	10,80
2 Ringschlüssel 10 × 13 und 17 × 19 . . . . . . zusammen	10,50
1 Gabel-Ringschlüssel SW 13	4,30
1 Rohrsteckschlüssel 8 × 10	4,70
2 Schraubenzieher Größe 2 und 6, für Querschlitzschrauben . . .	5,50
2 Schraubenzieher für Kreuzschlitzschrauben, verschiedene Größen .	8,90
1 Vergaser-Schraubenzieher, kurze Form, für Querschlitzschrauben	3,20
1 Rohrzange, 240 mm lang	8,—
1 Kombizange, isolierter Griff	10,10
1 Seitenschneider	10,10

1 Schlosserhammer, 300 Gramm		5,15
1 Fühlerblattlehre, darin 0,10, 0,15, 0,50, 0,60, 0,70 mm		2,70
1 Flachmeißel und 1 Kreuzmeißel	je	3,10
1 Körner		2,50
1 Durchschläger, 3 mm		2,50
1 Satz Schlüsselfeilen, flach, dreikant, rund		8,40
Falls Bordwerkzeug nicht mehr vorhanden:		
1 Zündkerzenschlüssel SW 21, wie im Bild gezeigt (Hazet-Nr. 764)		10,10
1 Radmutternschlüssel SW 19		9,40

Für ältere Fiat 600 bis zum Jahre 1963 sollte der Satz Doppel-Gabelschlüssel besser bestehen aus je einem Stück 7 x 8, 10 x 12, 14 x 17, 19 x 22 und statt des Ringschlüssels 10 x 13 ist die Größe 10 x 14 empfehlenswerter.

Was die Größenangaben bedeuten

Bei der Aufzählung der Schraubenschlüssel ist verschiedentlich von SW 13 oder 17 x 19 die Rede. Natürlich müssen Sie wissen, was das bedeutet; es ist schnell erklärt: Bei uns in Deutschland, wie in Frankreich und vielen anderen Ländern werden Maschinenteile und Werkzeuge in der Regel nach dem metrischen Maßsystem gemessen. In manchen Fällen ist jedoch auch noch das amerikanische oder englische Maßsystem üblich. Im metrischen System werden alle Größen natürlich in Zentimeter und Millimeter angegeben, im amerikanischen Maßsystem in Zoll. Das Kennzeichen für Zoll ist ein oben an der betreffenden Zahl stehendes Gänsefüßchen ("). Ein Zoll (1") entspricht 25,4 mm. Zumeist kann man schon an den Zahlen selbst erkennen, welchem Maßsystem sie zuzuordnen sind, denn Zollangaben werden in der Regel mit Bruchstrichen ausgeführt, also ½" (= 12,7 mm) oder etwa 2¼" (= 37,5 mm), während metrische Angaben entweder ein Komma haben oder vollständig in Millimetern geschrieben werden.
Bei Schraubenmuttern mißt man den Abstand der einander gegenüberliegenden Flanken in mm oder Zoll und schreibt auf den jeweils dafür passenden Schraubenschlüssel die entsprechende Schlüsselweite (Kurzbezeichnung: SW). Ein Doppel-Gabelschlüssel (man nennt den Gabelschlüssel vielfach auch Maulschlüssel) mit der Bezeichnung 13 x 17 hat also auf der einen Seite eine Gabel oder ein Maul für eine 13 mm breite und auf der anderen Seite für eine 17 mm breite Schraube. Schraubenschlüssel mit Zoll-Angaben kommen an unserem Fiat nicht in Frage. Im übrigen soll man auch geschenkte Schraubenschlüssel mit Zoll-Angaben nicht benutzen, denn ihre Größen passen um Bruchteile von Millimetern nicht, so daß man sich nur die Flanken der Schrauben oder Muttern damit beschädigt.

Welches Werkzeug für welchen Zweck?

Bei Fiat hat man die am Fahrzeug notwendigen Schlüsselweiten auf einige wenige Normgrößen zusammengefaßt und so sind die SW 8, 10, 13 und 17 in der erdrückenden Überzahl. Die heute in der Kraftfahrzeugtechnik beliebte SW 13 war bei Fiat bis zum Baujahr 1963 in die Schlüsselweiten 12 und 14 aufgegliedert. Zu älteren Fiatwagen braucht man also diese Größen, die am neuen Fiat nicht mehr vorkommen.
Da die Gabel- oder Maulschlüssel eine Schraube nur an zwei einander gegenüberliegenden Flanken angreifen, die Zwölfkant-Ringschlüssel jedoch auf alle 6 Kanten einer Schraube gleichzeitig Druck ausüben und dadurch inten-

siver gehandhabt werden können, empfiehlt sich die Anschaffung der gängigsten Schlüsselweiten als Ringschlüssel, zumal man sowieso öfter einen zweiten Schlüssel gleicher Weite zum Gegenhalten braucht. Die Ringschlüssel sollten nicht zu lang und hoch gekröpft sein, damit man die diesbezüglichen Schrauben gut erreicht. Zum Beispiel das Heraus- und Hineindrehen der Ölablaß-Schrauben (SW 17) empfiehlt sich stets mit einem Ringschlüssel, mit dem man feinfühliger arbeiten kann.
Die kleinste Schlüsselweite 7 wird zumeist bei Teilen der elektrischen Anlage gebraucht, ebenso bei der Montage des Motorraum-Unterbleches. SW 8 ist beispielsweise für die Scheibenwischerarme, für Kabelanschlüsse und Karosserieteile zuständig. Mit SW 10 sind die Keilriemenscheibe der Wasserpumpe, die Haubenscharniere und dergleichen zu demontieren. Auch die Zylinderkopfhaube (Ventilkammerdeckel) wird mit Schrauben SW 10 gehalten, jedoch sind diese teilweise für Gabel- oder Ringschlüssel nicht erreichbar, so daß hierzu der Rohrsteckschlüssel 8 x 10 gedacht ist. SW 11 dient zum Einstellen des Ventilspieles. Die Schlüsselweite 13 ist zum Öffnen des Filtertopfes, zur Demontage der Stoßstangen und des Auspuffkrümmers vorgesehen. SW 17 braucht man zum Nachspannen des Lichtmaschinenkeilriemens, zum Betätigen der Ölablaß-Schrauben, der Bremsen-Nachstellschrauben, Stoßdämpfer usw. Die Keilriemenscheibe der Lichtmaschine ist mit SW 19 zu drehen und SW 22 benötigt man unter anderem für die Vorderfeder und die Radlager.
Unser Sortiment nennt vier verschiedene Schraubenzieher. Sie können sich stattdessen auch einen Einsteckwerkzeugsatz mit entsprechend verschiedenen Einsteck-Klingen für Querschlitz- und Kreuzschlitzschrauben kaufen. Nicht vergessen sollten Sie jedoch dabei den sogenannten Vergaser-Schraubenzieher in der gedrungenen Form mit dem dicken Handgriff. Mit diesem Werkzeug, das sich sehr massiv handhaben läßt, sind auch widerspenstige Querschlitzschrauben immer noch zu lösen. In gleicher Form gibt es auch einen solchen kräftigen Schraubenzieher für Kreuzschlitzschrauben. Er ist beispielsweise beim Justieren des Türschlosses sehr angenehm.
Rohrzange, Kombizange (mit isoliertem Griff!) und der Seitenschneider zum Abschneiden von Kabeln dienen als allgemeine Hilfswerkzeuge, ebenso Hammer, Meißel, Körner, Durchschläger und die feinen Feilen in verschiedenen Ausführungen. Die Fühlerblattlehre wird zum Ventileinstellen, zum Messen des Unterbrecher-Kontaktabstandes und des Elektrodenabstandes der Zündkerzen gebraucht.
Überlegen Sie sich also vor dem Werkzeugkauf, ob Sie diese oder jene Arbeit auch selbst machen wollen.

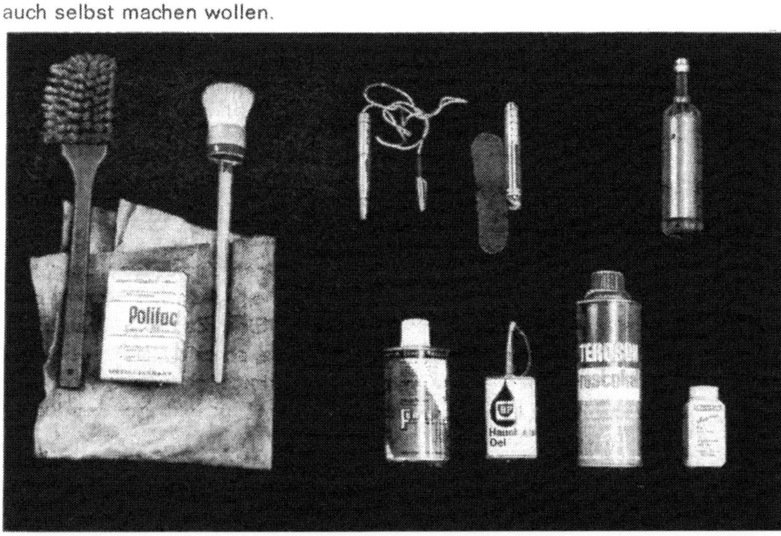

Dies sind die wichtigsten Hilfsmittel für die Wagenpflege: Waschbürste für Felgen und Kotflügel, Waschpinsel, Leder und Schwamm. Daneben Prüflampe, Luftdruckmesser und Fettpresse. Darunter Rostlösemittel, Ölkännchen, Rostschutzmittel und Rostumwandler.

Hilfsmittel für die Wagenpflege

Zum eigentlichen Werkzeug der Grundausrüstung gehören noch einige Hilfsgeräte, die nicht vergessen werden dürfen. Wir nennen davon:

1 kleine Hand-Fettpresse	etwa 7,00 DM
1 Ölspritzkanne	etwa 3,30 DM
1 Reifendruckprüfer	etwa 6,50 DM
1 Prüflampe	etwa 4,50 DM
1 Fensterleder, erste Qualität	etwa 12,00 DM
1 Waschpinsel ohne Metallfassung	etwa 2,50 DM
1 Autoschwamm oder Waschhandschuh	2,50 bis 15,00 DM
1 Waschbürste mit Stiel	etwa 4,50 DM

Wie diese Hilfsgeräte benutzt werden, ist in den diesbezüglichen Kapiteln beschrieben. Vielleicht vermissen Sie in unserer Aufzählung die in jedem Herrenfahrer-Werkzeug vorhandene Zündkerzenbürste. Wir halten nichts davon; auch eine Kontaktfeile ist von gestern.

Ergänzung nach Bedarf

Wer seine Werkzeugausrüstung weiter ergänzen will, sollte sich in erster Linie weitere Ringschlüssel und auch Steckschlüssel mit Zwölfkant-Einsätzen anschaffen. Andere Schlüsselweiten als die unter den Gabelschlüsseln genannten sind nicht notwendig. Die zuletzt genannten Zwölfkant-Steckschlüssel lassen sich auf der sechskantigen Schraube besonders vielseitig umsetzen, so daß auch bei geringem Bewegungsraum für den zugehörigen Gelenkgriff eine Schraube gut angezogen werden kann. Die Einsätze haben auf der »Werkseite« (die Seite zur Schraube) die jeweils angegebene Schlüsselweite, auf der Halteseite ein Vierkantloch von ½″ Kantenlänge zum Einstecken der Betätigungswerkzeuge (Gelenkgriff, Knarre usw.).

Gelegentlich wird man bei Bekannten oder in einer Werkstatt weiteres Werkzeug sehen, das man sich auch kaufen möchte. Überhaupt hat ein eifriger Heimwerker mit der Zeit Lieblingswerkzeug, mit dem er besonders gerne arbeitet und bis zur Anschaffung eines Drehmomentenschlüssels zu 83,– DM, einer Bohrmaschine, Gewindeschneidern und einem bestens ausgestatteten Werkzeugschrank, der einen Werkstattbesitzer vor Neid erblassen läßt, sind da keine Grenzen gesetzt. Wir wollen in dieser Richtung keine Vorschläge machen, denn solch ein Hobby entwickelt sich individuell. Nur vor einer Werkzeugsorte wollen wir warnen: vor sogenanntem Universalwerkzeug, mit dem man beispielsweise – wir übertreiben nur wenig – zugleich Schrauben anziehen, Draht abkneifen, die Gartenhecke scheren, Nägel einklopfen und vielleicht noch Butterbrot schmieren können soll. Solches Werkzeug nützt in Wirklichkeit keinem seiner Zwecke wirklich richtig.

Umgang mit Werkzeug

Wenn Sie es zusammenrechnen, kostet ordentliches Werkzeug eine hübsche Stange Geld. Dieses Kapital sollten Sie zweckdienlich ausnutzen und sorgsam pflegen. Das bedeutet, daß grundsätzlich das Werkzeug nur zu jenem Zweck verwendet wird, für den es entwickelt ist. Einen Schraubenzieher etwa als Meißel benutzen, ist genau so schädlich, wie etwa das Lösen oder Anziehen einer Schraubenmutter mit der Zange. Eine Zange hat an einer Schraube grundsätzlich nichts zu suchen, denn ihre scharfen Zähne beschädigen die Ecken und Flanken einer Mutter rücksichtslos, so daß später jeder Schraubenschlüssel abgleiten muß. Eine Zange ist nur ein Haltewerkzeug,

und mit der Rohrzange darf, wie ihr Name sagt, nur an Rohren und Wellen herumgedreht werden, aber nicht an Schrauben. An den Schraubenziehern soll die Klingenspitze immer sauber gerade geschliffen sein, aber sie darf keine scharfe Schneide bilden, sondern muß flach wie ein Messerrücken sein. Eine scharf zugeschliffene Klingenspitze dreht sich nämlich leicht aus dem Schraubenschlitz, da ihre Flanken schräg sind.
Zum Aufbewahren des Werkzeuges genügen zu Anfang Holzkiste oder Tischschubladen, die am besten durch einige eingebaute Brettchen aufgeteilt werden, damit der ganze Inhalt nicht durcheinanderfällt und umgerührt werden muß, bis das gesuchte Stück endlich gefunden ist. Später kann man sich einen Werkzeugkasten aus Blech kaufen, wobei der fünfteilige mit Tragegriff, wie ihn die Schlosser haben, besonders praktisch zum schnellen Greifen der einzelnen Werkzeuge ist (ab 33,– DM).

Flüssige Hilfen

Im Regal an der Garagenwand, in welchem das Selbsthilfewerkzeug untergebracht ist, nehmen sich einige der modernen Sprühdosen gut aus. Als Lösemittel für starken Rost und festsitzende Schrauben haben sich »Caramba« und »Ferex« bewährt.
Als Schutz gegen Rost lassen sich einzelne Teile oder Werkzeuge sehr wirkungsvoll mit »Tectyl« von Valvoline oder »Rostokal« von Teroson überziehen. Beides gibt es in Sprühflaschen. Dabei eine Zwischenbemerkung zum Rostschutz: Man kann dazu auch Motoröl oder reine Vaseline nehmen. Aber auf keinen Fall Altöl! Denn Altöl enthält sehr oft rostfördernde Säuren. Gute Erfahrungen haben wir bei verrosteten Fahrwerksteilen mit »Bostik Antirost« gemacht. Das ist eine Flüssigkeit auf Phosphorsäurebasis, die den Rost in Eisenphosphat umwandelt und dadurch weiteres Rosten verhindert. Dieses »Antirost« muß auf die Roststellen satt aufgepinselt werden, braucht je nach Verrostung Stunden oder Tage zur Rostumwandlung und wird nach dem Austrocknen mit Lackpflegemittel behandelt oder mit Chromschutzlack übersprüht. Besonders zu empfehlen bei Roststellen im Kofferraum oder unter den Bodenmatten. Weniger brauchbar ist es auf der lackierten Außenhaut des

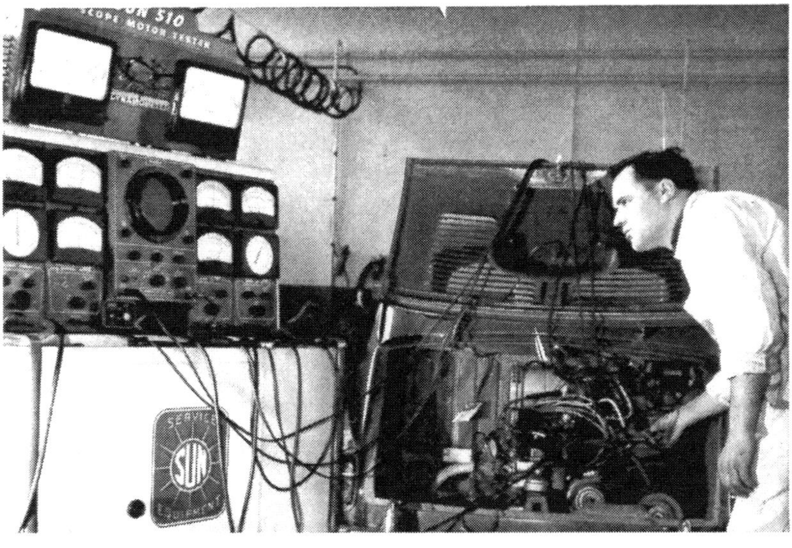

Gut eingerichtete Fiat-Werkstätten haben, wie hier im Fiat-Reparaturwerk Heilbronn, eine Anzahl elektronischer Meß- und Prüfgeräte, deren Skalenanzeiger und grün schimmernde Oszillographen-Wellenlinien genaue Hinweise auf das Innenleben von Motor, Vergaser und Zündanlage geben. Wer als Heimwerker trotz aller Motor-Einstellungsbemühungen mit der Leistung seines Fiat 600 nicht zufrieden ist, kann hier erfahren, wo der Wurm steckt. Einfache Einstellarbeiten werden dabei gleich mit ausgeführt, eventuell notwendige aufwendigere Instandsetzungen kann man als selbstbewußter Heimwerker dann immer noch selber machen.

Wagens, weil es durch seine starke Wirkung auch die dem Auge noch nicht erkennbaren Lackunterrostungen umwandelt und dabei den Lack rund um die Roststelle abhebt. Anders ist es jedoch, wenn anschließend die Schadenstelle lackiert werden soll. Dann bildet es einen stabilen Lackuntergrund. Fläschchen mit 100 ccm Inhalt 2,25 DM.
Sollen fettverschmierte Motorteile, die Innenseiten der Felgen oder der ganze Motorraum gereinigt werden, dann eignet sich hierzu ganz besonders das »Beropur« der Behr-Chemie, Pöcking/Obb. Damit wird das betreffende Teil eingesprüht oder eingepinselt und nach wenigen Minuten mit Wasser abgespritzt oder mit dem Pinsel abgewaschen. Auch die dicksten Fettkrusten löst dieses Beropur und gibt den Teilen dazu noch Glanz. Die meisten Tankstellen und Werkstätten kennen es. Leider wird Beropur nur in Blecheimern von mindestens 12 Liter Inhalt (33,– DM) verkauft. Da es sparsam zu gebrauchen ist, kann man sich gelegentlich von seiner Tankstelle oder Werkstatt einen Liter (etwa 3,– DM) in eine verschraubbare Blechkanne abfüllen lassen.
Auch die zahlreichen Lackpflegemittel gehören eigentlich zu den »Flüssigen Hilfen«. Ihnen ist jedoch das besondere Kapitel »Lackpflege« gewidmet.

Hilfe unterwegs

Es gibt Autofahrer, die so sorglos drauflosfahren, daß in ihrem Wagen weder ein Reservekanister noch ein Abschleppseil zu finden ist, und im Ersatzreifen ist auch keine Luft. Andere dagegen führen aus Furcht vor Pannen ein ganzes Arsenal von Werkzeugen und Ersatzteilen mit sich. Hier ist, wie zumeist, der Mittelweg goldene Richtigkeit. Wir wollen hier aufführen, was man mitführen sollte, auch wenn es nur dazu dient, andern hilflosen und zu sorglosen Autofahrern unterwegs damit auszuhelfen. Wir nennen davon besonders:

Reservekanister	Abschleppseil
Ersatzlampen	Zündkerzen, Sicherungen
Autoapotheke	Rolle Draht, Tesa-Film

Warnlampe und sonstige Warneinrichtungen (Warndreieck).

Ersatzteile bei Auslandsreisen

Falls eine Reise in ferne, unwegsame Länder geplant ist, wird man auch dort vielerorts das vertraute Fiat-Zeichen an Werkstätten finden, vor allem, wenn es nach Süden geht. Da aber doppelt genäht bekanntlich besser hält, beruhigt es doch, wenn im Kofferraum, in Lappen eingewickelt, einige Dinge mitreisen, die man vielleicht gebrauchen könnte. Wir denken da an eine kleine Auswahl des heimischen Werkzeuges, die man aus eigener Erfahrung schätzengelernt hat. Dazu kämen als Ersatzteile die verschiedenen Schlauchstücke für die Kühlanlage, Schlauchbinder, Unterbrecherkontakte, Sicherungen, Ersatzlampen, Zündkerzen, Verteilerfinger, Keilriemen, Kraftstoffpumpen-Membrane, ein Reserveschlauch, eine kräftige Fuß-Luftpumpe, Reifenflickzeug und die zu Hause nicht notwendigen Reifen-Montierhebel.

Fahren mit Anhang

Auch wenn Sie Ihren Fiat recht gut kennen und so oft Sie sich vielleicht schon zu helfen wußten, eines Tages kann es Ihnen doch einmal passieren, daß Sie hilflos am Straßenrand stehen, weil irgend etwas am Wagen streikt. Ihr Wagen müßte abgeschleppt werden. Natürlich kann man einen Abschleppdienst herbeirufen lassen. Aber das wird unter Umständen eine saftige Rechnung geben (mindestens 30,– bis 50,– DM). Besser ist es, wenn Sie ein mildtätiger Zeitgenosse mit seinem Wagen ins Schlepptau nimmt.

Eigenes Seil empfehlenswert

Sie sollten selbst ein Abschleppseil im Kofferraum haben. Man hat nur selten Glück, wenn man sich für diese Gelegenheit auf andere Leute verlassen will. Wenn Sie jedoch Ihr eigenes Seil am Wagen befestigen und mit dem anderen Ende hilfeheischend winken, weiß jeder Fahrer auf hundert Meter, was Ihre Bitte ist. Schneller, als Sie zu hoffen wagen, wird jemand anhalten und Sie anhängen, weil ja schon alles vorbereitet ist.
Mit rund 900 kg (je nach Modell 895 bis 925 kg zulässiges Gesamtgewicht) ist Ihr Fiat 600, NSU/Fiat Jagst oder Fiat 770 S kein großer Brocken. Sie brauchen also kein gewaltiges Schiffstau zu erwerben, um sich bei Bedarf abschleppen zu lassen oder ein etwa gleich großes anderes Auto »in Anhang« zu nehmen. Der Zubehörhandel bietet da ein reichhaltiges Sortiment an preiswerten Abschleppseilen aus Perlon, Hanf oder Stahlseil an. Jede dieser 3 Sorten hat ihre Vor- und Nachteile.
Perlonseile dehnen sich beim Anschleppen, verhüten also am besten, daß beim Anrucken an den beiden Fahrzeugen etwas verbogen wird. Dafür sind Perlonseile scheuer- und hitzeempfindlich: Wenn sie an einer Karosseriekante oder Stoßstange schaben oder an den heißen Auspuff kommen, sind sie schnell hin. Deshalb muß ein Perlonseil unbedingt verschiebbare Leder-

Zum Abschleppen soll das Seil durch die Ösen der vorderen Stützplatte des 600 gezogen werden. Die Löcher sind für richtige Abschleppseile jedoch zu klein, so daß die Anbringung quer hinter der Stützplatte, wie sie unser Bild zeigt, erfolgversprechender ist. Perlon- und Nylonseile müssen durch kräftige Manschetten gegen die scharfen Kanten der Stützplatte geschützt werden.

Ist der Durchzug der Stützplatte vorne zu eng für das vorhandene Abschleppseil, kann dieses auch um die Querfeder der Vorderachse neben dem linken Vorderrad geschlungen werden. Eine Befestigung an der vorderen Stoßstange ist beim Fiat 600 und am Fiat 770 S nicht möglich, denn diese sitzt ohne Verstärkungsbügel direkt auf dem dünnen Karosserieblech, hält also keinen Zug aus.

manschetten haben, die es vor scharfen Kanten und heißem Auspuff schützen. Hanfseile sind besonders preiswert, aber dick, so daß sie sich nicht überall einfädeln lassen. Außerdem sind sie unelastisch, so daß man sie niemals an einer Stoßstangenhalterung befestigen soll – beim ersten Ruck ist die Stoßstange schiefgezerrt. Stahlseile sind ziemlich spröde zu handhaben und besonders wenig nachgiebig. Wenn man diese Sorte ins Auge faßt, dann unbedingt mit »Ruckdämpfer«. Das ist ein Gummistück, das aus der Seilmitte eine dehnfähige Schlinge bildet. Stahlseile haben andererseits den Vorteil, daß man mit ihnen auch einen Wagen aus dem Graben zerren kann. Perlonseile halten so etwas in der Regel nicht aus.

Abschleppen lassen

Vorne soll das Abschleppseil durch die beiden Ösen der Stützplatte gezogen werden, die sich genau in der Mitte der Karosserie-Vorderkante befindet. Diese Löchlein sind jedoch so winzig, daß Sie ein Hanfseil schon einmal gar nicht durchbekommen, auch lassen sich die Schließ-Vorrichtungen anderer Seile nicht hindurchfädeln. Vielleicht geht es, wenn das Seil quer hinter dieser Stützplatte hindurchgezogen wird, wobei ein Perlon- oder Nylonseil an den scharfen Kanten der Stützplatte gut durch eine Manschette geschützt werden muß. Läßt sich auf diese Weise das vorhandene Seil nicht befestigen, darf es auch um die Querfeder der Vorderachse in der Nähe des Federauges in Peilrichtung vor dem Fahrersitz geschlungen werden (siehe Bild). Aber versuchen Sie nicht, Ihren 600 oder Jagst mit der vorderen Stoßstange an den

Die Stützplatte der hinteren Karosserie-Unterkante, durch die nach Fiat-Empfehlung das Seil zum Abschleppen eines anderen Wagens gezogen werden soll, hat nur so kleine Ösen, daß sich kaum mehr als ein Schnürsenkel dort einfädeln läßt – die zwingend notwendigen Schutzmanschetten auch eines dünnen Perlonseiles gehen jedenfalls nicht hindurch. Allenfalls kann man sich aus dünnem Stahldraht hoher Reißfestigkeit eine Drahtschlinge dort durchziehen, in die das eigentliche Abschleppseil eingehängt wird.

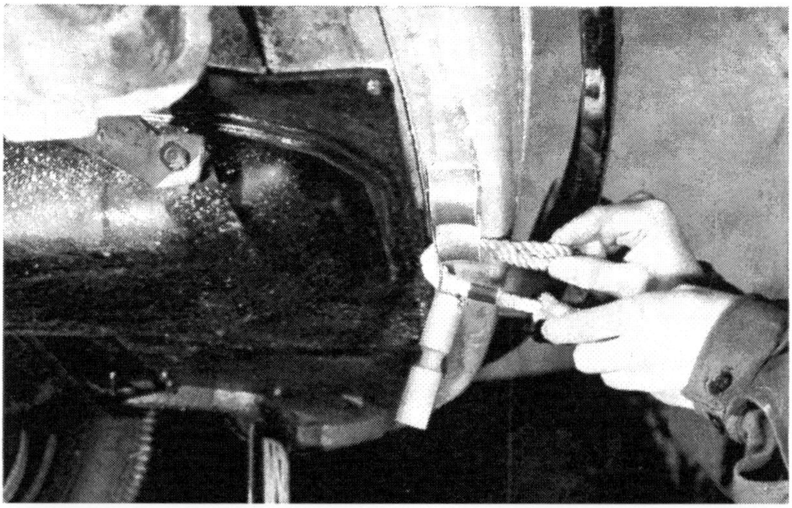

Wer sich auf behutsames Abschleppen versteht, kann ein dehnbares Perlon- oder Nylonseil allenfalls hinten um die linke Stoßstangenhalterung schlingen. Diese ist, im Gegensatz zur vorderen Stoßstange, durch einen Bügel zur Karosserie-Seitenwand verstärkt – kann also behutsamen Zug aushalten. Eine weitere Anbringung des Seiles ist an hinteren Fahrwerksteilen nicht möglich.

Schlepper anzubinden. Die vordere Stoßstange hält herzlich wenig aus, auch wenn das Seil um die linke Stoßstangenhalterung geschlungen wird. Im Gegensatz zur hinteren Stoßstange sitzt die vordere Stoßstange nur auf dem dünnen Karosserieblech.

Einen anderen abschleppen

Als hilfsbereiter Mensch möchte man gerne auch mal einem anderen Autofahrer freundlich sein, wenn jener mit Kummermiene am Straßenrand neben seinem Wagen steht und abgeschleppt werden muß. Das wird einem mit einem Fiat 600 nicht so leicht gemacht. Weniger, weil der kleine Fiat-Motor nicht gerade den Brustkasten eines Traktors hat – damit läßt sich bei Sorgfalt durchaus ein VW abschleppen –, sondern weil man kaum weiß, wo man sein Schleppseil befestigen soll (siehe dazu die Bilder oben und links unten).
An Motor- oder Rad-Teilen darf jedenfalls hinten nirgends ein Seil befestigt werden. Es ist da nichts, was auf Zug beansprucht werden kann. Allenfalls würde die mittlere Haltestütze des Motors am hinteren Karosserie-Querblech einen stabilen Festpunkt bieten, aber wenn man dort ein Seil durchzieht, kommt man mit dem Keilriemen zwischen Kurbelwelle und Lichtmaschine ins Gedränge. Als mögliche Befestigungspunkte bleiben also hinten nur die kaum brauchbare Stützplatte oder die linke Stoßstangenhalterung.

Seil stets links anhängen

Abschleppseile bringt man in der Regel in Fahrtrichtung links an. Dadurch hat der Fahrer des abgeschleppten Wagens das Seil unmittelbar vor Augen. Denn er muß ja wachsam darauf achten, daß es immer straff gespannt bleibt. Die Fußspitze hat er stets am – nicht auf! – dem Bremspedal, damit er sofort ganz sanft bremsen kann, falls das Seil einmal durchhängt. Bei hartem Bremsen würde es entweder reißen oder an einem der Wagen wird etwas verbogen, was beim Fiat 600 oder Fiat 770 S dem Seil keine große Mühe macht. Die Linksanbringung des Seiles ist auch wegen der Gewichtsverteilung in den beiden Wagen – links sitzen die Fahrer – günstiger.

Abschleppen nach Gesetz

Das Abschleppen ist nach den Gesetzen eine Notmaßnahme. Es darf nur dazu dienen, einen aus eigener Kraft nicht fahrfähigen Wagen in die nächste zumutbare Werkstatt oder an seinen nahegelegenen Heimatort zu bringen. Der Fahrer des abgeschleppten Fahrzeuges braucht nicht einmal einen Führerschein zu haben und für den Fahrer des schleppenden Wagens ist keineswegs Führerschein Klasse 2 erforderlich; ihm genügt Klasse 3. Lassen Sie sich durch anderslautende irrige Meinung nicht verwirren.

Ordnung muß sein

Wenn man bei Fiat die Frage stellt, was eigentlich ganz genau wann und wo am Wagen gewartet, geschmiert, nachgesehen oder geprüft werden soll, dann merkt man wieder einmal, daß unsere romanischen Nachbarn im Süden nicht allzusehr mit jener Eigenschaft belastet sind, die man an uns Deutschen, je nach Temperament, so bewundert oder so aufdringlich empfindet: der Perfektionismus. Ein ordentlicher Deutscher ist, so sagt man, zu 35 Kilometer Umweg imstande, um den in der Betriebsanleitung vorgesehenen Ölwechsel ja nicht einige Kilometer zu spät ausführen zu lassen. Denn er nimmt seine Betriebsanleitung todernst.
Nicht so unsere romanischen Nachbarn im Süden oder Westen: Betriebsanleitungsvorschriften sind dortzulande dazu da, gelegentlich auch beachtet zu werden. Zumeist erst dann, wenn das Fahrzeug nicht mehr mitspielt. So finden sich denn in der Betriebsanleitung des Fiat 600 und Fiat 770 S zum Schmierplan und zum Schema der Pflegearbeiten Tätigkeiten, die alle 500, 2500, 10 000, 20 000 und 30 000 km ausgeführt werden sollen. Und beim Kauf des neuen Fiat lag bei den verschiedenen Druckschriften noch ein Kundendienst-Scheckheft, das alle 7500 km abwechselnd einen kleinen und einen großen Wartungsdienst empfiehlt. Woran soll man sich da nun als ordnungsliebender Mensch halten? Deshalb haben wir durch dieses nicht leicht überschaubare Gestrüpp in der nachfolgenden Tabelle einen Weg zu bahnen versucht, wobei wir dem 7500-km-Intervall des Scheckheftes allerdings keinen Geschmack abgewinnen konnten, denn dieses Intervall ist mit seinen Zahlen – etwa 27 500, 35 000, 42 500 km usw. – schlecht zu merken und überkreuzt sich ungeschickt mit der 10 000-km-Ölwechsel-Empfehlung von Fiat, so daß uns ein 10 000-km-Intervall, wie es heute die meisten Personenkraftwagen haben, einprägsamer erscheint. Haben wir also mit unserer eigenen Wartungsliste doch deutsche Gründlichkeit demonstriert? Nun, dann lesen Sie noch einmal den Abschnitt »Erleichterungen sind möglich« im ersten Kapitel dieses Buches.

Was muß wann und wo gemacht werden?

Pflege- und Kontrolldienst alle 2500 km

		Nähere Hinweise Seite
	Unter dem Wagen	
S/T	1. Achsschenkelträger abschmieren	32, 43
S/T	2. Lenkgestänge abschmieren (bis Baujahr 1964)	33, 43
	Unter der Motorhaube	
S	3. Motorölstand prüfen	33
S	4. Kühlwasserstand prüfen	33, 52
S	5. Keilriemenspannung kontrollieren	33
	Unter der Kofferraumhaube	
S	6. Säurestand der Batterie prüfen	34, 61
S	7. Scheibenwascherbehälter auffüllen	34
	Rund um den Wagen	
S	8. Reifendruck nachmessen	34, 125
S	9. Lichtanlage kontrollieren	34

Dazu alle 10 000 km

	Unter dem Wagen	
T	10. Motorölwechsel	35
T	11. Ölstand im Getriebe prüfen	41
S	12. Zustand der Bremsleitungen prüfen	141
	Unter der Motorhaube	
T	13. Ölfilterpatrone wechseln (wenn eingebaut)	37
S	14. Zündverteiler schmieren	44
S/W	15. Zündkerzen prüfen, Elektrodenabstand nachstellen	95
S/W	16. Unterbrecherkontaktabstand nachmessen	89
S/W	17. Zündeinstellung kontrollieren	90
S	18. Luftfilter reinigen	50
S	19. Kraftstoffsieb der Kraftstoffpumpe reinigen	47
S/W	20. Vergaser reinigen	48, 197
S/W	21. Leerlaufeinstellung des Vergasers prüfen	194
W	22. Kompression prüfen	185
S/W	23. Ventilspiel überprüfen	183
	Unter der Kofferraumhaube	
S	24. Batterie reinigen	63
S/W	25. Ladezustand der Batterie prüfen	62
S/T	26. Bremsflüssigkeitsstand kontrollieren	140
	Im Wagen (und unter dem Wagen)	
S/W	27. Kupplungspedalspiel nachprüfen	211
S/W	28. Handbremseinstellung prüfen	139
S/W	29. Lenkungsspiel prüfen	217
S	30. Türschloßeinstellung prüfen	168
S	31. Türscharniere ölen	44
	Rund um den Wagen	
S/T	32. Reifenzustand kontrollieren	126
S/W	33. Stoßdämpferwirkung prüfen	221
W	34. Bremsbackenspiel und Bremsbelagstärke prüfen	223
S	35. Haubenverschlüsse ölen	44
S/W	36. Abschließende Probefahrt mit Bremsprobe	15, 139

Dazu alle 20 000 km

S	37. Heizluftfilter reinigen	53
W	38. Vorderradlager prüfen und einfetten	45, 215
W	39. Vorspur und Sturz der Räder nachmessen	218
S/W	40. Schrauben an Karosserie und Fahrzeugteilen nachziehen	222

Dazu alle 30 000 km

T/W	41. Getriebeölwechsel	42
W	42. Hinterradlager prüfen und einfetten	45, 220
W	43. Anlasser-Kollektor reinigen und prüfen	76
S/W	44. Lichtmaschine prüfen und schmieren	72

Was kann man selbst machen?

Vor jeder einzelnen Wartungsarbeit unserer Liste finden Sie einen oder mehrere Kennbuchstaben, die Ihnen andeuten sollen, was Sie selbst machen

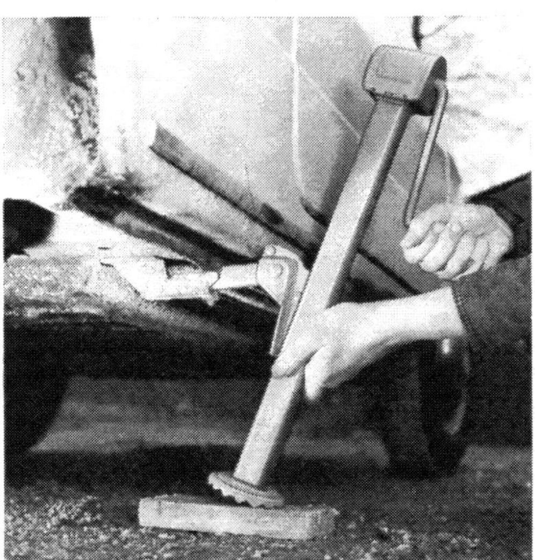

So wird der Wagenheber exakt angesetzt, damit er beim Hochkurbeln nicht so leicht umkippt: Schräg nach außen stehend, von der Seite gesehen jedoch haargenau senkrecht, den Tragebolzen bis zum Anschlag in die Hülse der Quertraverse geschoben und auf dem Boden ein Unterlegebrettchen, damit sich der Wagenheberfuß nicht in den Boden drückt (anstatt den Wagen hochzuheben). Der schräg nach außen stehende Wagenheber kommt beim Hochkurbeln immer mehr in die Senkrechte.

Sicheren Stand zu Selbstpflegearbeiten an der Unterseite oder den Rädern des Fiat 600 oder Fiat 770 S erhält man nur durch ein stabiles Aufbocken auf hohen Hohlblocksteinen. Ein gleich hoher Aufbau aus Ziegelsteinen wäre dagegen wackelig; er kann nach allen Richtungen umkippen. Als Auflagepunkt hinter den Vorderrädern dient die Quertraverse der Karosserie, die auf dem Bild noch über dem Unterstützungsaufbau schwebt. Als Zwischenlage zwischen Karosserie und Stein bewährt sich ein Holzscheit, in welches sich das Karosserieblech eindrücken kann.

können, was die Tankstelle erledigen kann und was der Werkstatt überlassen bleiben soll. Es bedeuten:

S = Selbstmachen. Das sind Arbeiten, die man ohne Fachkenntnisse und besonderes Werkzeug selbst ausführen kann, nachdem man den entsprechenden Abschnitt auf der betreffenden Seite dieses Buches gelesen hat.

S/T = Selbstmachen oder Tankstelle. Auch hier sind keine besonderen Fachkenntnisse notwendig, aber vielleicht fehlt Ihnen das entsprechende Gerät zur Ausführung dieser Arbeit und die Tankstelle besitzt es.

S/W = Selbstmachen oder Werkstatt. In diesen Fällen sind neben einfachen Fachkenntnissen etwas Geschick, Einfühlungsvermögen und zusätzliches, aber kein aufwendiges Werkzeug Voraussetzung.

T = Tankstelle. Der sparsame Mann überläßt diese Arbeit am besten der Tankstelle, obgleich er sie auch selbst ausführen könnte. Er spart dabei Zeit und Mühe, denn der Warenpreis, der bei dieser Arbeit entsteht, ist gleich, einerlei ob man die Ware – in der Regel das Öl – selbst verarbeitet oder von der Tankstelle verarbeiten läßt. Denn in diesen Fällen berechnet die Tankstelle keinen zusätzlichen Arbeitslohn. Selbsthelfer mit Ehrgeiz werden sich jedoch auch diese Arbeit nicht nehmen lassen. Billiger wird es für den Selbsthelfer allerdings nur, wenn er die notwendige Ware besonders günstig einkaufen kann.

Kurz vor den Hinterrädern wird der Wagen am besten auf den Lagerbock der sogenannten »Längslenker« der Hinterachse gestützt, wie dies unser Bild zeigt. Hohlblockstein, Backstein und darauf gelegtes Holzscheit – damit sich die Metallkanten darin eindrücken können und der Auflagedruck gleichmäßiger verteilt wird – geben genügend Bodenfreiheit zur Arbeit an den Rädern. Zum Motorölwechsel ist unter dem Wagen allerdings nur wenig Platz.

Soll nur Vorder- oder Hinterwagen angehoben werden, genügt das Aufbocken auf der jeweiligen Stützplatte an der Karosserie-Unterkante. Der Wagen muß jedoch seitlich dazu besonders hoch gekurbelt werden, damit sich in der Wagenmitte Hohlblockstein, Backstein und Holzscheit unterschieben lassen. Weil der Wagenheber beim normalen Ansetzen dazu nicht ausreicht, muß er vor dem Ansetzen ganz heruntergekurbelt und durch einen Backstein unterlegt werden – dann reicht die Kurbelhöhe aus. Man kann auch die im Zubehör- oder Kaufhaushandel erhältlichen Unterstellblöcke verwenden.

W = Werkstatt. Diese Arbeit erfordert spezielle Fachkenntnisse, teure Meß- und Arbeitsgeräte, die nur die Fachwerkstatt besitzt.

Natürlich könnte in jeder Zeile auch ein »W« stehen, denn in der Werkstatt ist man ja mit all diesen Arbeiten vertraut. Wir schlagen Ihnen aber die Reihenfolge Selbstmachen – Tankstelle – Werkstatt vor, denn an der Tankstelle kommen Sie zumeist leichter an als an der überlasteten Werkstatt. Nun gibt es beim Pflege- und Inspektionsdienst einige Arbeiten, die nur mit einem »W« gekennzeichnet sind. Sie bleiben, wenn Sie Inspektion und Pflege selbst machen oder an Ihrer Stammtankstelle machen lassen, »übrig«. Trotzdem dürfen sie nicht übergangen werden, und Sie brauchen keine Scheu zu haben, diese Arbeiten gesondert bei der Fiat-Werkstatt in Auftrag zu geben. Das ist immer noch billiger als ein kompletter Inspektionsdienst.

Der Pflegeplatz

Sie wollen also Ihrem Fiat 600, NSU/Fiat Jagst oder Fiat 770 S zur Eigenpflege zu Leibe rücken. Wo soll die Veranstaltung stattfinden? In Ihrer Garage? Nur selten wird eine Garage so geräumig sein, daß man von allen Seiten ungehindert an das darin abgestellte Fahrzeug heran kann. Besser ist es also im Freien – schon wegen des besseren Lichtes, das Ihnen auch bei der Inspektion der Fahrzeugunterseite die elektrische Lampe erspart.

Aber nicht jeder Platz im Freien ist für Pflege und Wartung eines Wagens geeignet. Auf einer Wiese oder einem Rasenplatz bleibt die versehentlich herabgefallene Schraube in der Regel unauffindbar. Ebenso »gefährlich« ist die Nähe eines Wasserablaufes. Er zieht herabfallende Schrauben oder Autoschlüssel geradezu magisch an. Gekiester Boden auf festem Untergrund ist schon besser, wenn vorher der Kies mit einem Drahtbesen geglättet wurde. Am besten ist natürlich ein ebener und glatter Zement- oder Asphaltboden. Zuvor wird er natürlich sorgfältig gekehrt, damit man sich nicht im Schmutz umherwälzt und ohne Gefahr für den Hosenboden auch einmal hinsetzen kann. Wenn Sie an die Unterseite Ihres Fiat heran wollen, werden Sie merken, daß zwischen Boden und Autobauch nicht viel Platz bleibt. Also muß das Auto hochgewunden werden. Hüten Sie sich jedoch davor, unter ein Auto zu kriechen, das nur von dem Wagenheber einseitig hochgehalten wird. Auch der dem Fiat beigegebene Wagenheber kann bei einem Rütteln am Fahrzeug oder bei nicht einwandfrei angezogener Handbremse abgleiten oder umknicken. Das ist lebensgefährlich für den, der darunter liegt!

Aller Anfang ist leicht

Vor allen Arbeiten, die Sie in unserem Wartungsplan auf Seite 28 unter der Überschrift »Pflege- und Kontrolldienst alle 2500 km« lesen, finden Sie auch den Buchstaben »S« für »Selbermachen«. In der Tat bietet dieser »kleine Wartungsdienst« keinerlei Probleme, weder von der Seite fachlicher Kenntnisse, noch was das Werkzeug anbelangt. Sie sparen damit einige Mark-Stücke und entlasten die Werkstatt für echte Reparaturarbeiten.

Bei dieser Gelegenheit müssen wir noch einmal auf das Vorwort zum letzten Kapitel zurückkommen: Das 2500-km-Intervall ist nur eine Art Wegmarke, bei der alle diese kleinen Wartungsarbeiten einmal systematisch vorgenommen werden sollten. In der Praxis wird man viele dieser Prüfungsarbeiten einzeln wesentlich öfter vornehmen: Motorölstand prüfen, Reifendruck nachmessen, Lichtanlage kontrollieren etwa alle Woche einmal. Andere Arbeiten sind, wenn kein besonderer Verdacht auf Fehlerhaftigkeit besteht, nicht so oft notwendig: Säurestand der Batterie, Keilriemenspannung, Kühlwasserstand und dergleichen. Wer mit seinem Fiat 600 oder Fiat 770 S nicht allzuviel fährt, sollte das 2500-km-Programm überdies nicht mehr als 3 Monate anstehen lassen, auch wenn inzwischen erst weitere 1000 km auf den Tacho gekommen sein sollten. Nicht nur gefahrene Kilometer, auch Standzeit macht Pflege erforderlich. Was bei diesem »kleinen Wartungsdienst« zu tun ist, haben wir nachstehend in Stichworten und Bildern zusammengefaßt. Wer sich über das »Warum?« der einzelnen Maßnahmen genauer unterrichten möchte, schlage jene Seiten auf, welche neben der Wartungs-Tabelle im vorhergehenden Kapitel angegeben sind.

1. Achsschenkelträger abschmieren

Insgesamt 2 Schmiernippel; oben auf jedem Achsschenkelträger hinter jedem Vorderrad je einer. Abschmieren mit sogenanntem Mehrzweckfett (siehe auch Seite 43). Dieses hat eine bräunlich-trübe Farbe. Steht nur »Hochdruck-Abschmierfett« zur Verfügung, das an seiner glasig-roten oder -blauen Farbe erkennbar ist, muß wesentlich öfter abgeschmiert werden. Am besten ist bei diesen Schmierstellen ein Mehrzweckfett mit Molybdändisulfid-Beimischung. Es ist zwar ziemlich teuer, aber man braucht jeweils nur wenig, und die Lager werden intensiv vor Verschleiß geschützt.

Vor dem Durchschmieren Wagen anheben, damit Vorderräder frei hängen, Achsschenkellager entlastet sind und dadurch gleichmäßig mit Fett befüllt werden können. Nippel mit Lappen säubern, damit kein anhaftender Schmutz eingepreßt wird. So viel Fett einpressen – **dabei** Lenkung bewegen lassen, damit sich Lager »lockert« –, **bis** sich unten am Achsschenkel dikker Fettkragen bildet. Dies ist das verbrauchte Fett, welches gleichzeitig gegen Spritzwasser schützen soll. Diesen Fettkragen also nicht abwischen!

2. Lenkgestänge abschmieren

Betrifft nur Fahrzeuge bis Frühjahr 1964. Insgesamt 6 Schmiernippel, über die Gelenke der mittleren und der beiden äußeren Spurstangen verteilt.
Es ist das gleiche Mehrzweckfett wie zum Abschmieren der Achsschenkelträger vorgeschrieben.

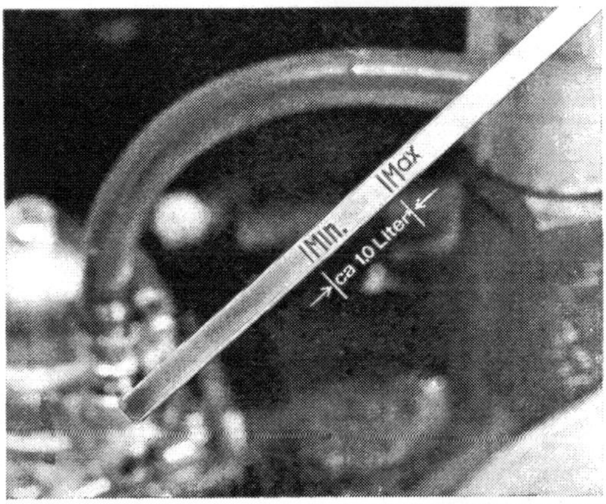

3. Motorölstand prüfen

Ölpeilstab im Motorraum auf der linken Seite des Motors neben der Kraftstoffpumpe. Ölstand nur genau zu ermitteln, wenn Motor mindestens einige Minuten still steht, sonst zeigt Ölpeilstab zu geringen Stand an, weil sich noch zu viel Öl im Schmierungskreislauf befindet.
Ölpeilstab herausziehen, mit sauberem Lappen – nicht Putzwolle oder Watte (Fasern!) – abwischen, nochmals bis zum Anschlag in den Motor stecken und wieder herausziehen. Peilstabspitze muß mindestens bis zur Markierung »MIN« mit Öl benetzt sein. Wenn Ölstand tiefer, dann Motoröl nachfüllen (Ölsorten siehe Seite 39). Überfüllung ist schädlich für Geldbeutel und Motor. Wenn Ölstand im Zwischenfeld, Nachfüllen nicht notwendig.

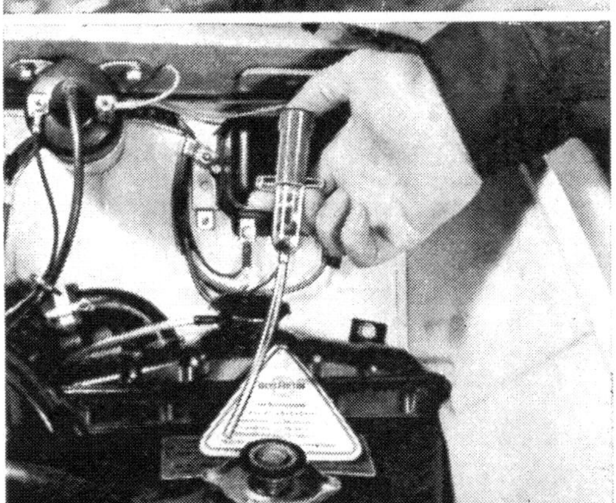

4. Kühlwasserstand prüfen

Kühlflüssigkeitsstand beim Fiat 600 nur etwa bis 5 cm unterhalb des oberen Einfüllstutzen-Randes. Wird ständig mehr nachgefüllt, läuft Überschuß bei Temperaturzunahme durch Überlaufrohr weg und verdünnt mit der Zeit eventuell vorhandenes Frostschutzmittel. Fiat 770 S mit Ausgleichgefäß, siehe Seite 52. Vor und während der kalten Jahreszeit Frostschutzfestigkeit prüfen. Am einfachsten mit »Glysantester« wie auf dem Bild. Dieser zeigt, ohne Rücksicht auf Temperatur der Kühlflüssigkeit, ob bis —25 ° C Frostfestigkeit besteht. Zubereitung frischer Frostschutzmischung im Kapitel »Winterschutz« auf Seite 154.

5. Keilriemenspannung kontrollieren

Durchrutschende lockere Keilriemen verschleißen durch Hitzeentwicklung und bewirken mangelhafte Leistung von Lichtmaschine und Kühlwasserpumpe. Zu stramm gespannte Keilriemen belasten die Lager von Lichtmaschine und Wasserpumpe einseitig und erhöhen deren Abnutzung. Richtige Spannung, wenn sich Keilriemen bei mäßigem Daumendruck um etwa 1 bis 1,5 cm durchdrücken lassen. Das Nachspannen der Keilriemen siehe Seite 70.

6. Säurestand der Batterie prüfen

Die 12-Volt-Batterie ist vorne unter der Bodenplatte des Kofferraumes zu finden. Gummimatte hochheben und Batterie-Schutzdeckel abschrauben, alle 6 Verschluß-Schrauben der 6 Batterie-Zellen aufschrauben. Batterieplatten müssen von Batteriesäure überflutet sein. Stehen sie teilweise trocken, ergibt sich Leistungsschwund und vorzeitiger Verschleiß der Batterie. Da nur Wasseranteil der Batteriesäure verdunstet, darf nur destilliertes Wasser – kein Leitungswasser und keinesfalls Batteriesäure! – nachgefüllt werden, bis Säure etwa 10 mm über den Platten steht.

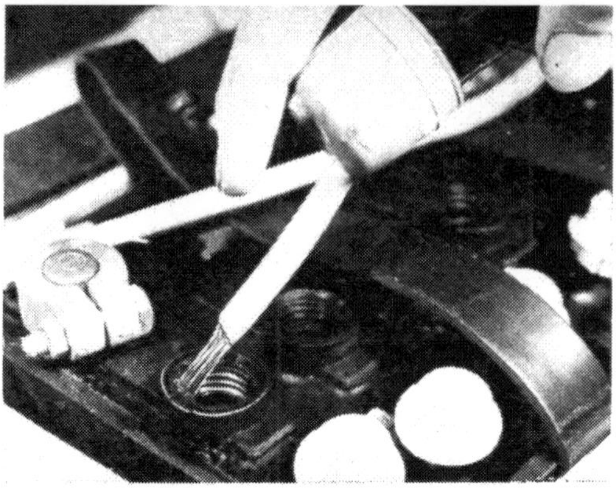

7. Scheibenwascherbehälter auffüllen

Vorratsbehälter der Scheibenwaschanlage hängt an Karosserie-Vorderwand neben Ersatzrad; deshalb im Winter stark frostgefährdet. Da Scheibenwascher gerade bei Matschwetter wichtig, im Winter stets auf Frostschutz des Waschwassers achten. Preiswert: Mischung 1:1 aus Wasser und Brennspiritus. Bewirkt allerdings keine zusätzliche Scheibenreinigung von Öldunst. Dafür entsprechendes Mittel zusetzen. Frostschutzmischung muß auf jeden Fall vor dem Einfüllen oder im Vorratsbehälter gründlich durchgemischt werden, sonst trennt sich die Füllung und Wasseranteil friert trotzdem ein.

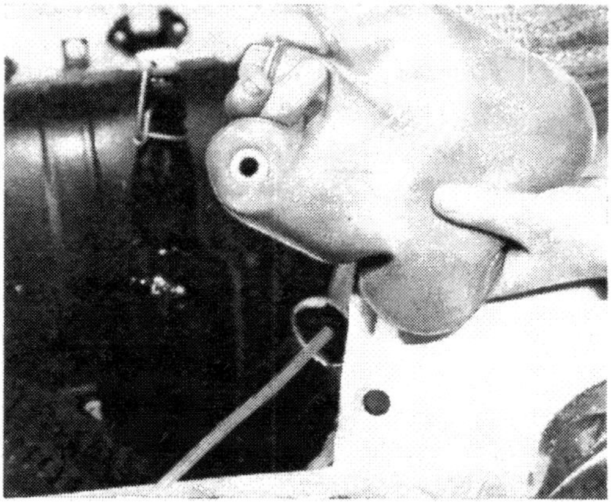

8. Reifendruck nachmessen

Prüfung des Reifendruckes bei jeder Tankung ist überflüssig, falls kein besonderer Verdacht auf Luftverlust besteht. Nachprüfung alle 2 Wochen genügt in der Regel.
Eigener Luftdruckprüfer empfehlenswert (Preis etwa 6,50 DM). Luftdruckmessung nur am kalten Reifen, da bei zügiger Fahrt durch Erwärmung Druckanstieg erfolgt. Dieser erhöhte Luftdruck darf nicht abgelassen werden; er ist für den Fahrbetrieb »einkalkuliert«. Der richtige Luftdruck: vorne 1,2 atü, hinten 1,6 atü. Vor flotter Autobahnfahrt Luftdruck um 0,2 atü erhöhen.

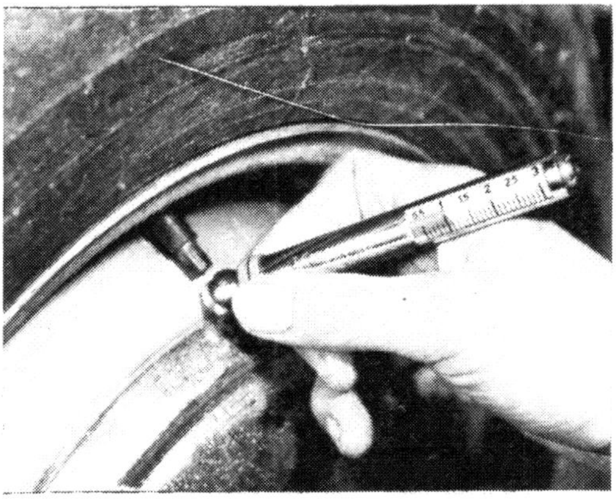

9. Lichtanlage kontrollieren

Eigentlich vor jeder Fahrt sollte geprüft werden, ob alle Lampen funktionieren: Scheinwerfer-Fernlicht, -Abblendlicht, Standlicht, Rücklicht, Nummernschildbeleuchtung, sämtliche Blinker, Bremslicht. Am besten geht dabei Helfer rund um den Wagen, während alle Lampen nacheinander geschaltet werden. Andernfalls kann man sich vom Funktionieren der Bremslichter auch auf einer hellen Wand überzeugen.

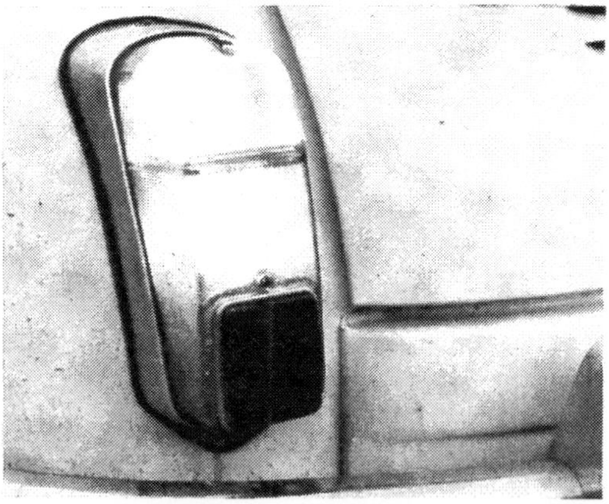

Ehrenwerte Schmiergelder

Wo bewegliche Teile aufeinander gleiten, gibt es Reibung. Reibung erzeugt einerseits Widerstand und andererseits Wärme. Beides kostet Kraft und nutzt Material ab. Reibung ist also zumeist unerwünscht, von Bremse und Kupplung einmal abgesehen.
Um Kraftverschwendung und unerwünschte Hitzeentwicklung zu vermeiden, müssen demnach bewegliche metallische Teile möglichst leicht aufeinander gleiten. Dazu bringt man eine Schicht zwischen diese, die sich ihren Bewegungen und ihrer Oberfläche anpaßt und die Teile trennt. Diese Schicht besteht zumeist aus Schmierstoffen, aus Öl oder Fett. Fett ist nur in festere Form gebrachtes Öl. Ob man Fett oder Öl nimmt und welche spezielle Sorte es jedesmal sein muß – denn es gibt hunderterlei Sorten Fette und Öle zum Schmieren –, das hängt weitgehend ab von der Geschwindigkeit der gleitenden Teile, von den dort auftretenden Temperaturen und Drücken, sowie von den äußeren Einwirkungen, etwa Wasser oder Schmutzteilchen. Außerdem bekommen die Schmierstoffe an manchen Stellen noch besondere Aufgaben, z. B. Kühlung heiß werdender Teile, Abdichtung gegen Gase, Wasser oder Schmutz, Beseitigung von Abriebteilchen und Verbrennungsrückständen und anderes.
Es ist klar, daß bei diesen vielfältigen Aufgaben, die an den verschiedenen Schmierstellen ganz unterschiedlich zu bewältigen sind, mit einer x-beliebigen Schmierstoffsorte nicht auszukommen ist. Motoröl im Getriebe würde dieses genauso zerstören, wie Getriebeöl den Motor. Auch mit feinstem Salatöl wäre, weil es kein mineralisches Öl ist, Ihrem Fiat kaum gedient.

Motoröl wechseln
Pflegearbeit Nr. 10

Nach Pflegeplan ist der Wechsel des Motoröls alle 10 000 km oder spätestens nach je 6 Monaten vorgesehen. Da es sicherlich nicht allzuviele Fiat 600 gibt, die innerhalb eines halben Jahres 10 000 km auf den Tacho kriegen, ist in der Praxis also der Ölwechsel bereits nach einigen tausend Kilometern – jedenfalls weniger als 10 000 – fällig. Bei Vielfahrern hält das Motoröl 10 000 km ohne weiteres aus. Bei Wenigfahrern ist trotzdem der halbjährliche Ölwechsel empfehlenswert, weil Motoröl mit der Zeit »altert« und besonders bei viel Kurzstreckenfahrten (unterkühlter Motorbetrieb) mehr Verunreinigungen – Kraftstoffkondensat, Wassertröpfchen usw. – anfallen. Abgesehen davon sind sowieso im Sommer und Winter unterschiedliche Ölsorten vorteilhafter.
Diese Regelung, den Ölwechsel alle 10 000 km oder spätestens alle halbe Jahre vorzunehmen, ist bei Fiat seit März 1963 in Kraft. Vorher wurden pauschal 5000 km empfohlen. Die Neuregelung ist aber auch für alle älteren Fiat-Wagen gültig, denn sie war unter anderem durch Qualitätsverbesserungen der Motorenöle möglich.

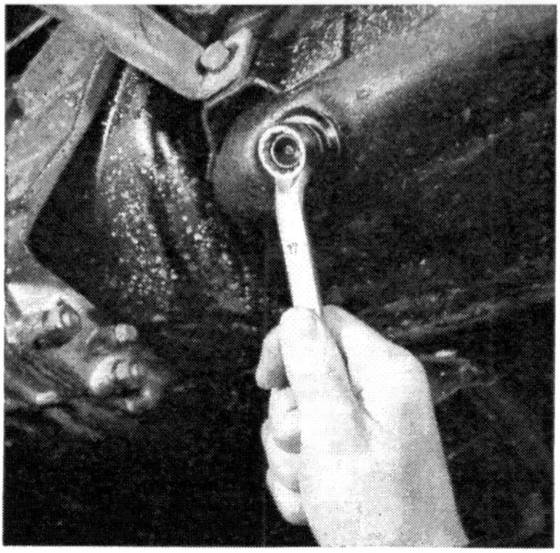

Die Ölablaß-Schraube findet sich – in Fahrtrichtung gesehen – links unten am vorderen Ende der Ölwanne (vom Motor aus gesehen ist dies das hintere Ende) in Richtung auf das linke Hinterrad. Die Ölablaß-Schraube hat die Schlüsselweite 17. Zum schonenden Heraus- und Hineindrehen der Ablaß-Schraube ist ein Ringschlüssel (wie auf dem Bild) besser als ein Gabelschlüssel. Beim Hineindrehen der Schraube darf keine Gewalt angewendet werden, sonst wird ihr konisches Gewinde beschädigt.

Diese Verdoppelung der Ölwechsel-Fahrtstrecke auf eine recht runde Kilometerzahl deutet schon an, daß wegen der sehr unterschiedlichen Beanspruchungsbedingungen der Fahrzeuge die Empfehlung über den Daumen gepeilt werden mußte. Denn an sich stecken in den heutigen HD-Motorenölen, die allein für den modernen Motorbetrieb in Frage kommen, recht ordentliche Reserven, die auch eine längere Lebensdauer ermöglichen würden. Dabei müßte allerdings vorausgesetzt werden, daß der Wagen, auch wenn er nur feiertags »angespannt« wird, flotte Bewegung erfährt, denn Fahr-Bummelei mit dadurch unterkühlten Motor beansprucht nicht nur den Motor überdurchschnittlich, sondern auch das Motoröl. Pünktlicher Ölwechsel ist allerdings dringend erforderlich, wenn der Wagen unter sogenannten »erschwerten Bedingungen« gefahren wird. Das sind Kurzstreckenverkehr – beispielswiese täglich nur ein kurzer Weg zur Arbeitsstelle, Benutzung als Botenfahrzeug in der Großstadt –, häufiger Kaltstart, winterlicher Stadtverkehr, staubige Feldwege und dergleichen. »Erschwerte Bedingung« ist dagegen niemals eine flotte Autobahnfahrt! Sie macht dem Motor, entgegen viel verbreiteter Meinung nicht viel aus und auch das Motoröl wird bei flotter Autobahnfahrt nur wenig »abgenutzt«. Da muß man also nicht ruckartig zur nächsten Tankstelle oder Fiat-Werkstatt einschwenken, wenn die 10 000-km-Marke auf dem Tacho erscheint.

Ölwechsel-Probleme

Man kann dem Motorölwechsel in der Fiat-Werkstatt, an der Tankstelle oder zu Hause machen. Wir ziehen im allgemeinen die Tankstelle vor. Das hat eine Reihe von Gründen.

1. Das Motoröl soll warm gewechselt werden, damit aller Schmutz gut ausläuft. An Werkstätten muß der Wagen oft lange warten, bis er drankommt. Inzwischen ist das Motoröl kalt geworden und schwemmt nicht allen Schmutz heraus. An Tankstellen hat man dagegen oft schon nach wenigen Minuten Zeit für diese Arbeit.

2. Wenn Sie Motoröl nicht durch gute Beziehungen billiger kaufen können und es von der Tankstelle beziehen, kostet es den gleichen Preis, ob der Ölwechsel an der Tankstelle oder zu Hause gemacht wird. Die eigentliche Arbeit des Ölwechsel wird an den Tankstellen nicht berechnet. Man kann sich also die Mühe zu Hause sparen.

3. Beim Ölwechsel fällt Altöl an. Wohin damit? In die Kanalisation schütten oder im Garten vergraben darf man es nicht. Das kostet wegen des Grundwasserschutzes Strafen. Nicht mal zum Einpinseln der Wagenunterseite gegen

Rost taugt das Altöl, da es rostfördernde Säuren enthält. Allenfalls können Sie es zum Imprägnieren hölzerner Gartenpfähle verwenden. Bei der Tankstelle ist das Altöl aber besser aufgehoben.
Wenn man jedoch den Ehrgeiz hat, es selbst zu machen, dann werden benötigt:
- 3,25 Liter Motoröl (verwendbare Ölsorten auf Seite 39)
- eine neue Ölfilterpatrone, falls Motor damit ausgestattet ist (verwendbare Typen auf Seite 38)
- Schraubenschlüssel SW 13 (bei älteren Fahrzeugen SW 14) zum Öffnen des Filtertopfes, falls der Motor damit ausgestattet ist.
- Schraubenschlüssel SW 17 zum Öffnen und Schließen der Ölablaß-Schraube
- Gefäß zum Auffangen des Altöles.

Wagen aufbocken; hinten aufbocken genügt, da Ölablaßschraube am vorderen Ende der Ölwanne unten in Richtung auf linkes Hinterrad. Wanne oder sonstiges Gefäß zum Auffangen des Altöles unterschieben, Ablaßschraube öffnen, Öl auslaufen lassen. Ölfiltertopf (falls der Motor damit ausgestattet ist) am Motorblock rechts oben hinter der Lichtmaschine mit Schraubenschlüssel öffnen, alten Filtereinsatz herausnehmen und wegwerfen. Wenn alles Altöl ausgelaufen ist, Ölablaßschraube wieder einsetzen, aber nicht mit Gewalt festdrehen, sonst wird das konische Gewinde der Schraube und ihrer Führung beschädigt.

Ölfilter-Patrone wechseln
Pflegearbeit Nr. 13

Nicht an allen Motoren des Fiat 600 und des NSU/Fiat Jagst ist der Ölfiltertopf zu finden. Bis 1960, bis zur Vergrößerung des Motors auf 767 ccm Hubraum, besorgte er allein die Ölfilterung. Dann übernahm bei dem größeren Motor das Ölschleuderfilter vorne auf der Kurbelwelle diese Aufgabe, aber auch nur für einige Monate, danach war der Ölfiltertopf zusätzlich mit dabei. Nun ist er wieder verschwunden, seit Januar 1966 fehlt er, aber er ist ohne weiteres an dem entsprechenden Flansch (siehe Bild Seite 204) zu montieren, wenn staubige Straßenverhältnisse oder sonstige überdurchschnittliche Ölverschmutzung dies erforderlich machen.

Wie oft Filterpatronenwechsel?

Es geht also am Fiat 600 auch ohne Ölfilter. Das darf aber niemand verleiten, nun einfach die Filterpatrone aus dem Filtertopf zu werfen und diesen leer zu lassen. Weil die »Bremse« der im Öl-Nebenstrom liegenden Filterpatrone

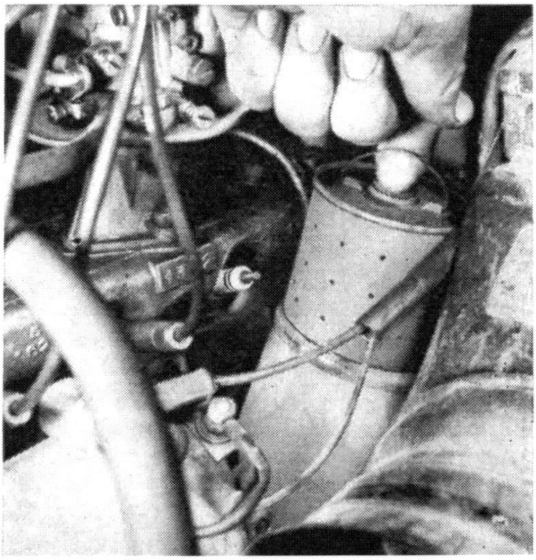

Ab Anfang 1966 fehlt das Ölfilter am Motor des Fiat 600 und Jagst und das Ölschleuderfilter vorne auf der Kurbelwelle bekümmert sich alleine um die Reinhaltung des Motoröles. Obgleich es also auch ohne dieses Nebenstromölfilter geht, darf der Wechsel der Filterpatrone doch an jenen Motoren, an welchen es angebaut ist, nicht versäumt werden. Die Filterpatrone hat, wie auf dem Bild sichtbar, oben eine Drahtschlaufe, an der sie aus dem Filtertopf gezogen werden kann. Zur Demontage des Filtertopfdeckels wird ein Schraubenschlüssel SW 13 (bei älteren Motoren SW 14) benötigt.

fehlte, würde die Ölpumpe dort alles Öl widerstandslos hineinpumpen und für alle Schmierstellen würde der notwendige Öldruck fehlen. Allenfalls darf man, allerdings mit schlechtem Gewissen, als Fahrer vorwiegend langer Strecken vielleicht das Wechseln der Filterpatrone etwas hinauszögern. Für Kurzstreckenfahrer ist dies jedoch keineswegs empfehlenswert, da sich durch Kurzstreckenbetrieb mehr Rückstände und Fremdstoffe im Motoröl ablagern. Jedoch brauchen Kurzstreckenfahrer, welche alle 6 Monate das Motoröl wechseln sollten, obgleich die nächste 10 000-km-Marke noch nicht erreicht ist, nicht bei jedem ihrer kurzfristigen Ölwechsel auch die Filterpatrone auszutauschen, sondern können warten, bis die nächste 10 000-km-Marke wirklich erreicht ist.

Wer es immer wieder »vergißt«, die Filterpatrone zu wechseln, sollte zumindest einmal feststellen, ob die Filterpatrone überhaupt noch mitspielt. Dazu den über Nacht völlig abgekühlten Motor starten, einige »Anwärm-Runden« drehen und mit den Fingern fühlen, ob außer Zylinderblock und Kühler auch der Filtertopf warm geworden ist. Verhält er sich kühl, ist der Öldurchgang völlig verstopft und die Filterpatrone muß schleunigst gewechselt werden. Die dadurch bereits bewirkten Druckstörungen im Schmiersystem können, abgesehen von der ausgefallenen Motorölfilterung, auf die Dauer zu Motorschäden führen.

Die zum Motor des Fiat 600 und NSU/Fiat Jagst passende Ölfilterpatrone (Preis etwa 4,50 DM) ist nicht nur bei Fiat-Werkstätten, sondern auch in Auto-Zubehörgeschäften unter den folgenden Bezeichnungen zu kaufen:

- Mann-Filter PF 826 n
- Knecht-Filter ENT 233
- Hengst-Filter E 10.12
- Fram-Filter C-952
- Purolator-Filter PM 3014, für Fiat 770 S Li 3613

Filter mit gleichem Marken-Namen aber anderen Kennziffern sind nicht verwendbar.

Motorenöle

Abschließend wird das frische Motoröl in den Einfüllstutzen oben auf dem Zylinderkopfdeckel eingefüllt. Nun sind 3,25 Liter eine etwas »krumme« Menge, wenn das Öl nicht gerade an einer Tankstelle aus einem Ölabgabe-Durchlaufzähler fließt. Ansonsten gibt es die verwendbaren Ölsorten zumeist in 1-Liter-Öldosen zu kaufen und irgendwelche Viertelliterchen aus schon geöffneten Ölbüchsen sind nicht immer sehr vertrauenswürdig. Deshalb genügt es durchaus, wenn lediglich 3 Liter beim Ölwechsel eingefüllt werden. Die »Maximum«-Peilstabmarke wird dabei nicht ganz erreicht – diese Ölpeilstabprüfung zum Schluß nicht vergessen! –, aber das Nachfüllen kann man sich aufsparen, bis später einmal ein ganzer Liter bei Erreichen der »Minimum«-Marke fehlt.

Verwendbare Ölsorten

Jeder Metzger lobt seine eigene Wurst; das ist sein gutes Recht. Und deshalb ist auf dem Deckel des Öleinfüllstutzens »Olio Fiat« eingeprägt, auch dessen fleißige Erwähnung in der Betriebsanleitung ist nicht vergessen. Daran muß man sich nicht unbedingt halten. Was Fiat als Olio Fiat der VS-Reihe oder Multigrado anbietet, entspricht den hochgesteckten, international anerkannten amerikanischen Prüfvorschriften der Klasse MS (= Motor severe = Motor schwer). Zumeist findet man diese Öle hierzulande nach der früheren amerikanischen Klassifizierung als »HD-Öle« bezeichnet. HD bedeutet »Heavy Duty« = schwere Beanspruchung. Auf der Öldose, die Sie erwerben oder auf dem Faß, aus dem Sie sich Motoröl für Ihren Fiat abfüllen lassen, muß also irgendwo deutlich HD oder Typ MS eingeprägt oder aufgemalt sein. Motoröl, das keine dieser Bezeichnungen hat – lassen Sie sich vom Tankwart nicht bereden, sein Öl sei genau so gut –, ist in der Regel »unlegiertes Öl« und für Ihren Fiat nicht das richtige. Unlegiertes Öl kann nicht, wie es das HD-Öl zuwege bringt, Schmutzteilchen in der Schwebe halten. Motoren, die mit unlegiertem (billigem) Öl gefahren werden, haben inwendig Schmutzkrusten, bei Motoren mit HD-Öl sind nach dem Ablassen alle inneren Winkel blitzsauber.

Unlegiertes Öl wird zumeist lose aus den Ölkabinetten verkauft, an Tankstellen nennt man es deshalb »offenes Öl«. Es kostet etwa 2,30 DM pro Liter. Wir möchten, genau wie Fiat, davon abraten. Die nachfolgenden Ölsorten entsprechen dagegen den Fiat-Empfehlungen:

Bezeichnung	Viskosität	Eignungsbereich	Preis pro Liter
HD-Öl für Otto-Motoren	SAE 20 W/20	Winter zwischen 0 °C und — 15 °C	3.35–4.75 DM
HD-Öl für Otto-Motoren	SAE 30	Sommer und Übergangs-Jahreszeiten über 0 °C	3.35–4.75 DM
HD-Öl für Diesel-Motoren	SAE 20W/20	Winter zwischen 0 °C und — 15 °C	2.85–3.80 DM
HD-Öl für Diesel-Motoren	SAE 30	Sommer und Übergangs-Jahreszeiten über 0 °C	2.95–3.40 DM
Mehrbereichs-HD-Öl (Multigrado)	SAE 10 W-30	ganzjährig	4.80–6.50 DM

Für sehr tiefe Wintertemperaturen unter dauernd –15 °C empfiehlt Fiat Motoröl der Viskosität SAE 10 W und für sehr heißen Sommer mit Dauertemperaturen über 30 °C solches der Viskosität SAE 40 beziehungsweise Mehrbereichs-HD-Öl SAE 20 W – 40. Aber das sind klimatische Bedingungen, die für uns in Mitteleuropa nicht gelten und nur bei Sommer-Süd-Reisen und Winter-Nordland-Fahrten beachtet werden müssen.

Preisgünstig: HD-Öl für Dieselmotoren

Vielleicht wundern Sie sich, daß in der ersten Spalte der Tabelle auch »HD-Öle für Dieselmotoren« erscheinen. Betrachten Sie daraufhin die letzte Spalte: HD-Diesel-Motorenöle sind besonders preiswert. Sie haben aber alle guten Eigenschaften wie die HD-Öle für Ottomotoren. Sie sind nur aus marktpolitischen Gründen billiger, allerdings auch nicht an allen Tankstellen zu haben. Man bekommt sie jedoch bestimmt an Tankstellen mit Dieselzapfsäule. Ein-Liter-Dosen dieser Ölsorte gibt es auch nicht immer, sondern zumeist wird für 2,40 DM oder 2,60 DM pro Liter aus dem Faß abgefüllt.

Ölviskosität

Die zweite Spalte gibt die Viskosität, die Zähflüssigkeit des Öles an, d. h. hier wird durch Zahlenwerte angegeben, ob ein Motoröl schneller oder langsamer aus einem Röhrchen gleichen Durchmessers fließt, ob es also dick- oder dünnflüssiger ist. Diese Frage ist ebenfalls international von der amerikanischen »**S**ociety of **A**utomotive **E**ngineers« genormt und ihr zu Ehren werden die Zähflüssigkeitsklassen mit SAE und einer Zahl dahinter bezeichnet. Je kleiner die Zahl ist, um so dünnflüssiger ist das Öl. Dünnflüssiges Öl ist für den Winter bestimmt, deshalb SAE 10 W. Das »W« am Schluß bedeutet zusätzlich »Winter« –, etwas dickflüssigeres Öl ist bei manchen Motoren als »Winteröl«, bei anderen als »Sommeröl« geeignet; deshalb die gemischte Bezeichnung SAE 20 W/20. Und SAE 30 oder SAE 40 sind eindeutig Sommeröle, das »40er« Öl praktisch nur für tropische Gegenden.

Mehrbereichsöle

Bei den bisher erwähnten Ölen handelte es sich um »Einbereichsöle«. Eine Sonderstellung nimmt das Motoröl SAE 10 W-30 ein. Es ist ebenfalls ein HD-Öl, aber zusätzlich ein sogenanntes Mehrbereichsöl. Es kann immer dann verwendet werden, wenn Öle von SAE 10 W, SAE 20 W/20 oder SAE 30 vorgeschrieben sind. Es kann also Sommer und Winter im Motor bleiben. Die Tankstellen und Werkstätten bieten es besonders gerne an, weil es – siehe letzte Spalte – besonders teuer ist und deshalb auch den besten Verdienst bringt. Aber es ist Ihr Geld, das Sie in Mehrbereichsöl nur dann gut anlegen, wenn Sie mit Ihrem Fiat so wenig fahren, daß der nächste Ölwechsel bestimmt in jene Jahreszeit fällt, für welche eine andere Ölviskosität vorgeschrieben ist.

Genau genommen handelt es sich bei den Mehrbereichsölen um dünnflüssige Öle, denen spezielle chemische Zusätze beigegeben sind. Diese »quellen« bei höheren Temperaturen, verhindern also, daß das Öl bei hohen Temperaturen zu dünnflüssig wird, wodurch es seine Schmierfähigkeit verlieren könnte. Viele Autofahrer machen die Erfahrung, daß der Ölverbrauch mit Mehrbereichsöl etwas höher ist. Die Ursache liegt anscheinend in seiner Dünnflüssigkeit bei allen Temperaturen.

Temperaturbereiche

Die dritte Spalte unserer Tabelle auf Seite 39 gibt an, für welche Temperaturbereiche das Motoröl in Ihrem Fiat bestimmt ist, denn diese Temperaturbereiche sind nicht von den Ölsorten und deren Viskosität, sondern von den Motorkonstruktionen abhängig. Zwar wird man im Winter das dickflüssige »30er« Öl nicht nehmen, denn der vom steifen Öl verklebte Motor springt dann nur mit großer Anstrengung des Anlassers an, aber umgekehrt schadet es gar nichts, wenn das »Winteröl« SAE 20 W/20 auch noch zu Ostern im Motor ist. Man muß nicht sogleich zum nächsten Ölwechsel eilen, wenn das Thermometer über oder unter die Null-Marke klettert.

Die letzte Tabellen-Spalte sagt, was das Öl kostet. Die Preise sind von Marke zu Marke etwas unterschiedlich – das teurere Öl gleicher Sorte muß aber deshalb nicht entsprechend besser sein. Der Preis richtet sich da nämlich auch nach dem Marktwert der Ölmarke – ein besonders zugkräftiger Name läßt sich halt teurer verkaufen. Kein Vorwurf, in hundert anderen Markenartikel-Branchen ist es genauso.

Unterwegs Öl nachfüllen

Wenn Sie durch Ölverbrauch Motoröl nachfüllen müssen – das ist erst wirklich notwendig, wenn der Ölstand bis zur Minimum-Marke abgesunken ist –, dann nehmen Sie am besten die gleiche Marke, die Sie zum Ölwechsel gewählt haben. Sie haben dann das beruhigende Gefühl, bei einem überraschenden Motorschaden bei der treu beanspruchten Ölfirma anklopfen zu können, um feststellen zu lassen, ob vielleicht mit der Motorschmierung oder gar dem Öl irgend etwas nicht stimmte. Das ist allerdings nur wirklich selten der Fall, und in diesen seltenen Fällen zeigen die Mineralölfirmen auch zweifellos Kulanz. Aber sonst lassen sich alle HD-Ölsorten und HD-Ölmarken fröhlich durcheinander mischen. Diese Mischbarkeit ohne schädliche chemische oder sonstige Folgen ist eine Grundforderung der internationalen Öl-Normen. An Tankstellen erzählt man es gerne anders. Glauben Sie uns trotzdem. Es empfiehlt sich sogar, beim eventuell notwendigen Nachfüllen bei hartem Frost das dünnere Winteröl SAE 10 W zum »20er«-Öl im Motor zu nehmen. Ein Mehrbereichsöl erhält man dadurch zwar nicht, aber die Ölfüllung ist doch besser den Start-Temperaturen angepaßt.

Fingerzeige: *Lassen Sie sich nicht ängstlich machen: Echtes HD-Öl wird schon nach kurzer Laufzeit dunkel. Das beweist nur, daß es richtig »arbeitet« und den anfallenden Schmutz in der Schwebe hält. Es ist jedoch kein Zeichen dafür, daß das Öl gewechselt werden müßte.*

Geld läßt sich sparen, wenn beispielsweise nach 1000 km der nächste Ölwechsel fällig wäre und der Ölspiegel steht an der Minimum-Marke. Anstatt nun einen Liter teures Öl in den Motor zu geben, das alsbald doch wieder rausfließen muß, ist es besser, den ganzen Ölwechsel einfach vorzuverlegen. Die fehlenden 500 oder 1000 km können Sie beim nächsten Ölwechsel dann wieder zulegen, denn im heutigen HD-Öl stecken noch durchweg gute Reserven für längere Haltbarkeit.

Im Sommer und bei Langstreckenfahrten wird das Motoröl verhältnismäßig wenig beansprucht. Dagegen wird es stark hergenommen bei Winterfahrten und vor allem im Kurzstreckenverkehr, wenn der Motor keine Zeit zum Warmwerden hat. Es ist also gerade anders als manche Leute meinen, die sich nach einer langen Autobahnfahrt im Sommer besorgt das Öl wechseln lassen. Unterkühlter Motorbetrieb belastet das Öl dagegen mit vielen Verbrennungsrückständen, kondensiertem Kraftstoff und Kondenswasser. Deshalb ist pünktlicher Ölwechsel im Winter wichtiger als im Sommer.

Von etlichen Firmen werden Zusatzmittel zum Motoröl angeboten. Bei diesen unterscheidet man zwei grundsätzlich verschiedene Sorten: Öllösliche Chemikalien und unlösliche »Festschmierstoffe«. Vor den öllöslichen Zusatzmitteln kann man nur warnen! Denn in den HD-Ölen gibt es als Legierung bereits chemische Zusätze, die durch weitere Chemikalien zu »scharf« oder in ihrer nützlichen Wirkung behindert werden können. In unlegierten Ölen können sie vielleicht brauchbar sein, aber unlegierte Öle fährt man nicht mehr, und mit solchen Zusätzen sind sie genau so teuer (oder noch teurer) wie HD-Öle. Dann lieber gleich ein bewährtes HD-Öl, denn ein Autofahrer ist ja kein Öl-Versuchsingenieur. Also nur wer seinem Geld böse ist, gibt für so etwas Geld aus (nur der Aufkleber fürs Auto ist kostenlos).

Gegen die ölunlöslichen Zusätze, die meist aus fein pulverisiertem Molybdändisulfid (Molykote und Liqui Moly) bestehen, ist heute nicht mehr viel einzuwenden. Ob aber die Kosten für solche Zusatzmittel entsprechende Ersparnisse im Fahrbetrieb (weniger Reparaturen, weniger Benzin- und Ölverbrauch) bringen, ist schwer zu beweisen. Wir hatten den Eindruck, daß mit Molykote Super Motor Oil (da ist das Molybdändisulfid gleich in das HD-Mehrbereichsöl eingemischt) der Ölnachfüllbedarf geringer ist.

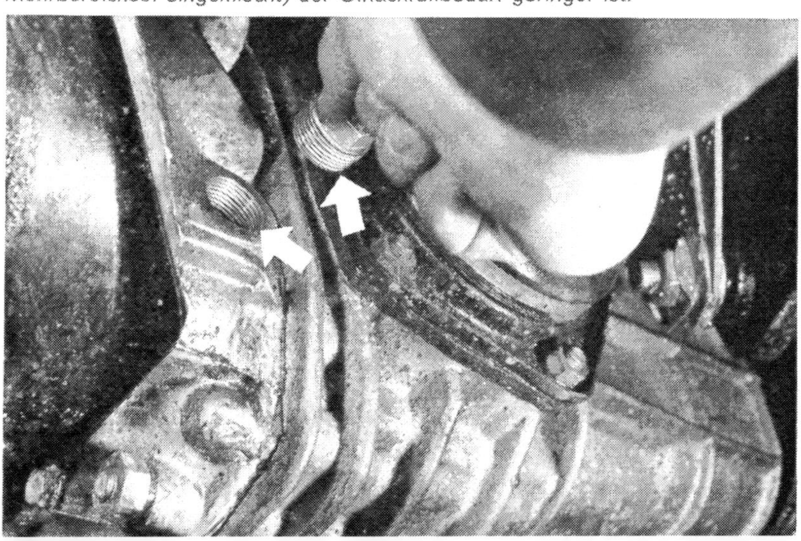

Die Ölstand-Kontroll- und Einfüll-Schraube des Getriebes sitzt – in Fahrtrichtung gesehen – an der rechten Seite des Getriebegehäuses, knapp hinter der rechten Antriebswelle. Die weißen Pfeile zeigen auf die herausgedrehte Schraube und auf die Kontroll- und Einfüllöffnung. Zur Ölstandkontrolle wird mit dem Zeigefinger in der Kontrollöffnung ertastet, ob das Getriebeöl, wie vorgeschrieben, bis zur Unterkante dieser Kontrollöffnung steht.

Ölstand im Getriebe prüfen
Pflegearbeit Nr. 11

An der rechten Seite in halber Höhe des Getriebegehäuses – in Fahrtrichtung gesehen –, knapp hinter der rechten Antriebswelle, sitzt eine Verschluß-Schraube mit Sechskant für Schlüsselweite 17. Diese Schraube mit Ringschlüssel öffnen und mit dem Zeigefinger in dieser Kontrollöffnung prüfen, ob das Getriebeöl bis zur Unterkante der Öffnung steht. Der Wagen muß dazu waagrecht aufgebockt sein, sonst zeigt die nicht in der Gehäusemitte liegende Kontrollöffnung zu viel oder zu wenig an. Fehlt es an Öl, mit der richtigen Ölsorte – siehe Abschnitt Getriebeölwechsel – an der Tankstelle ergänzen lassen. Zugleich muß geprüft werden, ob der an sich ungewöhnliche Ölverlust durch ein fugenundichtes Gehäuse verursacht wird. In diesem Falle wäre Werkstatt-Instandsetzung notwendig.

Getriebeölwechsel
Pflegearbeit Nr. 41

Für den alle 30 000 km fälligen Getriebeölwechsel gilt dasselbe wie für den Motorölwechsel: Am bequemsten geht es an der Tankstelle. Es kostet dort nur den Preis für das Getriebeöl (pro Liter 2,60 bis 3,85 DM). Noch ein Grund spricht für den Getriebeölwechsel an der Tankstelle: Zum Einfüllen des Getriebeöles braucht man ein gekrümmtes Rohr oder ein Stück dünnen Kunststoffschlauch, das in das kleine Einfülloch (es ist die gleiche Öffnung, die auch zur Ölstandkontrolle dient) paßt und noch Platz für die ausströmende Luft läßt. Das muß man sich erst zurechtbasteln. Mit der Getriebeölpumpe der Tankstelle geht es jedenfalls wesentlich schneller.
Aber für jene, die es doch nicht lassen können: Gebraucht werden

- 1,5 Liter Hypoid-Getriebeöl SAE 90 – das ist die hierzulande übliche Bezeichnung für die Fiat-Vorschrift W 90/M (SAE 90 EP)
- Ringschlüssel SW 17
- Gefäß zum Auffangen des Altöles
- Einfüllvorrichtung für das Getriebeöl (z. B. saubere Plastikflasche zum »Pumpen«)
- Geduld beim Einfüllen

Wagen sollte warm gefahren sein, damit das Altöl zum leichteren Ausfließen dünnflüssig ist. Fahrzeug aufbocken (Waagrecht, damit alles Öl ausfließen kann und Befüllung nachher stimmt!), Gefäß für Altöl unterschieben, Boden-Schraube am Getriebegehäuse und Einfüll-(Kontroll-)Schraube an der rechten Gehäuseseite lösen. Warten, bis Altöl abgelaufen ist und derweilen die beiden Verschluß-Schrauben reinigen. Wer nun ein Übriges tun will, kann die Bodenschraube wieder mit der Hand eindrehen und etwa einen halben Liter Petroleum zur Getriebereinigung seitlich in das Gehäuse spritzen. Frei hängende Hinterräder von Hand drehen, damit Getrieberäder durch das Petroleum laufen und danach Petroleum ablaufen lassen, bis es auch bei Raddrehung nicht mehr tropft. Nun Bodenschraube fest eindrehen, aber nicht zu fest »anknallen«, da konisches Gewinde sonst beschädigt wird. Getriebeöl behutsam einfüllen. Damit es leichter fließt, kann man es vorher erwärmen. Es kommt nicht so sehr darauf an, daß die vorgeschriebene Ölmenge genau eingefüllt wird, sondern daß das Öl gerade aus der Einfüllöffnung zu laufen beginnt, also bis zu deren Unterkante steht. Zuletzt Einfüllschraube eindrehen.

Fingerzeig: *Es gibt zwei grundsätzlich verschiedene Getriebeöl-Sorten: »Normales« Getriebeöl und Hypoid-Getriebeöl. Keines davon ist besser oder schlechter als das andere, sondern beide sind jeweils für besondere Getriebearten bestimmt. Viele andere Fahrzeuge sind äußerst empfindlich dagegen,* *wenn die falsche Sorte eingefüllt wird; es führt oft zu Getriebeschäden. Beim Fiat 600 ist dies nicht so tragisch, denn sein Getriebe hat keine außergewöhnlich großen Kräfte zu übertragen, so daß auch das »normale« Getriebeöl passen würde. Damit die Fiat-Händler jedoch eine einfachere Lagerhaltung haben, sind grundsätzlich alle Fiat-Getriebe für Hypoid-Getriebeöl eingerichtet (was leistungshohe Fiat-Wagen auch unbedingt brauchen). Deshalb sind auch die Getriebedichtungen des Fiat 600 Hypoid-Getriebeöl-fest; was bei anderen Wagen oft nicht der Fall ist. Es ist also nicht tragisch beim Fiat 600 oder 770 S, wenn aus Versehen »normales« Getriebeöl nachgefüllt oder eingefüllt wurde. Nur die Viskosität SAE 90 muß es auf jeden Fall haben, sonst ist das Öl zu dünn- oder zu dickflüssig für dieses Getriebe.*

Das richtige Abschmierfett

Pflegearbeit Nr. 1 und 2

Fiat schreibt zum Abschmieren der Achsschenkelträger und des Lenkgestänges (am Fiat 600 bis Frühjahr 1964) »Fiat-Fett Jota 1« vor. Das ist ein sogenanntes »Mehrzweckfett« auf Lithium-Seifen-Basis. Natürlich ist auch das Mehrzweckfett jeder anderen zuverlässigen Mineralölmarke zu verwenden. Kilo-Dose etwa 3,50 bis 4 DM (Grassiofiat Jota 1 kostet 4 DM). Besonderes Kennzeichen des Mehrzweckfettes: bräunlich-trübe Farbe.

Wird Ihnen rotes oder blaues glasiges Abschmierfett angeboten, dann ist dies kein Mehrzweckfett, sondern ein billigeres Kalkseifenfett. Es ist zwar auch zum Abschmieren dieser Schmiernippel am Fiat geeignet, weil es ebenfalls wasserabstoßend ist. Das ist bei diesen dem Spritzwasser ausgesetzten Schmierstellen besonders notwendig. Wenn Sie solches rotes oder blaues Abschmierfett benutzen wollen, genügt das für Mehrzweckfett vorgesehene Abschmier-Intervall von 2500 km nicht; Sie müssen doppelt so oft abschmieren, denn Kalkseifenfett hat nicht die Dauerleistung von Lithium-(Mehrzweck-)Fett.

Nach unserer Erfahrung ist schließlich das schwarzgraue Mehrzweckfett mit Molybdändisulfid-Beimischung am besten, beispielsweise »Molykote Fett BR 2–S« oder »Liqui-Moly Kfz 3«. Es ist im Preis zwar doppelt so hoch, aber man braucht ja nicht viel und hat durch das Molybdändisulfid einen zusätzlichen Festschmierstoff in die Lagerstellen eingepreßt, der länger Stand zu halten vermag, wodurch der Verschleiß geringer gehalten wird. Solches Fett wird auch zur Dauerschmierung der wartungsfreien Gelenke verwendet.

Das Abschmieren wird neben dem Ölwechsel sehr oft »vergessen«. Viele Autofahrer wissen nicht, daß es mindestens ebenso wichtig wie regelmäßiger Ölwechsel ist, denn in der Schmierung vernachlässigte Gelenke rächen sich durch hohen Verschleiß, bekommen dadurch zu viel Spiel, was sich in ungenauer Lenkung und flatternden Vorderrädern auswirkt. Und dies hinwiederum bewirkt einen enormen Reifenverschleiß. Erhöhter Reifenverschleiß kann also durchaus im »vergessenen« Abschmieren seine Ursache haben. Damit die Gelenke vor allem dort eine frische Fettschicht erhalten, wo Teile bei Belastung aufeinander reiben, müssen die Vorderräder beim Abschmieren frei hängen und die Lenkung während des Abschmierens ständig bewegt werden. Nur so kommt frisches Fett an die schmierwichtigsten Punkte. Nicht verwenden dürfen Sie zum Abschmieren der Achsschenkelträger und des Lenkgestänges sogenanntes Wälzlager- oder Heißlagerfett. Es ist in der Regel von honiggelber Farbe, kann hohe Temperaturen aushalten, ohne darin flüssig zu werden, ist jedoch nicht wasserbeständig, da es nur in wasserdichten Lagerstellen eingesetzt werden soll. Solches Fett würde in den Vorderachs-Schmier-

Gelegentlich ist auch der Gaszug für einige Tropfen Öl dankbar. Dazu Rückholfeder (2) aus ihrer Halteöse (2) und Verbindungsstange (1) zum Vergaser aushängen, damit Seilzug entspannt ist. Dann Gummimuffe an der Eintrittsöffnung des Seilzuges in die Bowdenzug-Hülle zurückstreifen, damit etwas Öl in letztere kriechen kann. So wird das Einrosten und im Winter das Einfrieren des Seilzuges verhindert und seine Leichtgängigkeit erhalten. Die Bowdenzug-Hülle wird in einem Widerlager gehalten (3), das mit einem Winkelstück an die Zylinderkopfhaube geschweißt ist.

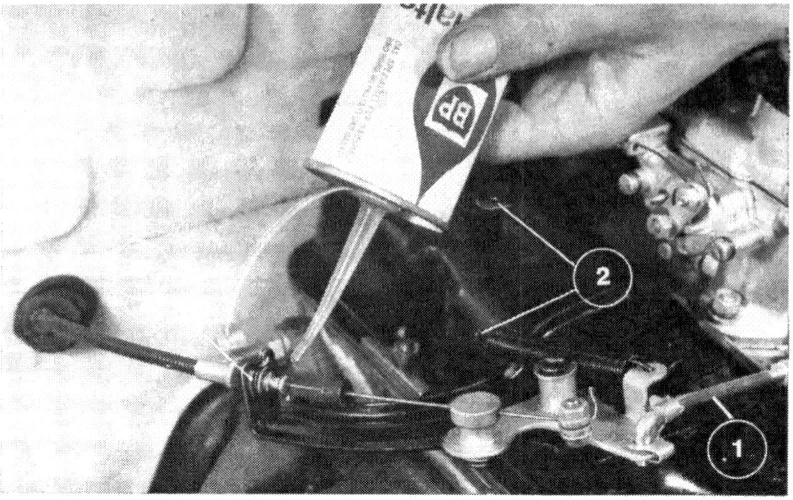

stellen des Fiat 600 sehr bald mit Spritzwasser emulgieren und seine Schmierfähigkeit dabei verlieren.

Schlösser und Scharniere pflegen

Pflegearbeit Nr. 31 und 35

Haubenverschlüsse, Scharniere und Türschlösser, die nicht rosten, klappern oder klemmen sollen, brauchen ein wenig Fett. Sie können auch das Ölkännchen mit Motoröl dazu nehmen, es kommt nicht so genau darauf an, denn diese Schmierstellen sind anspruchslos. Wichtiger ist, daß Sie sich später nicht Hände oder Anzug beschmutzen, wenn Sie einmal an diese Schmierstellen streifen. Öl ist also vielleicht günstiger – es darf sogar Fahrradöl oder »Haushaltsöl« sein, wie man es in kleinen Spritzkännchen zu kaufen bekommt. Und ganz sparsame Leute ziehen den Ölpeilstab und lassen von diesem je einen Tropfen auf die jeweilige Schmierstelle träufeln. Auch so geht es.
Vorher mit einem Läppchen alte Fett- und Ölreste um die Scharniere, Verschlüsse und an den Türschließkeilen wegwischen und danach das gleiche noch einmal mit überschüssigem Öl und Fett, sonst kann es später eine Anzugreinigung kosten.
Lediglich die Schloßzylinder, also die Innenteile der Türschlösser sind etwas anspruchsvoller. Werden sie mit Fett vollgepreßt, ist der Türschlüssel stets schmierig und verschmutzt die Jackentasche. Besser ist Frostschutzmittel oder Chrompflegemittel (kein Chromschutzlack!), den man mit einer Spraydose in das Schlüsselloch pustet. Das schmiert und hält das Schloß im Winter auch gleich frostfest.

Zündverteiler schmieren

Pflegearbeit Nr. 14

Im Laufe seiner Lebensjahre wurden dem Fiat 600 und Jagst verschiedene Zündverteiler-Typen eingebaut, die zwar im Prinzip alle gleich arbeiten, aber in Einzelteilen voneinander abweichen.
Die älteren Zündverteiler haben an der Seite eine kleine Fettbüchse, deren Kappe etwa alle 2500 km um zwei oder drei Umdrehungen hineingeschraubt werden soll. Dadurch wird etwas frisches Fett an die Verteilerwelle gedrückt. Beim Wartungsdienst alle 10 000 km wird man die Fettbüchse frisch mit Fett befüllen und die Kappe nur zwei Umdrehungen weit anschrauben. Für diese Fettbüchse können Sie ohne weiteres das gleiche Mehrzweckfett wie zum Abschmieren der Achsschenkelträger nehmen; jedoch kein blaues oder rotes

Zum Ölen des Zündverteilers Schutzkappe des Ölers mit der Öffnung nach oben drehen und in die dann sichtbare Bohrung einige Tropfen dünnes Motoröl oder »Haushaltsöl« träufeln. Mit »Haushaltsöl« ist nicht etwa Salatöl oder dergleichen gemeint, sondern ein dünnflüssiges, helles Maschinenöl, wie es auch für Fahrräder, Nähmaschinen, Kühlschrank-Aggregate und dergleichen gebraucht wird.

Abschmierfett verwenden, es hält die dort auftretende Wärme nicht aus. Wenn Sie es aber besonders genau machen wollen, kaufen Sie sich eine Tube Bosch-Spezialfett Ft 1 v 4 (Tube mit 45 Gramm zu 0,55 DM).
Spätere Zündverteiler haben an Stelle der Fettbüchse einen Öler mit verdrehbarer Schutzkappe, die Staub und Wasser von der Schmierstelle abhalten soll. Bei dieser Gelegenheit müssen Sie auch die Verteilerkappe öffnen (die beiden seitlichen Halteklammern mit schmalem Schraubenzieher abzwängen) und den Verteilerfinger abziehen. Die Verteilerwelle ist innen hohl gebohrt und wenn Sie diese Bohrung mit einem um einen dünnen Schraubenzieher gewickeltes Läppchen auswischen und kein Filzdocht im Wege ist – sie können ihn ja mal mit einer Nadel herauspicken; aber später nicht vergessen, ihn wieder hineinzudrücken! –, sehen Sie in dieser Bohrung von unten eine dünnere Welle stecken. Klemmen Sie den dünnen Schraubenzieher in die Verteilerfingerkerbe und drehen Sie ein wenig, dann sehen Sie, wie sich die Verteilerwelle auf der dünneren Welle, dem oberen Teil der Verteiler-Antriebswelle, dreht. Diese Stelle braucht ebenfalls etwas dünnes Motor- oder Haushaltsöl, das von dem erwähnten Filzdocht in Reserve gehalten wird.
Schließlich brauchen Sie noch eine halbe Fingerspitze Fett und keinesfalls mehr (entweder vom oben bereits erwähnten Bosch-Spezialfett Ft 1 v 4 oder Ihrem Mehrzweckfett aus der kleinen Abschmierpresse). Damit bestreichen Sie hauchdünn die Nockenbahn der Verteilerwelle außen, nachdem mit einem sauberen Läppchen das alte Fett abgewischt wurde. Diese hauchdünne Schmierung braucht das Gleitstück des Unterbrecherkontaktes. Bringen Sie dort jedoch zu viel Fett oder Öl hin, kann es an die Unterbrecherkontakte gelangen und dort verkrusten und verbrennen. Das bewirkt schwer auffindbare Zündstörungen und verschmort die Unterbrecherkontakte nach kurzer Laufzeit.

Radlager einfetten

Pflegearbeit Nr. 38 und 42

Alle 20 000 km sollen die Vorderradlager und alle 30 000 km die Hinterradlager frisches Fett (Wälzlagerfett) erhalten. Überlassen Sie diese Arbeiten getrost Ihrer Fiat-Werkstatt. Denn bei dieser Gelegenheit werden die Kegelrollenlager, das Radlagerspiel, die Bremsbacken, die Bremszylinder überprüft und das sind alles Arbeiten, die spezieller Erfahrung bedürfen; abgesehen davon, daß die Bremstrommeln der Vorderräder und die Radnaben der Hinterräder nur mit Spezialwerkzeug abgezogen werden können, dessen Anschaffung sich für diese seltenen Arbeiten nicht lohnt.

Benzin-Stationen

Gleich ein guter Rat vorweg: Kluge Fahrer halten den Tank immer gefüllt, zumindest, wenn man den Wagen für längere Zeit abstellt. Dann kann sich im Tank kein Kondenswasser (Schwitzwasser) bilden. Wasser im Tank ist aus zweierlei Gründen schlecht: Erstens läßt es den Tank rosten und zweitens verträgt es sich nicht mit dem Zinkspritzguß, aus dem der Vergaser hergestellt ist. Wenn Wasser mit Zink zusammenkommt, fängt letzterer zu »blühen« an. Es gibt Absonderungen, welche Düsen und Bohrungen verstopfen können.

Es gibt noch einen dritten Grund, weswegen man den Tank gut gefüllt halten sollte: Er vergrößert die Vorderachsbelastung, was dem Fahrverhalten in der Kurve zugute kommt.

Der Tank

Die erste Station auf dem Weg des Kraftstoffes bis zu seiner Verbrennung ist der Tank. Aus ihm – an der tiefsten Stelle geschützt durch ein Sieb – führt eine Kraftstoffleitung nach unten zum Wagenboden, wo sie innerhalb eines Abdeckbleches, unter dem auch der Kupplungszug und die Tachometerwelle vom Getriebe liegen, nach hinten in den Motorraum gebracht wird. Hier mündet sie mit einem Schlauchstück an der Kraftstoffpumpe, wo die energiebringende Flüssigkeit unter Druck gesetzt und hinauf zum Vergaser geführt wird. Was dort mit dem Naß passiert, finden wir ausführlich im Kapitel »Vergaser-Beschreibung« erläutert. Die Schläuche sind mit Schlauchbindern auf den Leitungen befestigt, also nicht nur aufgeschoben, wie bei manchen anderen Fabrikaten.

Der Tank wurde im Frühjahr 1965 unter der Vorderhaube nach hinten versetzt,

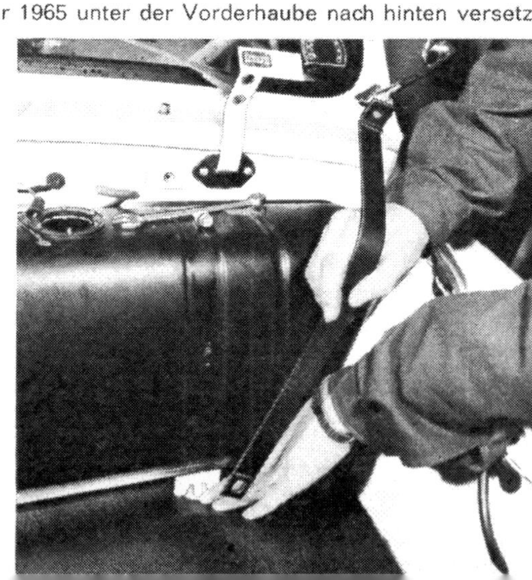

Seit Frühjahr 1965 sitzt der Tank an der Rückwand des vorderen Kofferraumes. Zum Ausbau des Tanks Kraftstoffleitung und Kabel an der Montageplatte des Kraftstoffanzeige-Gerätes abziehen. Danach die zwei Schrauben (SW 13) der Haltebänder des Tanks lösen, die Haltebänder unten aushängen und Tank herausheben.

womit die Brandgefahr bei Auffahr-Unfällen vermindert wurde. Damit in einem solchen Fall der sonst nur mit einem Bajonettverschluß gehaltene Deckel nicht abgeschleudert wird, bekam er gleichzeitig auch einen soliden Schraubverschluß.
Mit dieser Tankverlegung wurde auch die Füllmenge vergrößert, nämlich von 27 auf 32 Liter. Bei einem Durchschnittsverbrauch von 7 Liter/100 km entspräche das einer Reichweite von 450 km. Das ist ein beachtlicher Wert. Hier wirkt sich also der ökonomische Charakter des Wagens aus. Trotzdem, einmal geht der Bordvorrat zu Ende und auf Überlandfahrten sollte man sich früh genug darauf einstellen, zumal Tankstellen sich immer mehr den allgemeinen Ladenschluß-Zeiten anpassen. Wer keinen gefüllten Reservebehälter mit sich führt, tut daher gut daran, schon nach 400 km nach einer Zapfstation Ausschau zu halten.
Jeder Kraftstofftank braucht eine Belüftung, damit sich über dem Kraftstoff kein Vakuum bilden kann und den Zufluß zur Kraftstoffpumpe hemmt. Wir finden diese Entlüftung im Tank-Verschlußdeckel, der also nicht ganz luftdicht abschließt. Deswegen ein guter Rat: Bei Hitze den Tank nicht bis oben hin auffüllen lassen. Der Kraftstoff kommt nämlich sehr kühl aus dem unterirdischen Großbehälter. Unter dem Einfluß der Außentemperatur dehnt er sich aus und sucht dann bei ganz aufgefülltem Tank seinen Weg durch den Entlüftungsspalt des Verschlußdeckels.
Um dem Fahrer im Anzeigegerät am Armaturenbrett signalisieren zu können, wieviel Flüssigkeit noch im Tank bereit steht, ist in diesem ein Schwimmer vorhanden, der über einen abgewinkelten Drahtarm auf einen elektrischen Regelwiderstand wirkt. Dieser sitzt ebenfalls im Tank. Näheres siehe Kapitel »Instrumente und Geräte«.

Sieb in der Kraftstoffpumpe reinigen

Pflegearbeit Nr. 19

Drei Filtersiebe halten mögliche Kraftstoff-Verunreinigungen fern: Das Auslaufsieb im Tank, das Sieb in der Kraftstoffpumpe und das Sieb im Vergaser. An die letzteren beiden kommt man ohne weiteres heran.
Die Kraftstoffpumpe sitzt links am Motorblock. Von ihr führt – bei den neueren Modellen – ein durchsichtiger Kunststoffschlauch nach oben zum Vergaser. Bei laufendem Motor sieht man darin an den Luftblasen den fließenden Kraftstoff (die Luft wird in der Schwimmerkammer des Vergasers ausgeschieden). Das auf Schmutz zu prüfende oder zu reinigende Sieb sitzt unter dem

Zum Reinigen des Siebes der Kraftstoffpumpe wird zuerst der vom Tank herführende Kraftstoffschlauch vor der Pumpe abgezogen und mit einem passenden Kreuzschlitzschraubenzieher oder Dorn verstopft (siehe Bild). Dann Deckelschraube der Pumpe mit einem 10er-Schlüssel lösen und Deckel abnehmen (links in der Hand). Sitzt der Deckel fest, die Schraube in den letzten Gewindegängen lassen und den Deckel damit abhebeln. Sodann Kraftstoffsieb (zwischen den Fingerspitzen) herausheben und sorgfältig ausblasen. Zuletzt Abscheideraum im Pumpengehäuse mit einem sauberen Läppchen austrocknen und reinigen.

Deckel der Kraftstoffpumpe. Bevor man diesen löst, muß man die vom Tank zur Pumpe führende Leitung abklemmen, sonst fließt Benzin durch Fallwirkung (der Tank liegt höher als die Pumpe) aus der Pumpe heraus. Dazu entweder den Kraftstoffschlauch vorn am Tank von der Austrittsleitung abziehen (Schlauchschelle lösen) oder in den Schlauch vor der Pumpe passenden Kreuzschlitzschraubenzieher (der aus dem Bordwerkzeug ist gerade richtig) als Verschluß stecken. Siehe Bild auf der vorhergehenden Seite.

Da Pumpen verschiedener Fabrikate eingebaut werden, sind die Siebe auch verschieden: Kunststoff- oder Metalldrahtsiebe. Erstere sind etwas empfindlicher. Das Sieb bläst man sauber oder putzt es ab. Auch auf Fremdstoffe in dem Raum unter dem Sieb achten. Nach Reinigung das Sieb so wieder einlegen, daß seine Löcher mit den Löchern in der Pumpe übereinstimmen. Falls ein getrennter Dichtring vorgesehen ist, diesen beim Aufschrauben des Deckels nicht vergessen. Bei dieser Gelegenheit sollte man mit einem Schraubenzieher die Flanschschrauben des Pumpengehäuses (dazwischen sitzt die Membrane) auf festen Sitz kontrollieren, desgleichen mit einem Gabelschlüssel die Befestigungsschrauben der Pumpe am Motor. Näheres im Praktiker-Teil.

Vergaser reinigen

Pflegearbeit Nr. 20

An dieser Stelle erklären wir nur das Reinigen des Siebes, wie es auch bei der Inspektion in der Werkstatt gemacht wird. Das Reinigen des zerlegten Vergasers wird im Kapitel »Vergaser-Praxis« beschrieben.

Mit einem 21er Schlüssel schraubt man die nicht zu übersehende große, rechts oben am Vergaser sitzende Sechskantschraube (aus Messing) heraus. Innen in dieser Schraube steckt ein zylindrisches Metallsieb, das durchgeblasen werden muß, entweder mit Luftpumpe, Druckluft oder mit dem Mund, dann aber ohne Spucke. Man kann es auch in Benzin mit einem Pinsel auswaschen. Beim Wiedereinsetzen den Dichtring und beim Weber-Vergaser einen Haltering für das Sieb nicht vergessen. Hin und wieder sollte man später die Filter-Verschlußschraube auf festen Sitz überprüfen, damit hier kein Kraftstoff austritt.

Starten und Abstellen

Wenn man den Handhebel rechts neben sich hochzieht, wird damit zur Starterleichterung bei kaltem Motor im Weber-Vergaser eine Klappe geschlossen und im Solex-Vergaser (diese beiden Vergaser kommen abwechselnd zum Einbau) ein Drehschieber betätigt. Im Kapitel »Vergaser-Beschreibung« wird näher darauf eingegangen.

Man sollte sich mit dem Ziehen des Starterhebels der Außen- und Motortemperatur anpassen. Also den Hebel immer nur jeweils soweit ziehen, wie es nötig ist. Je wärmer die Außenluft oder der Motor ist, um so weniger muß er gezogen werden. Man spart dadurch Kraftstoff und vermeidet durch zu fettes Gemisch Ruß- und Ablagerungsbildung im Motor. Auch nach Anlaufen des Motors gleich versuchen, ihn wieder etwas hinunterzudrücken, soweit jedenfalls, daß der Motor ohne Stottern läuft.

Wenn zum Kaltstart der Handgriff gezogen ist, darf man kein Gas geben. Bei heißem Motor kann es aber nötig sein, das Gaspedal ganz durchzutreten. Wiederholtes Gasgeben beim Warmlaufen ist nutzlos, dabei wird nur zuviel Benzin durch die Beschleunigungspumpe eingespritzt. Warmlaufen lassen im Stand bringt keine schnellere Motorerwärmung. Allenfalls bei sehr strenger Kälte kann man den Motor etwa eine halbe oder ganze Minute im Stand

Blick in den Einlaß des Vergasers Solex C 28 PIB-3 bei abgenommenem Luftfilter. Es bedeuten: 1 – Befestigungsschraube für Vergaserdeckel, 2 – Verschlußschraube für Filter, 3 – Kraftstoffzuführung von der Kraftstoffpumpe zum Vergaser, 4 – Belüftung für Schwimmerkammer, 5 – Einspritzröhrchen, 6 – Auswechselbarer Lufttrichter, 7 – Luftkorrekturdüse auf Mischrohrträger, 8 – Drahtzug zum Starter, 9 – Starterhebel, 10 – Gehäuse für Starterdrehschieber.

laufen lassen. Hochjagen des kalten Motors schadet den in dieser Phase noch nicht voll geschmierten Kurbelwellenlagern.
Wenn der noch warme Motor durch zu häufiges Durchtreten des Gaspedals beim Start oder bei gezogenem Starterzug »ersoffen« ist: Starterhebel in Ruhestellung, Gaspedal voll durchtreten und Motor mit Anlasser durchdrehen. Durch die ganz geöffnete Drosselklappe wird dann wegen zu geringen Unterdrucks nur wenig Kraftstoff angesaugt, dafür um so mehr Luft, welche das Gemisch abmagert und die Zylinder reinigend durchbläst. Notfalls Kerzen herausschrauben und deren Elektroden über Streichholzflamme trocknen. Anlaßschwierigkeiten sind häufiger auf zu fettes Gemisch (nervöser Gasfuß, gezogener Starterhebel bei warmem Motor) als auf Kraftstoffmangel zurückzuführen. Für stets guten Kaltstart sollte man auch überprüfen, ob der Starterzug hinten am Vergaser richtig funktioniert. Bei ganz niedergedrücktem Handhebel darf der Drahtzug nicht zu stramm stehen, sonst besteht die Gefahr, daß die Starterklappe bzw. der Drehschieber beim Betätigen des Hebels nicht ganz geöffnet wird. Beim Weber-Vergaser auch Sichtkontrolle: Luftfilterdeckel nach Lösen der Flügelmutter abnehmen. Nun sieht man in den Vergaser-Einlaß. Handhebel ganz anziehen: Klappe muß geschlossen sein. Hebel ganz niederdrücken: Klappe muß senkrecht stehen. Das Neujustieren des Starterzuges: Draht am Starterhebel nach Lösen der Klemmschraube neu befestigen. Auch die Halteschraube am Vergaser-Gehäuse prüfen.

Der Handgaszug

Den Zuggriff für Standgas unter dem Armaturenbrett haben Neuwagenbesitzer oft erst nach längerer Zeit entdeckt. Er hat mit dem Starten selbst nichts zu tun. Man kann mit ihm bei stehendem Wagen den Motor höher drehen lassen, z. B. bei Reparaturarbeiten. Eine gute Warmlauf-Methode ist das aber, wie schon gesagt, nicht. Auch ist es nicht zu empfehlen, mit eingestelltem »Handgas« auf der Autobahn zu fahren. Im Gefahrenfall läßt sich dann nicht schnell genug das Gas wegnehmen.
Einige Kaltstart-Tips folgen noch im Kapitel »Winterschutz«. Nachstehend noch einen Hinweis zum richtigen Abstellen:
Es gibt Fahrer, die noch einmal kurz und kräftig Gas geben, bevor sie die Zündung abschalten. Sie meinen, das wäre besser für das spätere Wiederstarten. Diese Methode ist schädlich. Das auf solche Art noch im letzten Moment von den Zylindern eingeatmete Kraftstoff-Luft-Gemisch verbrennt nicht mehr. Denn die Zündung war ja ausgeschaltet. Der Benzinnebel verdünnt die Ölschicht an den Zylinderwänden. Beim nächsten Kaltstart aber würde eine gute Ölschicht

sehr nützlich und verschleißmindernd sein. Ferner: Benzin kann in die Kurbelwanne sickern und dort das Motoröl verdünnen. Und: Saure Verbrennungsrückstände (schweflige Säuren) können besser die ungeschützten Zylinderwände angreifen. Das ist Verschleiß über Nacht – Abnutzung im stillen.

Luftfilter reinigen

Pflegearbeit Nr. 18

Zum Vergaser gehört schließlich auch das Luftfilter. Der filternde Einsatz ist nach Lösen einer zentralen Flügelmutter herausnehmbar. Man kann dann direkt in den Vergaser-Einlaß sehen. Will man zum Abnehmen des Vergaserdeckels das Luftfilter ganz demontieren, muß man den Entlüftungsschlauch (für das Kurbelgehäuse) abziehen und mit einem Schraubenzieher die Klemmschraube am Vergaser-Einlaß und mit einem Gabelschlüssel (SW 13) die beiden Haltemuttern am Winterschnorchel lösen. Beim Wiederaufsetzen auf die Gummidichtung im Vergaserstutzen achten.

Zu dem empfohlenen Reinigen gehört alle 10 000 km vornehmlich das Auswechseln des Filtereinsatzes aus Spezialpapier (siehe Bild unten). Neben den bei Fiat erhältlichen Einsätzen gibt es z. B. auch von Purolator, 711 Öhringen, folgende Luftfiltereinsätze: Fiat 600, Jagst = Li 1830; Fiat 600 D, 770 = Li 2616; Fiat (Seat) 770 S = Li 2786.

Da wir gerade beim Luftfilter sind, sei auch das noch erwähnt: Bei Sommerbetrieb wird der links am Filter befindliche Hebel in Fahrtrichtung nach hinten gelegt, also unter den oben eingeprägten Buchstaben »E« = Estate (italienisch Sommer). Dann wird unvorgewärmte Luft aus dem nach hinten weisenden Schnorchel angesaugt. Der Buchstabe »I« bedeutet Inverno (italienisch Winter). Bei dieser Stellung wird die Luft direkt über dem Auspuffsammelrohr entnommen, wo sie wärmer ist. Vergißt man bei Beginn der warmen Jahreszeit das Umlegen des Hebels, wird der Kraftstoffverbrauch größer.

Klingeln und Klopfen

Klingeln wird hörbar bei brüskem Gasgeben aus niedrigen Drehzahlen heraus, wenn Sie beispielsweise im 3. Gang aus 20 bis 30 km/h heraus scharf beschleunigen oder an einer Steigung schaltfaul fahren, also den Motor quälen. Man muß aber ein aufmerksames Ohr haben, um das Klingeln im Motor zu hören, denn es wird zum Teil von Fahrgeräuschen überdeckt. Mit dem Klingeln – auch Klopfen genannt – hat es folgendes auf sich:

Alle 10 000 km soll der Papierfiltereinsatz des Luftfilters ausgewechselt werden. Reinigen läßt er sich nicht. Hingegen sollte bei dieser Gelegenheit das Filtergehäuse innen mit einem benzingetränkten Lappen ausgewischt werden. Denn hier setzt sich ein Teil der Öldämpfe aus der Kurbelgehäuse-Entlüftung ab. Passende Papierfiltereinsätze: Knecht EL 446, Fram CA – 663 PL, Mann C 1426 o oder Hengst E 76 L. Preis etwa 8,50 DM.

Normalerweise verbrennt das Kraftstoff-Luft-Gemisch im Zylinder auf Befehl der Zündkerze. Springt an ihren Elektroden der Funken über, entflammt das Gemisch. Es kann so heiß werden – u. a. durch die vorangegangene Verdichtung oder bei mangelhafter Kühlung –, daß es sich von selbst entzündet. Dabei entstehen Flammenfronten, nämlich die von der Zündkerze und die durch Eigenzündung ausgelöste, die aufeinander zueilen. Dabei bilden sich örtliche Überhitzungsherde und Druckwellen, die den Motor bis in seine Kurbelwellen- und Pleuellager erschüttern. Fünf Kilometer Strecke, die unter Klingelerscheinungen zurückgelegt werden, können den Motor mehr verschleißen als etwa 150 km normale Fahrstrecke. Sind Sie sicher, daß es sich um keine anderen Geräusche handelt, sollten Sie unbedingt die Kühlanlage kontrollieren und den Motor auf richtige Zündzeitpunkt-Einstellung überprüfen.

Damit ein Motor klopffrei betrieben werden kann, mischen die Hersteller dem Kraftstoff bestimmte Zusätze bei, die als »Klopfbremse« wirken. Es handelt sich dabei um Bleitetraäthyl, das übrigens stark giftig ist. Normalkraftstoff enthält mehr »Blei« als Super. Bei letzterem wird die Klopffestigkeit noch durch andere Anteile, wie Benzol und besonders veredelte Raffinationsprodukte, gesteigert. Unverbleiten Kraftstoff gibt es heute nicht mehr.

Superkraftstoff besitzt gegenüber Normalkraftstoff eine höhere Oktanzahl. Aber um einem oft anzutreffenden Irrtum zu begegnen: »Oktan« ist kein Zusatz, sondern in Gestalt der Oktanzahl nur ein Vergleichsfaktor für den Grad der Kopf- und Klingelfestigkeit eines Kraftstoffes. Die Oktanzahl ist international genormt und wird ermittelt, indem man den Kraftstoff mit einem »Modellkraftstoff« vergleicht. Letzterer enthält eine besonders klopffeste chemische Verbindung (Iso-Oktan). Der Gehalt der Vergleichsmischung an Iso-Oktan (in Volumenprozent) ergibt die Oktanzahl.

Der mit 7,5 : 1 nur mäßig hoch verdichtende Motor Ihres Fiat ist nicht Superkraftstoff-bedürftig (diese Zahlen bedeuten, daß das Gemisch während des Verdichtungshubes um das 7,5fache zusammengedrückt wird). Er kann also die teureren Klopffestigkeits-Anteile im Kraftstoff gar nicht voll ausnutzen. Außerdem soll man sein Geld nicht unnötig verschwenden. Die Höchstgeschwindigkeit wird mit Super nicht höher und die Beschleunigung nicht besser. Allenfalls hat man mit Super einige zusätzliche Kilometer im Tank, doch wird das durch den Mehrpreis nicht wettgemacht.

Ob man nun Normal- oder Superkraftstoff fährt, es ist bei vorwiegendem Kurzverkehr in der Stadt zu empfehlen, den Motor etwa alle Wochen auf einer Überlandstrecke schön warm zu fahren, damit Rückstände so weit wie möglich herausgeblasen werden. Allerdings nicht gleich auf der Autobahn voll drauftreten.

Fingerzeige: *Tankstellen, an denen der Großbehälter gerade durch einen Tankwagen aufgefüllt wird, muß man nicht unbedingt zum Auftanken ansteuern. Hier werden nämlich Fremdstoffe, die sich am Boden des Behälters angesammelt haben, aufgewirbelt und kommen unter Umständen in Ihren Tank. Diese Fremdstoffe brauchen erst wieder etwas Zeit, um sich im Großbehälter der Tankstelle abzusetzen.*

Einen praktischen Tip bei gerissenem Vergaserzug findet man am Schluß des Vorwortes zu diesem Buch.

Einen Reservekanister sollte jeder Autofahrer besitzen. Es ist strafbar, mit Benzinmangel auf der Autobahn liegen zu bleiben. Praktisch sind Kanister mit Auslauftülle. Kunststoffkanister müssen als zugelassen bezeichnet sein. Sie sind klapperfreier. Doch nicht alle sind benzinfest und gegen elektrostatische Aufladung sicher – Entzündungsgefahr.

Zum allgemeinen Wohlbefinden

Wer schon selbst einmal nach dem Kühlwasserstand gesehen hat, steht praktisch schon auf der ersten Stufe der Eigenpflege. Dann kann er sich auch noch mehr zutrauen.

Kühlwasserstand prüfen
Pflegearbeit Nr. 4

Zur Kühlwasserkontrolle beim 600 oder Jagst, die man mindestens wöchentlich machen sollte, sei ein guter Rat gegeben: Füllen Sie nicht zu viel Wasser auf, auch wenn dies mit bester Absicht geschieht. Das Wasser soll höchstens bis an den unteren Rand des Einfüllstutzens stehen. Was zuviel an Wasser vorhanden ist, geht durch die am Einfüllstutzen seitlich angebrachte Überlaufleitung verloren, sobald sich das Wasser erwärmt und ausdehnt. Wenn Frostschutzmittel im Kühlwasser vorhanden ist, wandert dies natürlich mit nach draußen und die Frostfestigkeit des Wassers sinkt laufend. Wenn alle Anschlüsse und Dichtungen in Ordnung sind, entsteht kein Wasserverlust, auch nicht durch Verdampfung oder Verdunstung. Näheres darüber im Abschnitt über den Kühlerverschluß. Ursachen für ständigen Wasserverlust: Defekter Verschlußdeckel, Schläuche oder deren Anschlüsse nicht dicht, Wasserpumpe oder Kühler undicht, zu heiß werdender Motor durch defekten Thermostat, verschmutzten Kühler oder zu lockeren Keilriemen.

Anders ist es beim Fiat 770 S, dessen geschlossenes Kühlsystem ein Ausgleichsgefäß besitzt, das links im Motorraum hängt. Die vom Werk eingefüllte Kühlflüssigkeit ist bis – 35° frostsicher. Bei zunehmender Temperatur dehnt sich die Flüssigkeit aus und der überschüssige Anteil fließt vom Kühlerstutzen in den Ausgleichsbehälter. Kühlt der Motor ab, verringert sich das Volumen des Kühlmittels wieder, und der entstehende Unterdruck im Kühler saugt aus dem Behälter Kühlflüssigkeit zurück. Die Flüssigkeit soll bei kaltem Motor etwa 7 cm über der Minmum-Marke des Ausgleichsgefäßes stehen. Dieses Kühlsystem hat einen Inhalt von 6,5 Liter.

Die Wirkungsweise

Bevor wir in die Details gehen, nachfolgend eine kurze Beschreibung der Kühl- und Heizanlage, die eng miteinander zusammenhängen. Bei heißem Motor steigt das Wasser vorn am Motor durch den Schlauch in den Wasserkasten oben auf dem Kühler. Von dort sinkt es in den einzelnen Röhrchen nach unten, wobei es durch den vom Ventilator erzeugten Luftstrom abgekühlt wird. Unten am Kühler tritt es aus und wird durch einen Schlauch zur Wasserpumpe und von dieser durch ihren hohlen Trägerarm wieder in den Motor geleitet. Unter rund 75° Wassertemperatur fließt es hinten oben am Motor durch einen Schlauch direkt in die Pumpe. In der Betriebsanleitung ist dazu eine sehr anschauliche Zeichnung vorhanden.

Unten im Kühler befindet sich ein länglicher, röhrenförmiger Thermostat, in

Hier sieht man beim Blick unter den Wagen die Kühlluftklappe in ganz geöffneter Stellung, also bei warmgefahrenem Motor. Sie läßt sich notfalls (bei Verrostung oder defektem Thermostat) auch von Hand herunterdrücken. Im einzelnen bedeuten: 1 – Kühlluftklappe, 2 – Hebel für die Kühlluftklappe (wird vom Thermostat, der unten im Kühler sitzt, betätigt), 3 – Klappenrückzugfeder, 4 – Abdichtgummi, 5 – unterer Teil des Kühlers, 6 – Wasserablaßhahn. Die Klappenstellung sollte gelegentlich kontrolliert und bei Funktionsfehlern von der Werkstatt repariert werden.

dem mit wärmer werdendem Wasser Wachs zu schmelzen anfängt und eine Stange herausdrückt. Dadurch wird über einen Hebel eine gebogene Klappe geöffnet und die vom Ventilator unter Druck gesetzte Luft unten am Wagen herausgelassen, womit die Kühlwirkung erhöht wird. Bei kaltem Motor schließt sich die Klappe unter Einwirkung des Thermostats wieder.
Die Stellung der Klappe läßt sich erkennen, wenn man einmal hinter dem rechten Hinterrad unter den Wagen sieht. Nach längerer Fahrt muß sie ganz geöffnet sein. Steht sie dann nicht nach unten, ist irgend etwas defekt.

Heizluftfilter reinigen

Pflegearbeit Nr. 37

Wenn man den Hebel vor den Rücksitzen betätigt, wird eine andere Klappe in dem Blechgehäuse vor dem Kühler geöffnet: Damit wird die vom Kühler erwärmte Kühlluft statt nach außen in das Wagen-Innere geleitet, um die Insassen zu erwärmen oder, je nach Hebelstellung, die Frontscheibe beschlagfrei zu halten.
Vor dem Heizungstunnel ist als Schutz gegen Fremdstoffe ein Drahtgitter als Filter angebracht. Um dieses reinigen zu können, muß man die Gummimatten rechts hinten am Mitteltunnel entfernen und die Blechschrauben des dann sichtbaren Abdeckbleches herausschrauben (Kreuzschlitz- und normaler Schraubenzieher). Dann das Blech (Heizungshebel querstehend) und darauf das Drahtsieb herausnehmen und gegebenenfalls ausbürsten.

Nach Wegnahme der hinteren Bodenmatte wird das Abdeckblech des Heizluftfilters sichtbar. Es kann nach Lösen von 3 Kreuzschlitzschrauben beiseite gedrückt, aber nicht ganz abgenommen werden, da in ihm der Heizlufthebel mit dem entsprechenden Seilzug für die Heizluftklappe befestigt ist. Das Drahtsieb wird mit einer trockenen Bürste von anhaftendem Staub und Schmutz befreit.

Das Kühlsystem des Fiat 600: Das erhitzte Wasser fließt von oben durch den Kühlerblock, wobei es durch den vom Ventilator erzeugten Luftstrom (von links kommend) abgekühlt wird. Unten vom Kühler fließt es zurück zur Wasserpumpe und von dort wieder in den Wassermantel im Motor. Der Thermostat unten im Kühler öffnet bei hoher Betriebstemperatur das Leitblech, wodurch der Kühlluftdurchsatz stärker wird.

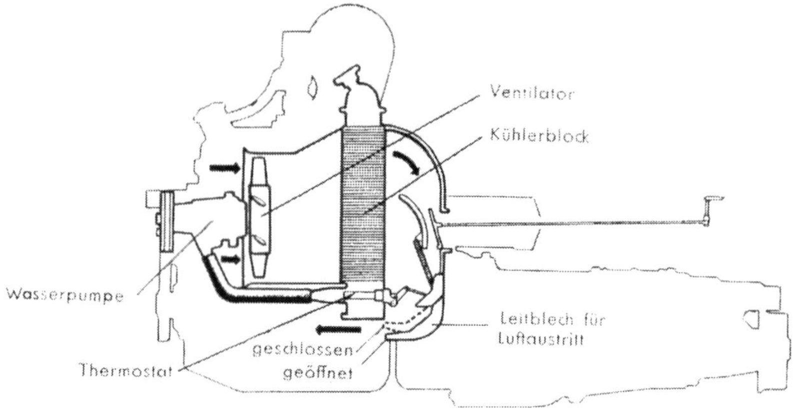

Der Kühler

Der Kühler liegt gut geschützt im Heck. Trotzdem sollte man ihn ab und zu durch Ausblasen mit Preßluft von Insekten und Schmutz befreien. Bei ständigem Wasserverlust müssen sämtliche Schlauchanschlüsse auf Dichtigkeit geprüft werden. Diese Prüfung sollte auch bei heißgefahrenem Motor im Standlauf durchgeführt werden. Durch eine Probe mit Druckluft läßt sich in der Werkstatt der Kühler auf Dichtigkeit kontrollieren. Eigenarbeit am Kühler ist nicht möglich. Hier kann nur der Fachmann helfen. Im Handel gibt es Kühlerdichtungsmittel, die aber nur vorübergehende Abhilfe schaffen.

Wer den Thermostat prüfen will, kann dies nur mit einem Spezialthermometer tun. Thermostat ausbauen und in heißes Wasser legen. Er muß bei 75 bis 80 ° zu öffnen anfangen und ab 100 ° ganz wirksam geworden sein. Am Thermostat läßt sich nichts reparieren. Um ihn auszubauen, muß erst mit einem Spezialschlüssel unten im Kühler ein Gewindering entfernt werden.

Der Verschlußdeckel

Schauen Sie sich einmal den Deckel genau an: seine untere Dichtplatte wird durch Federkraft unten auf den Rand des Stutzens gedrückt. Dadurch steht das Wasser bei Erwärmung immer unter Überdruck, wird also heißer als 100 °C. Bei zu starkem Druck – um Beschädigung von Schläuchen und Dichtungen zu vermeiden –, wird der Deckel gegen die Federkraft angehoben und Dampf entweicht aus dem seitlichen Überlaufschlauch. In der Mitte der Platte sitzt ein Unterdruckventil. Bei Wasserabkühlung (Wasser nimmt dann einen kleineren Raum ein) soll es Außenluft nachströmen lassen, damit sich kein Unterdruck im Kühlsystem bildet, durch den sich die Schläuche zusammenfalten würden. Es handelt sich also nicht um einen simplen Verschluß. Daher darf man nicht einfach einen Deckel von einem anderen Motor benutzen, wenn der Originaldeckel verlorengegangen ist. Gelegentlich sollte man auf einwandfreien Zustand der Ventile bzw. der Gummidichtung des Deckels achten.

Die Ausgleichsfeder des Kühlerverschlußdeckels drückt die Verschlußplatte auf den Stutzen, so daß sich im Kühlsystem Überdruck bilden kann. Über das Ausgleichsrohr kann Dampf oder überschüssiges Wasser austreten. Umgekehrt kann bei Abkühlung Luft über Ausgleichsrohr und Ausgleichsventil einströmen.

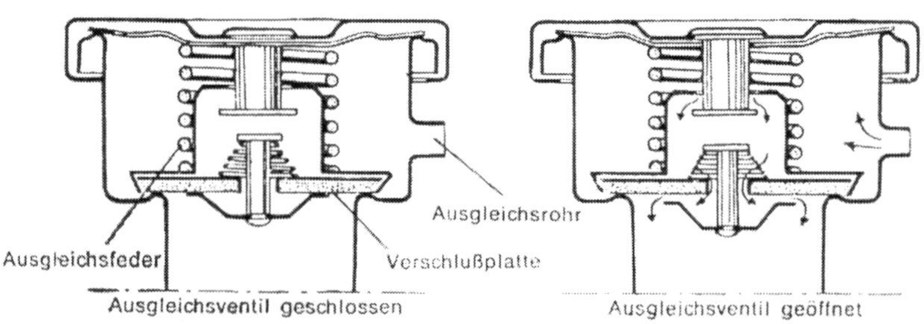

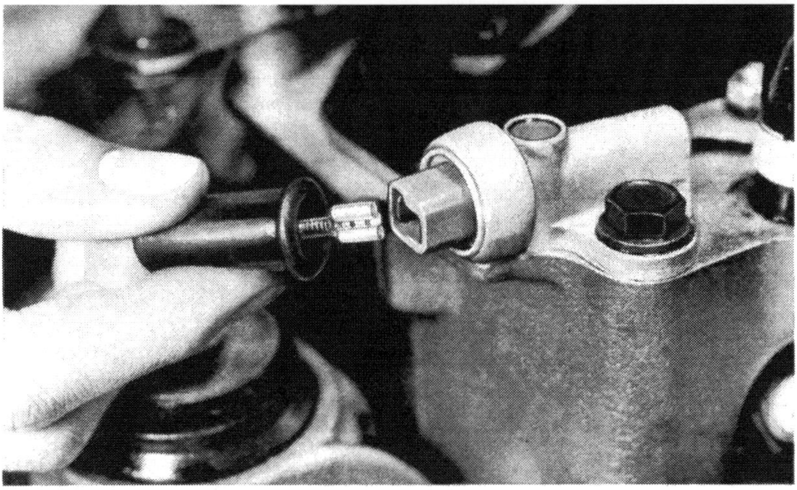

Es ist ziemlich umständlich, den thermo-elektrischen Schalter der Kühlwasser-Kontrolle, den unser Bild zeigt, zu überprüfen, es läßt sich jedoch leicht kontrollieren, ob wenigstens Kabelsystem und Warnlämpchen intakt sind. Dazu Kabel vom thermoelektrischen Schalter abziehen und mit dem blanken Kontakt bei eingeschalteter Zündung an das Metall des Zylinderblockes tippen: Die Warnlampe im **Kombi-Instrument** muß aufleuchten, andernfalls elektrische Störung.

Die Wasserpumpe

Die Wasserpumpe sitzt auf der gleichen Welle wie der Ventilator. Durch Keilriemen wird sie vom Motor aus angetrieben. Alles wichtige über den Keilriemen erfährt man im Kapitel über die Lichtmaschine. Das Pumpenrad der Zentrifugalpumpe ist fest mit der Welle verbunden. Letztere wird auf beiden Seiten durch hitzebeständige Gummimetallpackungen abgedichtet.

An sich ist die Wasserpumpe nicht anfällig. Defekte kündigen sich durch pfeifende Geräusche und Undichtigkeiten an. Ausbau der Pumpe ist nicht kompliziert. Sie wird nach Ablassen des Wassers, Lösen der Schlauch- und Kabelverbindungen und Entfernen des Unterschutzbleches vom Motorblock abgeschraubt und zusammen mit Ventilator und Leitblech herausgenommen.

Wasserpumpe nicht »ölen«!

Die Wasserpumpe ist vollkommen wartungsfrei. Lassen Sie sich von der Bohrung im Lager der Pumpenwelle (knapp hinter der Keilriemenscheibe) nicht dazu verführen, dort Öl oder Fett zur »Schmierung« einzufüllen! Diese Bohrung dient nur dazu (eine gleichartige findet sich auf der Unterseite des Wellenlagers), einzelnen Wassertropfen, die sich an den Gummimetallpackungen der Pumpe vorbeigedrückt haben, einen Weg ins Freie zu öffnen. Gibt man dort Öl oder Fett hinein, kann der Abdichtgummi aufquellen, so daß die Pumpenwelle festgeht, was natürlich Reparaturkosten verursacht.

Überhitzter Motor

Hinten oben auf dem Zylinderkopf sitzt der sogenannte Thermoschalter, von dem aus ein Kabel zur Kühlwasser-Warnleuchte im Kombi-Instrument führt. Ab einer bestimmten Wassertemparatur, die kritisch für den Motor wird, löst ein Kontakt das Aufleuchten des Lämpchens aus. Sofern der Thermoschalter nicht richtig eingestellt ist, kann es freilich schon zu spät sein und der Motor ist in dem Moment schon überhitzt und gefährdet.

Man sollte es also gar nicht erst zu einer möglichen Überhitzung kommen lassen und bei sehr hohen Außentemperaturen Vollgas-Dauerfahrten lassen. Der vernünftige Mann hat ohnedies bei Autobahnfahrten immer noch eine Reserve im Gaspedalweg. Leuchtet das Glühwürmchen auf, wenn man annehmen kann, daß der Motor nicht zu warm geworden ist und die Kabelanschlüsse einwandfrei sind, muß der Thermoschalter ausgewechselt werden. Diese Instrumente leiden nicht an übermäßiger Genauigkeit.

Bei zu heiß werdendem Motor kann die Zylinderkopfdichtung durchbrennen. Es kündigt sich an durch Wasserverlust, schlechten Geruch aus dem Kühlwasserstutzen, auch sind hier aufsteigende Luftblasen zu bemerken. Ein untrügliches Kennzeichen freilich ist die weiße, allmählich stärker werdende Dampf-

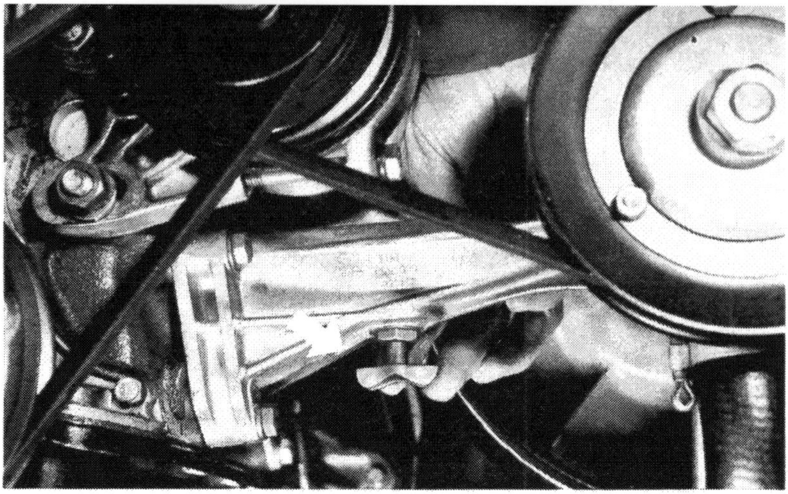

Das Kühlsystem des Fiat 600 hat zwei Wasser-Ablaßhähne. Der eine sitzt (weißer Pfeil) unten am Verbindungsarm zwischen Motorblock und Wasserpumpe, der andere: rechtes Bild. Vor dem Ablassen des Kühlwassers sollte die rechtsseitige untere Abdeckplatte des Motorraumes abgeschraubt werden.

wolke, die unter der Motorhaube hervorquillt (man sieht sie während der Fahrt im Rückspiegel). Dann ist ein Werkstattbesuch fällig. Defekte Kopfdichtung kann auch ihre Ursache in nicht sachgemäß angezogenen Zylinderkopfschrauben und verzogenen Zylinderkopf haben. Dann muß die Kopffläche plan geschliffen werden.

Frostschutz

Über das richtige Mischungsverhältnis von Frostschutzmittel zu Kühlwasser werden im Kapitel »Winterschutz« die entsprechenden Angaben gemacht. Hier noch einige allgemeine Bemerkungen.

Das Frostschutzmittel selbst verdunstet oder verdampft nicht. Sein Siedepunkt liegt wesentlich über dem vom Wasser. In Europa wird heute allgemein Äthylenglykol dafür verwendet, wobei es sich um eine Flüssigkeit auf Alkohol-Basis handelt (zweiwertiger Alkohol, daher auch als Notbehelf Brennspiritus). Genau genommen besteht dieses Naß nur aus etwa 95 Prozent dieses Alkohols. Beim Rest handelt es sich um ein Korrosionsschutzmittel, dessen Vorhandensein ebenso wichtig ist, wie der Frostschutz selbst. Damit wird der Kühler innen vor chemischen Anfressungen und Rost geschützt und vor allem wird der Bildung des gefürchteten Kesselsteins entgegengetreten, welcher im Laufe der Zeit die Kühlwirkung herabsetzt.

Wichtig: Wenn in das mit Frostschutzmittel versehene Kühlwasser zu häufig reines Wasser nachgefüllt wird, sinkt damit auch der Widerstand gegenüber Kesselsteinbildung.

Aus diesem Grunde ist es auch nicht ratsam, das geschützte Wasser nach dem Winter abzulassen. Tut man es dennoch, oder ging es wegen eines Schadens verloren, sollte in das reine Wasser ein spezielles Korrosionsschutzmittel gegeben werden. Dafür gibt es die sogenannten Wasserveredler wie Fuchs Anticorit, Shell Donax C oder Kutwell 40.

Fährt man im Sommer mit »einfachem« Wasser, so kann es im Winter passieren, daß der Kühler leck wird. Was ist vorgefallen? Das Korrosionsschutzmittel in der Frostschutzflüssigkeit hat abdichtende Ablagerungen aufgelöst, die sich über Leckstellen gebildet hatten. Auch die altbewährten Dichtmittel wie Holz- oder Senfmehl werden davon regelrecht »unterkrochen«.

Nach zwei, höchstens drei Jahren, sollte man das Kühlwasser mit seiner Frostschutzdauerfüllung ablassen und auswechseln. Sowohl das Frost- als auch das Korrosionsschutzmittel altern und verbrauchen sich mit der Zeit. Vor

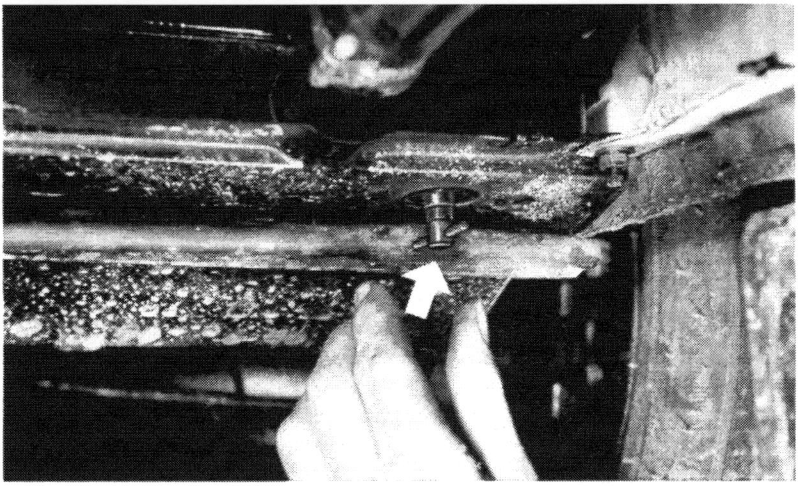

Der zweite Wasserablaßhahn (weißer Pfeil) sitzt rechts an der Unterseite des Kühlers. Zur besseren Sichtbarmachung haben wir, wie zum Ablassen der Kühlflüssigkeit, die Boden-Abdeckplatte des Motorraumes demontiert. Soll das Kühlsystem durchgespült werden, genügt der enge Wasserhahn nicht. Dann wird besser die Schlauchschelle des Kühlschlauches (Bildmitte oben) gelöst und dieser vom Kühler abgezogen.

dem Einfüllen der neuen Frostschutzfüllung empfiehlt es sich, das Kühlsystem mit Wasser gründlich durchzuspülen (siehe Seite 155).
Nachfolgendes Schnellverfahren sei empfohlen, durch das jedoch nur der Kühler gereinigt wird. Allerdings setzt sich auch in dessen Lamellen der meiste Schlammrückstand ab. Zum Durchspülen den unteren Schlauch nach Lösen der Schlauchschelle abziehen. Wasserschlauch oben in die Kühleröffnung stekken und mit kräftigem Wasserstrahl durchspülen. Der schnelle Wasserdurchfluß reißt den Schmutz durch den unteren Wasseraustritt nach außen, der Ablaßhahn am Kühler wäre dafür zu eng.
Der große »Trick« angeblich ausgefuchster Autofahrer besteht darin, Regenwasser oder destilliertes Wasser einzufüllen, weil dadurch Kalkablagerungen vermieden werden. Das ist nicht notwendig und kann sogar schaden, weil »weiches« Wasser gegen Metalle aggressiver ist als »hartes«.

Schlechtere Kühlung durch Frostschutz?

Diese Frage ist berechtigt, wenn man ganzjährig mit Frostschutzmittel im Kühlwasser fährt. An sich hat das Frostschutzmittel eine ungünstigere Wärmeaufnahmefähigkeit, d. h. die entstehende Motorwärme wird nicht so gut an die Außenluft abgegeben. Dafür liegt aber der Siedepunkt höher, was ein Vorteil ist. Da der Motor nicht überhitzungsempfindlich ist und eine reichlich bemessene Kühlerfläche hat, ist also keine Überhitzung des Motors zu befürchten, ein einigermaßen sauberes Kühlsystem vorausgesetzt.

Fingerzeige: *Gefrierschutzmittel und spezielle Kühlerreinigungs- oder Korrosionsschutzmittel vertragen sich nicht zu gleicher Zeit im Kühlwasser. Markenfrostschutzmittel enthalten ja bereits Zusätze gegen Rost und Kesselsteinbildung.*
Falls Außentemperatur unter den vorliegenden Frostschutzwert sinkt, ist der Motor nicht gleich gefährdet. Es bildet sich gelatineähnliche Masse, die durch Standlauf wieder verflüssigt werden kann.
Heißes Wasser kann unbedenklich in kalten Motor gefüllt werden (alter Autofahrertip für besseres Anspringen bei extremer Kälte), aber kaltes Wasser nie in überhitzten Motor. Gefahr der Rißbildung im Zylinderkopf und -block. Motor vorher abkühlen lassen, Wasser bei laufendem Motor nachfüllen.
Winterliche Abdeckungen für die Schlitze in der Motorhaube sind überflüssig. Der Motor braucht ja Luft für den Vergaser und für die Kühlung. Allenfalls hat die Abdeckung bei abgestelltem Wagen einen Sinn.

Unter falscher Flagge

Eigentlich ist die Batterie in unserem Auto gar keine Batterie. Sie wird nur so genannt. Eine echte Batterie gibt elektrische Energie aus eigener Kraft ab, wie beispielsweise eine Taschenlampenbatterie. Die Autobatterie kann das nicht. Elektrische Energie muß zuvor in sie hinein»gepumpt« werden. Dabei wird die von der Lichtmaschine oder dem Batterie-Ladegerät gelieferte elektrische Energie in chemische Energie umgewandelt und gespeichert. Soll der Batterie Strom entnommen werden, spielt sich der chemische Prozeß in umgekehrter Richtung ab, wodurch wieder elektrische Energie frei wird. In Wirklichkeit haben wir also einen Stromspeicher, auch Akkumulator oder kurz Akku genannt, im Auto.

Die Batterie – wir schließen uns damit dem allgemeinen Sprachgebrauch an – wird im Auto vor allem zum Starten des Motors benötigt. Dazu braucht sie ihre Hauptkraft. Während der Fahrt übernimmt die Lichtmaschine die Stromversorgung. Gleichzeitig lädt sie dabei die der Batterie entnommene elektrische Energie wieder auf. Im Leerlauf reicht dazu allerdings die Leistung der Lichtmaschine nicht aus. Stadtverkehr zehrt daher am Stromvorrat, ebenso das Dahinkriechen bei Autobahnstauungen.

Im »Nebenberuf« hat die Batterie auch für die Beleuchtung des nächtlich parkenden Wagens, für die Autoradio-Musik beim Picknick und die Reinigung der Windschutzscheibe durch den Wischermotor zu sorgen.

Was die Batterie leistet

Die Batterie des Wagens besteht aus 6 Zellen. Da jede Zelle ungefähr 2 Volt Spannung hat, ergibt das eine Batteriespannung von 12 Volt. Darauf sind alle Stromverbraucher, vom Anlasser bis zum Schlußlicht, ausgelegt. Diese 12 Volt haben gegenüber den in den meisten anderen Wagen eingebauten 6-Volt-Anlagen den Vorteil leichteren Startens auch bei großer Kälte und einer besseren Unterstützung der Zündanlage bei hohen Drehzahlen.

Zu finden ist die Batterie beim 600 und Jagst vorne unter der Bodenmatte des Kofferraumes. Der Schutzdeckel ist entweder mit Rändel- oder Sechskantmuttern (SW 13) befestigt. Vergessen Sie nicht, diesen Schutzdeckel nach der Batterie-Wartung wieder gut anzuschrauben. Er soll einerseits das Gepäck gegen den Säuredunst der Batterie schützen und gehört andererseits zum Kapitel »Innere Sicherheit«: Damit es bei einem Auffahrunfall dort keine Funken gibt, denn der Benzintank ist nahe (letzterer ist übrigens aus diesem Sicherheitsgrund Anfang 1965 an die Rückwand des Gepäckraumes gerückt und mit einem Schraubverschluß auf dem Einfüllstutzen gesichert).

Zumeist werden Sie irgendwo auf der Batterie außer dem Marken-Namen und der fabriksinternen Typbezeichnung die Bezeichnung 12 V/36 Ah (bei älteren Batterien 12 V/32 Ah) finden. Der erste Teil gibt die bereits erwähnte

Stromspannung von 12 Volt an. Hinter dem Schrägstrich ist die Stromstärke, die in Ampere gemessen wird, in ihrer »Menge« angegeben. Es ist die Batterie-Kapazität. Man bezeichnet sie in Ampere-Stunden, abgekürzt »Ah«. Die für den Fiat vorgeschriebene Batterie hat eine Kapazität von 36 Ampere-Stunden. Sie kann also theoretisch 36 Stunden lang 1 Ampere, oder, umgekehrt, 1 Stunde lang 36 Ampere abgeben. Zur praktischen Feststellung ihrer Kapazität wird sie bei einer Temperatur von + 27 °C geprüft. Sie muß nach der Normvorschrift dann 20 Stunden lang 1,8 Ampere abgeben. Das setzt eine vollgeladene Batterie in einwandfreiem Zustand voraus. Selten ist jedoch eine Batterie ganz geladen – das kommt eigentlich nur bei sommerlicher Temperatur nach einer ausgesprochenen Autobahn-Langstreckenfahrt vor, so daß man in der Praxis vorsichtshalber nur mit etwa zwei Drittel oder sogar nur der Hälfte der angegebenen Kapazität rechnen kann. Es stehen also in Wirklichkeit zumeist nur rund 20 Ah zur Verfügung.

Wie lange sich die einzelnen Stromverbraucher aus der Batterie »ernähren« können, haben wir in der nachstehenden Tabelle zusammengefaßt.

Batterie-Belastung durch Stromverbraucher

Verbraucher	Leistungsbedarf (Watt)	Stromstärke (Ampere) bei 12 Volt	Betriebsdauer	
			volle Kapazität (theoretisch)	etwa 2/3 Kapazität (praktisch)
Fernlicht, Standlicht, Schlußlicht, Kennzeichenleuchte, Instrumentenbeleuchtung zusammen	132 W	11 A	3 std 15 min	2 std 10 min
Abblendlicht und übrige Beleuchtung wie oben	119 W	10 A	3 std 35 min	2 std 30 min
Standlicht und mitbrennende Lampen zusammen	33 W	2,7 A	13 std 20 min	9 std
Parkleuchte, angeklemmt	2,5 W	0,2 A	180 std	120 std
Scheibenwischer-Motor	24—50 W	2—4,2 A	8—18 std	5—12 std
Transistor-Radio	12 W	1,0 A	36 std	24 std
Zündspule	15 W	1,2 A	30 std	20 std
Anlasser	1200—3000 W	100—150 A	—	—

Anmerkung: Leistungsbedarf für Transistorradio nur als Beispielswert angeben.

Durch den Anlasser wird die Batterie am meisten belastet. Der Anlasser leistet zwar nur 0,45 PS, aber durch Reibungsverluste frißt er etwa 850 Watt beim Durchdrehen des warmen Motors bis etwa 2500 Watt im Augenblick des Einschaltens. Beim Starten des Motors sinkt die Batteriespannung sehr schnell auf etwa 9 oder im Winter sogar 8 Volt ab. Auf eine solche niedrige Spannung ist der Anlasser eingerichtet. Der Strombedarf des Anlassers ist bei warmem Schmieröl in Motor und Getriebe geringer, wenn der Motor sich also leichter durchdrehen läßt. Je tiefer die Temperatur sinkt und je zäher demgemäß die Schmierstoffe sind, um so höher wird der Strombedarf des Anlassers. Das ist sehr ungünstig, denn bei kalter Temperatur verringert sich auch die Leistungskraft der Batterie an sich schon.

Der Anlasser sollte jeweils nicht länger als 5 Sekunden betätigt werden. Dann muß der Batterie und dem Anlasser eine kleine Erholungspause gegönnt werden. Theoretisch könnte man bei einer zu zwei Drittel geladenen Batterie den Anlasser etwa 100mal je 5 Sekunden lang betätigen. In Wirklichkeit sieht es aber wesentlich ungünstiger aus, da die Spannung schnell abfällt und dadurch den für den Anlasser notwendigen Strom nicht mehr zustande bringt. In der Praxis, zumal im Winter, reicht es nur zu wenigen Startversuchen.

Die Tabelle links zeigt auch, daß die Batterie keinesfalls eine lange Winternacht hindurch die Kraft hat, für die Beleuchtung des geparkten Wagens mit Standlicht zu sorgen. Nach spätestens 9 Stunden – in kalten Winternächten wahrscheinlich schon innerhalb von 7 Stunden – ist kein Lampenschimmer mehr zu sehen. Deshalb empfiehlt sich durchaus die Anschaffung einer kleinen Anklemm-Parkleuchte mit sparsamen 2,5-Watt-Lämpchen. Diese Anklemm-Parkleuchten werden auf die Fensterscheibenoberkante der linken Tür geklemmt und dann die Scheibe hoch gekurbelt. Das brennt gut und gerne etliche Tage hintereinander. Kabelanschluß siehe Kapitel »Beleuchtungseinrichtung«.

Besonders ungünstig ist für die Batterie, wenn an einem Nebeltag der Wagen mit vollem Licht geparkt werden muß, denn im Nebel reicht eine kleine Parkleuchte nicht aus. Dann sollte man sich bei längerer Parkdauer einen Abstellplatz suchen, auf dem Beleuchtung nicht erforderlich ist.

Ein Blick auf die Tabelle gibt auch die Erklärung, warum bei nächtlichen Verkehrsstockungen auf der Autobahn bei manchen Wagen plötzlich die Batterie leer ist und der Motor nicht mehr anspringen will. Die Lichtmaschine vermag nämlich nur bei höherer Drehzahl den verbrauchten Strom zu ersetzen. Volles Scheinwerferlicht, mitlaufendes Autoradio und bei Regen auch noch der arbeitende Scheibenwischermotor können deshalb eine Batterie in kurzer Zeit in die Knie zwingen, ohne daß die rote »Ladekontrollleuchte« eine entsprechende Vorwarnung gab. Daß deshalb die Ladekontrollleuchte ihren Namen eigentlich nicht verdient, wird noch im Kapitel über die Lichtmaschine erläutert. Deshalb bei Verkehrsstockungen auf »Strom sparen« schalten, beispielsweise innerhalb der kriechenden oder stehenden Kolonne nur Standlicht einschalten und bei Kolonnen-Kriechfahrt nicht mit höherem Gang, sondern mit kleinerem Gang und damit höherer Motordrehzahl fahren, damit die Lichtmaschine Stromverbraucher und Batterie speisen kann.

Temperatur beeinflußt die Batterie

Wie bereits angedeutet, hat die Temperatur erheblichen Einfluß auf die Leistungskraft der Batterie. Angenommen eine tadellos geladene Batterie 12 V/36 Ah gibt bei + 27 ° C – der Norm-Temperatur – ihre vollen 36 Ampere-Stunden ab, dann zeigt sich folgende Leistung bei anderen Temperaturen:

Temperatur in ° C	Kapazität der 36-Ah-Batterie	Verhältnis zur Nenn-Kapazität
+ 30	37,5 Ah	104 %
+ 27	36,0 Ah	100 %
+ 20	34,5 Ah	96 %
+ 10	31,5 Ah	87 %
0	26,0 Ah	72 %
— 10	20,5 Ah	57 %
— 20	15,0 Ah	42 %

Bei – 20 ° C besitzt die Batterie also nicht einmal mehr die Hälfte ihrer Leistungskraft. Nach der Normvorschrift soll die vollgeladene Batterie dieses Typs bei – 18 ° C trotzdem noch einen Entladestrom von 126 Ampere (der Anlasser braucht ihn dringend) abgeben können. Bei schlechtgeladener oder alter Batterie kann es aber dazu nicht mehr reichen, und der Anlasser vermag den kalten Motor nicht durchzudrehen. Es zeigt sich also, daß es sehr vorteilhaft ist, vor kalten Nächten die Batterie auszubauen (das ist

beim Fiat 600 mit wenigen Handgriffen zu machen) und sie in der Wohnung in die Nähe der Heizung zu stellen. Wer dies einmal versucht und festgestellt hat, wie leicht sein Wagen daraufhin am nächsten Morgen anspringt, wird sich diese Mühe vor wirklich kalten Nächten gerne machen.
Der Ausbau der Batterie bei scharfem Frost hat einen weiteren Grund: Die Batterie kann gefrieren, wenn sie nur teilweise geladen ist. Eine gefrorene Batterie platzt und ist sofort völlig wertlos. Hier die Frostfestigkeit:

Ladezustand	Frostsicher bis
vollgeladen	—65° C
halbgeladen	—27° C
entladen	—10° C

Übrigens grassiert da unter »Experten« ein Geheimtip, man solle im Winter bei tiefen Temperaturen vor dem Starten für kurze Zeit das Standlicht einschalten. Die Batterie beginne dann zu arbeiten und bringe sich damit gewissermaßen selbst in Trab und werde daraufhin mit dem Anlasser viel leichter fertig. Das ist natürlich Unsinn, denn selbstverständlich verbraucht das Standlicht erst einmal von dem wenigen Strom, anstatt die Batterie zur Stromerzeugung anzuspornen. Theoretisch wäre das durch Batterie-Erwärmung möglich, aber die holt man sich für seine Batterie wirklich erfolgreich nur hinter dem Ofen oder unter der Zentralheizung in der Wohnung, aber nicht mit solchen Scherzen. Auf der gleichen Ebene rangieren Wärme-Isolierkästen für Batterien und Batterie-Heizkissen, die angeblich der kalten Batterie durch von ihr selbst entnommenen Strom so erfolgreich warm machen sollen, daß sie etliche Prozente mehr leistet. Man wird da ein wenig an den Herrn von Münchhausen erinnert, welcher sich selbsten am Zopfe aus dem Sumpfe zog. Gott hab ihn selig und mit ihm jene Batterie-Aufwärm-Erfinder.

Wie entsteht der Strom?

In den Zellen der Batterie, die eigentlich ein Stromspeicher ist, stehen ineinandergeschobene Plattenpakete aus unterschiedlichen Bleilegierungen. Immer eine positive und eine negative Platte befinden sich nebeneinander. Sie werden durch Separatoren aus nicht-leitfähigem Material voneinander getrennt. Das Ganze »schwimmt« in einer verdünnten Schwefelsäure von ganz bestimmtem spezifischem Gewicht. Beim Laden oder Entladen wandern zwischen den einzelnen Plattenpaaren in einem chemischen Prozeß Wasserstoff, Sauerstoff und Sulfat-Moleküle hin oder her. Beim Entladen der Batterie nimmt das Blei die Sulfat-Moleküle auf, so daß von der Schwefelsäure zum Schluß fast nur noch das Wasser übrig bleibt. Daraus erklärt sich die Frostanfälligkeit entladener Batterien. Die Beinahe-Wasserfüllung der entladenen Batterie hat natürlich ein niedrigeres spezifisches Gewicht als die Schwefelsäure in der geladenen Batterie. So kann man durch Messen des spezifischen Gewichtes, d. h. des Gewichtes von 1 Liter Flüssigkeit in Kilogramm, (spez. Gewicht von reinem Wasser = 1), feststellen, in welchem Ladezustand sich die Batterie befindet.

Säurestand der Batterie prüfen
Pflegearbeit Nr. 6

Alle 2500 km soll der Säurestand der Batterie nachgeprüft werden; ebenso, wenn Verdacht auf Säuremangel der Batterie besteht. Wenn also der Anlasser eines Morgens den Motor nur noch ganz müde durchdreht, obgleich kein überraschender Frost über Nacht kam, dann kann durchaus etwas an der Zündung in Unordnung geraten sein. Der erste Blick sollte jedoch der Batterie gelten. Dies vor allem, falls bei einem weiteren Startversuch mit eingeschalteten Scheinwerfern diese nur noch ganz trübe blinzeln, wenn sich der Zündschlüssel im Schloß dreht. Dann fehlt es meist der Batterie an Kraft, weil ihr das Wasser mehr oder weniger ausgegangen ist. Dieses verdunstet nämlich mit der Zeit, besonders stark im heißen Sommer. Das fehlende Wasser muß nachgefüllt werden. Keineswegs dürfen Sie Batteriesäure nachfüllen, denn nur der Wasseranteil der Batteriesäure kann verdunsten. Also darf auch nur dieses, und zwar nur in Form von destilliertem Wasser, ersetzt werden. Das destillierte Wasser bekommt man beim Bosch-Dienst oder in der Drogerie. Der Liter kostet etwa 30 Pfennige. Aufbewahrt wird es in einer Glas- oder Plastikflasche. Mit Metallen darf es nicht in Berührung kommen, sonst können Metallspuren in der Batterie zur Selbstentladung und Zerstörung führen.

Die Batteriesäure soll 10–15 mm über den Batterie-Platten stehen. Zur Prüfung schneidet man sich am besten 6 schmale Pappstreifen oder »Zahnstocher« aus sauberem Holz und steckt in jede Batteriezelle eines dieser »Meßgeräte«. Die Feuchtigkeitshöhe ist gut abzulesen. Wenn die Batterie-Platten »trocken stehen«, kann man dies natürlich auch mit bloßem Auge durch Blick in die Verschlußöffnungen sehen. Dann ist höchste Eile mit Nachfüllen geboten, denn trocken stehende Batterien erreichen nur ein geringes Lebensalter.

Zum Nachladen braucht man eine solche trocken gefallene Batterie aber nicht in die Werkstatt zu bringen, wenn sie sonst gesund ist. Das Auffüllen mit destilliertem Wasser und eine längere zügige Fahrtstrecke am Tage – also ohne Scheinwerferbeanspruchung – bringen Sie wieder in Ordnung.

Ladezustand prüfen

Pflegearbeit Nr. 25

Solange die Batterie den Anlasser flott durchdreht und die Scheinwerfer beim plötzlichen Gasgeben nicht wesentlich heller aufstrahlen – das ist ein Zeichen, daß die Batterie irgendwie »müde« ist –, braucht man außer dem Säurestand den Ladezustand der Batterie nicht unbedingt zu prüfen. Es regelmäßig bei der 10 000-km-Wartung zu tun, ist jedoch kein Fehler. Wenn sich aber Müdigkeit zeigt oder die vorschriftsmäßig mit destilliertem Wasser aufgefüllte Batterie gar nicht erholen will, auch ihr Dienstalter von 2 bis 3 Jahren schon wesentlich überschritten ist, muß die Säuredichte jeder einzelnen Batteriezelle zur Kontrolle des Ladezustandes nachgemessen werden. Da in diesem Falle zumeist ein Nachladen der Batterie in der Werkstatt oder bei

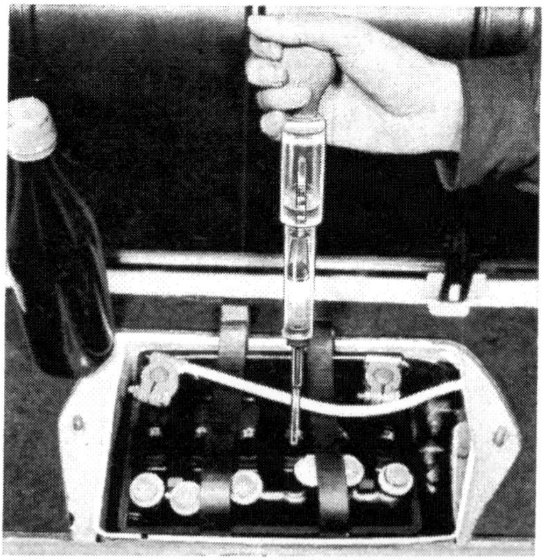

Zum Messen der Säuredichte in der Batterie dient ein Heber-Säuremesser, mit dem etwas Batterie-Säure aus jeder Zelle abgesaugt und an der Skala des Schwimmers die Dichte, also das spezifische Gewicht der Säure, abgelesen wird. Dazu muß der Schwimmer, das Aräometer, im senkrecht gehaltenen Glaskolben frei schwimmen. Durch diese Messung wird der Ladezustand jeder einzelnen Batteriezelle geprüft – das Meßergebnis soll in allen Zellen nahezu gleich sein. Werden Unterschiede in einzelnen Zellen festgestellt ist die Batterie krank einem Autoelektrik-Dienst notwendig ist (denn auch ein Garagen-Kleinladegerät reicht dazu nicht aus), kann man den Ladezustand gleich dort prüfen lassen. Es ist deshalb fraglich, ob man sich selbst den dazu notwendigen Hebersäuremesser anschaffen sollte. Der Vollständigkeit halber muß aber erklärt werden, wie diese Ladezustands-Prüfung vor sich geht: Zum Messen der Säuredichte, also des spezifischen Gewichtes der Batteriesäure, wird ein Hebersäuremesser benutzt, in dem ein Aräometer schwimmt. (Preis etwa 5.20 DM.) Das spezifische Gewicht der zur Prüfung angesaugten Batteriesäure läßt sich auf dem Schwimmer, dem Aräometer, ablesen. Es bedeuten:

Batterie voll geladen	spez. Gewicht 1,285 kg/l	Anm.: Die Messung ist auf +20° C bezogen. Je 14° C Temperaturunterschied ändern das spez. Gewicht um 0,01 kg/l.
Batterie halb geladen	spez. Gewicht 1,21 kg/l	
Batterie entladen	spez. Gewicht 1,14 kg/l	

Es muß noch kein schlimmes Zeichen sein, wenn alle sechs Zellen eine gleichmäßig niedrige Säuredichte zeigen. Dann kann es, wenn die Batterie noch nicht zu alt ist, mit Nachladen getan sein. Bedenklich wird es jedoch, wenn eine einzelne Zelle entladen ist: In der Fachwerkstatt nachprüfen lassen, ob die Batterie noch brauchbar ist oder ersetzt werden muß.
Stark verbrauchte Batterien erkennt man auch daran, daß sich die Plattenblöcke in den Zellen hochdrücken. Höchste Zeit, eine neue Batterie zu kaufen.

Pflege der Batterie

Pflegearbeit Nr. 24

Lose und oxydierte Polschuhe oder Batteriepole und verschmutzte Oberfläche schaden der Batterie. Die Oberfläche der Batterie muß sauber und trocken gehalten werden. Den Schmutz und die Oxydkristalle bürstet man mit einer Wurzelbürste und warmem Wasser ab, reibt die Pole und Kabelschuhe mit dem Lappen trocken und fettet zum Schluß die Polköpfe und Anschlußklemmen mit Polfett (z. B. Bosch-Säureschutzfett Ft 40 v 1) ein.
Zeigen sich auf der Batterie oder sogar auf ihrem Standblech Säurekristalle, dann ist die Batterie »übergekocht«; entweder wurde zu viel destilliertes Wasser nachgefüllt oder der Regler der Lichtmaschine, der dafür zu sorgen hat, daß die Batterie nicht zu heftig aufgeladen wird, ist defekt.
Soll die Batterie ausgebaut werden, ist zuerst das Minuskabel (Zeichen auf dem Polkopf: –) mit dem Gabelschlüssel SW 10 zu lösen. Merke: **M**inus an **M**asse! Dann wird das Pluskabel (Zeichen auf dem Polkopf: +) gelöst. Sitzen die Anschlußklemmen durch Oxydation auf den Polköpfen sehr fest, keine Gewalt anwenden, sonst kann ein Polkopf abbrechen oder das Batteriegehäuse springen. Statt dessen mit einem Pinsel kochend heißes Wasser auf die Polköpfe streichen. Das löst die Oxydkristalle. Noch besser wirkt heiße Sodalösung. Zum Schluß wird die Batterie an ihren beiden Haltebändern aus dem Batteriekasten gehoben.
Beim Einbau wird das Minuskabel zuletzt angeschlossen. Dadurch vermeiden Sie Kurzschlußgefahr beim Hantieren. Auch bei Arbeiten an der elektrischen Anlage immer das Minuskabel lösen, um Kurzschlüsse zu vermeiden.

Anleitung zum Laden

Die Batterie besitzt die unschöne Angewohnheit, sich auch im unbenutzten Zustand zu entladen. Im Winter geht die Selbstentladung etwas langsamer als im Sommer vor sich. Sie beträgt pro Tag ½ bis 1 % ihrer Kapazität. Eine vollgeladene Batterie kann also in 100 Tagen leer sein. Da eine Batterie im entladenen Zustand Schaden leidet, müssen Batterien stillgelegter Fahrzeuge ausgebaut und etwa jeden Monat nachgeladen werden. Oder man gibt sie bei einer Elektrikwerkstatt in »Pension«, wo sie dauernd an ein Frischhaltegerät mit schwachem Ladestrom angehängt wird.

Wenn die Batterie zu viel Strom abgeben mußte und gar nicht oder ungenügend von der Lichtmaschine geladen wurde, muß sie an einem Ladegerät mit Gleichstrom aufgeladen werden.

Bei tiefer Entladung oder gründlicher Batterieüberholung muß die Batterie an ein leistungsstarkes Batterieladegerät angeschlossen werden, wie es nur die Werkstätten zur Verfügung haben. Vor dem Laden soll nur so viel destilliertes Wasser nachgefüllt werden, daß die Plattenoberkanten gerade bedeckt sind, denn während des Ladens steigt die Batteriesäure und kann, bei zu viel eingefülltem Wasser, leicht »überkochen«. Der Anfangs-Ladestrom soll 10 % der Batteriekapazität nicht übersteigen, das sind bei der Batterie des Fiat 600 etwa 4 Ampere. Mit zunehmender Batteriespannung muß die Ladestromstärke verringert werden und schließlich bei voller Batterie bis auf Null zurückgehen, sonst wird die Batterie überladen und dadurch geschädigt. Große Werkstatt-Ladegeräte erledigen diese Regelung der Ladestromstärke automatisch. In der Werkstatt wird übrigens zum sorgfältigen Laden die Batterie zuerst völlig entladen und dann mit dem Laden gewissermaßen von vorne begonnen. Die Ladezeit dazu beträgt etwa 10 bis 15 Stunden.

Die Temperatur der Batteriesäure darf während des Ladens nicht über 40 °C steigen – gilt auch für zu scharfe Kleinladegeräte oder Eigenbau-Lader –, sonst muß das Laden unterbrochen werden. Da sich während dieser ganzen Zeit Gasblasen bilden – man sagt, die Batterie »gast« –, müssen die Verschlußstopfen der Batteriezellen geöffnet sein (Ist bei Garagen-Ladern nicht unbedingt erforderlich). Das sich bildende Gas besteht aus Wasserstoff und Sauerstoff, ist also das feuergefährliche Knallgas. Mit offenem Licht darf man deshalb das Laden der Batterie nicht kontrollieren. Die Batterie ist geladen, wenn innerhalb von 2 Stunden die Säuredichte nicht mehr ansteigt.

Schadet die Schnelladung?

Zehn bis fünfzehn Stunden, bis die Batterie wieder ganz geladen ist, hat man natürlich nicht immer Zeit. Es geht durch Schnelladen auch schneller. Allerdings ist dies eine Roßkur, die nur ganz gesunde Batterien ohne weiteres überstehen, denn es wird mit fast 40 Ampere dabei geladen. Wenn sich eine einwandfreie Batterie beispielsweise über Nacht durch einen versehentlich

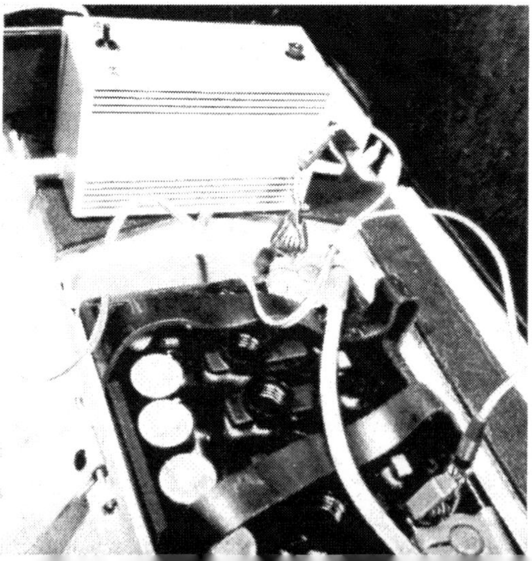

Zum Aufladen der Batterie gibt es einfache Garagengeräte, die für 12 Volt etwa ab 55 DM kosten. Auf unserem Bild ist es der Eisemann-Kleinlader PKK 6 – 12/2,5 zu 59,50 DM. Er ist also auch für 6-Volt-Batterien umschaltbar und gibt 2,5 Ampere ab. Beim Laden sollen, da ja auch gleichzeitig der Säurestand kontrolliert werden muß (er steigt beim Laden!), die Verschlußstopfen der Batterie geöffnet sein. Die Batterie entwickelt beim Laden das feuergefährliche Knallgas. Deshalb Vorsicht mit offenem Licht.

eingeschalteten Stromverbraucher entladen hat, darf man sie ohne weiteres an einem Schnelladegerät wieder aufputschen lassen, damit man mit seinem Auto wieder davonfahren kann. Aber zur Regel soll man dieses Verfahren nicht machen. Bei älteren Batterien heben sich beispielsweise die Plattenblöcke und die Batterie ist hinüber.
Fabrikneue Batterien dürfen auf gar keinen Fall an ein Schnelladegerät gehängt werden. Viele Batteriehersteller laden heute ihre Batterien trocken vor. Bei der Inbetriebnahme wird nur noch Säure eingefüllt und nach kurzer Wartezeit kann der Motor mit dieser Batterie gestartet werden. Allerdings muß sich sogleich eine längere Fahrt anschließen, damit die Lichtmaschine die neue Batterie langsam aufladen kann.

Fingerzeig: *Säurespritzer, die vom Arbeiten an der Batterie herrühren, behandelt man an Textilien und Metallen mit einer Sodalösung. Andernfalls muß man sich nach einigen Tagen über erstaunlich große Löcher in seiner Hose oder Jacke wundern. Wasser allein tut's nicht.*

Starten mit leerer Batterie

Eines Tages passiert es dann doch: Man kommt zu seinem Fiat, dreht den Zündschlüssel herum – nichts rührt sich und die rote Ladekontrolleuchte brennt auch nur noch ganz schwach oder gar nicht. Wahrscheinlich wird sich schnell herausstellen, daß irgendein Stromverbraucher eingeschaltet war, der die Batterie leer »gesaugt« hat. Wie schnell dies geschehen kann, ist zu Anfang dieses Kapitels beschrieben. Das ist aber noch kein Grund, restlos zu verzweifeln. Vor allem ist es unwahrscheinlich, daß eine an sich gesunde Batterie durch diese Dauerstromabgabe Schaden gelitten hat, es sei denn, sie war tage- oder wochenlang eingeschaltet.

Mit fremder 12-Volt-Batterie

Wenn nicht gerade bei der nächsten Fahrt mehrere Stromverbraucher in Aktion treten müssen, kann man die leere Batterie vom eigenen Motor zum guten Teil wieder aufladen lassen. Allerdings muß sich der Motor erst einmal selbst drehen. Der einfachste Weg ist das Starten durch eine Fremdbatterie. Vielleicht läßt sich der Nachbar darum bitten, so er auch einen Fiat, Peugeot oder NSU Prinz mit 12-Volt-Batterie hat. Denn darauf kommt es an. Einerlei ist es jedoch, wieviel Ampere-Stunden die betreffende Batterie hat, nur die Volt-Zahl muß stimmen.
Die Sache geht dann so vor sich: Kabel an der eigenen Batterie lösen, Batterie herausnehmen. Fremdbatterie einsetzen, Kabel anschließen (auf die richtigen Polanschlüsse achten!). Motor starten. Handgasring ziehen, so daß Motor in höherer Drehzahl läuft. Batteriekabel bei laufendem Motor lösen, zuerst das Minus- (Masse-), dann das Plus-Kabel. Fremdbatterie herausheben, eigene Batterie einsetzen, anschließen und Motor weiterlaufen lassen, während die Fremdbatterie zurückgebracht wird. Bei der folgenden Fahrt, die mindestens 15 km weit führen sollte, Motor ständig auf Touren halten und möglichst keine weiteren Stromverbraucher einschalten. Nach etwa 15 km Fahrt ist eine gesunde Batterie wieder so weit aufgeladen, daß sie den nächsten Motorstart alleine schafft, wenn es nicht gerade kalter Winter ist.

Starten durch Anschleppen oder Anschieben

Es geht auch ohne Fremdbatterie. Dann muß der Wagen im 2. Gang angeschleppt werden; die Lichtmaschine muß nämlich auf genügende Drehzahl gebracht werden, damit ihr Reglerschalter (siehe auch Kapitel »Lichtma-

schine«) sie als Stromspender für den Zündfunken voll einschaltet. Deshalb ist der 2. Gang notwendig; der 4. genügt nicht. Es geht folgendermaßen: Abschleppseil an den beiden Fahrzeugen gut befestigen, da starkes Rucken leicht möglich ist. Abschleppseil straff ziehen, 2. Gang einlegen, Kupplung treten, anfahren lassen und bei genügender Fahrt Kupplung langsam kommen lassen. Rechte Hand an der Handbremse, linker Fuß auf dem Kupplungspedal, rechter Fuß auf dem Gaspedal. Wenn der Motor anspringt, sofort Kupplung treten und Gas geben, Handbremse in erste oder zweite Raste ziehen, damit der Wagen nicht auf den Vordermann auffährt, dem Schleppfahrer Hupsignal geben (das geht bei höherer Motordrehzahl auch mit leerer Batterie), 2. Gang herausnehmen, Kupplung loslassen und mit dem Schleppwagen zusammen langsam abbremsen, am besten mit der Handbremse. (Mit dem linken Fuß auf dem Bremspedal geht es schlechter, da dieser Fuß das Bremspedal nicht gewohnt ist; der rechte Fuß wird ja zum Gasgeben gebraucht, um den Motor auf Touren zu halten.)
Der 600 ist ja kein Schwergewicht und so läßt er sich auch durch Anschieben bei leerer Batterie ohne große Schwierigkeiten in Gang setzen. Dazu muß allerdings die Zündanlage in guter Verfassung sein, sonst wird es schwierig. Weil man die notwendige Drehzahl durch Anschieben im 3. Gang – im allgemeinen auch nicht im 2. Gang – erreicht, wendet man einen Trick an: 1. Gang einlegen, Kupplung durchgetreten halten, Wagen anschieben lassen, bis er in Schwung ist, dann Kupplung schnell kommen lassen. Der Wagen macht einen Hopser, bei dem der Motor plötzlich schnell genug durchgedreht wird, um in der Lichtmaschine genügend Strom für den Zündfunken zu erzeugen. Springt der Wagen an, sofort Kupplung treten und Gas geben. Wagen mit der Handbremse anhalten, denn die Füße braucht man im Augenblick für Kupplung und Gaspedal.

Starten mit Starthilfekabel

Am allerbequemsten läßt sich aber bei leerer eigener Batterie der Wagen durch die Hilfe eines freundlichen Autofahrers und mit einem Satz Starthilfekabel (für DM 13,50 aus einem Versandhaus) starten. Bitten Sie einen Autofahrer, dessen Motor läuft, so dicht an Ihren Fiat heranzufahren, daß mit den mindestens 2,5 m langen Kabeln eine direkte Verbindung von Batterie zu Batterie hergestellt werden kann. Dabei werden die Kabel an den Batteriepolen — Plus an Plus und Minus an Minus — angeklemmt. Dann gibt der hilfsbereite Autofahrer bei seinem Wagen Gas, damit seine Lichtmaschine kräftig Strom spendet, während Sie Ihren müden Fiat-Motor zu munterem Leben erwecken.

Fahren ohne Batterie

Sehr zu empfehlen ist es, beim Anschieben oder Anschleppen die leere Batterie abzuklemmen, also das Massekabel zu lösen. Die leere Batterie schluckt gierig den von der Lichtmaschine erzeugten Strom, ist also ein zu hoher Stromverbraucher in diesem Augenblick. Der Zündfunke, auf den es bei diesen Startversuchen vor allem ankommt, kann dann zu schwach werden, so daß der Motor nicht anspringen will.
Jedoch darf eine offensichtlich defekte Batterie, der es an Säure fehlt, deren Plattenpakete sich in den Batteriezellen aus Altersschwäche hochgedrückt haben oder die inneren Kurzschluß hat, auf keinen Fall nach dem Start durch Anschieben angehängt bleiben. In solch einer defekten Batterie kann die Lichtmaschine keinen Strom speichern, sondern wird, vor allem bei innerem Kurzschluß der Batterie, derart überlastet, daß nach kurzer Zeit die stromerzeugenden Feldspulen der Lichtmaschine mit ziemlicher Sicherheit durchbrennen. Dann ist, sozusagen, »der Ofen aus« und nur noch Abschleppen

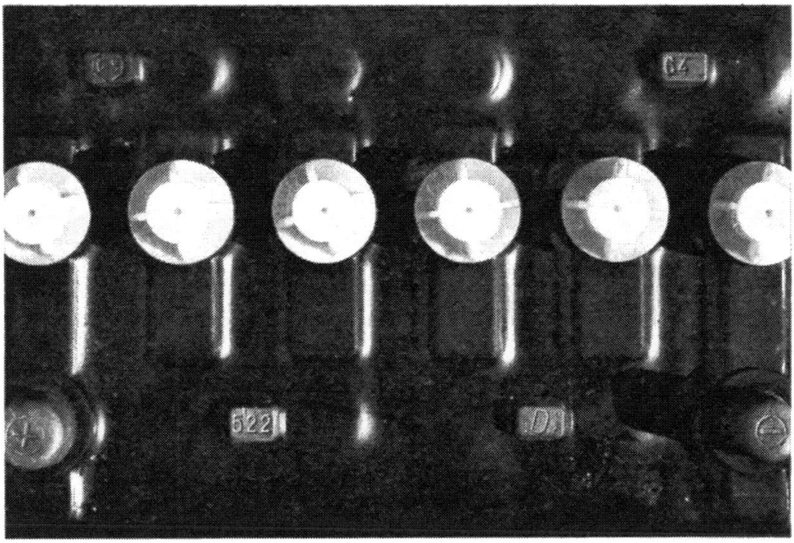

Irgendwo sind auf jeder Auto-Batterie Zahlen-Kombinationen aus Buchstaben und Zahlen eingeschlagen, welche einen Hinweis auf das Herstellungsdatum der Batterie geben. Wie die deutschen Batteriehersteller dieses Datum kennzeichnen, ist im untenstehenden Text beschrieben. Aber auch bei ausländischen Batterien, wie hier bei einer italienischen, läßt sich zumeist ein Anhaltspunkt als Hinweis auf das Alter finden und hier ist an der Zahl »64« rechts oben im Bild unschwer zu erraten, daß die Batterie aus dem Jahr 1964 stammt.

hilft. Damit dies nicht geschieht, fährt man ohne Batterie zur nächsten Fiat-Werkstatt – das geht nämlich ohne weiteres – und läßt sich wohl oder übel eine neue Batterie einbauen.

Kauf einer neuen Batterie

Müdigkeitserscheinungen künden es dem aufmerksamen Fahrer bereits an, wenn eine neue Batterie fällig wird. Das ist ein bitterer Tropfen, denn die Batterie kostet etwa 105 DM. Wenn Nachladen nichts mehr hilft, die Scheinwerfer beim Gasgeben wesentlich heller werden, die Plattenblöcke der Zellen sich hochdrücken, dann ist es soweit. Zumeist ereignet sich das jährliche Batteriesterben bei den ersten Nachtfrösten, wenn die letzte Kraft vom Frost ganz zerschlagen wird.
Wer in seinem Fiat 600 oder Jagst noch die ältere Batterie-Ausführung mit 32 Ampere-Stunden vorfindet, sollte natürlich auch die neue Batterie mit 36 Ah wie im Fiat 770 S wählen; sie hat doch etwas mehr Reserven.
Eine gepflegte Batterie soll mindestens 2 Jahre, in der Regel aber auch 3 Jahre durchhalten. Wir haben bisher nur ein einziges Mittel gefunden, mit dem eine gealterte, also sulfatierte Batterie wieder aufgemuntert werden kann. Es heißt Cobalt-MG (Preis etwa 8,50 DM) und ist bei der Firma Walter Neuber, 581 Witten, Postfach 2004, oder im Zubehörhandel erhältlich. Es kann die Lebensdauer der sonst schon altersschwachen Batterie beträchtlich verlängern. Es wird aber geraten, das Mittel sofort in neue Batterien hineinzugeben (ausgenommen die der Marke Atsa, die bereits mit Cobalt angereichert sind). Mit diesem Cobalt-MG lassen sich nach unseren Erfahrungen auch 4 und mehr Jahre Batterie-Lebensdauer erreichen.

Da dreht sich was

Die Lichtmaschine des Fiat 600, des NSU/Fiat Jagst und des Fiat 770 S ist, technisch gesehen, ein selbsterregter Gleichstrom-Nebenschluß-Generator, erzeugt trotz ihres Namens kein Licht, sondern Gleichstrom, der in erster Linie dem Aufbau eines kräftigen Zündfunkens zur Verbrennung des Kraftstoff-Luft-Gemisches dient. Weiterhin muß sie den der Batterie vom Anlasser und anderen Stromverbrauchern entnommenen elektrischen Strom wieder »auffüllen« und nebenbei sorgt sie auch für das Licht der Scheinwerfer.

Ihren Platz hat die Lichtmaschine rechts neben dem Zylinderblock. Dort wird sie über einen Keilriemen von der Kurbelwelle des Motors angetrieben, mit der sie sich im Verhältnis 1 : 1,83 dreht. (Bei den älteren Motoren ohne Ölschleuderfilter auf der Kurbelwelle, also bis 1960, dreht sie sich 1 : 1,6.) Die Lichtmaschine hat also eine wesentlich höhere Tourenzahl als der Motor. Mit einem zweiten Keilriemen hält wiederum die Lichtmaschine den Ventilatorflügel und die Wasserpumpe in Schwung.

Verschiedene Lichtmaschinen-Ausführungen

Im Laufe der Jahre wurden die Fiat 600 und Jagst mit verschiedenen Lichtmaschinenausführungen aus der Fiat-Produktion und aus dem Hause Bosch ausgestattet. Die früheren Lichtmaschinen hatten eine Nenn-Leistung von 130 Watt, dann folgten solche mit 160, 180 und jetzt 240 Watt, weil die leistungsschwächeren Lichtmaschinen zu oft überlastet wurden und durchbrannten. Dabei zeigte sich auch, daß die Bosch-Lichtmaschinen ohne weiteres um 50 % ihrer Nenn-Leistung überlastet werden können (das ist eine Sicherheitsspanne bei allen Bosch-Lichtmaschinen), während die Fiat-Lichtmaschinen ihre Nenn-Leistung zugleich als Maximal-Leistung haben. Bei Ersatzbedarf ist es also durchaus empfehlenswert, eine 240-Watt-Lichtmaschine einbauen zu lassen, zumal alle für Fiat 600 und Jagst vorgesehenen Lichtmaschinen – einerlei ob Original-Fiat oder Bosch – ohne weiteres untereinander austauschbar sind. Allerdings muß dann auf jeden Fall auch der zur neu eingebauten Lichtmaschine vorgesehene Reglerschalter montiert werden, denn diese Reglerschalter sind jeweils auf eine bestimmte Lichtmaschinenausführung fein abgestimmt. Wird das versäumt, wird entweder die Batterie überladen oder sie ist nach kurzer Zeit leer – es kann also bei falschem Reglerschalter Batterieschaden, auch Schaden an den Glühlampen durch Überspannung, geben.

Die zu Anfang 1966 in den Jagst 2 eingebaute Bosch-Lichtmaschine hat eine Nenn-Leistung von 240 Watt, ist jedoch, wie aus der Typ-Aufschrift EH 14 V 20 A 29 ersichtlich, für 14 Volt und 20 Ampere (= gleich 280 Watt) ausgelegt. Diese 14 Volt sind kein Druckfehler, sondern das ist die Betriebsspannung, wie sie verschiedene Elektro-Teile der 12-Volt-Anlage haben, wodurch der sogenannte Spannungsverlust ausgeglichen wird. Auch die 12-Volt-Batterie hat ja, ist sie frisch geladen, pro Zelle etwa 2,6 Volt, also insgesamt über 15 Volt Spannung.

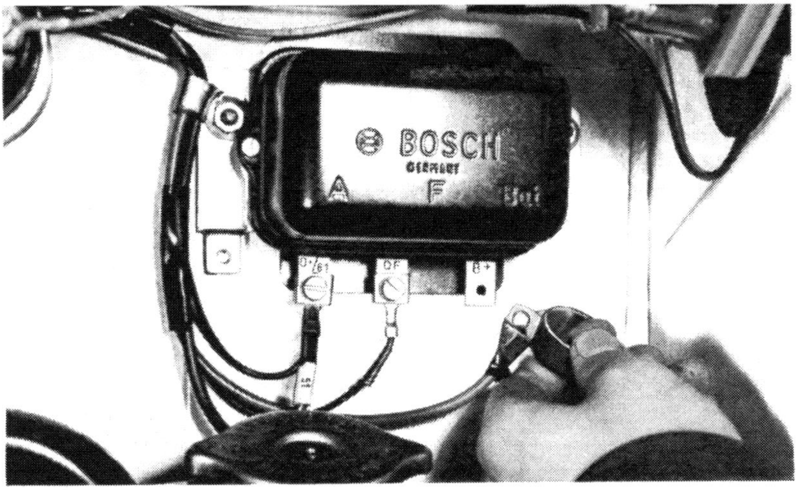

An diesem Reglerschalter sind die deutschen Norm-Klemmenbezeichnungen zu erkennen, die von jenen der italienischen Ausführung etwas abweichen. Wenn bei einer Störung an Lichtmaschine oder Reglerschalter der Zündstrom als Notbehelf der Batterie entnommen werden soll, muß das braune Kabel B+ (italienisch: 30) gelöst und isoliert werden, damit sich die Batterie nicht über die defekte Lichtmaschine entladen kann.

Der Reglerschalter

Weil ein Generator, wie ihn die Lichtmaschine darstellt, um so mehr Strom liefert, je schneller er sich dreht, dagegen die Batterie und die übrigen Stromverbraucher solche schwankenden Leistungen aber nicht unbeschadet vertragen, ist ein Reglerschalter an die Lichtmaschine angeschlossen. Er sitzt im Motorraum des Fiat 600 und des Jagst rechts oben an der Spritzwand zum Innenraum. Er ist also nicht, wie bei manchen anderen Kraftfahrzeugen, direkt auf die Lichtmaschine montiert, sondern von dieser »weggebaut«, wie die Elektrotechniker sagen. Er ist, wie bereits erwähnt, auf den jeweiligen Lichtmaschinentyp fein abgestimmt. Sie müssen also, wenn Sie etwa die noch intakte Lichtmaschine eines unfallgeschädigten oder sonst nicht mehr betriebsbereiten 600 oder Jagst in Ihren Wagen montieren wollen, unbedingt auch den Reglerschalter des anderen Wagens aus- und bei Ihnen einbauen, falls es sich in beiden Wagen nicht um genau den gleichen Lichtmaschinentyp handelt. Der Reglerschalter verbindet die Lichtmaschine nach Erreichung der Einschaltdrehzahl von etwa 920 Umdrehungen pro Minute der Motor-Kurbelwelle – also bei gleichzeitig etwa 1500 bis 1700 Umdrehungen der Lichtmaschinenwelle –, bei der die Lichtmaschinenspannung höher als die Batteriespannung wird, selbsttätig mit der Batterie und den Stromverbrauchern. Der Schalter trennt ebenso wieder, wenn diese Drehzahl unterschritten wird, wodurch verhindert ist, daß sich die Batterie über die dann schwächer wirkende Lichtmaschine entlädt. Bei schnell laufender Lichtmaschine sorgt schließlich der Reglerschalter dafür, daß weder die angeschlossenen Stromverbraucher – Zündspule, Scheinwerfer usw. – zu hohe Spannung erhalten, noch die Batterie überladen wird.

Reglerschalter nachprüfen

Dieses Spielchen des Reglerschalters können Sie an Ihrem Fiat sehr schön beobachten, wenn Sie einmal den Deckel des Reglerschalters abschrauben (2 Querschlitzschrauben), aber stochern Sie auf keinen Fall mit Ihrem Schraubenzieher in dem Reglerschalter herum – er nimmt das übel, denn bereits kleine Federspannungsänderungen verändern seine Schalterei. Selbst kann man an einem Reglerschalter nichts reparieren, wenn er schadhaft ist. Reparaturversuche, etwa Abschleifen der Kontakte, machen die Sache zumeist noch schlimmer. Defekte im Reglerschalter sind in krassen Fällen an »überkochender« oder ständig entladener Batterie, am Nichterlöschen oder Durchbrennen der Ladekontrollampe und grellem Aufleuchten der Scheinwerfer bei schnellem Gasgeben erkennbar. Leichtere Unstimmigkeiten des Reglerschalters sind mit elektrotechnischen Meßgeräten, wie sie gut ausgestattete Fiat-Werkstätten,

vor allem die Reparaturwerke der Fiat-Niederlassungen, und Bosch-Dienste zur Verfügung haben, feststellbar.
Beim Bosch-Reglerschalter unterscheiden sich die Klemmenbezeichnungen und die Reihenfolge der Anschluß-Klemmen etwas von jenen des italienischen Reglerschalters. Deshalb haben wir in unserem Schaltplan in der hinteren Buchklappe die gleichbedeutenden Klemmenbezeichnungen nebeneinander gesetzt (zuerst die italienischen, dann die deutschen). Um Verwechslungen zu vermeiden, trägt auch das Kabel an der Klemme D+/61 des Reglerschalters im Jagst zusätzlich eine Manschette mit der Aufschrift »51« (siehe Bild auf der vorigen Seite), was der italienischen Schaltbezeichnung entspricht.

Keilriemen-probleme

Wie im Kapitel über den »kleinen Wartungsdienst« bereits in Wort und Bild beschrieben, soll von Zeit zu Zeit die richtige Keilriemenspannung nachgeprüft werden. Sie ist in Ordnung, wenn sich jeder der beiden Keilriemen in der Mitte etwa um 15 mm bei mäßigem Daumendruck durchdrücken läßt. Lockere Keilriemen rutschen und verschleißen durch die dabei entstehende Hitze vorschnell; zu stramm sitzende Keilriemen belasten die Wellenlager einseitig, was ebenfalls erhöhten Verschleiß an diesen bewirkt. Beide Keilriemen sind gleich lang. Es genügt also ein Ersatzstück für unterwegs.
Zur besseren Übersichtlichkeit haben wir zum Fotografieren der nachfolgenden Bild-Text-Leiste die hintere Querwand des Motorraumes, auf die sich der Motor stützt, demontiert. Das ist zum Nachspannen und Montieren der Keilriemen selbstverständlich nicht notwendig.

Keilriemen I nachspannen

Ist der Keilriemen zwischen Kurbelwelle und Lichtmaschine zu lose, mit Gabelschlüssel SW 17 zwei Muttern lockern (auf untere ist Schraubenschlüssel angesetzt, die zweite ist neben dem Schraubenschlüsselschaft sichtbar), mit kräftigem Schraubenzieher Lichtmaschine nach oben drücken (Lichtmaschine mit der Hand nach oben drücken, genügt nicht) und beide Schrauben wieder stramm festziehen. Keilriemenspannung nachprüfen, nachdem der Motor einige Umdrehungen gemacht hat.

Keilriemen II nachspannen

Das Keilriemenscheibenlager der Wasserpumpe ist nicht schwenkbar, deshalb ist diese Keilriemenscheibe geteilt, wobei die beiden Scheibenhälften durch Herausnahme oder Einlage von Zwischenscheiben (siehe nächstes Bild) näher zusammen oder weiter auseinander rücken. Dadurch muß der Keilriemen weiter außen oder näher an der Achswelle laufen; seine unterschiedliche Länge wird dadurch also ausgeglichen. Zum Nachspannen des Keilriemens II zwischen Lichtmaschine und Wasserpumpe mit Ventilator muß die Keilriemenscheibe an der Wasserpumpe auseinandergenommen werden. Die 3 Sechskantmuttern werden mit Schraubenschlüssel SW 10 geöffnet.

Einer oder zwei der Zwischenringe werden zwischen den Scheibenhälften herausgenommen und außen auf die vordere Scheibenhälfte montiert (also nicht wegwerfen; man braucht sie später bei einem neuen Keilriemen wieder). Zum Schluß nach kurzem Motorlauf Keilriemenspannung nachprüfen. Ist bei 2 herausgenommenen Zwischenringen die Spannung zu stramm, muß einer wieder zwischen die Scheibenhälften montiert werden.

Keilriemenersatz durch Damenstrumpf

Reißt unterwegs ein Keilriemen, wäre die Montage eines neuen Keilriemens, wenn überhaupt zur Hand, sehr zeitraubend und umständlich. Es geht auch ganz einfach mit einem Damenstrumpf (Anwesenheit einer Dame also Vorbedingung). Der Strumpf wird mit aller Kraft strammgezogen, damit er sich später nicht mehr längt. Keine Angst, er reißt dabei nicht. Dann ganz stramm zweimal um die betreffenden Keilriemenscheiben ziehen, nochmals stramm nachziehen, gut verknoten und überhängende Enden abschneiden. Besonders zwischen Lichtmaschine und Wasserpumpe hält dieser »Keilriemen«, ist er richtig montiert, etliche hundert Kilometer. Auf keinen Fall ohne Keilriemen fahren! Für die Lichtmaschine wäre es nicht schlimm – sie würde eine Zeitlang von der Batterie vertreten. Die mangelnde Motorkühlung brächte jedoch unvermeidbar Motorschäden.

Neuen Keilriemen montieren

Einerlei, welcher Keilriemen neu montiert werden soll, auf jeden Fall muß die Keilriemenscheibe der Lichtmaschine demontiert werden. Auch bei Neumontage des Keilriemens I niemals versuchen, diesen mit einem Schraubenzieher auf die Keilriemenscheibe zu hebeln! Machen manche Monteure zur Zeitersparnis gerne, dabei reißt aber der Keilriemen innerlich unrettbar, obgleich von außen noch nichts zu sehen ist. Lassen Sie sich das nicht gefallen! Zur Demontage der Lichtmaschinen-Keilriemenscheibe diese mit schwerem Schraubenzieher, wie im Bild gezeigt, an hinterer Verrippung festkeilen und Ankerwellenmutter (SW 19) lösen.

Lichtmaschine nach Lockern der beiden Halteschrauben nach unten schwenken. Die Keilriemenscheibe läßt sich dann mit etwas Hebelunterstützung des Schraubenziehers von der Welle ziehen. Achten Sie auf den kleinen, locker sitzenden Nasenkeil in der Lichtmaschinenwelle, der bei der Montage in die entsprechende Nut der Keilriemenscheibe gleiten muß, um diese gegen Verdrehen und Rutschen auf der Welle zu sichern. Bei herabgeschwenkter Lichtmaschine läßt sich die Keilriemenscheibe mit den men spannen.

locker aufgelegten Keilriemen leicht wieder auf die Welle schieben. Ankerwellenmutter gut anziehen, beide Keilrie-

An den Fiat-Lichtmaschinen (nicht an den Bosch-Lichtmaschinen) führt am hinteren Lagerschild eine Bohrung, auf deren Verschlußschraube der Schraubenzieher angesetzt ist, zum Ankerwellenlager, um dieses schmieren zu können. Was es mit dieser Bohrung auf sich hat, ist im untenstehenden Text erläutert. Die beiden weißen Pfeile zeigen auf die beiden langen Bolzen, welche längs durch das Lichtmaschinengehäuse bei der Fiat-Lichtmaschine (Bosch-Lichtmaschine anders!) gehen und das hintere Lagerschild festhalten.

Lichtmaschine pflegen

Pflegearbeit Nr. 44

Die Lichtmaschine ist in der Wartung sehr anspruchslos, aber nach längerer Laufzeit müssen die Verschleißteile, Kohlebürsten und Kollektor, überprüft und bei Bedarf ersetzt werden. Offiziell ist dieser Zeitpunkt nach je 30 000 km im Pflegeplan empfohlen, aber nach 50 000 km Erstlaufzeit ist in der Regel auch noch Zeit dazu.

Lichtmaschine ölen

So lange sollte man allerdings mit der Schmierung der Lichtmaschinenwelle nicht warten, wenn diese an dem in Ihrem Fiat montierten Exemplar noch vorgesehen ist. Sie müssen Ihre Lichtmaschine einmal daraufhin untersuchen. Prüfen Sie zuerst, ob auf dem Stützlager der Ankerwelle im hinteren »Lagerschild« (das ist der hintere Deckel auf dem Lichtmaschinengehäuse) eine Ölerkappe zu finden ist. Wenn ja, dann sollten Sie dort so alle 10 000 km oder alle halbe Jahre einige Tropfen Motoröl einträufeln, bis der Klappöler gerade gefüllt ist.
Bei den Fiat-Lichtmaschinen läuft zumeist eine lange Bohrung von der hinteren Lichtmaschinenseite zu diesem Ankerwellenlager (siehe Bild oben). In dieser Bohrung sitzt, durch eine Schlußschraube verdeckt, ein Schmierdocht, den Sie mit einer Nadel herauszupfen müssen. Dann wird er mit dickflüssigem Öl – also diesmal kein Haushalts-Fahrrad-Öl, sondern Motoröl SAE 30 oder Getriebeöl – getränkt, wieder in die Bohrung gesteckt und darüber noch eine Fingerspitze Mehrzweckfett in die Bohrung gedrückt, bevor die Verschlußschraube wieder eingedreht wird. Bei manchen Fiat-Lichtmaschinen ist jedoch dieser Schmierdocht, wie wir feststellen konnten, völlig sinnlos, weil inzwischen die Ankerwelle in einem »dauerschmierenden« Sintermetall gelagert ist, welches unten die Schmierbohrung abschließt und das Öl gar nicht bis zur Welle durchläßt. Man hatte da bei der Lagerverbesserung anscheinend noch so viele Lagerschilde alter Konstruktion, daß man sie einfach mit Docht und Verschlußschraube auf die Lichtmaschinen montierte. Folge der Massenfertigung. Da man das aber von außen nicht klären kann, ob die Bohrung wirkt oder nur zum Schein da ist, sollten Sie sie, falls vorhanden, einfach schmieren – es macht ja nicht viele Umstände. An den neueren Bosch-Lichtmaschinen gibt es diese Schmierdocht-Bohrung nicht, also ist da auch nichts zu schmieren.
Das in der Betriebsanleitung für je 30 000 km empfohlene Schmieren des Kugellagers an der Antriebsseite – also wo die Keilriemenscheibe sitzt – können Sie sich ruhig sparen und brauchen nicht extra deswegen die Lichtmaschine auseinander zu nehmen. Wenn es eine Bosch-Lichtmaschine ist, können wir jedenfalls mit ruhigem Gewissen sagen, daß ihre Kugellager mit

einer Dauerschmierung versehen sind, die erst erneuert zu werden braucht, wenn die Lichtmaschine grundüberholt wird. Falls Sie jedoch die Neugierde plagt und Sie sich die Lichtmaschine in Einzelteilen auf Ihrem Basteltisch ausbreiten, dann sollten Sie zwecks Schmierungserneuerung zuerst die Kugellager mit sauberem Benzin und Pinsel einwandfrei auswaschen und dann mit Bosch-Fett Ft 1 v 4 (45-Gramm-Tube für 0,60 DM) füllen, d. h. mit dem Daumen in das Kugellager drücken.

Kollektor und Kohlebürsten prüfen

Die Kontrolle der Verschleißteile, Kollektor und die darauf schleifenden beiden Kohlebürsten, ist auch schon vor 30 000–50 000 km Laufzeit notwendig, wenn die Lichtmaschinenleistung unbefriedigend ist (und der Fehler nicht am Reglerschalter liegt). Zwar kann man diese Überprüfung der Werkstatt überlassen, aber die eigene Nachschau rentiert sich durchaus. Denn gar zu gerne bauen Werkstätten, Gott sei's geklagt, gleich eine Austausch-Lichtmaschine ein (beim Fiat 600 für 45 DM bzw. 48 DM), wo es noch eine ganze Zeitlang mit einem Satz neuer Kohlebürsten (1,90 DM!) gegangen wäre. Wartet man mit der Kontrolle allerdings zu lange, dann können sich die Kohlebürsten bis auf deren Metallsockel abgeschliffen haben und diese reißen natürlich in den Kollektor böse Rillen, die tatsächlich ein Abdrehen des Kollektors unausweichlich machen. (Letzteres ist in einer Bosch-Werkstatt immer noch preiswerter als eine Austausch-Lichtmaschine, nur müssen Sie Ihren Wagen dann einige Tage entbehren können.)

Das Auseinandernehmen der Lichtmaschine ist gar nicht so schwer: Zuerst zur Sicherheit Minuskabel der Batterie lösen, dann Keilriemenscheibe demontieren (Das ist im Bild auf Seite 71 gezeigt). Darauf wird die Lichtmaschinenhalterung oben auf dem Lichtmaschinengehäuse gelöst, nachdem Sie sich mit scharfem Schraubenzieher eine Markierung in Gehäuse und Halterung geritzt haben, die Ihnen später genau anzeigt, wie die Lichtmaschine saß. Nun noch die Kabel abschrauben und dann haben Sie die Lichtmaschine schon zum Auseinandernehmen auf dem Tisch. Das hintere Lagerschild wird längs des Lichtmaschinengehäuses durch zwei lange Bolzen gehalten, die mit je einer Sechskantschraube auf dem Lagerschild verschraubt sind. Die beiden Schrauben lösen, worauf sich das hintere Lagerschild abnehmen läßt. Sie können dann sowohl Kollektor wie Kohlebürsten überprüfen, weshalb eine Demontage des vorderen Lagerschildes auf der Antriebsseite und ein Herausziehen der Ankerwelle mit dem Lichtmaschinen-Anker (die dicke Drahtspule auf der Welle) aus dem Gehäuse nicht notwendig ist. Das ist auch nicht ratsam,

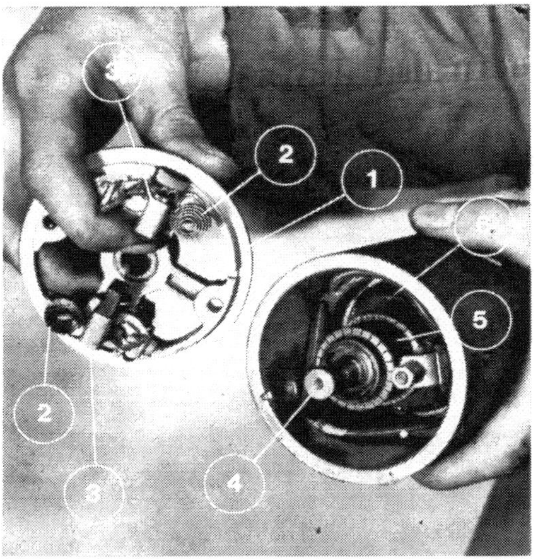

Hier haben wir das hintere Lagerschild der Lichtmaschine demontiert. Es bedeuten: 1. Hinteres Lagerschild. – 2. Spiralhaltefedern für die Kohlebürsten. – 3. Führungshülsen für die beiden Kohlebürsten (unten aus der Hülse ragend, oben durch den Zeigefinger in die Hülse gedrückt). – 4. Lichtmaschinen-Ankerwelle. – 5. Kollektor zur Stromabnahme durch die Kohlebürsten, dahinter Ankerwicklung. – 6. Feldspulen, an der Gehäusewandung festsitzend.

weil dann nach dem Zusammenbau die Lichtmaschine erst wieder »polarisiert« werden müßte. Dadurch kommen Sie nicht an das vordere Wellenlager – ist auch nicht schlimm, die Schmierung hält noch.
Der Kollektor ist das quergeriffelte »Walzenstück« auf der Lichtmaschinen-Welle; die beiden Kohlebürsten sitzen in kleinen Führungshülsen und werden von kleinen Spiralfedern im Betrieb an den Kollektor gedrückt. Mit diesen Spiralfedern müssen Sie zart umgehen. Werden sie verzogen und dadurch später ihre Andruckspannung verändert, liegen entweder die Kohlebürsten nicht fest genug oder zu fest auf. Letzteres erhöht den Kohlebürstenverschleiß, ersteres stört die Lichtmaschinenleistung. Den Kollektor dürfen Sie zur Reinigung mit einem sauberen und leicht in Tetrachlorkohlenstoff (gibt es als Fleckenreinigungsmittel in Apotheken und Drogerien) angefeuchteten Lappen abwischen, bis Staub- und Ölverkrustungen weg sind. Auf keinen Fall dürfen Sie jedoch Schmutz oder Riefen im Kollektor mit Feile oder Schmirgelpapier beseitigen wollen. Das gibt unweigerlich Unebenheiten, die, wenn sie auch noch so gering sind, später die Kohlebürsten bei hoher Drehzahl (die Lichtmaschine macht ja ohne weiteres 5000 und 6000 Umdrehungen pro Minute) hochspringen lassen, was ständige Abreißfunken gibt, die Lichtmaschinenleistung herabsetzt, Kohlebürsten und Kollektor verschmort und überdies noch Radiostörungen zur Folge hat. Ein riefiger Kollektor muß, das ist zwingend, auf einer Präzisionsdrehbank sorgfältig abgedreht werden.
Die Kohlebürsten müssen immer paarweise ersetzt werden, auch wenn nur eine gebrochen und die andere anscheinend noch in Ordnung ist. Da ein Satz von 2 Kohlebürsten (für die Bosch-Lichtmaschine Bestell-Nr. 1 107 014 125) nur 1,90 DM kostet, ist das auch kein Problem, aber im Interesse der Leistungsgleichheit der Kohlebürsten wichtig. Gebrochene, abgenutzte oder in der Lötstelle lose Kohlebürsten werden aus ihrer Führung herausgezogen, wobei die Haltefeder nicht mehr als unbedingt erforderlich vorsichtig angehoben – nicht zur Seite gedrückt! – wird. Dann Anschlußkabel abschrauben und Führungshülse mit benzingefeuchtetem Läppchen (um Holzspan wickeln) innen reinigen. Anschlußkabel der neuen Kohlebürsten anschrauben, in die Führungshülse stecken, Haltefedern dahinter setzen (siehe Bild auf Seite 73), so daß die Kohlebürsten nicht unten aus ihren Führungshülsen herausschauen (sie könnten sonst beim Anstoßen an den Kollektor brechen), Lagerschild aufsetzen, Haltebolzen leicht verschrauben und erst jetzt durch Schaulöcher des hinteren Lagerschildes mit feinem Schraubenzieher Haltefedern der Kohlebürsten in die richtige Lage bringen, so daß die Kohlebürsten an den Kollektor gedrückt werden. Hat das hintere Lagerschild keine Schaulöcher – es sind diese und jene Typen im Fiat 600 eingebaut –, müssen die Haltefedern schon vorher in der richtigen Drucklage auf den neuen Kohlebürsten liegen. Dann muß jedoch das Lagerschild mit größter Vorsicht aufgesetzt werden, wobei das Einfädeln der beiden langen Haltebolzen in die Bohrungen des Lagerschildes zusätzliche Schwierigkeiten macht.

Kabel nicht verwechseln

Der Anbau der Lichtmaschine geht in umgekehrter Reihenfolge wie die Demontage vor sich. Achten Sie aber lieber dreimal als zweimal darauf, ob Sie auch die Kabel richtig an die Lichtmaschine anschließen wollen. Die Kabelfarben und Bezeichnungen an Lichtmaschine und Reglerschalter machen es Ihnen leicht. Falscher Anschluß führt mit ziemlicher Sicherheit zum sofortigen Durchschmoren des Reglerschalters und zu Schäden in der Zündanlage. Kluge Leute malen sich mit Filzschreiber Hilfsstichworte auf das Lichtmaschinengehäuse, bevor sie die Kabelschuhe lösen.

Was sagt das rote Licht?

»Nicht immer hält das rote Licht dem Wandersmann, was es verspricht«, behauptet ein alter Sinnspruch. Das gilt auch für die rote »Ladekontrolleuchte«, die im Armaturenbrett mit der Umschriftung »Generator« sitzt. Nach Volksmeinung zeigt ihr Verlöschen an, daß nun die Batterie aufgeladen werde. Das ist keinesfalls immer bewiesen, denn in Wirklichkeit zeigt dieses Lämpchen durch sein Verlöschen nur an, daß die Spannung der Lichtmaschine jene der Batterie erreicht und der Reglerschalter umgeschaltet hat. Ob die Leistung der Lichtmaschine zum Laden der Batterie ausreicht oder ob diese noch für weitere Stromverbraucher – Licht, Radio, Heizkissen usw. – Strom hinzuliefern muß, ist daraus nicht erkennbar.

Wenn Sie einmal den Schaltplan in der hinteren Buchklappe prüfen, können Sie erkennen, daß das Kabel der Ladekontrolleuchte einerseits im Anzeige-Instrument am allgemeinen Plus-Anschluß für die Instrumente und andererseits an Klemme 51 (bei Bosch Klemme D+/61) zusammen mit dem Plus-Kabel der Lichtmaschine hängt. Steht die Lichtmaschine oder läuft sie nur wenig, dann hat dieses Plus-Kabel der Lichtmaschine keinen oder nur wenig »Plus«-Strom, ist praktisch also »Minus«, so daß die rote Lampe brennt. Liefert die Lichtmaschine genügend Strom, liegt an beiden Kabelenden der Ladekontrolleuchte »Plus«, sie kann also nicht mehr leuchten. Ob es aber so viel Strom ist, daß die Batterie damit geladen werden kann, ist keineswegs erwiesen. So kann es vorkommen, daß bei nächtlichen Verkehrsstockungen trotz gemächlich laufendem Motor die Autobatterie plötzlich leer sein kann, obwohl die »Ladekontrolleuchte« niemals brannte. Wie eine defekte Ladekontrolleuchte ausgetauscht wird, ist im Kapitel »Instrumente und Geräte« auf Seite 105 beschrieben.

Störungsbeistand

Batterie und Lichtmaschine

Die Störung	— ihre Ursache	— ihre Abhilfe
Rote Ladekontrolllampe brennt nicht bei Motor-Stillstand und eingeschalteter Zündung	Anzeigelampe durchgebrannt Batterie entladen Batteriekabel lose oder defekt Zündschloß defekt	Neue Lampe einsetzen Batterie aufladen Batteriekabel kontrollieren Instandsetzen
Ladekontrollampe erlöscht bei höherer Drehzahl nicht	Keilriemen lose oder gerissen Reglerschalter defekt Lichtmaschine defekt Leitung der Ladekontrolllampe hat Masseschluß	Nachspannen oder erneuern Austauschen Instandsetzen Leitung überprüfen und instandsetzen
Ladekontrollampe flackert	Keilriemen locker	Nachspannen
Ladekontrollampe verlöscht erst bei hoher Drehzahl	Lichtmaschine nicht in Ordnung Reglerschalter arbeitet falsch	Prüfen lassen Auswechseln
Lampe brennt bei ausgeschalteter Zündung weiter	Schaltkontakte des Reglers korrodiert oder festgebrannt	Regler auswechseln
Lampe brennt bei Nacht und vielen eingeschalteten Stromverbrauchern	Wackelkontakte in der Hauptleitung Batterie — Lichtmaschine	Leitungen prüfen, instandsetzen

Der Anlasser ist hier von der Wagenunterseite her zu sehen. Normalerweise wird jedoch zur Instandsetzung von der Wagen-Innenseite her die Bodenabdeckung hinter dem Rücksitz demontiert. Die Ziffern entsprechen den Klemmenbezeichnungen im Schaltplan: 30. Braune Kabel zu Batterie und Reglerschalter. – 50. Rotes Kabel zum Zündschloß. – »Minus-Zeichen«: Masseband aus Kupferlitze zum Fahrgestell.

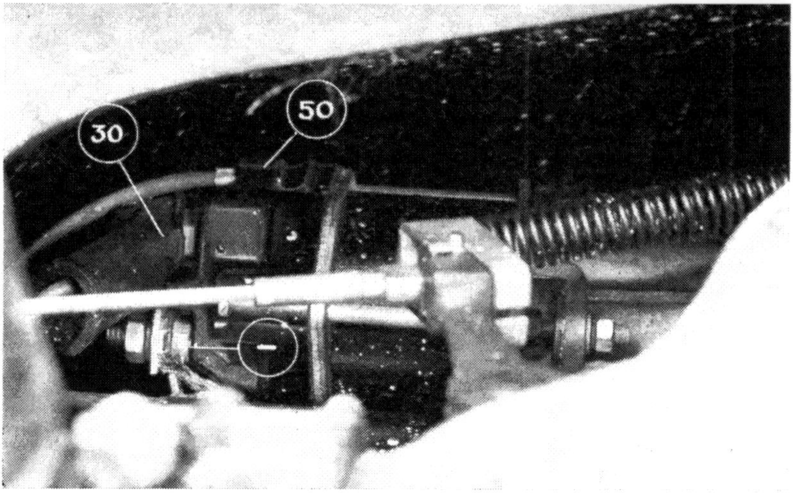

Der Anlasser
Pflegearbeit Nr. 43

Wie im Abschnitt über die Batterie bereits beschrieben, stellt der Anlasser die größten Ansprüche an den Elektro-Haushalt, denn er braucht zur Arbeit so viel Strom, daß dies die Batterie jeweils nur eine kurze Zeit aushalten kann. Der Anlasser muß dafür allerdings auch allerhand leisten, denn ohne diesen Kraftprotz müßten wir noch heute unser Auto mit der Andrehkurbel in Schwung bringen. Der Anlasser sitzt, in Fahrtrichtung gesehen, vor dem Motor auf dem Getriebegehäuse. Wenn Sie ihn besichtigen wollen, müssen Sie Hintersitz, hintere Rückenlehne, Bodenabdeckung des hinteren Kofferraumes und ein Abdeckblech demontieren. Trotz seiner 0,5 PS Leistung, mit der er dem Motor etwa 50 Umdrehungen pro Minute gibt, ist er sehr klein. Diese kompakte Bauweise bedingt, daß er nur kurzzeitig angestrengt werden darf. Bei längerer »Orgelei« wird er sehr heiß. Man muß also beim Starten, wenn der Motor nicht sogleich anspringt, nicht nur aus Rücksicht auf die Batterie, sondern auch aus Rücksicht auf den Anlasser Pausen einlegen.
Der Anlasser des Fiat 600 und Jagst ist ein Schub-Schraubtrieb-Anlasser. Das bedeutet, daß sich erst beim Schließen des Stromkreises das Antriebsritzel durch ein Steilgewinde auf der Ankerwelle nach vorne in den Zahnkranz des Motor-Schwungrades schiebt und dieses erst dann zu drehen beginnt. Sowie der Zündschlüssel aus der Stellung »Starten« zurückgedreht wird, schiebt sich das Anlaßritzel auf der Ankerwelle wieder zurück. Der Anlasser hat Dauerschmierung, Störungen kommen selten vor.
Verschleißteile am Anlasser sind Kohlebürsten und Kollektor, genau wie bei der Lichtmaschine, die ja gleichartig aufgebaut ist. Sie sollen alle 30 000 km überprüft werden. Wegen der Schwierigkeit des Aus- und Einbaues Werkstattsache. Sie können damit aber auch warten, bis sich einmal eine Störung am Anlasser zeigt, denn der Verschleiß ist nur unbedeutend, wenn Ihr Fiat-Motor ein guter Starter ist und der Anlasser jeweils nur kurz betätigt werden muß.
Falls beim Startversuch der Anlasser sich nicht dreht, aber die Ladekontrolllampe nur noch schwach leuchtet, liegt ein Kurzschluß im Anlasser oder im zugehörigen Magnetschalter vor. Dann muß man die Werkstatt aufsuchen. Wagen zur Fahrt dorthin anschieben. Doch kann man zuerst einmal die Kabelverbindungen an den elektrischen Außenanschlüssen prüfen. Vielleicht ist dort der Fehler schon zu finden.

Leicht verwirrend

Wenn Sie einmal unter das Armaturenbrett schielen, sehen Sie da eine Menge schwarzer und bunter Kabel kreuz und quer durcheinander laufen. Das ist ein wenig verwirrend, und vielleicht erschrecken Sie, es sei etwas defekt, wenn Ihnen sogar einige lose Kabelenden – ein rosarotes und ein grünes – unterm Armaturenbrett Ihres Jagst entgegenhängen. Kein Grund zur Aufregung: Das sind einige übriggebliebene Kabel, die nach der Umstellung auf die deutschen Beleuchtungsvorschriften nicht mehr notwendig waren. Die Umstellung auf die deutschen Beleuchtungsvorschriften (mehr darüber in den Kapiteln über Beleuchtung und Signaleinrichtungen) ist auch der Grund, weshalb der Schaltplan in der Betriebsanleitung Ihres Wagens nicht genau stimmt. Dort ist die italienische Schaltung verzeichnet.

Hilfe durch Schaltplan

Auf unserem Schaltplan in der hinteren Buchklappe haben wir alle Änderungen berücksichtigt, so daß Sie dort den »echten« Schaltplan für den Jagst 2 finden, wie er zu Anfang des Jahres 1966 ausgeliefert wurde. (Und wir hoffen, keinen Fehler übersehen zu haben, obwohl wir uns mit solchen immer noch in guter Gesellschaft fänden, denn auch die Schaltpläne namhaftester Kraftfahrzeugproduzenten sind selten ganz fehlerlos.)

Die bunte Kabelei ist eigentlich keine Geheimwissenschaft. Viele Einzelheiten

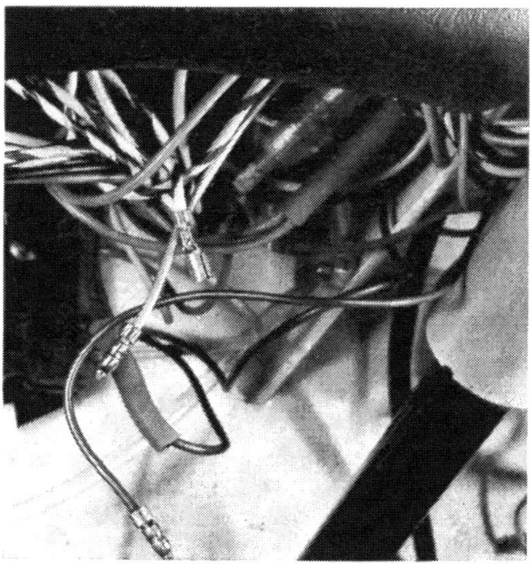

Bei einem Blick unter das Armaturenbrett Ihres Jagst werden Sie unter Umständen ein loses rosa und ein grünes Kabel vorfinden. Beide Kabel sind bei der Umschaltung entsprechend den deutschen Beleuchtungsvorschriften »übrig« geblieben, also nirgends versehentlich losgegangen. Sie hängen am Abblendschalter, wobei ursprünglich das rosa Kabel an Sicherung VI, und das grüne Kabel an das rechte Fernlicht gehörte (siehe Schaltplan). Wohin ein weiteres loses weiß-schwarzes Kabel an unserem Jagst führte, konnten wir allerdings auch nicht erfahren – es verschwand unerkannt in einem dicken Kabelstrang, das andere Ende konnten wir nicht entdecken. »Gar nich um kümmern«, sagen die Hamburger.

der elektrischen Installation im Kraftfahrzeug sind genormt. So sind beispielsweise viele Zahlen, die man neben Kabelanschlüssen aufgemalt oder eingeprägt findet, in Kraftfahrzeugen, zumindestens jener deutscher Herstellung, gleich. So ist im Fiat, wie auch im VW, Opel oder Ford, die Klemme Nr. 50 am Zünd-Anlaß-Schalter für das Kabel zum Anlasser bestimmt, liegen an der Klemme 56 a die Fernlichtfäden der Scheinwerferlampen usw. usw. Die genaue Aufstellung dieser genormten Kabel-Bezifferungen, soweit sie im Fiat zu finden sind, ist dem Schaltplan in der hinteren Buchklappe beigegeben. Dabei zeigt sich, daß diese in Deutschland verbindlichen Normen im Ausland zwar als Richtlinie, jedoch nicht in jedem Falle als verbindlich gelten und dementsprechend einzelne Klemmbezeichnungen in der italienischen 600-, der Jagst- und der 770 S-Ausführung voneinander abweichen.

Haushaltkabel nicht brauchbar

Je nach Stromstärke und Stromspannung die den einzelnen Stromverbraucher erreichen soll, wurde die Dicke jedes einzelnen Leitungsdrahtes, sein Querschnitt, gewählt. Zieht man bei seiner Elektrobastelei ein zu dünnes Kabel ein, wird der Widerstand zu hoch. Ein zu langes Kabel bietet ebenfalls (nach dem Ohmschen Gesetz) erhöhten Widerstand. Das hat im Endergebnis für den Verbraucher Spannungsabfall zur Folge, d. h. statt der planmäßigen 12 Volt kommen dort nur 10 oder 11 Volt an. Die 12 Volt, die der Stromverbraucher benötigt, sollen ihn auch erreichen. Um der zulässigen, erwärmungsbedingten Belastbarkeit der elektrischen Leitungen im Auto gerecht zu werden, beträgt deren Querschnitt nach den deutschen Norm-Vorschriften je 1 mm^2 pro 4,5 bis 5,5 Ampere Dauerstrom.

Falls Sie also ein Kabel in Ihrem Fiat 600 oder Jagst ersetzen oder zusätzlich einziehen wollen, dürfen Sie den eigentlichen Metall-Querschnitt nicht zu knapp wählen, während eine stärkere Litze natürlich kein Nachteil ist. Die schwarze oder bunte Kunststoffumhüllung der im Kraftfahrzeug verwendeten Kabel ist benzin-, öl- und scheuerfest. Normales Haushaltskabel hat dagegen im Auto keinen Bestand. Fast alle Verbindungen bestehen aus genormten Steckern, die man sich beim Fachhändler kaufen kann. Zwar werden diese Kabelschuhe und -stecker mit einer Spezialzange auf das blank geschabte Kabelende gepreßt, aber mit der Kombizange geht es bei einigermaßen geschickten Fingern auch. Bei einigen Kabelsteckern braucht man auch noch den Lötkolben zum Anlöten des Kabelendes an den Steckerstift oder die Steckerbuchse.

Spannungsabfall wächst mit dem Alter

Der Spannungsabfall in den Leitungen bleibt nicht ein für allemal der gleiche. Er wächst mit dem Alter des Wagens. Daran sind jedoch weniger die Leitungen an sich als die Kontakte der Schalter, die Anschlüsse an den einzelnen elektrischen Aggregaten und die Steckverbindungen der Kabel untereinander schuld. Es ist ein ganz natürlicher Vorgang, daß sich die einstmals blanken Kontaktstellen allmählich mit Metalloxyd und Schmutz überziehen. Wenn sich dann noch die Kabelverbindungen lockern, kann durch den hohen Widerstand nur noch ein Teil des Stromes weiterfließen, oder er kann durch Verbindungen zur »Masse« teilweise nutzlos versickern. Allein ein Spannungsabfall von 10 % bis zu den Lampenfassungen bewirkt etwa 25 Prozent Einbuße an Leuchtkraft der Scheinwerfer.

Deshalb lohnt es sich, bei Arbeiten an der elektrischen Anlage vor dem Wiederzusammenbau der Einzelteile alle erreichbaren Kontakte, Steckverbindungen usw. blank zu schaben, allen Schmutz von diesen wegzuwischen und die Kabelverbindungen auf festen Sitz zu prüfen.

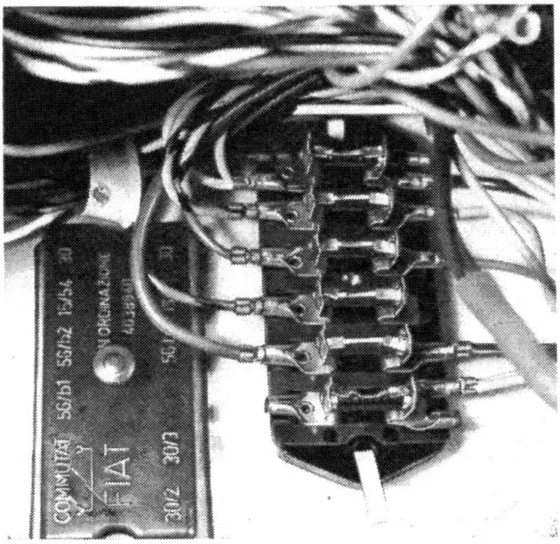

Zum besseren Auffinden des richtigen Kabels sind auf dem Sicherungskastendeckel die Klemmenbezeichnungen eingeprägt. Die Bezeichnung »Commutat« bedeutet »Lichtschalter« – von dort kommt der betreffende Strom. Durch die Umschaltung nach deutschen Beleuchtungsvorschriften sind an die Klemmen 56 b nicht, wie nach der Norm-Vorschrift, die Abblendlichter, sondern die Fernlichter der Scheinwerfer angeschlossen. Unter welchen Zündschloß- und Schalterstellungen die einzelnen Kontakte Strom führen, ist im untenstehenden Text erläutert. Die Sicherungsdose findet sich beim Fiat 600 auf der Spritzwand zum Motorraum unter dem Armaturenbrett neben der Lenksäule.

Die Sicherungen

Die meisten einschaltbaren Stromkreise des »Elektrohaushaltes« im Fiat 600, NSU/Fiat Jagst und im Fiat 770 S liegen an einer der 6 Sicherungen, die bei Kurzschluß oder Überlastung der betreffenden Leitung durchzubrennen haben, bevor das Kabel zu schmoren beginnt. Aus diesem Grunde darf eine durchgebrannte Sicherung niemals durch einen Nagel oder sonstwie ungesichert überbrückt werden. Nicht durch Sicherungen überwacht sind die Schaltungen zwischen Batterie, Lichtmaschine, Anlasser und Zündschloß, sowie die Kontrolllämpchen der Öldruckanzeige, des Kraftstoffstandes und der Kühlwasser-Temperatur-Überwachung.

Wenn also irgendein elektrisches Aggregat einmal nicht funktioniert, gehört der erste Blick der zuständigen Sicherung. Ist sie durchgebrannt, gilt dies als Alarmzeichen. Aber wohlgemerkt: Zündstörungen oder ein startunwilliger Motor können ihre Ursache nie in einer durchgebrannten Sicherung haben, denn der Zündstromkreis liegt nicht an einer Sicherung. Das Einsetzen einer neuen Sicherung kann unter Umständen wenig nützen: Die neue Sicherung brennt ebenfalls sofort wieder durch. Deshalb müssen Sie zuerst nach der Ursache forschen. Einer der an der Sicherung hängenden Kabel oder Stromverbraucher muß es ja gewesen sein. Das beste Prüfgerät ist in diesem Falle ein Amperemeter – wenn man eins hat. Das wird dann an Stelle der Sicherung zwischen die Kontakte des Sicherungskastens geschaltet, darauf dann nacheinander die daran hängenden Stromverbraucher einschalten und ablesen, wann der Zeiger plötzlich über die erlaubten 8 Ampere springt.

Alle Sicherungen im Fiat und Jagst sind auf 8 Ampere ausgelegt, können also 96 Watt übertragen. Hat man kein Amperemeter – was die Regel sein wird –, ist zumeist kurzzeitige Abhilfe durch Einstecken einer 16-Ampere-Sicherung möglich. Sie sollten also in Ihrem Werkzeugkästchen außer den vorgeschriebenen 8-Ampere-Sicherungen auch stets einige zur Aushilfe mit 16 Ampere haben. Davon wird noch kein Kabel schmoren, aber der unseriöse Stromverbraucher muß baldmöglichst in einer Fachwerkstatt ermittelt werden. Welche Aufgaben die einzelnen Sicherungen haben, ist aus der nachstehenden Tabelle ersichtlich. Die Normbezeichnungen der einzelnen Sicherungs-Klemmen, die auch auf dem Sicherungskastendeckel eingeprägt sind, geben überdies Hinweise, unter welchen Bedingungen die Klemmen stromführend sind: So hat Klemme 30 stets Strom, auch wenn die Zündung ausgeschaltet ist; das gilt allerdings nicht für die in Deutschland unübliche Klemmenbezeichnungen 30/2 und 30/3, die an unserem Fiat nur bei eingeschaltetem Hauptlichtschalter unter Strom stehen – auch wenn die Zündung nicht eingeschaltet ist. Klemme 15/54 kann nur bei eingeschalteter Zündung Strom abgeben und die Klemmen 56 b bringen die Scheinwerfer zum Leuchten, wenn Hauptlichtschalter und Abblendschalter entsprechend eingeschaltet sind. Auf die Besonderheit der Klemmen 56 b und 56 a in unserem Jagst macht die Fußnote unter der Sicherungs-Tabelle aufmerksam.

Sicherungstabelle

Alle Stromkreise sind mit 8 Ampere abgesichert. Die Reihenfolge der Sicherungen zählt von oben nach unten. Die Tabelle gilt für die deutsche Jagst-Schaltung.

Sicherung Nr.	Angeschlossene Stromkreise	Kabel-Farbe	Klemmen-Norm-Bezifferung
I	Signalhorn	weiß	30
	Innenleuchte	weiß	
II	Blinker	gelb-schwarz	15/54
	Instrumentenbeleuchtung	gelb-schwarz	
	Bremslichtschalter	blau-schwarz	
III	Fernlicht rechts	grau	56 b *
IV	Fernlicht links	grau-schwarz	56 b *
V	Abblendlichtschalter	braun	30/3
	Schlußlicht links	braun	
	Standlicht rechts	braun	
	Motorraumleuchte	braun	
VI	Kennzeichenleuchte	gelb	30/2
	Schlußlicht rechts	gelb	
	Standlicht links	gelb	
	Beleuchtungskontrollampe	gelb	

* An den Klemmen 56 b liegt nach der Norm-Vorschrift nicht das Fern-, sondern das Abblendlicht. Dieser »Fehler« ist am Jagst durch die Umschaltung entsprechend den deutschen Beleuchtungsvorschriften bewirkt. Dagegen stimmen die Klemmenbezeichnungen an den Lampensockeln in den Scheinwerfereinsätzen; dort liegen also an Klemme 56 a die Fernlicht- und an Klemme 56 b die Abblendfäden der Scheinwerferlampen (siehe auch Schaltplan in der hinteren Buchklappe).

Fingerzeig: *Wenn ein Stromverbraucher ausfällt (oder mehrere, falls nicht nur einer an einer Sicherung hängt), obgleich die Sicherung nicht durchgebrannt ist, kann es daran liegen, daß die Halteklemmen der betreffenden Sicherung locker oder oxydiert sind, so daß der Strom nicht hindurchfließen kann. Sicherung herausnehmen, Halteklemmen enger zusammendrücken, Sicherung wieder einsetzen und mehrmals in den Halteklemmen drehen, damit sich die Berührungsflächen gegeneinander blank reiben.*

Gewitter auf Befehl

Den Funken für die Entflammung des Feuerchens im Zylinder erzeugt die Zündkerze. Für den Strom dazu sorgt die Batterie, beziehungsweise die Lichtmaschine. Soweit weiß das jeder Fahrschüler.
Was aber zwischen der Batterie und der Zündkerze geschieht, das liegt schon etwas mehr im dunkeln und ist daher für den interessierten Autofahrer eine besonders spannende Angelegenheit im doppelten Sinne des Wortes. Denn die schlichten 12 Volt aus der Batterie genügen ja nicht, um gegen den Druck des zusammengepreßten Kraftstoff-Luft-Gemisches im Zylinder einen so kräftigen Zündfunken an der Zündkerze überspringen zu lassen, wie der dort notwendig ist. Das kann man nur durch Hochspannung, also über 10 000 Volt. Ampere spielen in diesem Zusammenhang kaum eine Rolle, denn ein Funke springt zwischen zwei Polen nur durch eine hohe Spannung, aber nicht durch eine hohe Stromstärke über. Die 12 Volt der Batterie müssen also in Hochspannung verwandelt werden. Und außerdem muß irgendwie gesteuert werden, wann und an welcher Zündkerze der Zündfunke überzuspringen hat.
Diese Aufgabe besorgen gemeinsam Zündspule und Verteiler. Auf der einen Seite hängen an dieser Arbeitsgemeinschaft Batterie bzw. Lichtmaschine, auf der anderen Seite 4 Zündkerzen. Und das Ganze nennt sich die Zündanlage.

Wie der Zündfunke entsteht

Ein elektrischer Strom kann nur fließen, wenn der Stromkreis geschlossen ist. Im Auto bedeutet dies, daß vom Pluspol der Batterie oder Lichtmaschine ein Strom zum Stromverbraucher und durch diesen zur »Masse« der Fahrzeugkarosserie fließen muß, von wo er wieder zum Minuspol der Batterie gelangt. Es gibt zwar die physikalisch-technische Meinung, daß der umgekehrte Weg richtig sei, aber das ist in diesem Zusammenhang nicht wichtig.
Bei der Zündanlage ist der Stromkreis doppelt; zwei Stromkreise sind gewissermaßen ineinander verschlungen. Man nennt den ersten den Primärstromkreis und den zweiten den Sekundärstromkreis. Im Primärstromkreis fließen die 12 Volt Spannung von Batterie oder Lichtmaschine und im Sekundärstromkreis der hochgespannte Strom für den kräftigen Zündfunken.
Fangen wir mit dem Primärstromkreis an: Der Strom fließt vom Pluspol der Batterie über das Zündschloß zur Zündspule, darin durch eine Wicklung aus dickem Draht – die Primärwicklung –; weiter von der Zündspule zum »Untergeschoß« des Verteilers, der den Primärstrom über den Unterbrecher, solange dieser geschlossen ist, wieder an »Masse« leitet. Damit wäre der Primärstromkreis geschlossen. In der dicken Drahtwicklung der Zündspule entsteht dabei ein magnetisches Feld, das durch einen Eisenkern in der Mitte noch verstärkt wird. Wenn nun der Unterbrecher im »Untergeschoß« des Verteilers den Primärstromkreis unterbricht, fällt das Magnetfeld um die Primärwicklung der

Zündspule schlagartig zusammen. Dabei entsteht (durch Induktion) in einer zweiten Drahtwicklung der Zündspule, der Sekundärwicklung, die aus vielen Lagen dünnen Drahtes gewickelt ist, ein plötzlicher Stromstoß von weit über 10 000 Volt. Dieser Stromstoß wird von der Zündspule in das »Obergeschoß« des Verteilers an den sich drehenden Verteilerfinger geleitet, der ihn jeweils einer Zündkerze weitergibt. Von dort gelangt der hochgespannte Sekundärstrom als Zündfunken ebenfalls an »Masse«, so daß auch dieser Stromkreis geschlossen ist, denn die Sekundärwicklung ist ebenfalls an ihrem entgegengesetzten Ende mit der Primärwicklung an die Batterie angeschlossen.

Die Zündung des Fiat 600

In der Praxis sieht das so aus: Der Primärstrom fließt vom Pluspol der Batterie bzw. Lichtmaschinenpol D+ über die Klemme B+ (italienisch mit Klemme 30 bezeichnet) des Reglerschalters durch ein dickeres braunes Kabel an die Klemme 30 des Zündschalters (wenn Sie mal unter das Armaturenbrett kriechen, können Sie die zugehörigen Kabel auf der Rückseite des Zünd-Anlaß-Schlosses sehen). Bei eingeschaltetem Zündschloß kommt der Strom an Klemme 15/54 wieder heraus und fließt durch ein blaues Kabel an Klemme 15 (italienisch: Klemme B) der Zündspule rechts oben im Motorraum vor der Spritzwand zum Innenraum. Der Strom fließt also über keine Sicherung. In der Zündspule geht der 12-Volt-Primärstrom durch die Primärwicklung nach außen zur Klemme 1 (italienisch: Klemme D), von der ein schwarzes dünnes Kabel zu einem Kondensator am Verteiler führt.
Von diesem Anschluß führt zugleich ein kleines Kabel im »Untergeschoß« des Verteilers auf der Unterbrecherplatte zur Unterbrecherfeder, die an der Achse des Verteilers, einer vierkantigen Welle, anliegt. Diese Verteilerwelle wird von der Nockenwelle des Motors angetrieben. Jedesmal, wenn eine der 4 Kanten der Welle, einer der Nocken, die Unterbrecherfeder beiseite biegt, wird ihr Kontakt an der Spitze, der »Hammer«, von einem Gegenkontakt, dem »Amboß«, abgehoben, wodurch der Primärstromkreis unterbrochen wird. Der Amboß ist direkt mit »Masse« verbunden. Der kleine, außen am Verteilergehäuse befestigte Kondensator hat die Aufgabe, den beim Abheben des Unterbrecherhammers entstehenden Funken zu verhindern, denn dieser würde in Kürze die beiden Kontakte verschmoren. Man kann also bei oft verschmorten Kontakten einen defekten Kondensator als Ursache vermuten.
Der Sekundärstrom »beginnt« in der Sekundärwicklung der Zündspule, die den hochgespannten Strom über den mittleren Pol der Zündspule, die Klemme 4 (italienisch: Klemme +), zu dem Verteilergehäusedeckel in das »Obergeschoß« des Verteilers schickt. Der Verteiler hat also zwei elektrisch völlig voneinander isolierte Ströme im »Untergeschoß« und »Obergeschoß«, wie wir es genannt haben, die miteinander nur mechanisch durch die Verteilerwelle verbunden sind. Im »Untergeschoß« hat diese Verteilerwelle den Primärstrom zu unterbrechen und im »Obergeschoß« den Verteilerfinger zu drehen, der nacheinander die Hochspannungsströme auf die Zündkerzen verteilt. So fließt zuletzt der hochgespannte Sekundärstrom aus den Buchsen des Verteilerkopfes durch die Zündkabel zu den Zündkerzen und springt dort als Zündfunke über die Elektroden-Brücke.

Teile der Zündanlage austauschbar

Grundsätzlich sind die italienischen Original-Fiat 600 und die Fiat 770 S mit den elektrischen Aggregaten und Teilen aus hauseigener Fiat-Produktion oder von Marelli ausgestattet, während die Heilbronner Jagst ihre Elektroteile aus dem

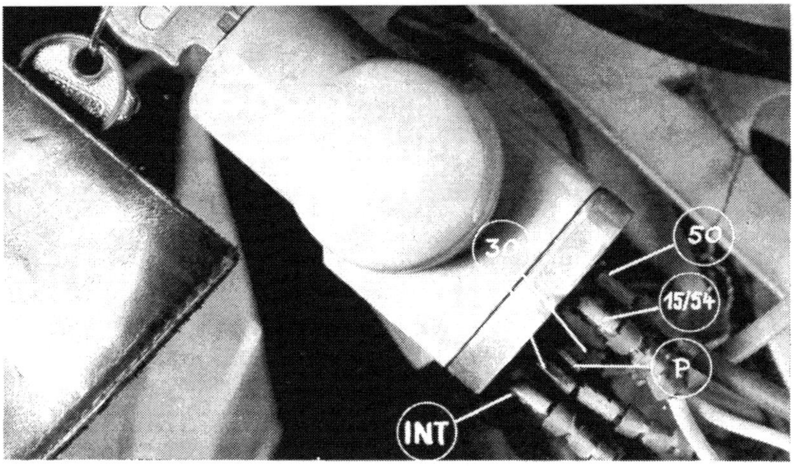

Blick auf die Rückseite des Zündschlosses. Die Ziffern und Zeichen entsprechen den Klemmen-Bezeichnungen des Schaltplanes. Die Bezeichnung »INT« bedeutet Anschlußklemme zu einem Lichtschalter. Die Klemme »P« ist beim Fiat 600 ungenutzt und eigentlich zum Anschluß eines Parklichtes bei ausgeschalteter Zündung gedacht.

Hause Bosch beziehen. Die Grenzen sind, je nach Produktionsnotwendigkeit, nicht sehr scharf gezogen, man kann also auch in einem Jagst gelegentlich mal ein Marelli-Teil finden. Das gibt bereits den Hinweis: Die Teile sind untereinander ohne jede Schwierigkeit austauschbar. Wenn Sie also eine Marelli-Zündspule in Ihrem Wagen finden, können Sie ohne weiteres bei Ersatzbedarf zu einer Bosch-Werkstatt gehen und dort eine Bosch-Zündspule einbauen lassen. Und bei Ihrer Sommerreise nach Italien sind Sie mit defekten Bosch-Teilen keineswegs verraten und verkauft: Die nächste Fiat- oder Elektrik-Werkstatt kann Ihnen das entsprechende Marelli-Teil montieren. Nur beim Wechsel der Lichtmaschine müssen Sie darauf achten, daß auch der Reglerschalter, der ja auf den betreffenden Lichtmaschinentyp fein abgestimmt ist, mit ausgetauscht wird.

Das Lenk-Anlaßschloß

Mit Batterie und Lichtmaschine als Stromquellen für die Zündanlage haben wir uns bereits befaßt. So käme auf dem Weg des Stromes bei unserem Wagen zuerst das mit dem Zündschloß kombinierte Lenkschloß als mögliche Störungsquelle.

Bevor das Absperrschloß für die Lenkung in Deutschland Vorschrift war, saß es in der Mitte einer Chromblende auf dem Armaturenbrett. Dort zeigt es noch die Betriebsanleitung und wenn Sie die Chromblende abmontieren (siehe Bild auf Seite 106) können Sie auch darunter die entsprechende Bohrung im Armaturenbrett sehen. Dort war die Demontage und das Austauschen (deshalb auch das Autostehlen) leichter. Bei Störungen im jetzigen Lenk-Anlaßschloß muß man in der Regel in die Werkstatt. Trotzdem sollten Sie wissen, welchem Zweck die an der Rückseite des Zündschlosses angesteckten Kabel dienen. Das ist an ihrer Farbe mit Hilfe des Schaltplanes in der hinteren Buchklappe nicht schwer herauszufinden.

Störungen im Zündschloß

Falls Sie einer Zündstörung nicht sogleich Herr werden und der Motor trotz allen guten Zuredens nicht laufen will, sollten Sie sich auf die Störungssuche nach der Anleitung des Störungsfahrplanes in der vorderen Buchklappe begeben. Nehmen wir an, Sie haben den vermutlichen Fehler im Zündschloß eingekreist. Was tun?

Prüfen Sie zuerst, ob das obere braune Kabel überhaupt Strom an Klemme 30 der Zündschloß-Rückseite liefert. Dazu Steckverbindung des braunen Kabels hinter dem Zündschloß abziehen und mit dem blanken Stecker kurz irgendwo an eine blanke Kante des Karosseriebleches oder der Lenksäulenverkleidung, also an »Masse«, tippen. Es muß Funken geben. Ist das braune Kabel stromführend, Verbindung wieder zusammenstecken – sie war vielleicht locker und deshalb schuld am Versager – und nochmals prüfen, ob nun die rote Ladekontrolleuchte brennt, wenn Sie den Zündschlüssel rechts herum drehen. Dreht sich der Anlasser trotzdem nicht, zuerst prüfen, ob die Steckverbindung des roten Kabels zum Anlasser (Klemme 50) hinter dem Zündschloß in Ordnung ist. Fehlt anscheinend nichts daran, kann der Fehler im Anlasserschalter (dann Wagen anschieben) oder im Zündschloß liegen. Zur Probe stromführendes oberes braunes Kabel (das untere braune Kabel ist nicht von sich aus stromführend, sondern leitet Strom zum Lichtschalter weiter) von seinem Stecker abziehen und damit kurz an den Stecker des roten Kabels tippen: Liegt's am Zündschloß, muß der Anlasser in diesem Augenblick anrucken. In diesem Fall braunes Kabel wieder aufstecken, Zündschlüssel einschalten und mit kleinem Schraubenzieher Strombrücke zwischen Klemme 30 des gerade angesteckten braunen Kabels und Klemme 50 des roten Kabels herstellen. Der Anlasser muß laufen; sowie der Motor anspringt, Schraubenzieher wieder wegziehen. Zur nächsten Werkstatt fahren und Zündschloß instandsetzen oder austauschen lassen.

Das eigene Auto »stehlen«

In Zeitungsberichten lesen Sie oft, der Dieb habe die Zündung des Wagens »kurzgeschlossen« und sei davongebraust. Sie wollen wissen, wie das geht? Weil es in »einschlägigen Kreisen« sowieso bekannt ist, sei es hier verraten, denn es kann durchaus einmal passieren, daß Ihnen der Zündschlüssel verlorengeht oder abbricht. Sie können trotzdem fahren, wenn eine Tür oder ein Fenster des Wagens offensteht (was am geparkten Wagen eigentlich nicht sein darf) und das Lenk-Anlaßschloß offen, d. h. die Lenkung nicht blockiert ist (was ebenfalls am geparkten Wagen nicht sein sollte).

Also: Lösen Sie hinter dem Zündschloß die Kabel-Steckverbindung des bereits mehrfach erwähnten braunen Kabels und den Stecker mit den beiden blauen Kabeln. Diese beiden Stecker müssen Sie ineinander schieben, worauf die Anzeige-Instrumente auf dem Armaturenbrett sofort in Tätigkeit treten (Öldrucklampe, Kraftstoffanzeige, Ladekontrolleuchte). Diesen Notbehelf-Stecker irgendwie (mit Tesafilm, Läppchen, Faden oder notfalls Zeitungspapier) »isolieren«, denn wenn Sie damit an »Masse« kommen, gibt es Funken, Motorstillstand und leere Batterie. Zuvor können Sie mit den zusammengesteckten Drähten noch den Stecker des roten Kabels antasten, worauf auch noch der Anlasser zu rotieren beginnt und der Motor eigentlich anspringen müßte. Dürfen wir hoffen, daß Sie trotz dieses neuen »Unterwelt-Wissens« ein anständiger Mensch bleiben?

Die Zündspule

Die Zündspule ist wartungsfrei. Sie soll lediglich, um Kurzschlüsse, überspringende Funken und Kriechströme zu vermeiden, an der Isolierkappe sauber und trocken gehalten werden. Wenn sie nicht mehr funktioniert, ist an ihr nichts zu reparieren; sie muß ausgetauscht werden. Ihr Preis: etwa 20 DM.

Zündspule prüfen

Eine Alterskrankheit der Zündspule ist ein Kurzschluß in der Sekundärwicklung. Durch spröde gewordenes Isoliermaterial kann dabei parallel zum Zündfunken der Zündkerze ein Zündfunken von einer Wicklungslage zur

anderen überspringen. Dadurch wird ein Teil des hochgespannten Stromes bereits in der Zündspule verbraucht und die Zündkerze bekommt eine zu geringe Spannung. Deshalb ist die folgende Prüfmethode nicht ganz zuverlässig (nur Anhaltspunkt, wenn bestimmt eine Störung vorliegt):
Zündkabel von Klemme 4 der Zündspule zum Verteiler herausziehen. Verteilerkopf abnehmen. (Dazu Spannfeder-Verschlüsse abklappen.) Dann 3. oder 4. Gang einlegen und Fahrzeug vorwärts rucken, bis Unterbrecherkontakte geschlossen sind. Ersatz-Zündkabel mit blanker Litze um isolierten Schraubenzieher drehen (siehe Bild auf Seite 97) und das andere blanke Ende in den Mittelstecker der Zündspule (Klemme 4) schieben. Motor durch Helfer starten lassen, während man die Schraubenzieherspitze etwa 10 mm gegen Masse hält. Bei jedem Abheben der Unterbrecherkontakte (da Verteilerkappe abgenommen, kann man das gut beobachten) muß zwischen Schraubenzieherende und Motorblock ein kräftiger Funke überspringen. Kein Zündfunke bedeutet: Zündspule defekt.

Primärwicklung prüfen

Auch in der Primärwicklung kann ein Kurzschluß auftreten, wenn die Zündung zu lange eingeschaltet wird, ohne daß der Motor läuft. Da hierdurch der Primärstromkreis dauernd geschlossen bleibt, kann sich die Primärwicklung stark erwärmen, die Isolierung wird brüchig und es können sich dadurch nach einiger Zeit Kurzschlußbrücken bilden. Das macht sich dann entweder an schnell verbrauchten Unterbrecherkontakten bemerkbar, weil die Stromstärke im Primärstromkreis ansteigt, oder an nachlassender Zündleistung bei warmem Motor, weil die sich selbst erhitzende Primärwicklung höheren inneren Widerstand hat. Dagegen kann an der kalten Zündspule nichts zu bemerken sein, obgleich die Primärwicklung defekt ist.
Seltener kommt eine Unterbrechung der Primärwicklung vor. Mit einer 12-Volt-Prüflampe läßt sich dieser Fehler feststellen, indem man das schwarze Kabel an Klemme 1 der Zündspule löst, dort das eine Kabelende der Prüflampe anhält und bei eingeschalteter Zündung das andere Kabelende der Prüflampe an Masse hält. Dadurch wird der Weg über den Unterbrecher ersetzt, die Prüflampe muß aufleuchten. Andernfalls ist die Primärwicklung defekt.

Der Kondensator

Der Kondensator, der außen am Verteilergehäuse sitzt, hat die Aufgabe, Funkenbildung am Unterbrecher, der im folgenden Abschnitt besprochen wird, zu unterdrücken. Dadurch wird der Abbrand der Unterbrecherkontakte gehemmt und ein schnelles Zusammenbrechen des Magnetfeldes in der Zündspule gefördert (je schneller das Magnetfeld zusammenbricht, um so höher wird die Spannung im Sekundärstromkreis und um so besser ist der Zündfunke).

Kondensator prüfen

Ein schwacher Zündfunke, dessen Ursache man in erster Linie in einem Fehler der Zündspule sucht, kann auch an einem defekten Kondensator liegen, der ja mit dieser durch ein Kabel über Klemme 1 der Zündspule verbunden ist. Eine genaue Prüfung des Kondensators auf »Durchschlag«, also Kurzschluß, Isolationsverlust und ausreichende Kapazität ist nur in der Fachwerkstatt mit einem entsprechenden Prüfstand möglich. Wenn der Kondensator allerdings total ausgefallen ist, läßt sich dies eventuell bei abgenommenem Verteilerkopf an überspringenden starken Funken zwischen den Unterbrecherkontakten erkennen. Dazu muß ein Helfer den Motor mit dem Anlasser in Bewegung setzen.

Auch völliger Kurzschluß zur Masse ist bei voll geöffneten Unterbrecherkontakten an einer Prüflampe erkennbar, die zwischen Klemme 1 der Zündspule und das davon abgezogene Kabel geschaltet wird. Da die Unterbrecherkontakte geöffnet sind, besteht bei eingeschalteter Zündung kein legaler Weg des Batteriestromes zur Masse; die Prüflampe darf also nicht aufleuchten. Fließt der Strom jedoch über einen Kurzschluß im Kondensator zur Masse, leuchtet die Prüflampe auf. Auch bei stark verschmorten Unterbrecherkontakten, die noch nicht lange in Betrieb sind, besteht der Verdacht, daß der Kondensator defekt ist. Aber langes Prüfen des Kondensators rentiert sich zumeist nicht. Wenn er verdächtig ist: austauschen. Er kostet nur etwa 4 DM (Bosch-Bestell-Nr. 1 237 330 059).

Es ist aber auch keine Schande, wenn man die Prüfungen auf einwandfreie Beschaffenheit der Zündspule, des Kondensators, des nachfolgend erklärten Unterbrechers und Verteilers der Kraftfahrzeugelektriker-Werkstatt überläßt, wenn einem der ganze »Elektrokram« nicht geheuer ist. In den Fachwerkstätten hat man raffinierte Apparate, mit deren Hilfe man durch Zeigerausschlag oder grünschimmernde Wellenlinien auf einer Mattscheibe (Oszillographen) schnell erkennt, wo in der ganzen Zündanlage der berühmte »Kupferwurm« steckt, den man mit seinen bescheidenen Heimbastler-Mitteln stundenlang suchen muß und vielleicht doch nicht findet.

Fingerzeige: *Damit keine Kriechströme und Strombrücken entstehen, Isolierkappe der Zündspule sauber und trocken halten. Nach Wagenwäsche besonders darauf achten.*

Wagen nicht mit eingeschalteter Zündung stehenlassen. Wenn Unterbrecherkontakte zufällig geschlossen sind, kann sich während der Nacht die Batterie über die Primärwicklung der Zündspule entladen. Primärwicklung wird außerdem durch die dabei entwickelte Hitze geschädigt.

Die vielfach angebotenen, sogenannten Zündverstärker sind bisher trotz großer Versprechungen den Beweis ihrer Nützlichkeit schuldig geblieben. Anders ist es mit den sogenannten Transistorzündungen. Transistorzündungen sind jedoch mehr für hochtourige und anspruchsvolle Sportmotoren gedacht. So stehen die Vorteile (längere Lebensdauer der Unterbrecherkontakte, kräftiger Funken bei hohen Drehzahlen) beim Fiat 600 noch nicht im angemessenen Verhältnis zum Anschaffungspreis.

Der Unterbrecher

Er sitzt im »Untergeschoß« des Verteilers auf der Unterbrecherplatte, gegen »Masse« isoliert. Er bestimmt durch sein Abheben den Zündzeitpunkt. Vom Überspringen des Zündfunkens im richtigen Augenblick ist die Leistung des Motors abhängig. Die beste Leistung hat der Motor, wenn der Druck des brennenden Kraftstoff-Luft-Gemisches unmittelbar nach Beginn der Abwärtsbewegung des Kolbens am größten ist. Da nun aber das Kraftstoff-Luft-Gemisch stets eine gleichbleibende Zeit zum vollen Entflammen braucht – es ist zwar nur rund $^1/_{3000}$ Sekunde, aber das spielt bei der rasenden Geschwindigkeit des Kolbens schon eine Rolle –, muß mit steigender Drehzahl der Zündzeitpunkt immer früher gelegt werden. Wird er allerdings zu früh gelegt, schlägt das bereits entflammte Kraftstoff-Luft-Gemisch dem noch aufwärts strebenden Kolben entgegen: der Motor klopft. Gibt man zu wenig Frühzündung, wird die Energie des Kraftstoffes nicht vollständig ausgenutzt und der Motor hat nur eine ungenügende Leistung. Zu Großvaters Zeiten mußte man diese Zündverstellung, den jeweiligen Drehzahlen und Belastungen des Motors angepaßt, an einem gewichtigen Hebel mit der Hand einstellen. Heute geht das automatisch, was sich gerade am Fiat 600 sehr gut am laufenden Motor beobachten läßt. Starten Sie einmal den Motor, lassen Sie ihn im Leerlauf drehen und geben Sie mit Fingerdruck auf das Gasgestänge Gas. Sobald der Motor auf höhere Touren kommt, dreht sich das Verteilergehäuse etwas links herum, im Gegenuhrzeigersinn. Da sich die Verteilerwelle, wie man bei abgenommener Verteilerkappe feststellen kann, rechts herum dreht (durch Richtungspfeil auf der Verteilerwelle markiert), kommt das Verteilergehäuse bei hohen Motordrehzahlen der Verteilerwelle sozusagen entgegen. Das bewirkt ein früheres Abheben der Unterbrecherkontakte und damit Frühzündung.

Automatische Zündverstellung

Die Verstellung des Zündzeitpunktes bei steigender Motordrehzahl übernimmt beim Zündverteiler des Fiat 600 und des Fiat 770 S der Fliehkraftversteller. Da aber das Entflammen des Kraftstoff-Luft-Gemisches auch von seiner Konzentration abhängig ist und bei nur halb durchgetretenem Gaspedal, bei »Teil-Last«, das verringerte Kraftstoff-Luft-Gemisch »langsamer« verbrennt, muß in diesem Fall der Zündzeitpunkt zusätzlich früher gelegt werden, dagegen bei Vollgas am Berg – also geringer Drehzahl bei guter Verbrennungsraumfüllung – später liegen.
Diese Frühzündung bei Teillast besorgt die zusätzliche Unterdruckverstellung am Zündverteiler. Die Unterdruckverstellung bewirkt eine seitlich am Zündverteiler angebrachte Blechdose, die durch eine Saugleitung mit der Ansaugleitung des Motors kurz vor der Drosselklappe im Vergaser verbunden ist. Wenn die Drosselklappe im Leerlauf vollkommen geschlossen oder bei Vollgas ganz geöffnet ist, herrscht an dieser Stelle kein nennenswerter Unterdruck. Ist jedoch bei nur teilweise durchgetretenem Gaspedal die Drosselklappe nur etwa ⅓ geöffnet, entsteht in der Ansaugleitung ein kräftiger Unterdruck, der über die Saugleitung in der Unterdruckdose eine Membrane anzieht, von der eine kleine Zugstange in den Verteiler hineinreicht und dort das drehbare Gehäuseoberteil anzieht.

Unterdruckdose prüfen

Die Unterdruckdose kann durch äußere Einwirkung oder Korrosion undicht geworden sein; es ist aber auch möglich, daß die Membrane bei einer Fehlzündung durch Rückschlag in den Vergaser herausgerissen wurde. Dann muß

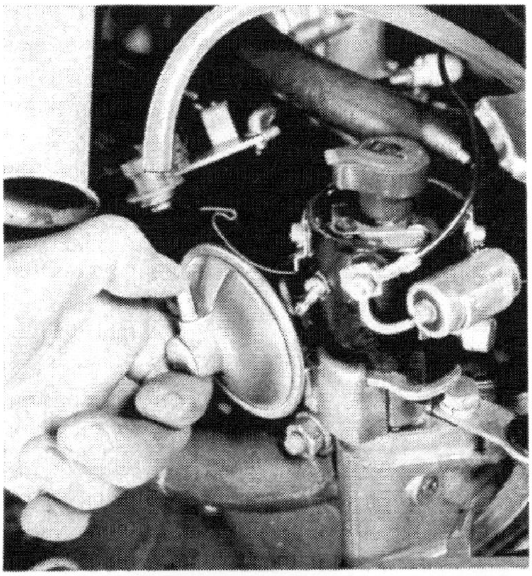

Um die Wirkung der Unterdruckdose am Verteiler grob zu prüfen, Verbindungsschlauch zum Vergaser abziehen und bei geöffnetem Verteilerkopf das Verteilergehäuse bis zum Anschlag nach links – in Saugrichtung – drehen, Ansaugröhrchen der Unterdruckdose mit Daumen dicht verschließen und Gehäuse loslassen. Das Gehäuse wird durch die Kraft der Rückholfeder etwa 3 mm zurückgezogen, muß jedoch bei intakter Unterdruckdose dann verharren.

die Unterdruckdose ersetzt werden, da sich sonst der Kraftstoffverbrauch erhöht und die Leistung des Motors im Teillastbereich abfällt. Eine Reparatur ist nicht möglich.
Dieses Auswechseln sollte man der Werkstatt überlassen, denn beim Einbau müssen verschiedene Werte nachgemessen werden, wozu nur die Werkstatt die notwendigen Einstellhilfsmittel besitzt. Die Unterdruckverstellung muß bis zu 20 ° Verstellung in Richtung Frühzündung bewirken.

Der Fliehkraftregler

Die Wirkung des Fliehkraftreglers ist von außen dem Gehäuse nicht anzusehen. Er wirkt »innerlich« auf die Nocken der Verteilerwelle. Die Verteilerwelle ist nämlich kein Stück aus einem Guß, sondern in Antriebswelle und Verteilerwelle geteilt. Beide sind beweglich ineinander gesteckt. Damit sie beweglich bleiben, müssen sie geschmiert werden (siehe Abschnitt »Zündverteiler schmieren« im Kapitel »Schmierung aller Teile«). Die Trägerplatte des Fliehkraftverstellers sitzt nun im Verteilergehäuse unter der Unterbrecherplatte fest auf der Verteiler-Antriebswelle. Je schneller sich diese dreht, um so intensiver drücken die Fliehgewichte auf ihrer Trägerplatte gegen einen »Mitnehmer«, der seinerseits die eigentliche Verteilerwelle mit den Nocken zusätzlich in ihrer Drehrichtung bewegt. Dadurch werden mit zunehmender Drehzahl die Unterbrecherkontakte früher geöffnet und zunehmende Frühzündung erreicht. Bei abnehmender Drehzahl machen kleine Spiralfedern die Frühzündung wieder rückgängig.
Die Fliehgewichte und deren Rückholfedern sind genau aufeinander abgestimmt. Eine fehlerhafte Veränderung oder eine Störung kann nur die Fachwerkstatt feststellen. Eine Störung kann man vermuten, wenn der Motor bei sonst einwandfreier Zündanlage in höheren Drehzahlbereichen nicht auf Leistung kommt, obgleich der Zündzeitpunkt bei stillstehendem Motor einwandfrei stimmt. Es hat aber keinen Sinn, ohne die Meßeinrichtung der Spezialwerkstatt am Fliehkraftregler etwas verbessern zu wollen.

Die Unterbrecherkontakte

An den Kontakten des Unterbrechers, am Hammer und am Amboß, die eine 0,8 mm dünne Auflage von Wolfram-Metall haben, bewirkt das ständige Öffnen und Schließen des Stromkreises einen unvermeidbaren Verschleiß durch Abbrand, Verschmoren oder Metallwanderung, obgleich gerade Wolfram hierin sehr widerstandsfähig ist. Durch den Gleichstrom bilden sich am Hammer

Zum Verstellen des Unterbrecherkontakt-Abstandes werden zwei Querschlitzschraubenzieher benötigt. Der eine wird in den Schlitz der Halteschraube (oberer weißer Pfeil) gesteckt und diese etwas gelockert. Darauf zweiten Schraubenzieher zwischen die kleinen Haltezapfen (unterer weißer Pfeil) klemmen und die gegenüberliegende Kerbe im Kontaktfuß je nachdem ein wenig nach links oder rechts hebeln, bis Kontaktabstand (0,5 mm) stimmt. Darauf sogleich Halteschraube fest anziehen und nachmessen.

kleine Krater und am Amboß kleine Höcker, die sich in den Krater einfügen. Das stört zu Anfang nicht weiter, macht aber eine genaue Messung des Kontaktabstandes mit der Fühllehre unmöglich. Früher nahm man dann die speziell dafür geschaffene Kontaktfeile und feilte die Kontakte wieder flach. Das ist aber heute nicht mehr empfehlenswert, denn erstens können die abgefeilten Metallspäne Kurzschlüsse verursachen und zweitens ist der 0,8 mm starke Wolframbelag zu dünn zum Feilen. Deshalb werden nach Verschleiß die Kontakte einfach ausgetauscht. Sie kosten mit allem Zubehör nur etwa 4 DM.

Unterbrecherkontaktabstand nachmessen

Wartungsdienst Nr. 16

Alle 10 000 km sollen die Unterbrecherkontakte geprüft und erforderlichenfalls durch neue ersetzt werden. Es ist also keine zwingende Vorschrift, sie jedesmal bei der 10 000-km-Inspektion herauszuwerfen, wie dies manche Werkstätten gerne tun. Ist die Zündanlage einwandfrei in Ordnung, müssen sie mehr als 10 000 km aushalten.

Das Aussehen der Kontakte bedeutet:

- Kontakte silberartig, wie hell poliert: Zündanlage in Ordnung
- grauer Überzug durch Oxydation: zu kleiner Kontaktabstand oder zu geringer Kontaktdruck
- verbrannt, blau angelaufen: Kondensator oder Zündspule nicht einwandfrei
- verkrustet: Öl, Fett oder Schmutz zwischen die Kontakte geraten.

Sind die Kontakte verkrustet und verschmutzt, mit einem scharfkantigen Schraubenzieher oder Taschenmesser den Schmutz abschaben (keine Feile oder Schmirgelleinen dazu verwenden!). Anschließend ein Läppchen um einen dünnen Holzstab wickeln und mit Tetrachlorkohlenstoff (als Fleckenreinigungsmittel in Drogerien bekannt) tränken. Damit die Kontakte abwischen. Benzin nicht dazu verwenden, da die Kontakte gegen Benzin empfindlich sind.

Unterbrecherkontakte austauschen

Wenn die Kontakte verbraucht sind, müssen sie durch neue ersetzt werden. Es sind dabei beide Teile, also Hammer und Amboß, gleichzeitig zu ersetzen. Sind die alten Kontakte verschmort oder blau angelaufen, genügt allerdings das Austauschen allein nicht, es muß auch nach dem verursachenden Fehler in der Zündanlage (Kondensator oder Zündspule) gesucht werden.

Zum Auswechseln der Unterbrecherkontakte Anschlußklemme des dünnen schwarzen Kabels von Klemme 1 der Zündspule außen am Verteilergehäuse lockern, so daß innen die Leitfeder des Hammers abgenommen werden kann. Hammer nach oben von der Unterbrecherwelle abziehen. Halteschraube des Amboß-Kontaktes lösen und diesen herausnehmen. Vor dem Einbau der neuen Unterbrecherkontakte Nockenbahn der Verteilerwelle sorgfältig reinigen und, wie im Abschnitt »Zündverteiler schmieren« beschrieben, hauchdünn einfetten. Der Unterbrecherhebel mit dem Hammer muß leichtgängig auf der Unterbrecherwelle sitzen. Abschließend Kontaktabstand und Zündzeitpunkt neu einstellen.

Kontaktabstand prüfen

Der Abstand zwischen Unterbrecherhammer und Unterbrecheramboß soll bei voller Öffnung 0,5 mm betragen. Vor dem Messen des Kontaktabstandes wird bei geöffnetem Verteiler und eingelegtem 3. Gang (Zündung jedoch nicht eingeschaltet) der Wagen solange hin- oder hergerückt, bis der Verteilernocken die Kontakte auf größte Öffnung gebracht hat.

Die genaue Prüfung des Kontaktabstandes mit der Fühlerblattlehre ist jedoch nur bei neuen und daher ebenen Kontakten einwandfrei möglich. Die Kontakte mit der Kontaktfeile zu glätten, ist, wie bereits erwähnt, nur eine Behelfsmaß-

nahme. Deshalb wird bei älteren Kontakten die Fühllehre nur außen am Rand zwischen die Kontakte gehalten. Nachstellen der Unterbrecherkontakte siehe Bild auf Seite 88.
Manche gut ausgestattete Werkstätten und die Bosch-Dienststellen ersparen sich dieses Nachmessen des Kontaktabstandes mit der Fühlerlehre, statt dessen stellen sie die Kontakte mit Hilfe eines Schließwinkelgerätes ein. Diese Messung ist genauer, weil unebene Kontakte dabei nicht stören können. Der Schließwinkel besagt, um wieviel Winkelgrad sich die Verteilerwelle vom Schließen der Kontakte bis zum Öffnen weiterdreht. Je näher man die Kontakte aneinander bringt, um so größer muß der Schließwinkel werden, weil die dicht beieinander liegenden Kontakte länger geschlossen bleiben. Bei größerem Kontaktabstand ist der Schließwinkel dagegen kleiner. Beim Fiat 600 soll der Schließwinkel 51 ° betragen. Bei der Prüfung wird der Verteiler über den Motor durch den Anlasser gedreht.

Zündeinstellung kontrollieren

Wartungsdienst Nr. 17

Bei jedem 10 000-km-Dienst, beim Neueinstellen oder Auswechseln der Unterbrecherkontakte, nach dem Zusammenbau des Motors oder dem Aus- und Wiedereinbau des Zündverteilers muß der Zündzeitpunkt neu eingestellt werden. Warum dieser Zündzeitpunkt im Interesse einer guten Motorleistung und eines sparsamen Kraftstoffverbrauches so genau eingestellt werden muß, wurde bereits erläutert. Man kann die Zündeinstellung selbst prüfen und nachstellen, braucht jedoch dazu unbedingt eine kleine Prüflampe für 12 Volt Spannung. Dieses Einstellverfahren wird am stehenden Motor vorgenommen.

Der obere Totpunkt

Zum Einstellen des Zündzeitpunktes muß der Kolben im 1. Zylinder (das ist der Zylinder neben dem Zündverteiler, also jener, der Ihnen beim Öffnen der Motorhaube am nächsten ist) ganz oben stehen. Das ist der Punkt, in welchem der Kolben von der Aufwärtsbewegung in die Abwärtsbewegung übergeht. Man nennt ihn den »oberen Totpunkt« (Kurzzeichen: o. T.). Um den Kolben des 1. Zylinders in den oberen Totpunkt zu bringen, wird die Verteilerkappe abgenommen. Auf dem Gehäuserand finden Sie eine kleine Kerbe (siehe Bild unten), ebenso eine solche in der Lippe des Verteilerfingers. Beide Kerben müssen zur Grobeinstellung des oberen Totpunktes im 1. Zylinder übereinander stehen. Zum Durchdrehen des Motors kann man in diesem Falle nicht mit dem Anlasser arbeiten, sondern der Motor wird mit einem Schrau-

Die beiden Kerben auf Verteilerfinger (oberer weißer Pfeil) und Verteilergehäuserand (unterer weißer Pfeil) zeigen an, daß beim Übereinanderstehen der beiden Kerben der Kolben im 1. Zylinder auf seinem oberen Totpunkt (Grobeinstellung) steht.
Wenn Sie den Verteilerfinger abziehen, werden Sie darunter auf der Verteilerwelle einen eingeprägten Richtungspfeil erkennen. Er besagt, daß dieser Verteilertyp rechtsdrehend arbeitet.

Da der Motor des Fiat 600 und Fiat 770 S für den Zündfunken eine Grundeinstellung von 10° Kurbelwellen-Umdrehung vor dem oberen Totpunkt der Kolben haben muß, müssen die beiden Kennmarken auf Keilriemenscheibe und Steuergehäusedeckel zur Zündeinstellung etwa 13 bis 14 mm Abstand voneinander haben. Als »Meßgerät« für diesen Abstand kann man sehr gut die Maulweite des Gabelschlüssels SW 13 benutzen. Zur Erleichterung verlängert man sich mit weißer Farbe die Kennmarke auf der Keilriemenscheibe über die Scheibenkanten hinaus.

benschlüssel SW 19 (am besten hoch gekröpften Ringschlüssel), der auf die Keilriemenscheibenmutter der Lichtmaschine zu stecken ist, von Hand langsam rechts herum, also im Uhrzeigersinn, gedreht, bis die beiden Kerben im Verteiler übereinander stehen. Da hierbei der Keilriemen I zwischen Lichtmaschine und Kurbelwelle durchrutscht, kräftig mit dem Daumen der anderen Hand auf diesen Keilriemen drücken, damit er straff gespannt ist und dadurch die Kurbelwelle gegen den Kompressionsdruck der Zylinder mitnimmt. Das war, wie gesagt, die Grobeinstellung. Zur Feineinstellung dient einerseits eine kleine Kennmarke auf dem Steuergehäusedeckel am Motor hinter der Keilriemenscheibe auf der Kurbelwelle und eine entsprechende Kennmarke auf dieser Keilriemenscheibe.

Beim Motor des Fiat 600 bzw. Fiat 770 S ist jedoch nicht genau der obere Totpunkt als Grundeinstellung des Zündzeitpunktes vorgesehen, sondern er soll bereits bei der Grundeinstellung 10° vor o. T. zünden, d. h. die Kurbelwelle muß sich nach dem Zündzeitpunkt noch um 10° weiter drehen, bis der Kolben ganz oben ist. Dementsprechend muß die Marke auf der Keilriemenscheibe bereits 10 Winkelgrade vor der Marke auf dem Steuergehäusedeckel zur Zündzeitpunkteinstellung am Verteiler angehalten werden. Einen Winkel von 10° kann man schlecht mit dem Auge schätzen und eine Hilfsmarkierung ist am Motor nicht vorgesehen. Deshalb hilft es weiter, daß diese 10° einem Weg von 13 bis 14 mm auf der Außenkante der Keilriemenscheibe entsprechen. Weil es auch dafür kein rechtes Augenmaß gibt, können Sie sich sehr gut mit Ihrem Gabelschlüssel SW 13 als Meßwerkzeug helfen.

Da alle Motorlager zwischen Keilriemenscheibe und Verteilerfinger ein, wenn auch nur geringes, Spiel haben, dieses aber zur Einstellungsgenauigkeit ausgeschaltet werden muß, ist die Feineinstellung so vorzunehmen, daß die letzten Zentimeter nur in Rechtsdrehung – in der Drehung der Kurbelwelle und der Verteilerwelle – erfolgen. Wenn Sie also mit Ihrem Schraubenschlüssel an der Lichtmaschine bereits über das Ziel hinausgeschossen sind, müssen Sie wieder ein gutes Stück – sagen wir eine viertel Kurbelwellenumdrehung – zurückdrehen und die Feineinstellung in behutsamer Rechtsdrehung noch einmal versuchen. Jetzt wird unten am Verteilergehäuse, unterhalb des Kondensators beim Bosch-Verteiler, die Sockelschraube mit Schraubenschlüssel SW 10 etwas gelockert, so daß sich Verteilergehäuse und Gehäusesockel drehen lassen.

Stören Sie sich übrigens nicht daran, wenn jetzt die beiden Marken auf Gehäuserand und Verteilerfinger nicht mehr ganz genau übereinander stehen –

Zur Zündeinstellung ist die Prüflampe (6) mit einer Klemme an das schwarze Kabel von der Zündspule her (1) angeschlossen. Mit der rechten Hand wird bei gelockerter Klemmschraube (4) das Verteilergehäuse langsam nach links gedreht, bis Prüflampe gerade aufleuchtet. Die weiteren Ziffern bedeuten: 2. Kondensator. – 3. Verteilerfinger. – 5. Unterdruckdose der automatischen Zündverstellung.

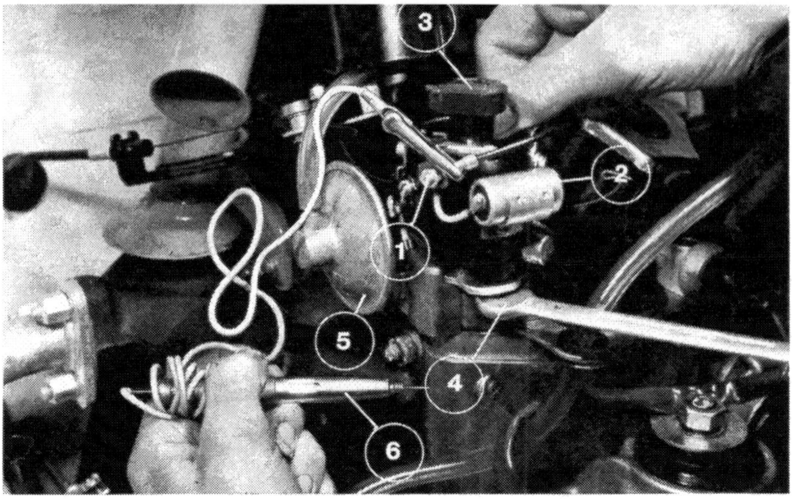

sie dienen ja nur der Grobeinstellung des o. T. im 1. Zylinder. Nun Prüflampe mit einem Pol – der Krokodilklammer – an Klemme 1 des schwarzen Kabels von der Zündspule anschließen (siehe Bild oben) und mit dem anderen Pol fest gegen Masse drücken. Nun wird die Prüflampe brennen, falls die Unterbrecherkontakte offen sind, da der Primärstrom dann nicht über diese zur Masse fließen kann, sondern die Prüflampe dazu benutzen muß. Sind die Kontakte geschlossen, brennt die Prüflampe nicht, weil der Weg über die Kontakte zur Masse für den Primärstrom weniger Widerstand bietet (Glimmfaden der Prüflampe ist Widerstand). Wenn die Prüflampe brennt, müssen Sie nun das Verteilergehäuse ein wenig nach rechts drehen (weil Verteilerwelle des Fiat 600 rechtsdrehend ist), bis die Unterbrecherkontakte schließen und die Prüflampe erlöscht.

Um zusätzlich das Zahnflankenspiel zwischen Verteilerritzel und Nockenwelle des Motors auszuschalten, Verteilerwelle am Verteilerfinger und Verteilergehäuse nach links bis zum Anschlag drücken und loslassen. Dadurch werden auch die Fliehgewichte der Fliehkraftverstellung auf Null gestellt. Nun den Verteiler ganz langsam nach links, im Gegen-Uhrzeigersinn, drehen, bis Prüflampe gerade aufleuchtet. Das ist der Öffnungsbeginn der Unterbrecherkontakte. In dieser Stellung muß die Klemmschraube am Verteilerfuß wieder fest angezogen werden. Zündung ausschalten, Prüflampe abziehen und Verteilerkappe wieder sorgfältig aufsetzen.

Fingerzeige: *Die Schmierung des Zündverteilers ist im Kapitel »Schmierung aller Teile« ausführlich behandelt. Dazu empfiehlt sich noch eine gründliche Reinigung der Verteilerkappe innen und außen, damit keine Strombrücken über Schmutz, Abrieb oder Feuchtigkeit entstehen. Solche Strombrücken leiten den hochgespannten Zündstrom ab und bewirken dadurch Zündaussetzer, Fehlzündungen oder sogar Motorstillstand.*

Zündstörungen verursachen auch feine Haarrisse im Verteilerdeckel, in welchen sich Schmutz und Feuchtigkeit ansetzt und zu Kurzschlüssen führt. Solche Kurzschlußbrücken sind nur wie mit feinem Bleistift gezeichnete Striche erkennbar. Stellen Sie solche »Bleistiftstriche« fest, muß der Verteilerdeckel ausgetauscht werden. Reinigungsversuche sind zwecklos.

Achten Sie auch auf Verschleißerscheinungen an der Kontaktkohle in der Mitte der Verteilerkappe, die den Zündstrom an den Verteilerfinger weiterleitet. Sie muß glatt und glänzend sein, sich leicht einfedern lassen und ohne zu klemmen wieder zurückfedern.

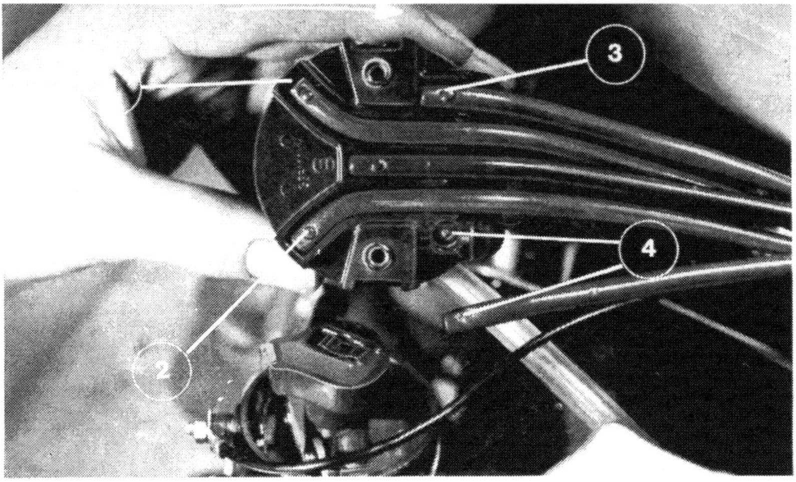

Wenn Sie die Schutzplatte des Verteilerkopfdeckels, wie er in den Jagst 2 eingebaut wird, demontieren, können Sie darunter die einzelnen Zündkabel an ihren Verteileranschlüssen sehen. Das Kabel zum 4. Zylinder ist abgezogen. Da der Verteiler rechtsdrehend arbeitet, ergibt sich die Zündfolge des Fiat 600-Motors: 1 – 3 – 4 – 2.

Die Zündkabel

Die Zündkabel machen beim Fiat 600 und Jagst in der Regel keine besondere Sorge, vor allem, wenn Sie die dunkelgrünen Original-Fiat-Zündkabel in Ihrem Wagen finden. Das sind zuverlässige Metall-Litzen-Kabel.
Falls Sie jedoch einen Austauschmotor in Ihrem Wagen haben, sind dessen Zündkabel unter Umständen hellblau und dicker. Diese Zündkabel haben keine massive Kupferlitze in der Mitte, sondern es handelt sich dabei um sogenannte Widerstands-Zündleitungen mit graphitierten Nylonfäden in der Mitte – also ohne Metall. Mit solchen Widerstandszündleitungen kann man die Entstörstecker sparen, die in der Original-Ausstattung und bei Verwendung massiver Metall-Litzen-Kabel zur Radio-Entstörung auf die Zündkerzen gesteckt sind. Aber diese Widerstandszündleitungen sind ziemlich heimtückisch, weil sie sehr störanfällig und die durch sie verursachten Störungen nur schwer zu finden sind. Beispielsweise können sie kein Zerren oder Knikken vertragen – die graphitierte Nylon-»Seele« bricht oder längt sich dadurch, so daß der Widerstand stark ansteigt und keinen zündfähigen Hochspannungsstrom mehr durchläßt.

Entstörung bei Radio-Einbau

Kraftfahrzeuge müssen heutzutage bereits funkentstört aus der Produktion kommen. Es handelt sich dabei aber nur um eine Grund-Entstörung, die ausreichen soll, daß anderer Leute Radios und Fernseher nicht gestört werden. Wenn man selbst ein Auto-Radio einbauen will, muß Zusätzliches getan werden, denn die Grundentstörung reicht bei UKW-Empfang nicht aus, allenfalls kann es, wenn man nicht zu empfindlich ist, für ein Radio mit Langwellen- und Mittelwellenbereich genügen.
Aber auch für Lang- und Mittelwellenempfang empfiehlt sich bereits die Anbringung zusätzlicher Entstörkondensatoren an der Klemme 15 der Zündspule (italienisch: Klemme B) und an der Klemme B+ des Reglerschalters (italienisch: Klemme 30). Diese Entstörkondensatoren sehen so ähnlich aus wie der bereits besprochene Kondensator am Verteiler, aber dieser ist keineswegs als Entstörkondensator geeignet, sondern Sie brauchen jeweils einen ganz bestimmten Kondensator mit ganz bestimmter Kapazität. Wählen Sie einen falschen, kann die Zündanlage in Unordnung kommen oder die Kontakte des Reglerschalters schmoren unter Umständen in Kürze durch. Auch dürfen Sie, wie in der Fiat-Betriebsanleitung besonders erwähnt, auf keinen Fall einen Entstörkondensator an Klemme DF des Reglerschalters – liegt

beim Bosch-Reglerschalter in der Mitte! – (italienisch: Klemme 67; liegt beim Fiat-Reglerschalter zumeist links!) anschließen. Das ist der Kabelanschluß zu den Feldspulen der Lichtmaschine, die an sich an »Masse« liegen und deshalb keinen Kondensator haben dürfen.

Bei UKW-Empfang

Vernünftigerweise wird man gleich die UKW-Entstörung durchführen. Dazu sind folgende Entstör-Maßnahmen notwendig:

■ Die Entstörstecker auf den Zündkerzen sind gegen solche mit größerer Wirksamkeit auszutauschen (Bosch-Entstörstecker Typ EM/WFG 5/1; Bestell-Nr. 0 356 301 003). Sind am Motor Widerstandszündleitungen eingebaut (bei Austauschmotoren möglich; siehe Seite 93), können an diese keine zusätzlichen Zündkerzen-Entstörstecker angeschlossen werden – es reicht dann nicht mehr zum wirkungsvollen Zündfunken –, sondern diese Widerstandszündleitungen müssen gegen normale Metall-Litzen-Zündkabel mit den oben genannten Entstörsteckern ausgetauscht werden.

■ Ein besonders entstörter Verteilerfinger ist nicht notwendig, denn der serienmäßige ist bereits entstört.

■ Das Zündkabel von Klemme 4 der Zündspule (Mittelstecker) zum Verteilerkopf muß direkt am Verteilerkopf mit einer Entstörmuffe (Bosch-Typ EM/W 1/12; Bestell-Nr. 0 356 500 003) und der zugehörigen Reduzierhülse (Bosch-Typ EMNB 1 J 1 X; Bestell-Nr. 1 299 999 002) versehen werden.

■ An Klemme 15 der Zündspule kommt der Entstörkondensator Bosch EMKO 20 Z 1 Z wie für Mittel- und Langwelle (Bestell-Nr. 1 297 330 060).

■ An die Klemme B+ des Reglerschalters wird jedoch für UKW-Entstörung ein anderer Kondensator verwendet, nämlich Bosch-Typ EMKO 21 Z 2 Z (Bestell-Nr. 1 297 330 071). Das ist ein sogenannter »Vorbeischleifkondensator«, der nicht zusammen mit dem betreffenden Kabel an eine Kabelklemme angeschlossen wird (wie die einfacheren Entstörkondensatoren), sondern er muß *zwischen* die Klemme und das davon abgezogene Kabel geschaltet werden. Zum Anschluß an Klemme B+ (Klemme 30) des Reglerschalters wird deshalb noch eine kurze Stromanschluß-Schiene (Bosch-Typ EMEA 53 Z 1 Z) benötigt. An dem zweiten Kontakt des Kondensators wird das von der Klemme B+ abgeschraubte Kabel zur Batterie befestigt. Die Befestigungsschelle des Kondensators muß, wie bei allen anderen Kondensatoren, durch blanke Auflageflächen guten Schluß zur »Masse« haben.

■ Zusätzlich erhält bei UKW-Entstörung am Reglerschalter die Klemme D+/61 (italienisch: Klemme 51) einen Vorbeischleif-Kondensator Bosch-Typ EMKO 21 Z 1 Z (Bestell-Nr. 1 297 330 070). Er wird genau wie der ihm ähnliche vorher genannte Kondensator zwischen die Klemme D+/61 (Klemme 51) am Reglerschalter und das davon abgezogene doppelte Kabel (einerseits zum Plus-Pol der Lichtmaschine, andererseits zur Ladekontrollampe) geschaltet.

■ Den gleichen Kondensator vom Bosch-Typ EMKO 21 Z 1 Z erhält das Plus-Kabel zwischen Lichtmaschine und Regler noch einmal an seinem anderen Ende, nämlich am Plus-Pol der Lichtmaschine (Klemme D+), wo er auch zwischen Klemme und Kabel geschaltet wird.

■ Schließlich soll noch ein breites Massekabel aus geflochtener Kupferlitze zwischen einer Befestigungsschraube des Reglerschaltersockels auf der Spritzwand und dem Gehäuse der Lichtmaschine montiert werden, wo es beispielsweise unter einer Gehäusebolzenmutter auf dem hinteren Lagerschild verschraubt werden kann.

■ Gibt es trotz dieser Entstörungsmaßnahmen immer noch Störungen beim

UKW-Empfang, kann zusätzlich ein Massekabel aus starker Litze zwischen der Motorhaube und der Karosserie verschraubt werden. Auch soll darauf geachtet werden, ob das Massekabel zwischen Wasserpumpe und Karosseriewand guten Kontakt hat.
Natürlich sind die genannten Bosch-Entstörmittel nicht allein seligmachend. Es geht ebenso mit den Entstörkondensatoren anderer Fabrikate. Manche Radio-Produzenten stellen beispielsweise eigene Entstörsätze her. Wenn Sie sich solche kaufen, müssen Sie jedoch vorher in der sogenannten Typenliste des jeweiligen Herstellers genau überprüfen, ob und welche Entstörsätze gerade für den Fiat 600 bestimmt sind. Die oben aufgeführten Bosch-Teile sind deshalb nur als Beispiele zu betrachten.

Die Zündkerzen

Die Zündkerze ist die letzte Station der Zündanlage. Eine fehlerhafte Zündkerze macht alle gute Vorarbeit der Zündanlage wirkungslos. Deshalb empfehlen die Zündkerzenhersteller vorsichtshalber, alle 10 000 oder 15 000 km die Zündkerzen rauszuwerfen. Diese Empfehlung sollte man aber nicht so unbesehen hinnehmen, denn es sind immerhin zusätzliche 13,20 DM für einen Satz neuer Zündkerzen.
Diese 10 000-km-Empfehlung stellt nämlich übermäßigen Zündkerzenverschleiß durch Mängel in der Zündanlage mit in Rechnung. Bei einwandfreier und gelegentlich nachgeprüfter Zündanlage sowie richtiger Zündkerzenwahl können jedoch die Zündkerzen auch 30 000 oder 40 000 km aushalten. Deshalb sollen Sie sich nicht darauf einlassen, daß bei der 10 000-km-Inspektion, ohne hinzusehen, neue Zündkerzen eingesetzt werden, sondern zuerst eine Zündkerzenkontrolle und -reinigung verlangen.

Zündkerzen prüfen

Pflegearbeit Nr. 15

Zur Reinigung setzt man die Zündkerzen am besten in einer Werkstatt in das Zündkerzenprüfgerät ein. Zumeist sind diese Geräte mit einem Sandstrahlgebläse zur Zündkerzenreinigung kombiniert. Dies ist unter den Reinigungsverfahren das kleinste Übel. Das kleinste Übel, weil der scharfe Sandstrahl den Speckstein, das Isoliermaterial der Zündkerze, angreift und dadurch späterer Verschmutzung mit Strombrückenbildung Vorschub leistet. Auf der unbestrahlten Porzellanoberfläche des Specksteines setzt sich dagegen weniger Schmutz an.

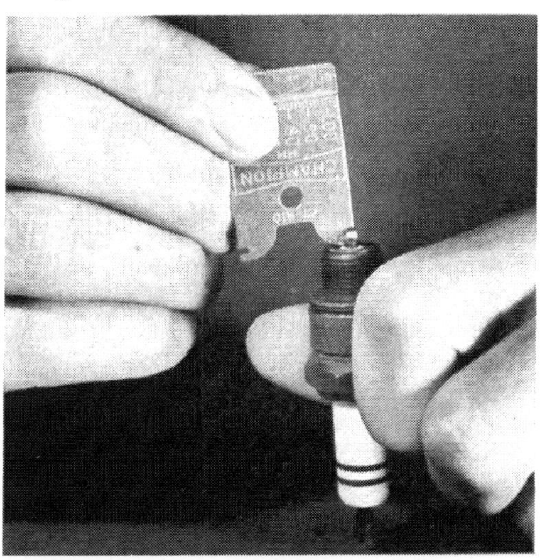

Zum Messen und Nachstellen des Elektrodenabstandes der Zündkerzen (beim Fiat 600- und Fiat 770 S-Motor 0,5 bis 0,6 mm) gibt es kleine Einstell-Lehren, mit deren Hilfe die außen liegende Massen-Elektrode entsprechend nach innen gebogen werden kann. An dieser Einstell-Lehre von Champion ist außen eine Schrägfläche mit Meß-Skala, die zwischen die Elektroden geschoben wird.

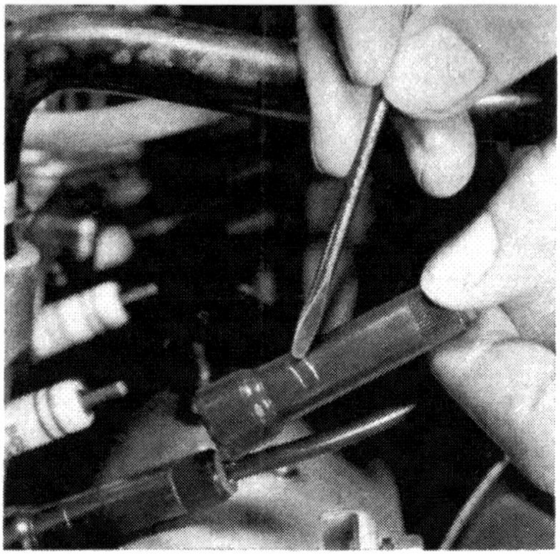

Damit Sie beim Montieren oder Prüfen der Zündkerzen hinterher nicht die einzelnen Zündkabel vertauschen, was für den Motor gefährlich werden kann, sollten Sie sich vorher mit scharfer Schraubenzieherkante entsprechende Markierungsstriche in die Zündkerzenstecker ritzen. Da am Fiat 600 bzw. 770 S die Zündkabel gleich lang sind, ist diese Behelfsmaßnahme wichtig. Die jeweilige Zylinder-Nummer ist neben dem Kerzenloch in den Zylinderkopf eingeprägt.

Noch unvorteilhafter sind Reinigungsversuche mit dem Taschenmesser oder der Drahtbürste. Man sollte sie nur vorsichtig anwenden, wenn sich durch Verbrennungsrückstände, beispielsweise bei hochverbleitem Benzin, zwischen den Elektroden der Zündkerze eine Strombrücke mit Kurzschlußwirkung gebildet hat, die unterwegs beseitigt werden muß. Durch natürlichen Verschleiß, durch Abbrand, erweitert sich der Elektrodenabstand, so daß es dem Zündfunken schließlich nicht immer möglich ist, unter dem Kompressionsdruck von der Mittelelektrode zur Masseelektrode überzuspringen.
Die einwandfreie Funktion einer Zündkerze läßt sich nur im Zündkerzenprüfgerät mit ziemlicher Gewißheit prüfen. In diesem Gerät wird die Zündkerze unter etwa 8 atü Druck geprüft, denn die Funkenbildung ist in der freien Luft wesentlich leichter als bei dem Druck, der im Zylinder bei Beendigung des Kompressionstaktes herrscht. Deshalb sagt eine zur »Prüfung« herausgeschraubte und am Zündkabel auf den Motorblock gelegte Zündkerze gar nichts darüber aus, ob sie den dann gezeigten schönen Zündfunken auch im Zylinder zustande bringt. Im Zündkerzenprüfgerät läßt sich dagegen durch kleine Sichtfenster die Funkenbildung unter Druck beobachten.

Richtiger Wärmewert

Ob eine Zündkerze ihre Pflicht richtig erfüllen kann, ist nicht zuletzt von ihrem sogenannten »Wärmewert« abhängig. Da die verschiedenen Kraftfahrzeugmotoren sehr unterschiedliche Temperaturen in ihren Verbrennungsräumen entwickeln (es leuchtet ein, daß Motoren mit hoher Verdichtung und hoher Leistung mehr Hitze erzeugen als gemütliche Durchschnittsmotoren), kann man nicht jede Zündkerze in jeden Motor einsetzen. Sie muß auf die vom Motor erzeugte Hitze abgestimmt sein. Diese Eigenschaft wird durch den Wärmewert gekennzeichnet, der bei deutschen Zündkerzen einheitlich angegeben wird, z. B. mit 175 oder 225. Je höher diese Zahl ist, um so mehr Hitze kann die Zündkerze vertragen, d. h. ableiten, um selbst nicht zu heiß zu werden. Bei »kälter« arbeitenden Motoren darf man aber auch keinen zu hohen Wärmewert wählen, denn dann wird von der Zündkerze zu viel Wärme abgeleitet und sie hat nicht ihre günstigste Betriebstemperatur, die zur sogenannten »Selbstreinigung« von Verbrennungsrückständen notwendig ist und an den Elektroden bei 800 °C liegt. Bei ausländischen Zündkerzen ist dieser Wärmewert leider nicht so offensichtlich angegeben. Deshalb nachstehend eine Zusammenstellung von im 600 und Jagst verwendbaren Zündkerzen:

- Bosch W 175 T 1
- Champion L 85
- Beru 175/14
- Marelli CW 225 N

Zur Prüfung, ob die Zündspule überhaupt Strom abgibt, Ersatz-Zündkabel in deren Mittelbuchse stecken, das blanke Kabelende um isolierten Schraubenzieher wickeln und dessen Schneide 10 mm entfernt vom Zylinderblock halten und durch Helfer Anlasser betätigen lassen. Zwischen Schraubenzieherschneide und Zylinderblock muß ein guter, regelmäßiger Funke laut knackend überspringen. Ist der Funke gut, liegt der Fehler »vorwärts« in Richtung Verteiler und Zündkerze. Gibt es keinen oder nur schwachen Funken, liegt der Fehler »rückwärts« in Zündspule, Unterbrecher oder Kondensator.

Das Zündkerzengesicht

Aus dem Aussehen und der Färbung der Zündkerzenelektroden kann man Rückschlüsse auf den Zustand des Motors, auf die Vergaser- und Zündeinstellung ziehen.

- mittelbraun oder mittelgrau = gute Vergasereinstellung, Zündkerzen und Motor arbeiten richtig
- schwarz = Vergaser zu fett eingestellt oder Zündkerze ist im Betrieb durch vorwiegende Kurzstreckenfahrten zu kalt. Zündkerze mit nächstniederem Wärmewert probieren, wenn Vergasereinstellung stimmt
- hellgrau = Vergaser zu mager eingestellt
- silbrig = Zündkerze wird zu heiß, eventuell durch scharfe Langstreckenfahrten; Zündkerze mit nächsthöherem Wärmewert probieren. Oder Zündung zu früh gestellt.
- verölt = Zündkerze setzt aus oder Kolbenringe undicht

Fingerzeige: *Bei heißem Motorblock niemals kalte Zündkerzen zu fest einschrauben. Nach Abkühlen des Motors oder Erwärmung der Zündkerze sitzt diese wie eingenietet fest.*
Zündkerzengewinde darf vor dem Einbau keinesfalls geölt werden, um es besser gängig zu machen. Öl würde verkohlen und die Zündkerze im Gewinde festbacken. Statt dessen mit einem Bleistift Graphit auf das Gewinde schaben. Zündkerze läßt sich später spielend leicht herausschrauben.
Feuchtigkeit, die zu Kurzschlüssen führt, setzt sich besonders gerne im Verteilerdeckel innen an, wenn der Motorraum bei heißem Motor mit Wasser ausgespritzt wurde. Wenn nach der Motorwäsche der Motor nicht anspringen will, Verteilerdeckel innen mit trockenem Lappen sorgfältig auswischen.
Da die Zündkerze des 4. Zylinders ziemlich schwer zugänglich ist, haben wir mit Bedacht den auf Seite 19 im Werkzeugbild gezeigten Zündkerzenschlüssel (Hazet-Nr. 764) gewählt. Mit anderen Zündkerzenschlüsseln kann es Schwierigkeiten geben.
Wenn die Motorleistung trotz sorgfältig eingestellter Zündung nicht befriedigt, sollten Sie, bevor langwierige (und dadurch teure) Messungen bei der Fachwerkstatt in Auftrag gegeben werden, erst einmal prüfen, ob der Vergaser überhaupt auf »Vollgas« steht, wenn das Gaspedal ganz durchgetreten ist. Dazu brauchen Sie einen Helfer, der das Gaspedal bedient, während Sie das Vergasergestänge beobachten und nachfühlen, ob sich die Drosselklappe nicht noch weiter öffnen läßt.

Sein Licht leuchten lassen

In jedem Oktober, zu Beginn der dunkleren Jahreshälfte, findet eine »Kraftfahrzeug-Beleuchtungswoche« statt. Es kann sein, daß man plötzlich unterwegs von der Polizei angehalten und vor ein Scheinwerfer-Prüfgerät dirigiert wird. Und alle Lämpchen rund um das Auto muß man der Reihe nach an- und ausknipsen, damit das Auge des Gesetzes erkennt, ob auch alles in Ordnung sei. Nur selten ist wirklich alles in Ordnung, teils aus Unkenntnis, teils aus Nachlässigkeit. Dann kostet es, in schlimmeren Fällen, Geldstrafe und eine Vorladung zur heimischen Polizeidienststelle, die nachprüft, ob nun alle Lampen brennen.

Ersatzlampen auf Vorrat

Gegen diese Beleuchtungswochen ist gar nichts zu sagen, denn wer die vielen »einäugigen« und falsch eingestellten Scheinwerfer beobachtet, wundert sich sowieso, warum das der Polizei nicht stärker auffällt. Man kann sich auch der eigenen Lampen am Auto nicht ganz sicher fühlen, denn irgendwann sind sie alle einmal durchgebrannt. Durchschnittlich gesteht die einschlägige Industrie dem Abblendfaden der Scheinwerferlampe 150 Brennstunden und dem Fernlichtfaden 75 Stunden Brenndauer zu. Wenn das Pech es will, kommt man gerade in der »151. Brennstunde« des Abblendfadens zur Polizeikontrolle. Dann sparen Sie viel Ärger und Zeitverlust, wenn Sie bei der Beanstandung des Polizeibeamten hurtig ein Kästchen mit Ersatzlampen aus dem Ablagefach ziehen können und sofort die schadhafte Lampe auswechseln. Die Polizeibeamten dürfen in diesem Falle keine Anzeige erstatten und keine gebührenpflichtige Verwarnung erteilen, denn bei einem so vorsorglichen Autofahrer ist es nach gerichtlicher Meinung durchaus glaubwürdig, daß die Lampe

Die Rückseite des ausgebauten Scheinwerfer-Einsatzes. Zum Auswechseln der Scheinwerferlampe wird der Lampenstecker (an den Kabeln in der Scheinwerfermulde sichtbar) abgezogen. Dann die beiden Haltefedern der Lampenhalterung beiseite drücken, die Abdeckplatte (rechts in der Hand) wegnehmen und Lampe aus dem Scheinwerfereinsatz ziehen. Das Zusammenstecken ist nur möglich, wenn dabei genau auf die Nocken und entsprechenden Aussparungen an Lampensockel und Lampenhalterungsrand geachtet wird. Sie legen den genauen Sitz der Lampe fest.

»gerade eben« erst durchgebrannt ist. Und dafür kann kein Autofahrer etwas. Es gibt im Auto-Zubehörhandel praktische Ersatzlampen-Kästchen, beispielsweise von Osram zu etwas über 10,– DM. Wenn Sie einen solchen Ersatzlampen-Kasten für unterwegs kaufen wollen, müssen Sie darauf achten, daß er für Ihren Wagen speziell sortiert ist, also jene Lampen für 12 Volt Spannung enthält, die Sie auch tatsächlich brauchen.
Glauben Sie dabei der Betriebsanleitung für Ihren 600 oder Jagst kein Wort, wenn Sie dort nachsehen wollen, welche Lampen Sie brauchen. Denn in der Betriebsanleitung, auch für den Jagst, ist stets die italienische Lampenbestükkung aufgeführt, die anderen Vorschriften entspricht. Für Ihren in Deutschland zugelassenen Fiat 600, 770 S oder NSU/Fiat Jagst brauchen Sie dagegen:

	Einzelpreis etwa
■ Hauptscheinwerfer:	
Asymmetrische Zweifadenlampen, 45/40 Watt, Sockel P 45 t	6,— DM
o d e r , falls noch kein asymmetrischer Scheinwerfer eingebaut:	
Zweifadenlampe (»Bilux«-Lampe), 35/35 Watt, Sockel BA 20 d	5,60 DM
■ Blinker:	
Kugellampe, 18 Watt, Sockel BA 15 s	1,55 DM
■ Brems-Schluß-Licht:	
Zweifaden-Kugellampe, 18/5 Watt, Sockel BAY 15 d	2,45 DM
■ Nummernschildleuchte:	
Kugellampe, 15 Watt, Sockel BA 15 s	1,55 DM
■ Standlicht: Röhrenlampe, 4 Watt, Sockel BA 9 s	0,85 DM

Das waren die wichtigsten Lampen, von denen man je ein Ersatzstück im Wagen haben sollte, um unterwegs defekte Lampen austauschen zu können.

Scheinwerferlampe auswechseln

Je nach Scheinwerferbauart Zweifadenlampe für asymmetrisches (45/40 Watt) oder symmetrisches Abblendlicht (35/35 Watt); Sicherung Nr. III für Fernlicht rechts, graues Kabel; Sicherung Nr. IV für Fernlicht links, grau-schwarzes Kabel, Sicherung Nr. V für Abblendlicht, braunes Kabel zum Lichtschalter, von dort grünes Kabel zum rechten und grün-schwarzes Kabel zum linken Abblendlicht.
Zum Auswechseln der Scheinwerferlampen braucht man nur einen kleinen Schraubenzieher. Damit wird die Halteschraube unten am Zierring des Scheinwerfers gelöst, dieser nach vorne abgezogen und dann (bei den größeren Scheinwerfern ab Januar 1966) die Federklammer rechts unten ausgehängt (siehe Bild auf der folgenden Seite).

Fingerzeig: *Die neue Scheinwerferlampe faßt man nicht mit bloßen Händen an, denn auf dem Glaskolben bleiben auch bei sauberen Händen Fingerabdrücke – das sind Schweißabsonderungen – zurück, die bei Einschalten der Lampe durch die Hitze verdampfen und den Scheinwerferspiegel trüben. Ein verschmutzter Glaskolben muß mit einem unbenutzten Taschentuch sauber gerieben werden.*

Standlichtlampe auswechseln

Röhrenlampe 4 Watt, Sockel BA 9 s; Sicherung V für Standlicht rechts, braunes Kabel; Sicherung VI für Standlicht links, gelbes Kabel.
Es kommt sehr selten vor, daß die sparsame kleine Standlichtlampe einmal durchbrennt. Wenn sie ausgetauscht werden muß, ist der Arbeitsvorgang praktisch der gleiche wie zum Auswechseln der Scheinwerferlampe.

Der Scheinwerfereinsatz (ab Januar 1966) bei abgenommenem Scheinwerfer-Zierring. Es bedeuten: 1. Sechskantbolzen (SW 7) zur Seiten-Justierung des Scheinwerferstrahles. — 2. Gleichartige Sechskantschraube zur Höhen-Justierung des Scheinwerferstrahles (hinter Scheinwerferglas verdeckt — 3. Halteklammer des Scheinwerfereinsatzes; wird zum Ausbau des Einsatzes mit Schraubenzieher ausgehängt. Diagonal gegenüber wird der Scheinwerfereinsatz in einer Öse gehalten.

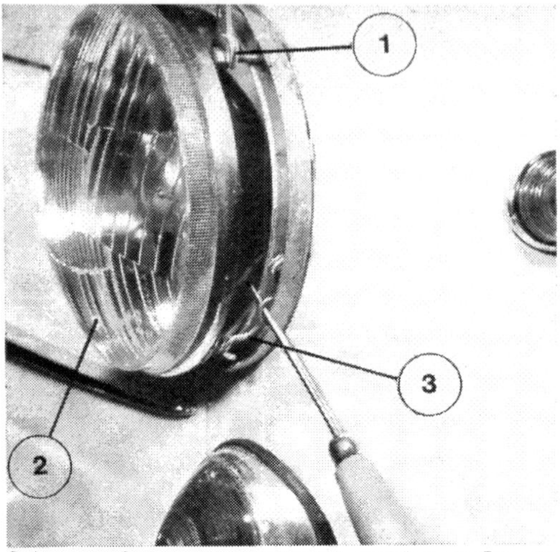

Scheinwerfer einstellen

Wenn unterwegs eine neue Scheinwerferlampe eingesetzt werden mußte, ist ein Neueinstellen der Scheinwerfer fällig, denn selbst Bruchteile eines Millimeters in der Fertigungstoleranz einer Scheinwerferlampe machen sich natürlich auf 25 oder 100 Meter Entfernung im Scheinwerferstrahl bemerkbar. Weil man nun im Kofferraum kein Scheinwerfereinstellgerät mitzuführen pflegt, bleibt in diesem Falle nichts weiter übrig, als den Wagen rund 10 oder 20 Meter vor einer möglichst hellen Wand aufzustellen und den neu bestückten Scheinwerfer der Höhe nach mit dem unveränderten Scheinwerfer gleichzustellen. Dazu wird das Abblendlicht eingeschaltet, das nach oben eine scharf abgegrenzte Hell-Dunkel-Grenze hat, und durch wechselseitiges Verdecken der Scheinwerfer festgestellt, welches »Lichtbild« auf der Wand zu dem neu einzustellenden Scheinwerfer gehört und ob dieser höher oder tiefer gestellt werden muß.

Unterläßt man jedoch die behelfsmäßige Einstellung nach dem Einsetzen einer neuen Lampe, ist zumeist entweder die Fahrbahn schlecht ausgeleuchtet oder die entgegenkommenden Autofahrer machen durch wütendes Geblinke darauf aufmerksam, daß auch der abgeblendete Scheinwerfer noch blendet. Überhaupt sollten solche Blinzeleien entgegenkommender Fahrzeuge als Hinweis geachtet werden, daß die Scheinwerfereinstellung nicht zu stimmen scheint.

Zum Verstellen der Hell-Dunkel-Grenze eines Scheinwerfers wird zuerst mit dem Schraubenzieher der Zierring um den Scheinwerfer abgeschraubt. An den symmetrischen Scheinwerfern, die bis Mitte 1965 eingebaut wurden, erfolgt die Höher- oder Tieferstellung durch eine Kreuzschlitzschraube unten am Scheinwerfereinsatz. Bei den neueren Scheinwerfern wird mit dem Gabelschlüssel SW 7 eine Sechskantschraube gedreht, die links unten rückseitig am

Vor der senkrechten Wand, auf der Sie diese Hilfslinien zum Einstellen der asymmetrischen Scheinwerfer ziehen, sollten Sie 9 m ebener Fläche haben. Auf was bei der Herrichtung dieses Einstellbildes zu achten ist, wird auf diesen Seiten genau beschrieben. Die 4 cm Höhendifferenz zwischen der Scheinwerferhöhe und den Markierungskreuzen ist ein Spezialmaß für den Fiat 600.

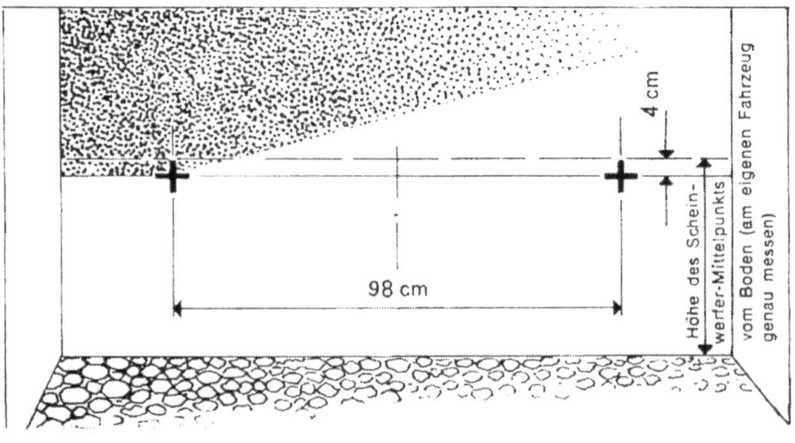

Scheinwerferrand anliegt. Linksdrehung – von vorne gesehen – hebt den Scheinwerferstrahl, Rechtsdrehung senkt ihn ab. Die Seiteneinstellung – durch eine gleichartige Sechskantschraube rechts oben hinter dem Scheinwerfereinsatz – kann man sich bis zur baldmöglichen fachgerechten Scheinwerfereinstellung sparen, denn diese »Unterwegs-Hauswand-Justierung« ist natürlich nur behelfsmäßig.

Das richtige Einstellen der Scheinwerfer nimmt die Werkstatt oder der Bosch-Dienst mit einem Scheinwerfereinstellgerät vor, das direkt vor jeden einzelnen Scheinwerfer geschoben wird. Das ist eine Arbeit von wenigen Minuten, die aber des Spezialgerätes wegen doch 2,– oder 3,– DM kostet. Sie können aber die Scheinwerfer Ihres Fiat auch selbst vorschriftsmäßig einstellen, wenn Sie irgendwo eine ganz ebene Fläche von mindestens 9 m Länge mit abschließender senkrechter Wand zur Verfügung haben und auf dieser Wand mit Kohle oder Kreide malen dürfen. Ferner brauchen Sie noch ein Metermaß und eine Latte zum Striche ziehen. Als Vorbereitung wird der Reifendruck geprüft – er muß vorne 1,2 atü und hinten 1,6 atü betragen. Bei der Scheinwerferjustierung wird das Fahrzeug jedoch nicht belastet.

Nun stellt man seinen Fiat auf der ebenen Fläche genau im rechten Winkel zur Wand auf, schiebt ihn mit der Hand einige Meter hin und her, damit sich die Federung richtig einspielt, und stellt ihn schließlich so ab, daß die Scheinwerfer in genau 5 Meter Abstand zur Wand stehen. Jetzt peilen Sie durch das Rückfenster des Fiat nach vorne über die Motorhaube jenen Punkt auf der Wand an, auf den die Mitte Ihres Fahrzeuges genau zeigt. Als »Visierlinie« nehmen Sie dazu die Zierleiste auf der Motorhaube in der Mitte vor der Windschutzscheibe. Wo Ihr Auge die Wand anvisiert, lassen Sie von einem Helfer einen kurzen senkrechten Strich aufmalen und messen nun die Höhe der Scheinwerfermitte über dem Boden. Ja nach Vorspannung der Federn schwankt diese Höhe von Wagen zu Wagen um einige Zentimeter. Es müßten im allgemeinen etwa 62 cm sein. Dann mißt man den Abstand der beiden Scheinwerfermittelpunkte voneinander – es sind genau 98 cm. Die beiden Maße werden schön symmetrisch beidseitig der Mittelsenkrechtenmarkierung auf der Wand durch zwei kleine Kreuze markiert. Von jedem dieser Markierungskreuze mißt man 4 cm herunter – dies ist das Spezialmaß für die Scheinwerfereinstellung des Fiat 600. Die ausgemessenen Punkte werden mit je einem dicken Kreuz markiert. Dann ziehen Sie durch die beiden Kreuze mit einer Latte einen waagrechten Strich.

Asymmetrisches oder symmetrisches Abblendlicht?

Nach dieser Vorarbeit beginnt das eigentliche Einstellen der Scheinwerfer. Jetzt kommt es darauf an, ob Ihr Wagen symmetrisches oder asymmetrisches Abblendlicht (serienmäßig beim Jagst ab Sommer 1965 und beim Fiat 770 S) hat. Bei Ersatzbedarf lassen sich auch in ältere Wagen ohne weiteres die Scheinwerfereinsätze mit asymmetrischem Licht einbauen. Wenn Sie nun nicht genau wissen, ob Ihr Wagen symmetrisches oder schon asymmetrisches Abblendlicht hat, können Sie diesen Versuch machen: Abblendlicht einschalten und weißes Papier etwa handbreit vor den Scheinwerfer halten. Beim symmetrischen Abblendlicht ist die nach oben scharf abgezeichnete Hell-Dunkel-Grenze gleichmäßig waagrecht, während beim asymmetrischen Abblendlicht nach einer genau waagrechten linksseitigen Hell-Dunkel-Grenze das Scheinwerfer-»Lichtbild« in einem sehr gut erkennbaren Abknickpunkt im Winkel von 15° nach rechts oben ansteigt. Wenn man das Papier schräg hält, zeichnet sich der Unterschied noch eindeutiger ab; auf der Scheinwerferscheibe selbst ist nicht immer klar zu erkennen, ob sie symmetrisch oder asymmetrisch strahlt.

Erst Höhe, dann Seite einstellen

Einerlei, ob es symmetrisches oder asymmetrisches Scheinwerferlicht ist, die Arbeit beginnt mit der Höheneinstellung des Scheinwerfers und dazu wird in beiden Fällen Abblendlicht eingeschaltet. Die Scheinwerfer werden nun abwechselnd mit einer Decke oder Jacke verdeckt, damit sich die beiden »Lichtbilder« nicht gegenseitig stören. Zeigt die Hell-Dunkel-Grenze nicht auf den vorher auf die Wand gemalten unteren Strich, muß bei den älteren Scheinwerfern (bis Ende 1965) die Kreuzschlitzschraube unten am Scheinwerfereinsatz oder bei den Scheinwerfern ab Anfang 1966 die Sechskantschraube links unten hinter dem Scheinwerfereinsatz gedreht werden, bis die Hell-Dunkel-Grenze genau auf die Markierungslinie zeigt.

Danach wird die Seiteneinstellung der Scheinwerfer überprüft. Bei asymmetrischen Scheinwerfern bleibt das Abblendlicht eingeschaltet und wird festgestellt, ob die beiden Abknickpunkte in der Hell-Dunkel-Grenze genau in die für sie bestimmten Markierungskreuze zeigen. Bei symmetrischen Scheinwerfern wird dagegen das Fernlicht eingeschaltet und geprüft, ob die Lichtbündelmitte, also der hellste Lichtfleck, genau in den beiden Markierungskreuzen liegt. Muß die Seiteneinstellung korrigiert werden, ist dazu an den älteren Scheinwerfern die Kreuzschlitzschraube rechts im Scheinwerfereinsatz bzw. an den neueren Scheinwerfern die Sechskantschraube rechts oben hinter der Scheinwerferkante zu verstellen.

Wer eine solche Wand zum Einstellen seiner Scheinwerfer nicht zur Verfügung hat oder auf ihr nicht malen darf, kann sich auch so helfen: In der Werkstatt Scheinwerfer genau einstellen lassen. Bei der Einfahrt in die eigene Garage den Wagen mit eingeschaltetem Abblendlicht am Garagentor stehen lassen, aussteigen und die beiden Abknickpunkte auf der Garagenrückwand markieren. Wenn das auf die wenigen Meter auch keine sehr genaue Kontrolle ist, eine gute Hilfe zur gelegentlichen Nachkontrolle ist es doch. Übrigens: Nach dieser Einstellung der Scheinwerfer mit Hilfe des Abblendlichtes stimmt die Einstellung des Fernlichtes bei asymmetrischen Scheinwerfern automatisch. Das Fernlicht ist also zu ihrem Justieren gar nicht notwendig.

Lampenwechsel

Vordere Blinkleuchten

Kugellampe 18 Watt, Sockel BA 15 s; Sicherung II, von dort gelb-schwarzes Kabel zum Blink-Relais hinter dem Armaturenbrett, von dort schwarz-weißes Kabel zum Blinkerschalter unterhalb des Lenkrades, von dort blaue Kabel zu den rechten und blau-schwarze Kabel zu den linken Blinkern.

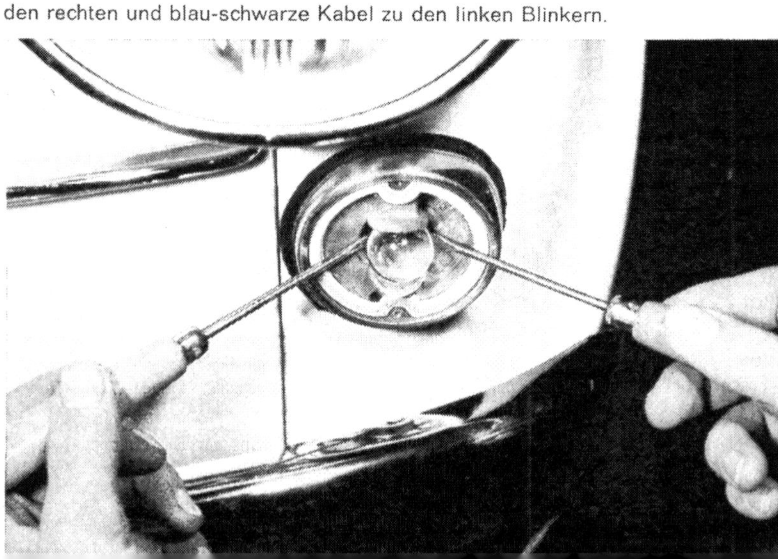

Die Abdeckgläser der vorderen Blinkleuchten werden von 2 kleinen Querschlitzschrauben gehalten. Die 18-Watt-Lampe sitzt sehr tief in ihrer Fassung und muß, wie im Bild gezeigt, zumeist mit 2 schlanken Schraubenziehern herausgehebelt werden, nachdem die Lampe in ihrer Bajonettfassung etwas nach links gedreht wurde.

Die vorderen Blinkleuchten sind in Italien zugleich Standlichter, aus diesem Grund ist dort eine Zweifadenlampe eingebaut. In Deutschland dürfen jedoch Standlichter nach vorne nur weiß und Blinker nur orange leuchten, deshalb ist hierzulande diese Kombination nicht möglich und die Blinkerlampe hat nur einen Glühfaden für die Richtungsanzeige. Darum sind an den Blinkersockeln für die deutsche Ausführung auch nur zwei Kabel angeschlossen, das »stromzuführende« blaue bzw. blau-schwarze Kabel und ein schwarzes Kabel, das als Leitung zur »Masse« dient.

Seitliche Blinkleuchten

Offiziell ohne Lampen; Sicherung und Stromweg wie bei Blinkern vorne, blaues Kabel zum rechten und blau-schwarzes Kabel zum linken Seitenblinker.
Vielleicht haben Sie sich nach dem Kauf Ihres Jagst gewundert, daß die Seitenblinker auf den vorderen Kotflügeln niemals leuchten wollen, einerlei, wie Sie die Lichtschalter auch betätigen. Falls Sie der Ursache nachgehen, finden Sie zwar innen in den Kotflügeln Kabel, welche zu diesen Seitenblinkern führen, aber beim Abziehen der Kabel fehlen an deren Ende die notwendigen Lämpchen. Was soll das? Nennen wir es schlicht einen Behördenscherz. Es kann Ihnen nämlich durchaus einmal passieren, daß ein lampenkontrollierender Polizeimann das Nicht-Leuchten der Seitenblinker beanstandet. Denn in seiner Vorschrift steht, daß alle Beleuchtungseinrichtungen eines zugelassenen Kraftfahrzeuges, soweit sie zur Fahrbahnausleuchtung und Richtungsanzeige dienen, brennen müssen. Allerdings müssen diese Beleuchtungseinrichtungen typgeprüft und damit amtlich genehmigt sein. Das sind diese seitlichen Blinker am Fiat 600 und Jagst jedoch aus irgendeinem Grunde nicht. Und deshalb muß die Deutsche Fiat, bevor die Wagen auf die Straße gelassen werden, die nicht amtlich geprüften Lämpchen herausnehmen. Und das ist eigentlich ein Unsinn, denn es ist ja nur ein Vorteil, wenn andere Verkehrsteilnehmer auch von der Seite her erkennen können, wohin des Weges man mit seinem Fiat will. Machen Sie es so wie wir: Besorgen Sie sich die passenden kleinen Steckhülsen mit Lampenfassungen und dazu passende kleine Röhrenlämpchen 12 Volt 3 Watt (Kostenpunkt zusammen höchstens 2 DM), schieben Sie das bereits fertig montierte Kabel auf den Stecker und das Ganze von der Innenseite des Kotflügels her in den Blinkersockel. Sie werden Ihre helle Freude daran haben, andere Verkehrsteilnehmer und die Polizei werden es auch nicht beanstanden, sondern bei der Beleuchtungsprüfung durchaus für richtig finden, weil ihr solche bürokratischen Feinheiten Gott sei Dank auch nicht immer geläufig sind.

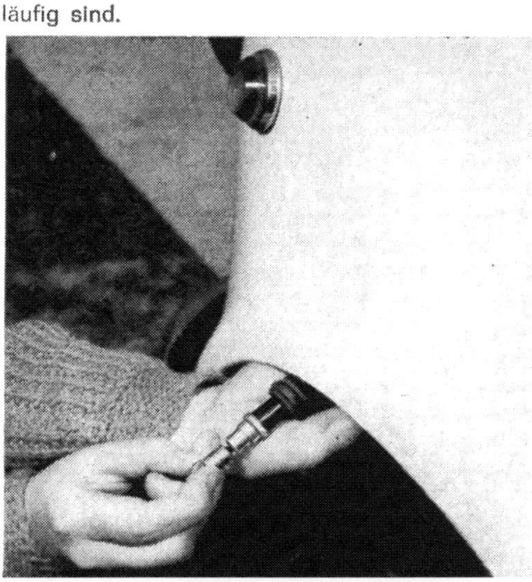

Serienmäßig sind beim Jagst von der Kotflügel-Innenseite her die Kabel an die seitlichen Blinkleuchten angesteckt, es fehlt jedoch die zugehörige Lampe nebst Lampenfassung. Um diese seitlichen Blinkleuchten auch zu „aktivieren", können Sie sich beides kaufen und von der Kotflügelinnenseite her in die gelbe Abdeckglasfassung schieben. Die kleine 2,5— oder 3-Watt-Lampe sitzt in einer Bajonettfassung. Defekte Lampe auswechseln, wie auf dem Bild gezeigt.

Wenn Sie das Abdeckglas der hinteren Blink-, Brems- und Schlußleuchten abschrauben, sehen Sie oben die Blinkleuchte und darunter die kombinierte Schluß- und Bremsleuchte mit 2 verschieden hell brennenden Glühfäden. Beim Austausch dieser Zweifadenlampe vor Montage des Abdeckglases Leuchtprobe vornehmen, damit geprüft werden kann, ob die Lampe richtig herum in ihrer Fassung sitzt, also beim Bremsen der hellere 18-Watt-Glühfaden und als Schlußlicht der schwächere 5-Watt-Glühfaden brennt.

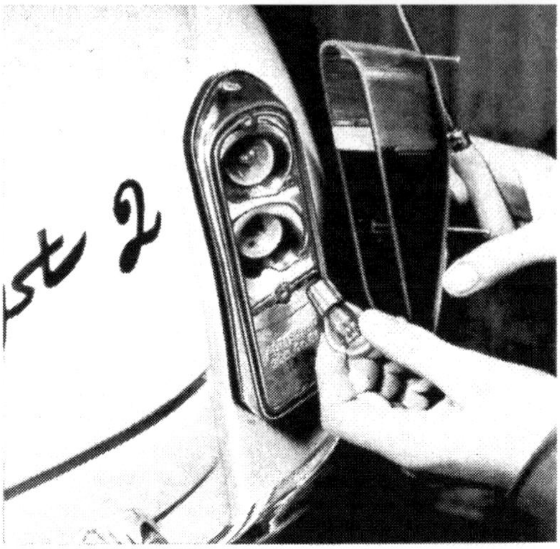

Hintere Blinkleuchten

Die hinteren Blinkleuchten sitzen unter einem gemeinsamen Abdeckglas mit der hinteren Schluß- und Brems-Leuchte. Die obere Kugellampe ist die Blinkerlampe. Abdeckglas mit Querschlitzschraubenzieher abschrauben und zum Lampenaustausch Kugellampe etwas in ihre Fassung hineindrücken, nach links drehen und herausziehen (Bajonett-Halterung). Sonstige Arbeiten an der Blinkanlage im Kapitel »Signaleinrichtungen«.

Hinteres Schluß- und Bremslicht

Zweifaden-Kugellampe, 18/5 Watt, Sockel BAY 15 d; Sicherung II, von dort gelb-schwarzes Kabel zum Instrumentenlichtschalter und weiter durch blauschwarzes Kabel zum Bremslichtschalter, von dort rotes Kabel zu den Bremslicht-Glühfäden der Zweifadenlampen; Sicherung V, von dort braunes Kabel zum linken Schlußlicht und zur Motorraumleuchte; Sicherung VI, von dort gelbes Kabel zur Nummernschildleuchte und zum rechten Schlußlicht.
Das Auswechseln des Brems-Schluß-Lichtes geschieht genau wie das der hinteren Blinkerlampe. Bevor Sie jedoch das Abdeckglas wieder montieren, ist unbedingt eine Leuchtprobe wichtig. Denn diese Zweifadenlampe hat am Fuße ihres Sockels 2 Kontakte statt des einen der darüber liegenden Blinkerlampe. Ist sie falsch herum eingesetzt, leuchtet sie auch falsch auf.

Nummernschildbeleuchtung

Kugellampe, 15 Watt, Sockel BA 15 s; Sicherung VI, gelbes Kabel.
Zum Auswechseln einer defekten Lampe Motorraumhaube hochklappen, Lampenblende mit Querschlitzschraubenzieher lösen und Lampe nach kurzem Hineindrücken und Linksdrehen aus ihrer Fassung ziehen.

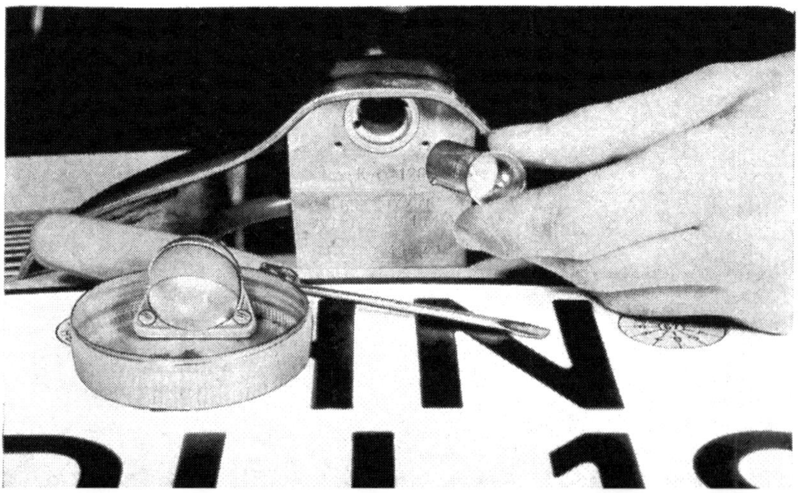

Die Lampe der Nummernschildbeleuchtung sitzt hinter einer Lampenblende (links in dem Deckel abgelegt), die von kleinen Querschlitzschrauben gehalten wird.

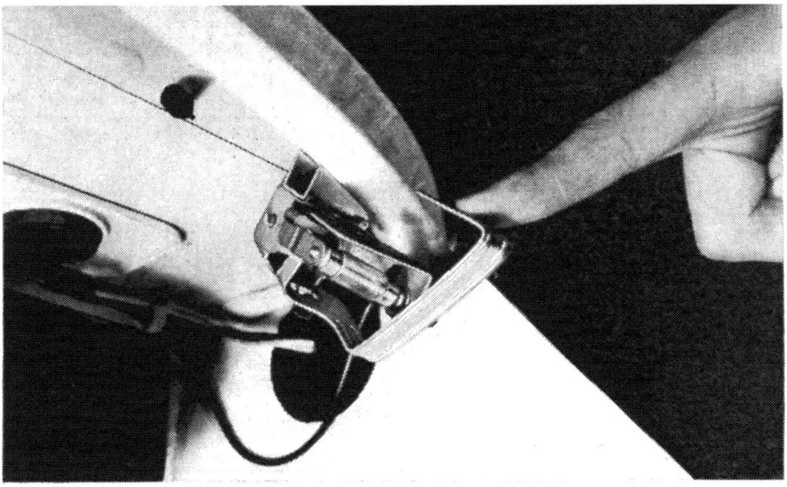

Ob die Motorraumleuchte richtig abschaltet, läßt sich bei eingeschalteter Beleuchtung mit Zeigefingerdruck prüfen. Das Ausschalten bewirkt die Motorraumhaube, das Einschalten eine Feder im Schalter. Im Bedarfsfall muß der Schalterbügel entsprechend nachgebogen werden. Zum Austausch der Soffittenlampe Kontaktfedern etwas auseinander biegen und Lampe herausnehmen.

Motorraumleuchte

Soffittenlampe, 5 Watt, 41 mm lang; Sicherung V, braunes Kabel über linkes Schlußlicht.
Die Motorraumleuchte brennt bei eingeschalteter Fahrzeugbeleuchtung und bei geöffneter Motorraumhaube. Diese betätigt automatisch den betreffenden Schalter.

Innenraumleuchte

Soffittenlampe, 5 Watt, 36 mm lang; Sicherung I, weißes Kabel zur Innenleuchte, von dort schwarzes Kabel zum Türkontaktschalter.
Die Sicherung I ist immer stromführend, deshalb schaltet der Türkontaktschalter die Innenleuchte auch automatisch an, wenn der Zündschlüssel abgezogen und das Lenkschloß verriegelt ist. Die Innenleuchte sitzt auf der Rückseite des Innen-Rückspiegels; Austausch einer defekten Lampe ähnlich wie bei der Motorraumleuchte.
Falls die Innenleuchte beim Öffnen der Tür nicht brennt, sich jedoch bei einer Probe mit dem Kippschalter direkt an der Innenleuchte zeigt, daß die Soffittenlampe in Ordnung ist, liegt der Fehler zumeist an einem verklebten Türkontaktschalter. Dieser sitzt am linken Türholm etwa in halber Höhe. Drükken Sie ihn zuerst einmal mit dem Finger hinein (worauf die brennende Lampe verlöschen müßte) und lassen ihn plötzlich los. Dann springt er, auch wenn er vorher nicht richtig funktionierte, zumeist heraus und schaltet die Lampe an (richtiger: Er stellt von der dauernd aus Sicherung I unter Strom stehenden Lampe einen Kontakt zur »Masse« her). Arbeitet der Türkontaktschalter also träge, muß er aus dem Türholm herausgeschraubt, sorgfältig gereinigt, an allen oxydierten Anschlußteilen blank geschabt und am gleitenden Druckstift hauchdünn eingefettet werden (Zu viel Fett isoliert!). Dann muß er wieder funktionieren. Wenn er immer noch nicht will, muß es an einem unterbrochenen Kabel oder getrennten Kabelanschluß liegen.

Armaturenbrett- und Kontrollinstrumentbeleuchtung

Es kann sein, daß Sie in Instrumentenleuchten Ihres Fiat 600 oder Jagst Lämpchen mit 2,5 Watt italienischer Produktion vorfinden. Sie sind hier nicht üblich, sondern haben hierzulande 2 oder 3 Watt mit gleichem Sockel BA 9 s. Sie können also bei Ersatzbedarf, je nachdem ob Sie ein Lämpchen etwas heller brennen haben möchten oder es Ihnen in der Originalbestückung bereits zu grell war, mit der helleren 3-Watt-Lampe oder der etwas dunkleren 2-Watt-Lampe ausstatten.
Um die Lämpchen im Kombi-Instrument auszuwechseln, muß dies nicht unbedingt, wie im Bild auf Seite 116 gezeigt, ausgebaut werden. Da hier aber

Die gleichartigen Kontrolllämpchen für Beleuchtung (grün) Fernlicht (blau) und Blinker (grün), haben rückseitig je ein Kabel. Den „Minus"-Anschluß bildet das Blech des Armaturenbrettes. Zum Auswechseln einer defekten Lampe (Röhrenlämpchen 3 Watt, Sockel BA 9s) mit der Hand von der Armaturenbrett-Rückseite her das betreffende Kontrollicht aus dem Armaturenbrett drücken. Hülse abziehen (links im Bild) und Lämpchen aus seiner Bajonettfassung ziehen.

das Ertasten etwas schwieriger ist und man auch bei bester Akrobatik den Kopf nicht genügend hinter das Armaturenbrett bekommt, um einen Blick auf die Kombi-Instrumenten-Rückseite zu bekommen, nimmt sich der kluge Mann einen ordentlichen Handspiegel und eine Hand- oder Taschenlampe. Der Spiegel wird schräg auf das Ablagebrett gestützt und darin beobachtet, ob man die richtige Lampe erwischt. Die Kontrollämpchen des Kombi-Instrumentes stecken alle in gleichartigen Steckhülsen, die nur nach rückwärts abgezogen werden müssen (siehe Bild auf Seite 114), dann läßt sich das defekte Lämpchen aus seiner Fassung ziehen und austauschen.

Lichtschalter austauschen

Die Kippschalter für Fahrzeugbeleuchtung, Instrumentenbeleuchtung und Scheibenwischer sitzen rechts vom Lenkrad auf dem Armaturenbrett. Stellt sich heraus, daß einer der Schalter fehlerhaft ist, läßt er sich leicht austauschen. Aber erst sollten Sie probieren, ob nicht nur ein loses Kabel an der Störung schuld ist; deshalb mit der Hand hinter das Armaturenbrett fassen und Kabelstecker andrücken. Zum Schalterausbau wird kein Werkzeug benötigt. Mit der Hand läßt sich die Rändelschraube um die Schaltervorderseite abschrauben.

Der Abblendschalter

An Ihrem Fiat 600 oder Jagst ist die Stellung des Abblendschalters für Fern- und Abblendlicht im Vergleich zur Betriebsanleitung vertauscht. Das hat

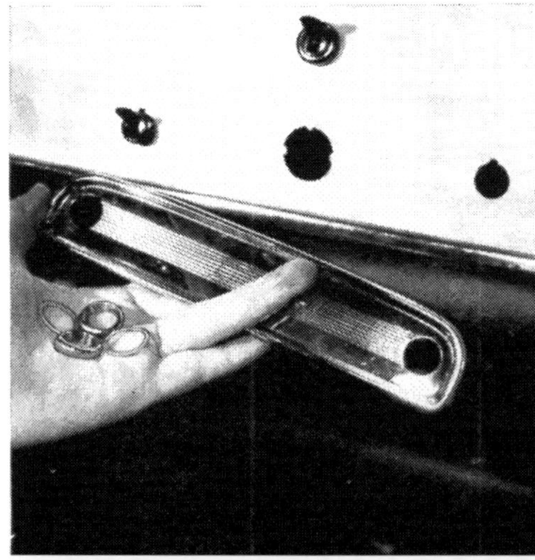

Der Schalterausbau geht ohne Werkzeug. Mit der Hand Rändelschrauben (im Bild in der Hand gehalten) vom Schalterfuß abschrauben, Schalter nach hinten ins Armaturenbrett schieben und Blende vom Armaturenbrett abnehmen. Unter dieser Chromblende ist in der Mitte die Bohrung für das Zündschloß in der italienischen Fahrzeugausstattung zu sehen.

seine Ursache in der unterschiedlichen Lichthupenbenutzung in Italien und Deutschland. Dort ist als Lichthupe das Abblendlicht, hier das Fernlicht vorgeschrieben. Da der Hebel des Abblendschalters unter dem Lenkrad in seiner obersten und untersten Stellung durch Anziehen »Lichthupen-Wirksamkeit« hat, mußte das Fernlicht bei den in Deutschland zugelassenen Wagen auf Mittelstellung geschaltet werden. Dadurch liegen auch Fernlichtfaden und Abblendfaden der Scheinwerferlampen an Lichtschalter und Sicherungskasten (siehe Schaltplan) nicht nach den Normvorschriften an Klemme 56 a (genormt für Fernlicht) und 56 b (Abblendlicht), sondern umgekehrt. An den Lampensteckern der Scheinwerfer stimmen jedoch die Klemmenbezeichnungen.
Zum Austausch des kombinierten Abblend- und Lichthupenschalters muß eigentlich das Lenkrad ausgebaut werden, was wegen des dazu notwendigen Spezialsteckschlüssels an sich Werkstattsache ist. Schalterschwierigkeiten, insbesondere an der Lichthupe können aber auch an oxydierten oder verschobenen Kontakten liegen, die bei den Fiat 600 und Jagst ab Sommer 1964 auch ohne Demontage des Lenkrades gerichtet und gereinigt werden können. Dazu ist an der Unterseite der Lenkstockschalter-Verkleidung, genau in Richtung unter dem Kombi-Instrument, eine Schraube zu lösen und nach deren Herausnahme die ganze Verkleidung auf der Lenkstange nach unten zu schieben. Dadurch werden die Schaltkontakte der Lichthupe sichtbar. Sie können nun blank geschabt und auf den richtigen Abstand (etwa 0,5 mm, mit Fühlerblattlehre messen) durch entsprechendes Zurechtbiegen gebracht werden.

Zusätzliche Nebellampen

Wenn Sie an Ihrem Fiat 600 oder Jagst Nebellampen haben möchten, ist es natürlich am einfachsten, sie sich bei einer Fiat-Werkstatt einbauen zu lassen. Man hat dort passende Einbausätze und die routinemäßige Erfahrung, so daß die Anlage nachher auch den gesetzlichen Vorschriften entspricht. Manche elektroerfahrenen Heimbastler möchten aber selbst ihre Nebelscheinwerfer montieren. Für sie empfiehlt sich ein kompletter Einbausatz mit Schalter, Schalterrelais und vorgeschnittenem Kabelsatz, wie ihn beispielsweise Bosch für den Fiat 600 und Jagst speziell zusammengestellt hat. (Bosch-Bestell-Nr. 0 332 198 008.) Sie ist in den einschlägigen Zubehörgeschäften zu haben. Dazu kann man sich nach Geschmack und Geldbeutel die eigentlichen Nebellampen kaufen, wobei wir unbedingt 2 Nebellampen empfehlen möchten, denn erst mit 2 Nebelscheinwerfern dürfen bei Nebel oder Schneetreiben die Hauptscheinwerfer auf Standlicht geschaltet werden, wenn außerdem die Nebellampen mit ihrem äußeren Lichtrand nicht mehr als 40 cm von der breitesten Stelle des Fahrzeugumrisses nach innen sitzen. Bei nur einer Nebellampe muß dagegen stets außerdem Abblendlicht gefahren werden, wodurch der Nutzeffekt nahezu vollkommen wieder aufgehoben wird.
Ein speziell für den Fiat 600 und Jagst vorgearbeiteter Einbausatz hat den Vorteil, daß ihm eine Einbauanleitung beigegeben ist, die genau darüber Aufschluß gibt, an welche Sicherungen und Klemmen die einzelnen Kabel angeschlossen werden müssen. Kauft man sich dagegen anderweitige Einzelteile (auf 12 Volt passend!), muß man sich in den Anschlußeinzelheiten schon vorher genau auskennen, denn es gibt da für Nebellampen wahlweise besondere Nebellichtschalter mit eingebautem Relais, weiterhin Schalt-Relais und schließlich die besonders gegen Spannungsabfall wirksamen Arbeits-Relais, die alle jeweils ein wenig anders angeschlossen werden müssen. Unsere Schaltskizze ist deshalb nur ein für andere Zubehörausführungen unverbind-

Es gibt verschiedene Möglichkeiten, Nebellampen an seinem Fiat 600 oder Jagst anzuschalten. Bei unserer Muster-Schaltskizze bedeuten: 1. Nebellampen. – 2. Handschalter und zugleich Schalt-Relais für die Nebellampen, das die Nebellampen bei Einschalten des Fernlichtes automatisch ausschaltet. – 3. Sicherungskasten.

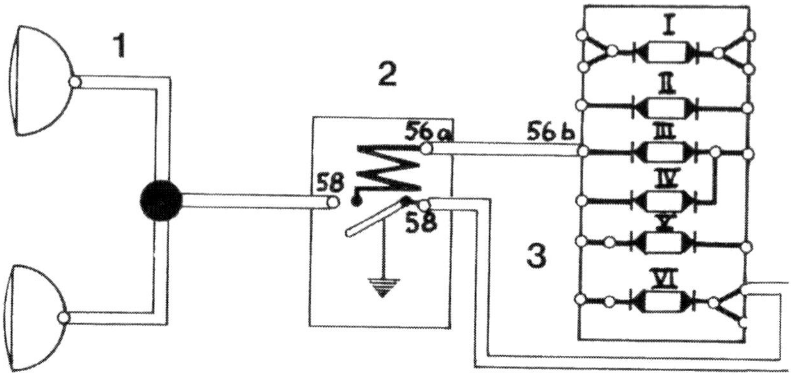

licher Schaltplan, wenn ein kombinierter Nebellichtschalter (nicht beim vorerwähnten Einbausatz, der einen eigenen Schaltplan hat) verwendet wird.
Jedenfalls müssen Sie bei Ihrem Fiat 600 oder Jagst an die Sicherung III oder IV jene Klemme des zusätzlichen Relais anschließen, welche das Ausschalten der Nebellampen beim Einschalten des Fernlichtes automatisch bewirkt. Die Grundstromklemme 58 des Zusatz-Relais kommt auf die rechte Seite der Sicherung VI – rechts, damit der Strom über die Sicherung läuft! –, wo an Stelle der 8-Ampere-Sicherung eine solche für 16 Ampere eingesetzt werden muß. Der zusätzliche Schalter für das Nebellicht wird einerseits mit der für ihn vorgesehenen Klemme am Relais (zumeist Klemme 58, 85 oder 86) verbunden und mit dem anderen Kabel an den Stecker des grünen Kabels am Hauptlichtschalter angeschlossen; er erhält damit nur Strom, wenn der Hauptlichtschalter eingeschaltet ist.
Befestigung und Stellung zusätzlich montierter Scheinwerfer sind regelmäßig zu kontrollieren. Besonders nach Benutzen automatischer Waschanlagen kann die Einstellung solcher Scheinwerfer verändert sein und dadurch bei Gebrauch derselben den Gegenverkehr stören.

Der Rückfahrscheinwerfer

Beim Rangieren im Dunkeln ist ein Rückfahrscheinwerfer ein sehr nützliches Zubehör. Allerdings gibt es auch einen praktischen Notbehelf, wenn man in eine finstere Einfahrt oder auf einer nachtdunklen Landstraße rückwärts fahren muß: Blinker einschalten – das Aufblitzen der hinteren Blinkleuchte macht wenigstens für Augenblicke etwas hell hinter dem Wagen.
Als Rückfahrscheinwerfer darf man sich nicht einfach eine Lampe auf die hintere Stoßstange montieren und bei Bedarf mit einem Schalter, den man etwa am Armaturenbrett montiert hat, auf Wunsch einschalten. Denn nach dem Gesetz darf ein Rückfahrscheinwerfer nur brennen, wenn der Rückwärtsgang eingelegt ist und die Zündung eingeschaltet ist. Es gibt im Rahmen dieser Vorschriften einen ziemlich leicht montierbaren sogenannten Tachowellenschalter von Hella, der zwischen die Tachowelle und den Tachowellenanschluß – entweder oben am Kombi-Instrument oder unten am Getriebe – eingeschraubt wird (im Zubehörhandel erhältlich unter der Bezeichnung Hella 71/21–4). Dreht sich die Tachowelle rückwärts, rastet der Schalter ein. Dazu muß man jedoch die betreffende Plombe am Tachowellenanschluß abreißen (was das Mißtrauen eines eventuellen Zweitkäufers später wecken könnte). Übrigens brennt der Rückfahrscheinwerfer bei diesem Tachowellenschalter nur, wenn der Wagen schon etwas rollt.

Rückfahrschalter, welche mit dem Getriebeschalthebel oder der Schaltstange zwischen Hebel und Getriebe gekoppelt werden, gibt es ebenfalls als einbaufertigen Satz mit der entsprechenden Anleitung speziell für den Fiat 600 oder Jagst zu kaufen. Man ist in der Wahl des eigentlichen Rückfahrscheinwerfers — es genügt einer, zwei sind nicht notwendig — trotzdem frei und kann sich jeden kaufen, der einem im Zubehörschaufenster gefällt.
Der Rückfahrschalter wird beim Fiat 600 unten neben der Schaltstange zwischen Schalthebel und Wechselgetriebe ans Karosserieblech montiert, mit der Schaltknopfrichtung in Fahrtrichtung. An der Schaltstange selbst wird mit einer Schelle ein Schaltfinger befestigt, der so genau justiert werden muß, daß er tatsächlich nur bei eingelegtem Rückwärtsgang den Schaltknopf trifft und eindrückt. Der Rückfahrscheinwerfer darf nach Gesetz nur bei eingeschalteter Zündung einschaltbar sein, muß also beim Fiat 600 mit seinem einen Kabelanschluß etwa an die rechte, abgesicherte Seite der Sicherung, die dem Blinker-Relais Strom zuführt, gelegt werden oder statt dessen an Klemme 15 der Zündspule, die ja ganz in der Nähe des Rückfahrscheinwerfers liegt (Muffe mit 8 Ampere-Sicherung in dieses Kabel schalten). Das andere Kabel führt zum Rückfahrschalter. Der Rückfahrscheinwerfer liegt damit bei eingeschalteter Zündung immer am elektrischen Strom, kann aber erst leuchten, wenn über den Rückfahrschalter Verbindung zur Masse hergestellt ist.

Parklicht anschließen

Muß der Wagen mit Licht geparkt werden, brauchen Standlicht und mitbrennende Lampen etwa 33 Watt, wie die Tabelle auf Seite 59 zeigt. Das hält die Batterie keine lange Winternacht aus. Wer also öfter seinen Wagen mit Licht parken muß, wird sich klugerweise nach einer sparsamen Parkleuchte umsehen. Leider kann man die seitliche Blinkleuchte nicht zum Parklicht umbauen (siehe dazu Seite 103). Zwar ließe sich wohl ein der Parklichtvorschrift entsprechendes Abdeckglas, welches nach vorne weiß und nach hinten rot leuchtet, finden oder basteln. Aber die Karosserie des Fiat 600 und Jagst ist zu stark aufgebaucht, so daß diese Parkleuchte um die Karosseriekrümmung herum von der Wagenrückseite her nicht zu sehen wäre. Das ist also nichts.
Der beste Weg ist deshalb der Kauf einer Anklemm-Parkleuchte (kostet etwa 7.50 DM). Sie wird auf die Oberkante des Türfensters gesetzt und dieses geschlossen, so daß das Ganze gegen Diebstahl gesichert ist. Wer sich eine Steckbuchse für einen Zigarrenanzünder oder sonstige Stromverbraucher eingebaut hat (wäre beispielsweise im Loch des früheren Zündschloß-Sitzes mitten auf der kleinen Chromblende möglich; siehe Bild auf Seite 106), kann dort die Anklemm-Parkleuchte anschließen. Aber es geht auch ohne Stecker, denn auf der Zündschloß-Rückseite findet sich eine freie Klemme (siehe Bild, Seite 83), die in unserem Schaltplan mit »P« bezeichnet ist und nur Strom erhält, wenn die Zündung ausgeschaltet ist. Es ist eine im Fiat 600 ungenutzte Parklichtklemme. Da beim Anschalten der Parkleuchte das Fingern nach dieser Klemme hinter dem Zündschloß zu umständlich ist, hängt man sich ein kurzes Kabelstück mit Steckbuchse dort fest dran. In diese Steckbuchse wird der eine Draht der Anklemm-Parkleuchte bei Bedarf eingesteckt, während der andere Draht fest mit Masse verschraubt ist, damit der Stromkreis geschlossen ist. Wer es feiner machen will, hängt einen Druckschalter dazwischen.

Ins Horn gestoßen

Auf vielerlei Art kann der Autofahrer seiner verkehrsteilnehmenden Umgebung mitteilen, was er vorhat: durch die tönende Hupe, die Licht-»Hupe«, die Blinker und die Bremslichter.

Die Lichthupe ist amtlich nicht vorgeschrieben, und sie hat nicht den Zweck andere Verkehrsteilnehmer von der Fahrbahn zu scheuchen. Aber auch höfliche Autofahrer finden sie nützlich beim Überholen und bei der nächtlichen Annäherung an eine unübersichtliche Straßenkreuzung.

So sparsam man als Autofahrer mit den beiden Hupen – Ton und Licht – umgehen sollte, so reichlich soll von den Blinkern Gebrauch gemacht werden, wenn man seine Richtung ändern oder überholen will. Natürlich wissen Sie, daß zum Einschalten der Blinker ein prüfender Blick in den Rückspiegel gehört. Kein direkter Einfluß besteht auf das Aufleuchten der Bremslichter, die nur zugleich mit der Betätigung des Bremspedals eingeschaltet werden. Weil der Ausfall eines Bremslichtes nicht sofort zu bemerken, aber besonders verkehrsgefährdend ist, befassen wir uns zuerst mit dieser Signaleinrichtung.

Der Bremslichtschalter

Ob die Bremslichter einwandfrei funktionieren, sollten Sie so oft wie möglich prüfen. Das erfordert keine Umstände, denn in der Garage muß die Wand hinter dem Wagenheck rot aufleuchten, wenn Sie das Bremspedal treten. Ist ein Bremslicht ausgefallen, muß es sofort ersetzt werden. Wie eine neue Lampe eingebaut wird, ist im Kapitel »Beleuchtung« auf Seite 104 nachzulesen. Sind beide Bremslichter ausgefallen, ist ein Blick auf die Sicherung Nr. II im Sicherungskasten erforderlich. Sie ist bestimmt defekt, wenn auch die Blinker nicht mehr funktionieren. Zeigt sich bei dieser Nachprüfung, daß der Fehler nur am Bremslichtschalter liegen kann, dann sollten Sie zuerst an diesem die beiden

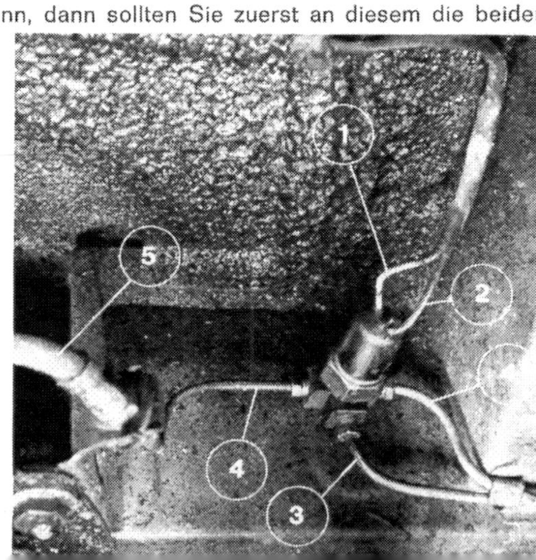

Der Bremslichtschalter saß bei Fahrzeugen bis zum Sommer 1964 auf dem Hauptbremszylinder vorne unter dem Vorderachs-Abdeckblech. Bei neueren Fahrzeugen ist er, wie auf dem Bild gezeigt, am Verteilerstück für die beiden Hinterradbremsleitungen an der linken Wagenunterseite hinten zu finden. Es bedeuten: 1. Rotes Kabel zu den Bremsleuchten. — 2. Stromzuführendes blauschwarzes Kabel. — 3. Bremsleitung vom Hauptbremszylinder. — 4. Bremsleitungen zu den Hinterrädern. — 5. Bremsschlauch zum linken Hinterrad.

Kabel abziehen und die Kontakte blank schaben. In diesem Falle ist es einerlei, welches der Kabel an welchen Stecker kommt, denn der Bremslichtschalter hat nur die Aufgabe, bei Kontaktschluß den Strom durch das rote Kabel zu den Bremslichtern weiter zu führen. Hat diese Maßnahme keinen Erfolg, muß der Bremslichtschalter ausgewechselt werden. Das ist, da anschließend sehr sorgfältig die Bremsanlage entlüftet werden muß, unbedingt Werkstattsache.

Das Signalhorn

Ein Elektromagnet erzeugt in Verbindung mit einem Unterbrecher im Signalhorn Schwingungen, die auf die Membrane des Horns übertragen werden und von dort als Ton hörbar sind.

Auf der Rückseite des Horns sind zwei Kabel angeschlossen, von denen das weiße über die Sicherung I dauernd Strom zum Signalhorn führt. Um einen Ton zu erzeugen, muß also nur noch Verbindung zur Masse hergestellt werden. Das geschieht durch das gelb-schwarze Kabel, welches über den Hupenknopf am Lenkrad, wenn er gedrückt wird, den Strom zur Masse leitet. So kann während der Fahrt das Signalhorn plötzlich und unbeabsichtigt zu tönen beginnen, wenn auf dem Weg des gelb-schwarzen Kabels oder direkt am Horn ein Kurzschluß zur Masse auftritt. An sich ist es nun der einfachste Weg, die Sicherung I herauszunehmen und nach Hause zu fahren, weil unterwegs die Fehlersuche und -beseitigung kein reines Vergnügen ist. An Sicherung I hängt nur noch die Innenraumleuchte, auf die man vorübergehend durchaus verzichten kann.

Bei der Fehlersuche zu Hause muß der Übeltäter planmäßig eingekreist werden: Mit feinem Schraubenzieher den Hupenknopf aus dem Lenkrad heraushebeln; der Hupenknopf wird nur mit Federnklammern in der Lenkradmitte gehalten. Am Hupenknopf hängt rückseitig ein Kabel. (Zumeist ist es nicht mehr gelb-schwarz wie das in die Lenksäule von der Hupe herführende Kabel.) Dieses abschrauben und Sicherung I wieder einklemmen. Hupt es noch? Wenn nicht, mit dem Kabelende kurz an »Masse« (Lenkradmutter) tippen – die Hupe muß ansprechen. Dann war es der Hupenknopf, der irgendwie verklemmt hatte. Hupt es jedoch trotz ausgebautem Hupenknopf weiter, müssen Sie einmal das schwarz-gelbe Kabel vorne direkt am Signalhorn abziehen. Hupt es immer noch, dann hat das Signalhorn selbst Kurzschluß zur Masse. Andernfalls gibt es auf dem Weg des schwarz-gelben Kabels zwischen Signalhorn und Hupenknopf – vielleicht am Kabelstecker unter der Lenksäule – eine blankgescheuerte Stelle, die mit Masse Berührung hat.

Ist die Hupe selbst am Kurzschluß schuld, diese mit ihrem Haltebügel abschrauben, Kontakte von Schmutz und Feuchtigkeit reinigen und beide Kabel wieder anstecken, während das Horn ohne Berührung zur Masse in der Hand gehalten wird; jetzt muß es eigentlich funktionieren. Signalhorn wieder einbauen. Hupt es beim Einbau wieder von selbst, funktioniert die Isolierung der Kabelkontakte und des Haltebügels gegen Masse nicht mehr. Horn oder zumindest Haltebügel austauschen.

Wenn das Signalhorn durch Feuchtigkeit und daraus entstehenden Rost verstimmt klingt oder nur noch mühsames Krächzen hören läßt, ist es zumeist schon zu spät zur Reparatur: am besten wird es ausgetauscht. Das serienmäßige Signalhorn kostet etwa 15 DM. Auch abgenutzte Kontakte oder ein defekter Kondensator bringen das Horn aus der rechten Stimmung.

Das Signalhorn sitzt im vorderen Kofferraum hinter dem Fiat- bzw. Jagst-Emblem. Der Schraubenzieher ist auf die mit Lack- oder Wachstropfen gesicherte Stimmschraube angesetzt. Dort kann man drehen, wenn die Hupe nur noch krächzt. Manchmal hilft es was, zumeist ist jedoch ein neues Signalhorn fällig.

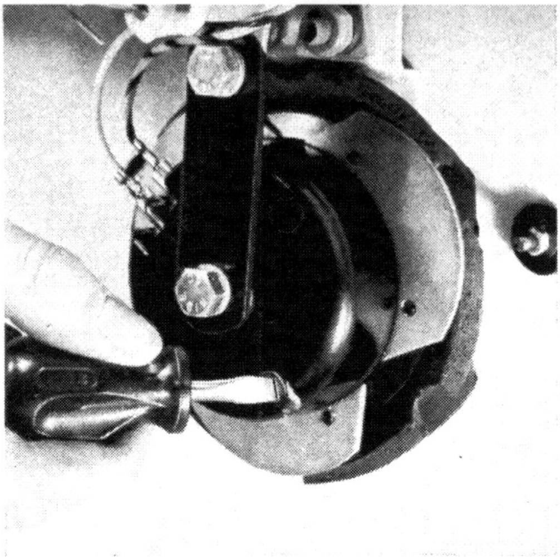

Zusatzhorn oder Fanfaren

Wenn Ihr serienmäßiges Signalhorn ausgetauscht werden muß, sollten Sie nicht einfach an dessen Stelle ein Paar wohlklingende Fanfaren montieren. Starktonhörner und Fanfaren müssen mit einem besonderen Relais angeschlossen werden, damit der Strom auf möglichst kurzem Weg zu den Hörnern gelangt, wodurch Spannungsabfall vermieden und Lautstärke gewonnen wird. Vielleicht ist Ihnen auch die serienmäßige Hupe für Autobahnfahrten zu piepsig, so daß Sie sich deshalb zusätzliche Posaunen montieren wollen.
Die Auswahl in Signalhörnern und Fanfaren ist reichhaltig. Über 200,– DM können Sie für zwei Fanfaren in verschiedenen Tonlagen ausgeben. Es gibt Fanfaren sowohl für Stromanschluß wie auch für Preßluftbetrieb, wozu bei letzteren ein elektrisch betriebener Luftkompressor möglichst nahe bei den Fanfaren montiert werden muß. (Im Fiat 600 deshalb am besten seitlich im Ersatzradkasten.) Die notwendigen Einbauteile – Kabel, Umschalter, Kabelstecker, Halterungen und vor allem ein Arbeits-Relais – bekommen Sie im Zubehörhandel.

Die Lichthupe

Wenn Sie den Hebel des Abblendschalters anziehen, erhält das graue Kabel an Klemme 56 b (müßte eigentlich 56 a entsprechend der Normung heißen) zu den Sicherungen IIII und IV zusätzlichen Strom, wodurch die Fernlichtfäden der beiden Hauptscheinwerfer und die Fernlichtkontrolle brennen.
Wenn die Lichthupen-Schaltkontakte nicht mehr richtig funktionieren, müssen Sie diese, wie auf Seite 107 beschrieben, reinigen und richten.

Die Blinkanlage

Die Blinkanlage des Fiat 600, 770 S und Jagst besteht aus dem Blinkerschalter neben dem Lenkrad, den beiden vorderen und hinteren Blinkleuchten (auch den seitlichen Blinkleuchten, wenn Sie sie anschließen), einem Blinker-Relais hinter dem Armaturenbrett links neben der Lenksäule und der grünen Blinker-Kontrolleuchte im Armaturenbrett. Strom erhält die Blinkanlage über ein blaues Kabel von Klemme 15/54 des Zündschlosses, also nur bei eingeschalteter Zündung. Von dort geht der Strom über Sicherung II und ein anschließendes gelb-schwarzes Kabel zum Blinker-Relais. Am Blinker-Relais ist weiterhin an Kontakt P ein grünes Kabel zur Blinker-Kontrolleuchte und an Kontakt L ein weiß-schwarzes Kabel zum Blinkerschalter angeschlossen.

Am Blinker-Relais hinter dem Armaturenbrett, direkt neben der Lenksäule stecken 3 verschiedenfarbige Kabel. 1. Die Doppelklemme mit den beiden gelb-schwarzen Kabeln, von welchen eines bei eingeschalteter Zündung ständig stromführend an Sicherung II angeschlossen ist. — 2. Grünes Kabel zur Blinker-Kontrollampe. — 3. Weiß-schwarzes Kabel zum Blinkerschalter.

Auch der Blinkerschalter muß erst Verbindung zur Masse herstellen, damit der Stromkreis geschlossen wird und das vorgeschaltete Blinker-Relais arbeiten kann. Vom Blinkerschalter führen blaue Kabel zu den rechtsseitigen und blau-schwarze Kabel zu den linksseitigen Blinkern. Die Blinkerkontrolleuchte ist bei dieser Schaltung also von den linken oder rechten Blinkern unabhängig und leuchtet durch ihren Direktanschluß an das Blinker-Relais im Gegentakt zu den eingeschalteten Blinkern auf.

Wenn die Blinker-Kontrollampe beim Einschalten der Blinker in unterschiedlichem Rhythmus aufleuchtet, ist dies ein Zeichen, daß auf der eingeschalteten Seite eine der Blinklampen ausgefallen ist. Auch bei falsch gewählten Blinklampen ist der Schaltrhythmus gestört. Wie die Blinklampen ausgewechselt werden, ist im Kapitel »Die Beleuchtung« bereits beschrieben.

Schalten die Blinklampen auf »Dauerlicht«, ist im Blinker-Relais ein Defekt zu vermuten. Eine Reparatur ist nicht möglich, das Relais muß bei Defekt ausgewechselt werden. In diesem Fall die Sechskantschraube an der Relais-Halterung lösen, das Relais zwischen den Kabelsträngen herausziehen und auf das neue Relais Kabel um Kabel umstecken, damit die verschiedenen Kabelstecker nicht verwechselt werden.

Ist eine Störung im Blinkerschalter zu vermuten, weil etwa die eine Blinkerseite nicht einschaltet – wenn die andere brennt, ist jedenfalls das Blinker-Relais in Ordnung –, sollten Sie eine Werkstatt aufsuchen, falls Sie die Kabelsteckverbindungen und -anschlüsse störungsfrei gefunden haben. Zum Ausbau des Blinkerschalters muß nämlich das Lenkrad mit einem Spezial-Steckschlüssel von der Lenksäule abgezogen werden. Dies und das richtungsgenaue Wiederaufsetzen des Lenkrades sowie das genaue Justieren der Blinker-Rückstellvorrichtung bedarf jedenfalls größerer Erfahrung. Darum Werkstattsache.

Warnlichtschalter

Die meisten der Warnlichtschalter, die man nachträglich einbauen kann, verfügen über ein zusätzliches Relais, nur die von Hella und Jokon werden an den Blinkgeber angeschlossen. Man unterscheidet außerdem Warnlichtschalter mit und ohne Automatik, letztere müssen bei Bedarf besonders eingeschaltet werden. Gebrauchstüchtig und preiswert sind die Geräte von Bosch und VDO und die von der Priesemuth KG unter dem Namen Pneutron hergestellten. Sie kosten zwischen 14 und 23 Mark, und wenn man sie einbauen läßt, hat man noch jeweils 21 Mark zu zahlen. Beigefügte Beschreibungen erleichtern jedoch auch den Selbsteinbau.

Unentbehrliche Hilfsarbeiter

Geschlossen sind auf dem Armaturenbrett die Instrumente und Schalter versammelt, die Ihnen das Fahren und das Überwachen des Wagens erleichtern sollen. Mancher hätte gerne mehr davon, etwa einen Drehzahlmesser, diverse Thermometer und ähnliches. Einem anderen sind aber die vorhandenen Instrumente bereits zu viel, er versäumt, sie zu beobachten und wundert sich, daß er plötzlich mit leergefahrenem Tank stehen bleibt.

Die Kontroll-lämpchen

Die meisten Lämpchen auf dem Armaturenbrett haben wir bereits in den vorhergehenden Kapiteln über Beleuchtung und Signaleinrichtungen besprochen. Es bedarf hier also nur noch einer teilweisen Ergänzung. Fangen wir, der Reihe nach, links an, wobei vor allem zu erwähnen wäre, daß Sie die 3 links sitzenden Kontrolleuchten für Beleuchtung, Fernlicht und Blinker nach Geschmack untereinander austauschen können, weil ihre Befestigung im Armaturenbrett gleichartig ist (siehe Seite 106).

Die Beleuchtungs-kontrolle

Sie erhält über ein gelbes Kabel Strom von Sicherung VI, sowie der Hauptlichtschalter eingeschaltet wird und Strom abgibt. Diese grüne Beleuchtungskontrolle brennt bei jeder Beleuchtungsschaltung, einerlei ob Fernlicht, Abblendlicht oder Standlicht eingeschaltet sind. Das ist sehr angenehm; denn bei ausgeschalteter Instrumentenbeleuchtung kann man tagsüber nicht ohne weiteres erkennen, ob die Scheinwerfer eingeschaltet sind und vergißt bei anderen Fahrzeugen ohne solche Kontrolleuchte oft nach einer Fahrt durch Tagesnebel, die Scheinwerfer wieder abzuschalten.

Die Fernlicht-kontrolle

Sie erhält über ein weiß-schwarzes Kabel Strom, wenn der Abblendschalter auf Fernlicht geschaltet ist. Zwischen dem Schalter und dem blauen Kontroll-

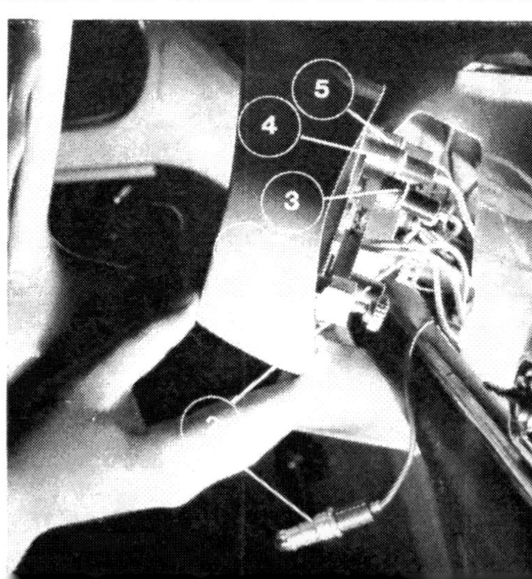

Das ausgebaute Kombi-Instrument, vom Armaturenbrett weggezogen. Es bedeuten: 1. Klemm-Klötzchen zur Befestigung des Kombi-Instrumentes im Armaturenbrett. — 2. Kraftstoff-Reserve-Warnlampe und zugehörige Lampenfassung. — 3. Instrumentenbeleuchtung. — 4. Ölkontrolllampe. — 5. Ladekontrollampe.

Die Tachometerwelle ist am Kombi-Instrument mit einer verplombten Rändelschraube angeschlossen. Eine Sicherheitsmaßnahme, damit nicht mit dem Tachometer manipuliert wird. Falls Sie einmal einen gebrauchten Fiat kaufen wollen, sollten Sie, bevor Sie Geld zeigen, diese Tachometerwellenplomben sorgfältig prüfen (siehe auch unteres Bild).

lämpchen liegt keine Sicherung. Es ist also keine Garantie dafür gegeben, daß die Fernlichtfäden der Scheinwerferlampen auch wirklich brennen, wenn das blaue Lämpchen aufleuchtet, falls Sicherungen II und IV durchgebrannt sind.

Die Blinker-Kontrolle

Das grüne Lämpchen erhält über ein grünes Kabel vom Blinker-Relais im Gegenrhythmus zu den eingeschalteten Blinkern Strom. Die Beseitigung eventueller Störungen ist auf der vorhergehenden Seite beschrieben.

Das Kombi-Instrument

In einem gemeinsamen Instrumentengehäuse – Fiat nennt es Kombi-Instrument – sind links oben die Ladekontrollampe, darunter eine Warnlampe für übermäßige Kühlwassertemperatur, rechts oben die Öldruck-Kontrolle, darunter der Kraftstoffanzeiger und in der Mitte das Tachometer mit Kilometerzähler vereinigt. Welche Kabel rückseitig an dieses Kombi-Instrument führen und an welche Klemme sie jeweils gehören, ist vor allem aus dem Schaltplan in der hinteren Buchklappe zu erkennen.

Tachowelle und Tachometer plombiert

Auch bei Störungen im Tachometer und an der Tachowelle hat es wenig Sinn, das Kombi-Instrument auszubauen. Denn einerseits ist, wie Sie mit der Hand an Ihrem Fiat ertasten können, die Tachometerwelle sowohl an ihrem

Der Tachowellenanschluß unten am Getriebe ist ebenfalls mit einer langen Drahtplombe gesichert. Wer seinen Fiat 600 oder Jagst nie zu verkaufen gedenkt, kann natürlich diese Plomben unbekümmert abreißen, denn eine gesetzliche Vorschrift oder dergleichen sind sie nicht, sondern lediglich eine Kilometer-Garantie für einen Zweitkäufer und für Fiat selbst, so lange noch die Garantiezeit läuft.

Die linksseitige Halteschraube des Kombi-Instrumentes ist unter dem Armaturenbrett hindurch wegen der vielen Kabel kaum zugänglich. Sie läßt sich besser, wie im Bild gezeigt, durch einen Querschlitzschraubenzieher, der in die grobe Rändelung der Schraube eingesetzt wird, los- bzw. festhebeln.

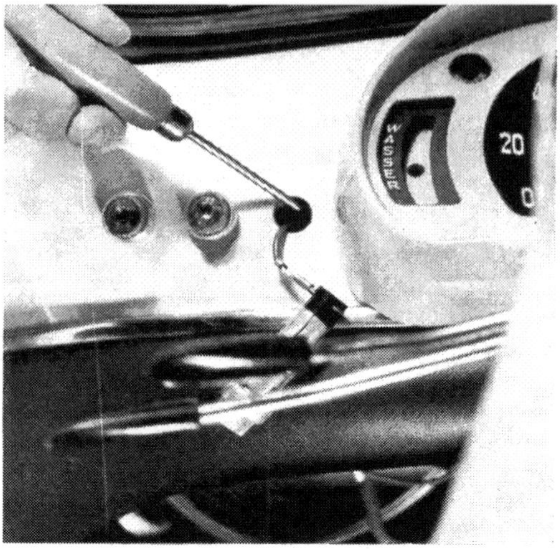

Anschluß oben am Tachometer wie unten am Getriebe am Tachowellenantrieb durch eine große Drahtplombe gesichert und andererseits ist auch eine Befestigungsschraube des Tachometers im Instrumentengehäuse (seit Ende 1964) plombiert. Der Grund liegt auf der Hand: Am Kilometerzähler soll nicht manipuliert werden. Diese Plomben sind allerdings kein polizeiliches Verbot, Tachowelle oder Tachometer auszubauen. Denn wenn Sie Ihren 600 oder Jagst bis zu seinem hoffentlich seligen Lebensende alleine zu fahren gedenken, können Ihnen die Plomben völlig wurscht sein. Kriminell wird es erst, wenn jemand damit Betrugsabsichten verbindet.

Kombi-Instrument ausbauen

An sich ist der Ausbau des Kombi-Instrumentes kein Problem. Das Gehäuse ist rückseitig von zwei großen Schrauben mit grober Zahnrad-Rändelung und Klemmlaschen im Armaturenbrett gehalten. Für die rechte Rändelschraube brauchen Sie einen Handspiegel, mit welchem Sie unter dem Armaturenbrett hindurch die Lage der Schraube erkunden und dann durch das Drahtgewirr hindurch mit der Kombizange lösen.
Sind beide Rändelschrauben gelöst und die Klemmlaschen nach innen gedreht, können Sie das Kombi-Instrument aus dem Armaturenbrett herausziehen. Es geht allerdings nur wenige Zentimeter, da die Tachowelle, die man noch ein wenig unter dem Armaturenbrett nachziehen kann, die Bewegungsfreiheit begrenzt. Es reicht aber, um die Lampenstecker und Steck-Kontakte zu prüfen und die Tachowelle nach Abkneifen der Plombe abzuschrauben. Erst danach und nach dem Abziehen aller Kabel läßt sich das Kombi-Instrument ganz herausnehmen. Das Abschrauben der einzelnen Instrumente – Tachometer allerdings nur bei Plombenverletzung – ist dann kein Problem mehr, wenn etwa eine andere Kraftstoffanzeige eingebaut werden soll.

Das Tachometer

Das Tachometer besteht aus dem Geschwindigkeitsmesser und dem Kilometerzähler. Zwar wird es nicht elektrisch betrieben, doch beruht die Wirkung des Geschwindigkeitsmessers auf einem ringförmigen Magneten, der durch die biegsame Antriebswelle Wirbelströme erzeugt, die ihrerseits wieder eine darüber gestülpte Metallglocke mit sich zu ziehen versuchen. An dieser ist der Zeiger befestigt, der auf der Skala die jeweilige Geschwindigkeit anzeigt.
Der Antrieb des Tachometers erfolgt von einer Antriebsschnecke am Getriebegehäuse über eine biegsame Welle zum Tachometer. Das Tachometer wird,

wie schon gesagt, als Dokument gewertet. Eine während der Fahrt zitternde Tachonadel weist darauf hin, daß Antriebsschnecke oder -ritzel der Tachowelle stark verschlissen sind. Aber auch ein scharfer Knick in der biegsamen Welle kann eventuell schuld an der zitternden Tachonadel sein.
Wenn außer der Tachometernadel auch der Kilometerzähler ausfällt, liegt die Schuld fast immer an der Tachowelle; andernfalls kann auch der Geschwindigkeitsmesser selbst defekt sein.
Zeigt die Tachometernadel auf eine unglaubwürdige Geschwindigkeit oder gar nichts an, während der Kilometerzähler weiter rechnet, ist der Fehler im Geschwindigkeitsmesser selbst zu suchen. Das Tachometer kann auch nicht in einer Fiat-Vertretung repariert werden. Es hat deshalb keinen Sinn, dieses Gerät auseinandernehmen zu wollen; es muß ausgetauscht werden.

Die Ladekontrolleuchte

Daß die Ladekontrolle ihrem Namen nicht immer Ehre macht, ist bereits auf Seite 75 erläutert. Der Austausch eines defekten Lämpchens ist auf Seite 105 beschrieben. Die Ursache einer durchgebrannten Ladekontrolle muß jedoch nachgeprüft werden. Wenn sie keinen Produktionsmangel hatte, ist sie wohl durch zu hohe Spannung durchgebrannt. Wie kommt zu hohe Spannung an die Ladekontrolle? Da ist am Reglerschalter oder an der Lichtmaschine etwas nicht in Ordnung. Damit hohe Spannungsstöße nicht auch andere Teile – Reglerschalter, Zündspule, Unterbrecherkontakte – beschädigen, muß die Ursache beseitigt werden. Das ist jedoch nur in einer gut ausgestatteten Werkstatt möglich, welche die Aus- und Einschaltvorgänge des Reglers und die Leistungsabgabe der Lichtmaschine nachmessen kann.

Die Kühlwasseranzeige

Es ist schade, daß die Temperatur des Kühlwassers nicht dauernd durch ein Zeigerinstrument erkennbar ist. So kann man der roten Warnlampe, die beim Erreichen einer Temperatur von 110 bis 120 °C aufleuchten soll, nie ganz sicher sein; brennt sie auch, wenn es darauf ankommt? Da normalerweise solche Temperaturen nicht auftreten, müßte man gelegentlich mit ihr eine Funktionsprobe machen. Das ist aber umständlich, da hierzu der thermoelektrische Schalter vom Zylinderkopf abmontiert werden muß und, wenn man der Fiat-Vorschrift folgt, in einem langsam erwärmten Ölbad unter Beobachtung eines Präzisionsthermometers geprüft werden muß. Das ist natürlich nur mit entsprechender Spezialausstattung möglich und wird in der Praxis nur verlangt werden, wenn der Thermoschalter das rote Licht brennen läßt, obgleich die hohe Temperatur bestimmt nicht erreicht wird. Bei der Selbstpflege bleibt also nichts weiter zu tun, als mal gelegentlich das grüne Kabel am thermo-elektrischen Schalter abzuziehen, die Gummihülse zurückzustreifen und mit dem blanken Kabelkontakt irgendwo an Masse, an den Zylinderblock, zu tippen, während die Zündung eingeschaltet ist. Dann ist der Stromkreis kurzgeschlossen, die rote Lampe muß aufleuchten und man weiß damit wenigstens, daß die Warnlampe selbst und das Kabel zum Schalter in Ordnung sind.
Der thermoelektrische Schalter prüft übrigens nicht direkt die Kühlwassertemperatur im Zylinderkopf, sondern die Metalltemperatur des Zylinderkopfes selbst; der Schalter ragt mit seinem Bi-Metallkontakt also nicht in den Kühlwasserkreislauf, sondern braucht nur eine ebene und glatte Berührungsfläche zum Zylinderkopf (siehe Bild Seite 55).

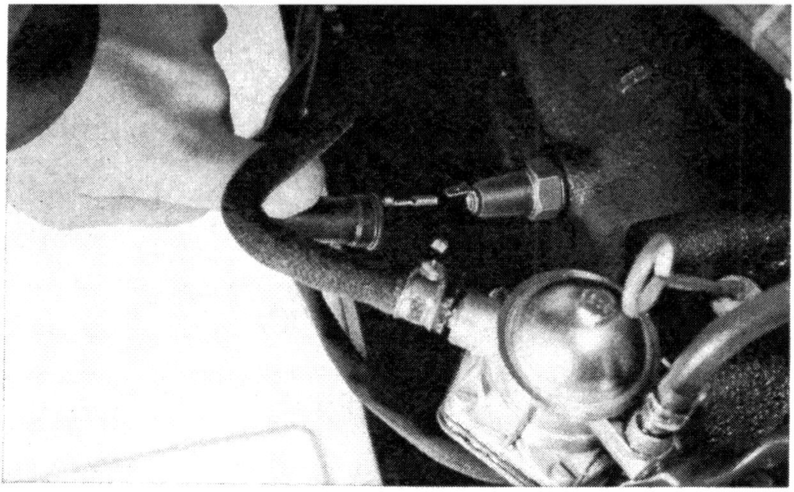

Der Öldruckschalter sitzt links unten am Motor. Sein Ausbau macht zwar keine Probleme — Öl läuft aus; entsprechendes Gefäß unterstellen —, aber es ist wenig sinnvoll, da die dort notwendigen Öldruckmessungen doch nur die Werkstatt durchführen kann.

Die Öldruck-Kontrolle

Um laufend überprüfen zu können, ob das Motoröl mit dem notwendigen Druck an alle Schmierstellen gefördert wird, ist unten links am Motor ein Druckschalter angebaut, der durch ein graues Kabel mit der roten Kontroll-Lampe im Kombi-Instrument verbunden ist. Bei stehendem Motor oder einem Motoröldruck von weniger als 0,6 atü sind die Kontakte des Öldruckschalters geschlossen, so daß bei eingeschalteter Zündung die Öldruck-Kontrollampe über Klemme 15/54 des Zündschlosses Strom erhält und der Stromkreis über den Druckschalter zur Masse geschlossen ist. Dann brennt die Kontrollampe. Wenn bei laufendem Motor der Öldruck über 0,6 atü steigt, öffnen sich die Schalterkontakte und die rote Kontrollampe muß erlöschen.
Der Öldruck ist bei kaltem und daher zähem Motoröl höher, so daß die rote Lampe schon bei geringen Motordrehzahlen erlöscht. Beim Wiederstarten eines im Hochsommer heißgefahrenen Motors mit dementsprechend dünnflüssigem Motoröl ist der Öldruck geringer und die Öldruckkontrollampe erlischt erst bei höheren Drehzahlen.
Brennt die rote Lampe während der Fahrt, so ist das ein Alarmzeichen. Natürlich kann es auch ganz harmlos sein, weil der Öldruckschalter defekt ist oder weil das graue Kabel zwischen Kontrollampe und Druckschalter irgendwo Kurzschluß zur Masse hat. Aber in der Regel zeigt die Lampe, daß der notwendige Öldruck zur Schmierung aller Motorteile aus irgendeinem Grund nicht aufgebaut wird, manche Teile demnach ohne Schmierung laufen und bei sorgloser Weiterfahrt schwere Schäden am Motor auftreten können. Zuerst soll deshalb beim Aufleuchten der Kontrollampe der Ölstand geprüft werden. Es ist immerhin möglich, daß das Motoröl aus irgendeinem Grund auf den letzten Kilometern Straße verteilt liegt, weil sich beispielsweise die Ölablaß-Schraube lockerte. Ebenso kann eine Schmierstelle defekt sein, so daß das Motoröl ohne Widerstand aus dem defekten Lager läuft. Der Fehler kann auch in einer schadhaften Ölpumpe liegen, was allerdings ein seltener Fall ist. Wenn sich der Fehler bei der Suche unterwegs nicht als harmlos herausstellt, ist Abschleppen zur nächsten Werkstatt unvermeidbar, falls kein größerer Motorschaden riskiert werden soll.
Brennt das rote Licht beim Einschalten der Zündung nicht, müssen nacheinander Glühlämpchen, Steck-Kontakte, Kabel und Druckschalter geprüft werden. Ob Kabel und Lämpchen in Ordnung sind, erfährt man durch Abziehen des grauen Kabels am Druckschalter und Antippen des blanken Steckers an den Zylinderblock bei eingeschalteter Zündung: Das Lämpchen muß aufleuchten.

Störungs-beistand

Öldruckanzeige

Die Störung	– ihre Ursache	– ihre Abhilfe
A Lampe leuchtet beim Einschalten der Zündung nicht auf	1 Steck-Kontakte locker? 2 Kontroll-Lampe defekt? 3 Öldruckschalter defekt?	Kabelsteckverbindungen überprüfen Kontroll-Lampe austauschen Öldruckschalter austauschen
B Lampe leuchtet während der Fahrt auf	1 Ölmangel? 2 Kurzschluß am Kabel zwischen Lampe und Öldruckschalter? 3 Ölkreislauf unterbrochen? 4 Öldruckschalter undicht?	Motoröl auffüllen Kabel auf Scheuerstellen untersuchen. Anderes Kabel zwischenschalten. Zur Werkstatt abschleppen. Motor wird nicht mehr geschmiert. Schalter auswechseln
C Lampe verlischt erst bei Vollgas	Öldruck zu niedrig? Ölpumpe schadhaft?	Zur nächsten Werkstatt. Untersuchen lassen.
D Lampe leuchtet bei heißem Motor im Leerlauf auf	Ansprechdruck des Öldruckschalters etwas zu hoch?	Heißes, dünnflüssiges Motoröl bringt weniger Druck als kaltes zähes Öl. Aufleuchten, wie beschrieben, kein Grund zur Sorge.

Die Kraftstoffanzeige

Der Tank des Fiat 600 faßt, seitdem er im März 1965 von der rechten Kofferraumseite an die Kofferraumrückwand versetzt wurde, etwa 32 Liter, so auch beim Fiat 770 S. Je nach der Füllung des Tanks soll der Zeiger der Kraftstoffanzeige im Kombi-Instrument zwischen der vollen Füllung – $^4/_4$; unten – und dem Reserverest – O; oben – anzeigen. Bei Erreichen der oberen Marke soll das rote Warnlämpchen in der Kraftstoffanzeige darauf hinweisen, daß nur noch ein geringer Restbestand zwischen 3,5 und 5 Liter im Tank ist. Wieviel es genau bei Ihrem Fiat sind, sollten Sie auf jeden Fall einmal erproben und sich merken. Das geht so: Gut gefüllten Reservekanister einpacken – man sollte ihn immer bei sich haben – und Tank bei normal üblicher Fahrt leer fahren, bis die rote Warnlampe aufleuchtet. Genauen Kilometerstand notieren. Weiter fahren, bis der Wagen stehen bleibt – hoffentlich nicht mitten im Stadtverkehr; das kann Ärger geben. Wieviel Kilometer haben Sie geschafft, solange die rote Warnlampe brannte? Es dürften so zwischen 35 und 65 Kilometer gewesen sein. Um einen guten Durchschnitt zu finden, wiederholt man dieses Spiel mehrere Male. Wieviel Liter der erreichten Kilometerzahl entsprechen müssen, können Sie über Ihren sonstigen Durchschnitt gut ausrechnen, wenn Sie ein sorgfältiges Fahrtenbuch führen.

Geber der Kraftstoffanzeige

Der Zeigerausschlag und das rote Warnlämpchen der Kraftstoffanzeige wird von einem Geber gesteuert, der in der Oberseite des Tanks eingebaut und mit dem Kraftstoffansaugrohr kombiniert ist. In einem kleinen Gehäuse am Geber befindet sich ein elektrischer Widerstand, über dessen Wicklungen ein mit dem Schwimmer des Gebers verbundener Schleifkontakt läuft. Am anderen Ende der Kraftstoffanzeige sitzt ein elektrisch aufgeheiztes Bi-Metall-Thermogerät. Wenn der Tank leer ist, schaltet der Schwimmer und mit ihm der Schleifkontakt den ganzen Widerstand des Gebers ein: Es kann nur wenig Strom durch die Anlage fließen, das Bi-Metall wird nicht oder nur wenig auf-

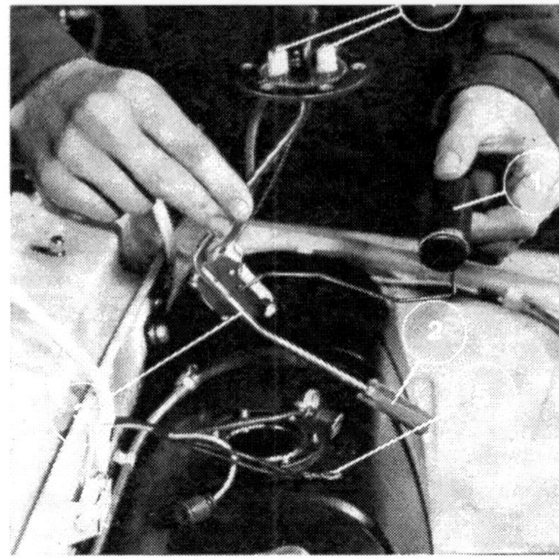

Der ausgebaute Geber der Kraftstoffanzeige. Es bedeuten: 1. Schwimmer am geknickten Hebelarm (bei Falschanzeige eventuell nachbiegen). — 2. Kraftstoff-Filter am 3. Kraftstoffsaugrohr. — 4. Kabelanschlüsse für Kraftstoffanzeige (gelbes Kabel) und Kraftstoff-Warnlampe (rotes Kabel). — 5. Schwarzes Massekabel.

geheizt, so daß der Zeiger keinen oder nur einen geringen Ausschlag hat. Je mehr der Tank gefüllt ist, um so kleiner hält der höher stehende Schwimmer den eingeschalteten Widerstand. Dadurch kann mehr Strom durch die Anlage fließen, das Bi-Metall wird stärker aufgeheizt und gibt dementsprechend dem Zeiger einen stärkeren Ausschlag. Da zum Aufheizen des Bi-Metalls etwas Zeit notwendig ist, bringt der im Tank schwappende Kraftstoff den Zeiger nicht zum ständigen Pendeln. Das Aufleuchten der roten Warnlampe wird durch einen zusätzlichen Kontakt im Geber ausgelöst, so daß auf dessen Befestigungsdeckel in der Tankoberseite zwei Kabel angeschlossen sind: das gelbe für den Zeigerausschlag, das rote für die rote Warnlampe.

Gibt die Kraftstoffanzeige stets falsche Meldung ab, zeigt also stets zu viel oder zu wenig an, kann man oft durch entsprechendes Abbiegen des Geber-Armes im Kraftstofftank ausgleichen. Der Ausbau des Gebers ist einfach: Kabel und Kraftstoffschlauch am Befestigungsdeckel oben auf dem Tank abziehen, die 6 Sechskantschrauben (SW 7) lösen und das ganze Anzeigegerät aus dem Tank herausziehen. Nun zeigt sich unter Umständen, wenn der Zeiger stets zu wenig anzeigte, daß der Kunststoff-Schwimmer leck ist (zur Probe schütteln: schwappt Kraftstoff darin?). In diesem Fall ist nichts zu reparieren, sondern neuen Schwimmer besorgen. Ist der Schwimmer in Ordnung, kann man den Arm des Schwimmers in der Mitte etwas durchbiegen: nach unten, wenn er zu viel anzeigt, nach oben, wenn er zu wenig anzeigt.

Soll der Scheibenwischermotor ausgebaut werden, zuerst Minuskabel lösen, um Kurzschlüsse zu vermeiden. Der Wischermotor (1) sitzt zusammen mit seiner Schaltplatte (2) auf einer Haltelasche, die mit 2 Sechskantschrauben (3) am Karosserieblech unter dem Armaturenbrett befestigt ist. Die Kabel zwischen Schaltplatte und Wischermotor sind im Schaltplan nicht verzeichnet. Unten im Bild ist das Verteilerstück (4) des Scheibenwaschers sichtbar.

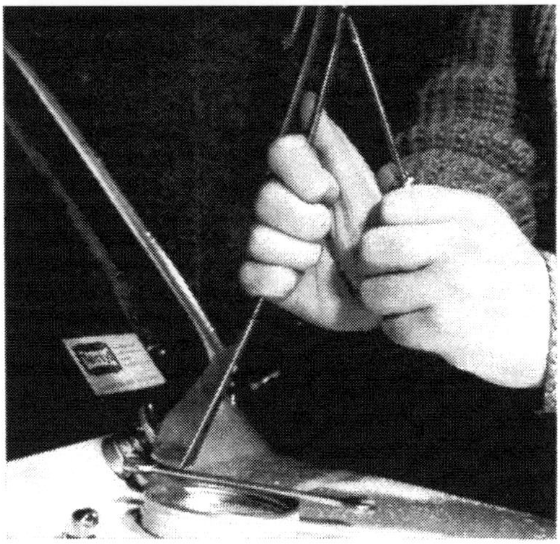

Bessere Sicht bei Regen, Matsch und Schnee erhält man, wenn man alljährlich im Herbst, zu Beginn ihrer Schwerarbeit-Saison, die Wischerblätter auswechselt. Zur Demontage des Wischerblattes mit schmalem Schraubenzieher am Wischerarm unter Haltestück des Wischerblattes drücken und dieses über einen kleinen Nocken auf dem Wischerarm hebeln.

Die Scheibenwischer

Der Scheibenwischermotor arbeitet, wenn der Scheibenwischerschalter rechts auf dem Armaturenbrett betätigt wird, im Prinzip genau so wie der Anlassermotor. Am vorderen Ende der Ankerwelle befindet sich ein Schneckenantrieb, der die schnelle Drehung des Ankers entsprechend langsam auf den Zahnradantrieb überträgt, der seinerseits durch seinen Kurbelhebel das Scheibenwischergerät bewegt. Damit die Scheibenwischer in Ruhestellung nicht im Blickfeld des Fahrers stehen bleiben, ist ein besonderer Ruhestellungsschalter zwischengeschaltet, der den Motor erst in der beabsichtigten Endstellung der Scheibenwischer unabhängig vom Handschalter abschaltet. Dieser End-Schalter ist im Gehäuse des Scheibenwischermotors fest eingebaut.

Die Fehlersuche ist am Wischersystem nicht schwierig und die Fehlerursache schnell ermittelt. Setzen sich beim Betätigen des Scheibenwischerschalters die Scheibenwischer nicht in Bewegung, so ist der Reihe nach zu prüfen:

■ Summt der Wischermotor? Dann ist der Kurbelhebel auf dem Antrieb des Wischermotors locker.

■ Läuft der Motor nicht? Zuerst Kabelsteckverbindungen überprüfen zwischen Schalter und Wischermotor. Wenn ohne Erfolg, dann Kabelstecker am Wischerschalter abziehen und blau-schwarzes Kabel mit blauem Kabel zum Wischermotor kurzschließen. Springt der Motor an, liegt der Defekt im Schalter, sonst Wischermotor beschädigt. (Ausbau des Schalters, Seite 106.)

Fingerzeige: *Festgefrorene Wischerblätter vor dem Einschalten von der Windschutzscheibe einmal abheben. Werden die Wischerarme in ihrer Bewegung zu stark gehemmt oder außerhalb der Ruhestellung festgehalten – durch Schnee, Eis oder Schmutz –, dann würde die Ankerwicklung des Wischermotors durchbrennen.*

Wischerblätter regelmäßig reinigen, da sich an ihnen krustige Rückstände absetzen. Dazu mittelharte Bürste und Wasser verwenden, eventuell auch Spiritus, jedoch kein Benzin und kein Öl; auch scharfe Seife ist nicht gut.

Bei trockener Reibung und fast leerer Batterie können die Scheibenwischer außerhalb der vorgeschriebenen Ruhestellung stehen bleiben. Dann steht die Ankerwicklung durch den nichtausschaltenden Ruheschalter dauernd unter Strom; Schaden am Scheibenwischermotor möglich! Abhilfe: Mit Scheibenwascher »schmieren« oder Wischerarme abheben, damit sie widerstandslos in Ruhestellung laufen können.

Beachtenswerte Rundungen

Wenn man die passende »Schuhgröße« für seinen Fiat 600, 770 S oder seinen Jagst wissen will, muß man entweder im Abschnitt »Hauptmerkmale« der Betriebsanleitung nachlesen oder einen Blick auf die Reifen werfen. Da findet man dann seitlich die Bezeichnung 5.20–12 außer der Reifenmarke. Auch im Kraftfahrzeugschein ist diese Reifengröße vermerkt. Diese Bezeichnung gibt die Breite des Reifens und den Durchmesser der zugehörigen Felge an. Nach einer international gültigen Regel mißt man die Reifengröße vorzugsweise in englischen Zoll. 1 Zoll (Kurzzeichen: ") entspricht 25,4 mm.

Was bedeutet die Reifengröße?

Reifen in der Größe 5.20–12 sind also 5.20" breit (= 132 mm) und die Felge – es ist eine sogenannte Tiefbett-Felge – hat an der Auflage für den Reifenwulst einen Durchmesser von 12" (= 304,8 mm).
Alle anderen Abmessungen und die Belastbarkeit bei den unterschiedlichen Reifendrücken sind genormt, so daß alle Reifen mit dieser Größenangabe ohne Rücksicht auf die Reifenmarke darin völlig gleich sind. Allenfalls können ausländische Reifen, deren Hersteller sich nicht so genau an die DIN-Normen halten, in ihren Abmessungen geringfügig abweichen. Das ist beispielsweise der Fall, wenn der Fiat mit den italienischen Pirelli-Reifen ausgestattet ist, hat für die Fahrpraxis aber keine Bedeutung.
Neben dieser Reifen-Normung in Zoll-Größe gibt es, von der französischen Reifen-Industrie ausgehend, noch ein anderes Reifen-Maß-System, das in Millimetern oder gemischt in Millimetern und Zoll rechnet. Dann trägt der Reifen eines Fiat 600 etwa die Bezeichnung 135–305 oder 145 R 12. Der Felgendurchmesser von 12 Zoll entspricht den 305 Millimetern der ersten Größenangabe und die jeweils erste Zahl der Reifenbreite in Millimetern. Zumeist handelt es sich bei Reifen mit Millimeter-Angaben um sogenannte Gürtel- oder Radial-Reifen, worauf das »R« in der zweiten Größenangabe hinweist.

Der passende Schlauch

Serienmäßig sind alle Fiat-Wagen mit Reifendecke und Schlauch ausgestattet. An der Größenangabe des zum Reifen 5.20–12 passenden Schlauches ist nur die Felgengröße (12") ohne weiteres zu erkennen. Die deutschen Reifenhersteller bezeichnen die Schlauchbreite mit einem Buchstaben, so daß der serienmäßige Schlauch für den Fiat 600 die Bezeichnung H 12 hat. Ausländische Reifenhersteller benutzen andere Kennzeichnungen, so daß der serienmäßig passende Schlauch von Pirelli die Bezeichnung 22 A 12 trägt.

Die Felgen-Abmessungen

Bei allen Fiat 600, 770 S und NSU/Fiat Jagst sind serienmäßig Felgen der Größe 3,50 × 12 montiert. Diese Größenangabe ist ebenfalls eine Normbezeichnung,

allerdings betrifft diese Normung nur die für die Reifengröße wichtigen Felgenabmessungen, jedoch nicht die Art der Felgenbefestigung, die Zahl der Radmuttern usw. Deshalb lassen sich beispielsweise die Felgen des NSU Prinz und des BMW 700 nicht auf den Fiat 600, 770 S und Jagst montieren, obwohl sie ebenfalls Felgen der Größe 3,50 × 12 haben.
Die Größenbezeichnung der Felgen bedeutet:
3,50 = $3\frac{1}{2}$ Zoll Felgenmaulweite
× = Zeichen für Tiefbettfelge
12 = 12 Zoll Felgendurchmesser von Wulst zu Wulst

Reifenabmessungen nach Normvorschrift

Die Maßangaben der Reifengrößen kann man übrigens nicht mit dem Zentimetermaß oder Zirkel am Reifen selbst nachmessen, denn die jeweils zuständigen Norm-Blätter geben in Wirklichkeit zumeist andere Maße an. Diese »Falschangaben« haben in den zahllosen Reifenkonstruktionen der zurückliegenden Jahre ihre Ursache. Da während der ganzen Zeit dieser unterschiedlichen Reifenkonstruktionen die Art der Größenbezeichnung gleich blieb, mußte man, um Verwechslungen zu vermeiden, vielfach von den wirklichen Reifengrößen abweichende Größenangaben festlegen.
Zu den Reifengrößen finden sich in den Norm-Vorschriften noch einige Angaben, die beispielsweise bei der Eichung des Tachometers, bei der Berechnung des zurückgelegten Weges und dergleichen von Bedeutung sind.

Reifengröße	Gesamtdurchmesser mm	Reifenbreite mm	Halbmesser		Abrollumfang mm
			statisch mm	dynamisch mm	
5.20–12	560	132	261	265	1663
5.20–12 M+S	566	132	264	268	1683

Der Gesamtdurchmesser wird am liegenden und voll aufgepumpten Reifen gemessen. Der statische Halbmesser (übernächste Spalte) ist jedoch geringer als die Hälfte des Gesamtdurchmessers, denn er entspricht dem Abstand der Felgenmitte vom Boden beim stillstehenden Fahrzeug, wobei der Reifen vorschriftsmäßigen Luftdruck hat und der Wagen mit der höchstzulässigen Zuladung belastet ist. Da sich bei dieser Belastung der Reifen eindrückt, muß der statische Halbmesser natürlich kleiner als der eigentliche Reifenradius sein. Während der Fahrt ist jedoch weder der statische Halbmesser noch der ursprüngliche Halbmesser wirksam, denn durch Rollwiderstand, Rollwulstbildung und Verformung ändert sich auf völlig glatter Fläche der Abstand von Felgenmitte zum Boden wieder etwas. Dieser Abstand ist etwas größer als der statische Halbmesser, weil sich der Reifen aufbaucht, aber kleiner als der konstruktive Halbmesser. Er nennt sich dynamischer Halbmesser und wird, damit eine gleichartige Messung möglich ist, nach der Normvorschrift für 60 km/h festgelegt, denn bei höheren oder niederen Geschwindigkeiten wölbt sich der Reifen natürlich mehr oder weniger auf.
Dieser dynamische Halbmesser ist die Grundlage der Tacho-Eichung. Da diese eine gewisse Voreilung haben darf und zumeist auch in der Praxis hat, ist es also möglich, daß bei den größeren M + S-Reifen das Tachometer plötzlich echte Werte anzeigt. Da die Abmessungen unserer Tabelle natürlich nur für die neuen Reifen gelten, ändert sich die Tachoanzeige bei zunehmendem Abrieb der Reifenlauffläche auch etwas: Das Tachometer zeigt bei abgefahrenen Reifen etwas mehr an, denn eine Radumdrehung, die es registriert, bedeutet weniger zurückgelegte Wegstrecke als beim neuen Reifen. Das gute Auto wird also nicht schneller – das Tacho schwindelt dies nur vor – sondern

Hier wird der Wert des richtigen Reifendruckes sichtbar. Links fehlt es an Luft: Der Reifenabdruck zeigt, daß sich die Profilmitte nach innen wölbt, die Reifenschultern werden vorzeitig verschlissen und der ganze Reifen wird durch übermäßiges Walken strapaziert. In der Mitte stimmt der Luftdruck: Gleichmäßige Auflage über die ganze Reifenbreite. Rechts zu hoher Luftdruck: Der stark gewölbte Reifen berührt nur in der Mitte die Fahrbahn, die Profilmitte wird vorzeitig verschlissen.

die Reifen werden dünner. Deshalb ist es gut, von Zeit zu Zeit das Tachometer neu zu »eichen«, damit kein Zweifel besteht, was die Tachonadel zeigen darf, wenn beispielsweise 50 km/h nicht überschritten werden sollen.

Bei allen Reifengrößen sind Tragfähigkeit und Luftdruck voneinander abhängig. Bei geringerem Luftdruck sinkt die Tragfähigkeit. Diese Abhängigkeit ist für die Reifengrößen ebenfalls in den Norm-Vorschriften festgelegt.

Tragfähigkeit in kg (bei Luftdruck in atü)	1,2	1,5	1,8	2,0	2,25	2,5
5.20–12	205	245	280	295	315	335

Wenn Sie nun die im Kraftfahrzeug-Zulassungsschein Ihres Wagens eingetragene höchstzulässige Achsbelastung (sie beträgt bei den derzeit ausgelieferten Wagen für die Vorderachse 380 kg und für die Hinterachse 550 kg) mit obiger Tabelle vergleichen, werden Sie erkennen, daß die Luftdruckempfehlungen nicht von ungefähr kommen. Die 1,2 atü der Vorderräder würden nach der Norm sogar für 410 kg Vorderachsbelastung ausreichen, während die 1,6 atü für die Hinterräder (als Mittelwert) eigentlich nur für etwa 510 kg genügten. Da der Wagen aber nur selten vollbesetzt sein wird, reicht dieser Luftdruck, auch im Interesse eines besseren Fahrkomforts auf den etwas weicheren Reifen, im allgemeinen aus. Bei Vollbelastung wird es sich jedoch durchaus empfehlen, den Hinterreifen noch 0,2 atü mehr zu geben und mit 1,8 atü zu fahren. Die über 1,8 atü hinausgehenden Luftdrucke mit entsprechend erhöhter Tragfähigkeit sind nach der Norm für Kombiwagen bestimmt, haben also für Besitzer des Fiat 600 Multipla Bedeutung.

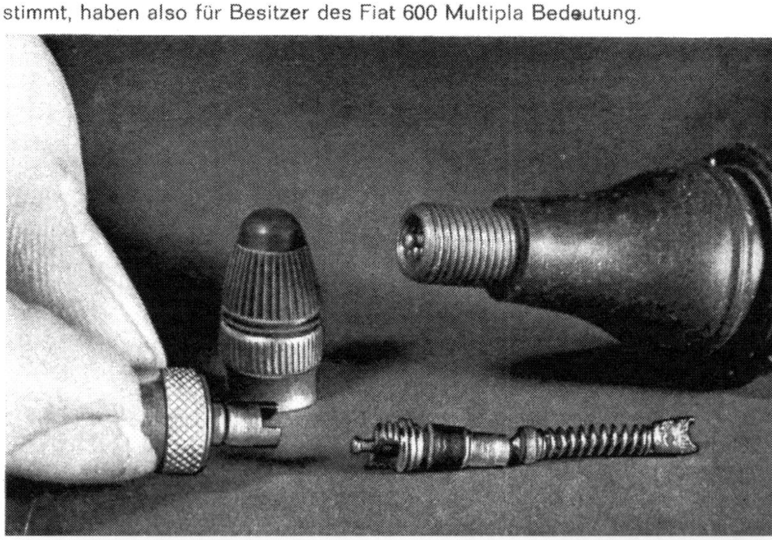

So greifen Ventilkappe und Ventilnadel ineinander, wenn letztere heraus- oder hineingeschraubt werden soll. Meist ist der Kopfstift der Verteilerkappe mit einem Gummihütchen verdeckt, das man vor der Montage abziehen muß. Die Reifenventile müssen zum Schutz gegen Verschmutzung stets mit Kappen geschlossen sein.

Reifendruck-Vorschriften
Kontrolldienst Nr. 8

In älteren Betriebsanleitungen des Fiat 600 wird für die Vorderräder genau 1 atü empfohlen, im Sommer 1965 hat man 0,2 atü hinzugegeben (auch rückwirkend für ältere Fahrzeuge), so daß jetzt folgende Empfehlung gilt: **Fiat 600 und Jagst: Vorderräder 1,2 atü, Hinterräder 1,6 atü.**

Beim Fiat 770 S trat wieder eine Änderung der Vorschrift ein.

Fiat 770 S Normalbelastung: Vorderräder 1,0 atü, Hinterräder 1,6 atü.

Fiat 770 S Vollbelastung: Vorderräder 1,2 atü, Hinterräder 2,0 atü.

Wie schon im letzten Absatz betont, kann es dabei nichts schaden, wenn bei Vollbelastung, auch beim Fiat 600 und Jagst, die Hinterräder 1,8 atü erhalten. Und bei langen und flotten Autobahnfahrten soll der Reifendruck vorne und hinten um 0,2 atü erhöht werden, also vorne 1,4 atü und hinten 1,8 atü. Dieser höhere Luftdruck setzt den Rollwiderstand des Reifens etwas herab (spart damit etwas Benzin), vermindert den Reifenabrieb (spart damit Reifen) und verbessert etwas die Spurgenauigkeit des Wagens, ohne den Fahrkomfort durch die härteren Reifen merkbar einzuschränken.

Luftdruckprüfung nicht zu oft

Wenn kein besonderer Verdacht auf mangelnden Luftdruck besteht, ist es keinesfalls notwendig, täglich den Luftdruck zu prüfen. Alle 2 Wochen genügt es, denn ein moderner Reifen darf in 6 bis 8 Wochen nur etwa 0,1 atü verlieren. Schnellerer Druckverlust bedeutet einen Defekt. Man darf sich dabei allerdings nicht durch schnelle Temperaturstürze und Aufenthalt in sehr unterschiedlichen Höhenlagen irritieren lassen. Auch sie haben Einfluß auf die Luftdruckmessung. Das zu häufige Luftdruckprüfen an den Tankstellen hat sogar auf die Dauer einen Nachteil. Bei dieser Tankstellenprüfung wird jedesmal zuerst ein kleiner Luftstoß in den Reifen gegeben. Dadurch wird zwangsläufig Kondenswasserdunst, Schmutznebel und Öldunst aus dem Gerät in das Reifenventil gepreßt, wodurch auf die Dauer die Ventilnadel eine Schmutzkruste erhält und ihre Dichtfähigkeit nachläßt. Ein zu oft kontrollierter Reifen muß schließlich alle paar Tage wieder geprüft werden, weil er dauernd etwas Luft verliert, ohne schadhaft zu sein.

Wenn aber bei wöchentlicher regelmäßiger Prüfung mit dem stets gleichen eigenen Gerät Druckverluste festgestellt werden, muß man der Ursache des Druckverlustes nachspüren und nicht einfach Luft nachpumpen. Denn der auf die Dauer unvermeidbare »Platte« kommt dann bestimmt im ungeeigneten Augenblick und kann gefährlich werden.

Wenn aus einem Reifen Luft entweicht, muß nicht gleich ein Loch schuld daran sein. Es kann auch am Ventil liegen. Man versucht es deshalb zuerst mit Spucke auf dem Ventil. Treibt es, wie auf unserem Bild, kleine Blasen, ist das Ventil undicht. Eine neue Ventilnadel muß eingeschraubt werden.

Reifenzustand prüfen
Kontrolldienst Nr. 32

Nur der wirkliche Fachmann kann bei ungleicher Reifenabnutzung sehen, ob es sich um zuviel oder zuwenig Luftdruck, um unausgewuchtete Räder, um unwirksame Stoßdämpfer, um ausgeschlagene Gelenke, um Fehler in Vorspur oder Radsturz handelt. Alle diese zahlreichen Fehlerquellen hinterlassen nämlich ihre individuellen Spuren auf dem Reifenprofil. Der Weg sollte dann bald zur Vertragswerkstatt führen. Unter Umständen muß die betreffende Achse vermessen werden, und das ist mit eigenen Hilfsmitteln ja nicht möglich.

Es kann nicht schaden, öfter als im Pflegeplan vorgeschrieben nach dem Zustand der Reifen zu sehen. Die beste Möglichkeit ergibt sich, wenn der Wagen in der Tankstelle zum Ölwechsel oder zu einer Unterwagen-Wäsche hochgebockt wird. Bei dieser Gelegenheit bohrt man mit einem kleinen Schraubenzieher Fremdkörper aus der Reifendecke und prüft nach, ob sie ernsthaften Schaden gestiftet haben. Im Vordergrund der Reifenprüfung steht natürlich die Beobachtung der Reifenabnutzung. Sie können sehr zufrieden sein, wenn alle Reifen über den gesamten Reifenumfang und über die gesamte Profilbreite gleichmäßig abgenutzt sind. Zeigt sich jedoch eine einseitige Abnutzung oder hat das Profil wellige Vertiefungen in regelmäßigen Abständen, dann ist am Fahrgestell oder am Rad selbst etwas faul.

Räder nicht austauschen

Um einen gleichmäßigen Reifenverschleiß zu erzielen, empfiehlt Fiat, alle 5000 km die vier Räder untereinander auszutauschen. Wir halten nichts davon. Denn durch das Auswechseln der Räder werden Fehler der Lenkung, Stoßdämpfer, Gelenke usw. verschleiert. Bestimmte Fehlerquellen haben dann nicht genügend Zeit, ihre Kennmarke auf dem Reifenprofil zu hinterlassen. Lassen sich solche »Kennmarken« feststellen, muß natürlich bald für Abhilfe gesorgt werden.

Die Räder nicht auszutauschen – gleichmäßigen Abrieb vorausgesetzt – hat auch noch einen wirtschaftlichen Effekt. Da sich beim Fiat 600 in der Regel die gelenkten Vorderräder schneller abnutzen, sind diese zuerst zu ersetzen. Zumeist fällt es einem leichter, nur 2 statt 4 Reifen auf einmal bezahlen zu müssen. Beim ersten Reifenersatz hat man zusätzlich noch den neuwertigen Ersatzreifen, so daß sich die ersten Reifen-Kosten in bescheidenen Grenzen halten. Anders ist es allenfalls, wenn man sein Fahrzeug auf Gürtelreifen umrüsten will. Da sich diese Reifen mit Normal-Reifen zusammen nicht günstig fahren lassen, ist es besser, wenn der ganze Satz gleichmäßig abgefahren und auf einmal ausgetauscht wird.

Die Reifenpflege

Zur pfleglichen Behandlung der Reifen gehört es, daß deren Ventile stets durch Kappen verschlossen sind. Sonst setzt sich dort Schmutz an, der beim nächsten Luftgeben zwischen Ventilnadel und Ventilwand geklemmt wird und zur Undichtigkeit führt. Verschmutzte Weißwandreifen reinigt man keinesfalls mit Benzin, Dieselkraftstoff oder Petroleum. Gummi nimmt solche Behandlung allgemein übel. Seifenwasser und Bürste sind bei Weißwandreifen eher angebracht. Noch besser sind die im Handel erhältlichen Weißwandreiniger.

Will man seinen schwarzen Reifen wieder den schönen matten Glanz geben, hilft Schuhcreme wenig, denn sie haftet nur schlecht auf Gummi und außerdem ist ihr Terpentinöl für den Reifengummi schädlich. Besser ist dazu eine der Spezial-Reifenfarben, die man in Auto-Zubehörgeschäften zu kaufen bekommt. Auch die Felgen erwarten gelegentlich einen prüfenden Blick. Anfahren an große Steine oder Bordsteinkanten kann zu Beschädigungen am Felgenhorn führen. Wenn die Felge nach Höhe oder Seite um mehr als 1 mm »eiert«, muß sie ausgetauscht werden.

Der Radwechsel

Die Statistiker behaupten, daß den Autofahrer nur noch alle 1½ Jahre eine Reifenpanne trifft. Deshalb wissen auch gar viele Autofahrer mit ihrem Wagenheber nicht Bescheid und bekommen unterwegs die festgerosteten Radbolzen nicht auf. Man muß es trotzdem versuchen, denn wenige hundert Meter ruinieren einen vielleicht noch guten Reifen vollständig, wenn mit dem Plattfuß weiter gefahren wird. Er ist dann im Gewebe so verwalkt, daß er sich nicht mehr reparieren läßt. Sie müssen also, wenn es Sie trifft, in den sauren Apfel beißen und das Rad sofort wechseln. Auch wenn es in Strömen regnet. Am besten geht es so:

- Wagen möglichst auf ebenem und festem Boden anhalten
- Handbremse anziehen
- Räder der anderen Wagenseite mit Steinen oder Holz blockieren.
- Radkappe mit breitem Schraubenzieher vorsichtig abhebeln
- Radbolzen um eine Umdrehung lockern
- Einsteckzapfen des Wagenhebers in die Stütze unter dem Wagenboden bis zum Anschlag einsetzen (siehe Bild auf Seite 29) und Ersatzrad bereitlegen.
- Fahrzeug hochkurbeln, bis defektes Rad vom Boden abhebt.
- Die 4 Radbolzen abschrauben, in der Radkappe ablegen
- Rad abnehmen und Ersatzrad so ansetzen, daß Zentrierstift auf der Bremstrommel genau in das entsprechende Loch der Felge einpaßt.
- Radbolzen über Kreuz gleichmäßig leicht anziehen.
- Wagen ablassen, Wagenheber herausziehen.
- Radbolzen über Kreuz fest anziehen und Radkappe aufdrücken.
- Defektes Rad und Wagenheber verstauen.

Hoffentlich hatte Ihr Reserverad genug Luft. Sie brauchen sich darum keine Sorgen zu machen, wenn Sie beim Prüfen des Luftdruckes an der Tankstelle stets auch den Ersatzreifen kontrollieren lassen. Und zu aller Sicherheit geben Sie ihm immer volle 2 atü! Selbst wenn zwischendurch längere Zeit nicht kontrolliert wurde, reicht es dann noch immer für die Hinterräder.

Die Reifenreparatur

Der defekte Reifen sollte schon an der nächsten Tankstelle repariert werden. Sonst hat man, wenn es der Teufel will, einen zweiten Platten und kein Ersatzrad. Die nächste Tankstelle oder Werkstatt möchten wir schon deshalb empfehlen, weil das Reifenflicken eine schmutzige Arbeit ist, die man wahrscheinlich nicht mal zu Hause gerne macht, unterwegs aber überhaupt nicht leiden mag. Außerdem kommen Reifenpannen tatsächlich – und nicht nur bei den Statistikern – so selten vor, daß die Anschaffung des notwendigen Gerätes – zwei lange Montiereisen mit abgerundeten flachen Enden (ein Paar kostet etwa 12 DM), eine kräftige Fußluftpumpe (etwa 25 DM) und Flickzeug (Tip-Top-Packung etwa 4 DM) – nur lohnt, wenn man eine Reise in sehr unwirtliche Länder macht. Schließlich bedarf es zum erfolgreichen Reifenflicken einiger Routine, die man als Normal-Autofahrer kaum haben wird.

Nur selbst machen, wenn es sein muß

Aber wenn es doch sein muß, aus welchem Grund immer, sollten Sie in diesem Buch nicht vergeblich danach blättern, wie der Reifen wieder brauchbar wird. Der Reifen wird sich nur schwer von der Felge trennen, wenn er nicht durch einige Meter luftleerer Fahrt heruntergewalkt wurde. Im letzteren Falle ist zumeist der Schlauch zerrissen und nicht mehr brauchbar. Deshalb zum Reifenmontiergerät immer einen Ersatzschlauch (für die serienmäßige Be-

Läßt sich der Wulst des defekten Reifens nicht vom Felgenhorn lösen, bedarf es einer Roßkur: Man fährt mit einem Hinterrad seines Wagens „tangential" über die Reifendecke, aber erstens nicht dort wo das Ventil sitzt (sonst kann dies aus dem Schlauch reissen) und zweitens nur so knapp, daß die Außenkante des Hinterrad-Reifens nicht die Felge berührt. Das Gewicht des Wagens wird den Reifen von der Felge zwingen.

reifung die Größe H. 12 zum Preise von 7,50 DM) mitnehmen. Der erspart sogar den Einkauf des Reifenflickzeuges, dessen Luftdichtheit man bei mangelnder Routine sowieso nicht sicher ist.

Nun legen Sie das platte Rad auf möglichst sauberen Boden – sauber, damit kein Schmutz, Kies und Sand mit einmontiert wird! – und treten mit den Absätzen möglichst dicht am Felgenhorn auf die Reifenwand. Bei lange montierten Reifen hilft nur festes Draufspringen, bis sich der Reifenwulst vom Felgenhorn löst. Ist erst einmal ein Stück des Reifenwulstes von der Felge abgedrückt, läßt sich der Rest leicht lösen. Erst jetzt treten die Montiereisen in Aktion. Dabei darf keine scharfe Spannung auf einzelne Stellen des Reifens ausgeübt werden, sonst wird der Reifenwulst gezerrt oder beschädigt, was besonders bei schlauchlosen Reifen, falls Sie solche bei der zweiten Reifengarnitur montiert haben sollten, zur Luftundichtheit am Felgenhorn führt. Beim Schlauch-Reifen müssen Sie sorgsam darauf achten, daß der Schlauch beim Montieren des Reifenwulstes über die Felgenaußenkante nicht von den Montiereisen geklemmt wird, sonst gibt es noch mehr Löcher. Wollen Sie auf jeden Fall einen neuen Schlauch montieren, kommt es nicht darauf an.

Schlauch-Schäden

Ist der eine Reifenwulst über das Felgenhorn nach außen gehebelt, müssen Sie in den Reifen fassen und den Schlauch herausziehen. Lassen Sie ihn dabei aber so auf dem Reifen liegen, daß Sie erkennen können, welche Stelle wo im Reifen gesteckt hat. Das erleichtert das Finden der Schadensstelle in Schlauch und Decke. Denn nun müssen Sie zuerst die Ursache des platten Reifens ermitteln. Hufnägel sind hierzulande eine Rarität geworden, vielleicht war es eine Glasscherbe. Auf jeden Fall muß der Fremdkörper, falls es ein solcher war, entdeckt und aus der Reifendecke restlos mit Zange oder Schraubenzieher entfernt werden. Vielleicht ist es auch ein Faltenbruch des Schlauches. Solche Falten kommen vor, wenn der Schlauch schlampig montiert oder ein zu großer Schlauch, etwa die Größe J. 12, eingelegt worden war. Auch ein mehrfach verwendeter Butylschlauch, der sich bei jeder Montage etwas mehr dehnt und nicht mehr die ursprüngliche Form annimmt, kann Falten bekommen haben. Falten im Schlauch brechen mit der Zeit und ergeben zentimeterlange Risse, die natürlich nicht mehr zu flicken sind. (Butylschläuche sind auf Mineralölbasis hergestellt und nicht so elastisch wie Kautschuk.)

War die Ursache ein Nagel oder Drahtstück, dann ist die Reparatur möglich. Nun brauchen Sie eine Wanne mit Wasser oder zumindest einen langsam fließenden Bach, in welchem Sie an dem nun schwach aufgepumpten Schlauch feststellen können, ob es nur eine Schadensstelle war oder auch auf der Gegenseite des Schlauches – Nagel hat sich quer durch den platten Schlauch gebohrt – oder an anderer Stelle weitere Luftbläschen im Wasser aufsteigen. Sind die Schadensstellen markiert, werden diese in weitem Umkreis sorgfältig trocken gerieben, darauf mit klarem Benzin gereinigt – keinen fettigen Lappen nehmen! – mit Sandpapier aufgerauht, mit Gummilösung eingerieben und nun einige Minuten gewartet, bis die Gummilösung angetrocknet ist. Lassen Sie sich deshalb Zeit, den passenden Flicken herauszusuchen oder zurechzuschneiden. Wählen Sie ihn so, daß er rundum mindestens 3 Zentimeter übersteht. Entsprechend muß natürlich vorher mit Gummilösung eingestrichen sein. Nun ziehen Sie die Schutzfolie von dem Flicken ab und pressen ihn fest auf die Schadensstelle; am besten klopfen Sie ihn mit dem Hammerstiel – nicht mit dem Hammer selbst! – an.

Reifen montieren

Bevor Sie nun den Schlauch in die Decke einlegen, sollten Sie nachsehen, ob auf den beiden Felgenhörnern Auswuchtgewichte sitzen. Die müssen mit der Zange – am besten Rohrzange – abgerissen werden, denn sie stimmen für den reparierten Reifen auf keinen Fall mehr, sondern können durch verändertes Montieren der Decke zu zusätzlichen Unwuchten führen. Danach prüfen Sie, ob auf einer Reifenwand in Wulstnähe noch ein oder zwei rote oder blaue Punkte erkennbar sind. Finden Sie solch einen Punkt oder deren zwei, dann müssen Sie die Decke auf der Felge so drehen, daß diese Markierung an das Ventilloch zu liegen kommt. Mit diesen Punkten markieren die Reifenhersteller die leichteste Stelle des Reifens, die durch das Gewicht des Ventils bei der Montage wieder ausgeglichen werden soll.

Jetzt wird der Schlauch ganz leicht aufgepumpt, gerade nur so, daß er Form bekommt, sorgsam mit Lappen oder Hand rundum abgewischt, damit kein Sandkorn mit einmontiert wird und vorsichtig in die Decke eingelegt. Nun treten die Montierhebel wieder in Aktion, wobei Sie gegenüber dem Ventil beginnen sollen, den oberen Reifenwulst über das Felgenhorn nach innen zu hebeln. Nach diesem Anfang abwechselnd rechts und links mit den beiden Montiereisen weiter hebeln, bis das Stück am Ventil erreicht ist und die Decke wieder ganz auf der Felge sitzt. Der Rest ist Arbeit mit der Luftpumpe.

Schlauchlose Reifen flicken

Einfacher wird eine Reparatur, falls Sie einen schlauchlosen Reifen bei Ersatzbedarf montieren ließen. Da braucht, wenn das Loch sich entdecken läßt, der Reifen nicht heruntergehebelt zu werden, sondern das Einstichloch wird mit dem Werkzeug des betreffenden Reparatursatzes (von »Tip-Top« für 19,20 DM) aufgebohrt, gereinigt, mit Vulkanisierlösung eingerieben und ein Gummi-Pilz eingeführt, der sich im Reifen spreizt und das Loch dicht verschließt.

Schwierig wird's jedoch bei einem schlauchlosen Reifen, wenn der Reifenwulst sich von der Felge gelöst hat. Er braucht nämlich nach der Reparatur einen Luftstoß von 4 atü, um wieder in die richtige Lage zu springen. Den hat nur die Tankstelle oder Werkstatt mit ihrem Kompressorkessel zur Verfügung. Es gibt allerdings auch einen Behelfs-Trick: Abschleppseil mehrmals um den Reifen entlang der Lauffläche schlingen, am Ende verknüpfen und einen Holzknüppel oder ein Montiereisen als Knebel eindrehen. Mit diesem Knebel das Seil straffen, so daß die Reifenlauffläche zusammengepreßt und die Reifenwulste dadurch in die Felgenhörner gespreizt werden. Dann kann der Reifen auch schon zu Anfang so dicht sitzen, daß der Atem einer kräftigen Fußpumpe ausreicht.

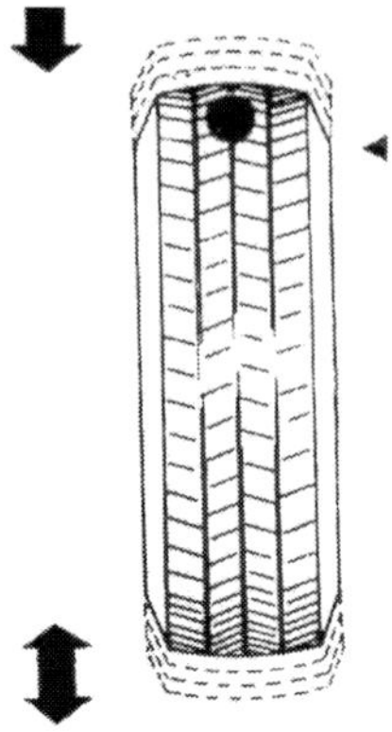

Unsere Skizze erläutert die Auswirkungen der Unwucht:
Die statische Unwucht erkennt man, wenn ein freihängendes, drehendes Rad immer mit der gleichen Stelle zu Boden sinkt und sich allmählich auspendelt. Folge: Das Rad hüpft während der Fahrt.

Die **dynamische** Unwucht ist durch Auspendeln des Rades nicht zu erkennen, denn sie liegt irgendwie schräg zur Radachse, so daß das schnellaufende Rad flattert und wackelt. Unausgewuchtete Räder führen zu schnellem Reifenverschleiß, unruhiger Lenkung und vorzeitiger Abnutzung der Radlager.

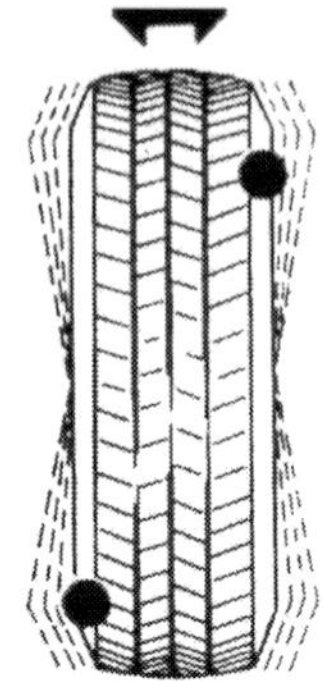

Was ist Unwucht?

Gelegentlich überholt man andere Fahrzeuge, an denen ein Rad oder mehrere ständig wackeln oder springen, obgleich die Fahrbahn eben ist. Das kann seine Ursache an einem defekten Stoßdämpfer haben, der nicht mehr in der Lage ist, das Springen des federnden Rades zu verhindern. Sehr oft liegt dies jedoch an ungleicher Gewichtsverteilung bei dem betreffenden Rad. Diese ungleichmäßige Gewichtsverteilung nennt man Unwucht, von der es zwei Arten gibt: die statische und die dynamische. Die obenstehende Skizze gibt die Erklärung.

Auswuchten ist zu empfehlen

Die Kräfte, die an unausgewuchteten Rädern auftreten, sind recht beachtlich. Eine ungleiche Gewichtsverteilung von 100 Gramm bringt bei hoher Geschwindigkeit leicht eine einseitige Zugkraft von 20 Kilogramm zustande. Die Kosten für das Auswuchten der Räder lohnen sich deshalb auf jeden Fall. Dazu müssen die Räder einzeln abgenommen und auf einer besonderen Auswuchtmaschine ausgewuchtet werden. Diese Maschinensysteme sind sehr unterschiedlich. Trotzdem erkennt man schnell, wie sie eine Unwucht anzeigen und kann durch Zuschauen die Qualität der Auswuchtarbeit unterstützen. In manchen Werkstätten stellt man nämlich die jüngsten Lehrlinge, denen es auf 20 Gramm mehr oder weniger nicht ankommt, an diese Maschinen. Achten Sie auch beim Aufspannen des Rades auf die Maschine genau darauf, daß das Rad einwandfrei zentriert ist und mit allen 4 Radbolzen — und nicht nur mit 2 oder 3 — angeschraubt wird, sonst ergibt sich von vornherein eine Unwucht. Die Notwendigkeit des Nachwuchtens läßt sich mit feinem Fingerspitzengefühl am Vibrieren des Lenkrades erkennen. Wenn die Räder nachgewuchtet werden sollen, reißen manche Mechaniker gerne zuerst die angebrachten Ausgleichsgewichte ab und fangen dann von vorne an. Sie müssen verlangen, daß das Rad erst einmal zur Probe läuft. Vielleicht ist die Auswuchtung noch einwandfrei und Sie können sich einen Teil des Geldes für das Auswuchten – pro Rad zwischen 2,50 und 3,50 DM – sparen.
Auch nach jeder Reifenreparatur sollte das betreffende Rad neu ausgewuchtet werden. Ein Flickstopfen im schlauchlosen Reifen verändert bereits die Unwucht. Eine Unsitte mancher Werkstatt ist es übrigens, die Ausgleichsgewichte auf der Felge zu belassen, wenn der Reifen regelrecht ab- und wieder aufmontiert werden muß. Dann können die Gewichte nicht mehr stimmen und es ist besser, sie ganz abzumachen, bis das Rad ausgewuchtet werden kann, denn bei veränderter Reifenmontage können die falsch gesetzten Gewichte zu verdoppelten Unwuchten führen.
Besonders wichtig ist das Auswuchten runderneuerter Reifen. Sie lassen sich noch weniger als Neureifen gleichgewichtig herstellen. Da Unwucht an Hinterrädern weniger unangenehm als an den gelenkten Vorderrädern ist, sollen Reifen, die starke Ausgleichsgewichte brauchen, möglichst auf der Hinterachse montiert werden.

Die Beine Ihres Wagens

Es kommt nicht von heute auf morgen, daß die Beine Ihres Wagens neues Schuhwerk brauchen. Es sei denn, ein Reifen ist plötzlich geplatzt oder durch ein sonstiges außergewöhnliches Ereignis unbrauchbar geworden. Normalerweise bemerkt man nur von Monat zu Monat, wie sich die Profiltiefe des Reifens der amtlich noch zugelassenen 1-mm-Mindestgrenze nähert.
Sie haben also Zeit, sich die Wahl des neuen Schuhwerks für Ihre Räder sorgsam zu überlegen und die notwendigen Moneten bereit zu legen. Es gibt nämlich eine Reihe verschiedener Reifentypen, abgesehen von den unterschiedlichen Reifenmarken, die für diese oder jene Beanspruchung Ihres Wagens besonders geeignet und daher näherer Betrachtung wert sind. Es sind dies:

- Diagonal-Reifen
- Gürtel-Reifen
- M + S-Reifen
- Eis-Reifen
- Runderneuerte Reifen

Wie lange müssen Reifen halten?

Bei dieser Gelegenheit wollen Sie sicher gerne wissen, ob die Reifen der Erstausstattung eigentlich lange genug gehalten haben. Diese Frage ist jedoch keineswegs einfach mit einer Kilometerstrecke zu beantworten, denn zu viele Einzelheiten wirken dabei mit. Bei Reifen gleichen Typs spielen dabei die Unterschiede von Marke zu Marke übrigens keine so große Rolle, wie die Einwirkungen des Fahrwerks und vor allem die Sorgfalt des Fahrers. Wer mit allem Dampf um die Kurven fegt, Gas- und Bremspedal stets bis zum Bodenbrett durchtritt, braucht sich nicht zu wundern, wenn abgeriebene Gummikrümel seine Fahrspur markieren. Noch stärker wirkt sich erhöhter Reifenverschleiß durch zu niedrigen Luftdruck aus. Auch die Außentemperatur macht sich beim Reifenabrieb bemerkbar: Im Hochsommer können sich durch scharfe Fahrt heiß gefahrene Reifen viermal so schnell verschleißen als in gemächlicher Fahrt bei Frostwetter. Schließlich müssen, wie bereits im vorhergehenden Kapitel erwähnt, Lenkung, Stoßdämpfer, Sturz, Spur und Nachlauf der Räder in Ordnung sein. Fehler in dieser Beziehung sind am außergewöhnlichen und einseitigen Reifenverschleiß vom Fachmann zu erkennen. Unterschiedliche Kilometerleistungen erbringen auch die verschiedenen Reifentypen. Am schnellsten verschlissen sind die modernen Eis-Reifen für den Winter mit eingesetzten Stahl-Spikes (was besonders unschön ist, weil gerade diese für den Winter so nützlichen Reifen bereits pro Stück wesentlich teurer als Normal-Reifen sind). Danach kommen die winterlichen M + S-Reifen, deren dicke und grobe Stollen verhältnismäßig bald abgerutscht sind, trotz der abriebgünstigen Jahreszeit, in der sie gefahren werden. Die durchschnittlichen Kilometerleistungen zeigen die serienmäßig montierten Sommer-Reifen. Da gibt es, wie wir hören, Fiat 600-Besitzer, die bereits nach 8000 km zu neuen Reifen greifen müssen, wogegen es andere mit den gleichen Reifen

auf 50 000 km oder noch mehr bringen. Das ist also eine weite Spanne, die mehr im Fahrer als in der Reifenmarke ihre Ursache hat.
Die längste Haltbarkeit zeigen die sogenannten Gürtel-Reifen, die teilweise auf die doppelte Kilometerstrecke der Normal-Reifen kommen. An dieser Stelle muß aber unmißverständlich darauf hingewiesen werden, daß sich die Qualität eines Reifens nicht nur durch seine Kilometerleistung bemerkbar macht. Ein abriebfester Reifengummi ist oftmals »hart« und dadurch in seiner Straßenhaftfähigkeit geringer. Diese ist jedoch beim Kurvenfahren und beim Bremsen, vor allem auf nasser Fahrbahn, von ganz besonderer Bedeutung. Da ist ein »weicher« Gummi besser, der aber andrerseits nicht so abriebfest ist. Aus diesen Gegensätzen suchen die Reifenproduzenten den besten Kompromiß herauszuknobeln. Aber es gibt auch manchen erfahrenen Autofahrer, der sich nach einem schneller verschleißenden Reifen umschaut, um dafür mehr Sicherheit in gefährlichen Situationen zu haben.

Beste Montagezeit im Herbst

Vielleicht überrascht es Sie, daß neue Reifen (auch frische runderneuerte) eingefahren werden müssen. Sie werden nämlich erst nach rund 500 bis 1000 km wirklich rutschfest, wenn die vorher vom Vulkanisieren sehr glatte Reifenoberfläche angerauht ist. Auch können bei neuen Reifen die noch hohen Profilstollen (bei Rundschulter- und Gürtel-Reifen etwa 8 mm, bei Winter-Reifen etwa 12 mm) unter gewissen Fahrbedingungen »umkippen«, so daß auch hierdurch die Rutschfestigkeit geringer ist.
Die beste Montagezeit ist für alle Reifen der Herbst. Im heißen Hochsommer werden die noch dicken Profilstollen vor allem bei scharfer Fahrt sehr heiß, was sich in erhöhtem Abrieb bemerkbar macht. Im Herbst laufen sich dagegen die Reifen unter günstigen Temperaturbedingungen ein und der erste Abrieb wird durch die Kälte vermindert. Solche Reifen haben bis zu 30% längere Lebensdauer. Nicht zuletzt muß man im Herbst die Anschaffung neuer Reifen erwägen, weil gerade in dieser Jahreszeit mit Regen, Straßenfeuchtigkeit und erstem Bodenfrost abgefahrene Reifen besonders gefährlich sind.

Serienmäßig Reifen mit Schlauch

Bei Reifenersatz stehen Sie schließlich vor der weiteren Frage: Kann man auf seinem Fiat auch schlauchlose Reifen montieren oder dürfen nur Reifen mit Schlauch genommen werden?
Bekanntlich montiert Fiat serienmäßig nur Reifen mit Schlauch. Andere Kraftfahrzeughersteller nehmen lieber schlauchlose, weil deren leichtere Montage im Werk kostensparend ist und ohne schlechtes Gewissen wird beispielsweise auf dem NSU Prinz ein noch etwas kleinerer Reifen 5.00—12 auf gleichgroßer Felge wie beim Fiat 600 schlauchlos montiert. Auch ist der Streit der Gelehrten noch immer nicht entschieden, ob dieser oder jener Reifen sicherer sei. Der Schlauchlose ist auf jeden Fall weniger empfindlich gegen Nägel, die einen Reifenschlauch schon zum Luftlassen veranlassen. Auch ist er einfacher zu reparieren, wenn man die Schadensstelle schnell findet (siehe Seite 129). Aber er ist auch teurer. Bei Fiat selbst ist man zurückhaltend und will nicht dafür garantieren, daß die Felgen luftdicht bleiben. Offiziell montieren Fiat-Werkstätten deshalb bei Ersatz grundsätzlich Reifen mit Schlauch. Nach unserer Erfahrung geht es aber auch mit schlauchlosen Reifen auf Fiat-Wagen und Sie brauchen keine Bedenken zu haben, wenn Sie bei schnellem Ersatzbedarf nur einen schlauchlosen Reifen bei einem Reifenhändler oder an einer Tankstelle finden können. Im allgemeinen besteht aber kein Grund, nicht der Fiat-Empfehlung zu folgen und deswegen setzen wir in den folgenden Abschnitten auch alle Angaben über schlauchlose Reifen in Klammern.

Diagonal-Reifen

Die Standard-Reifen vieler Reifenhersteller sind heutzutage noch die konventionellen Diagonal-Reifen, wie sie auch von Fiat zumeist serienmäßig montiert werden. Sie haben ihren Namen von der Konstruktion des Reifenunterbaues, von der sogenannten Karkasse. In ihr liegen beim Diagonal-Reifen die Gewebelagen kreuzweise übereinander und diagonal zur Fahrtrichtung. Das ermöglicht weiches Abrollen des Reifens auf der Fahrbahn, gibt aber keine so sichere Straßenlage wie der im folgenden Abschnitt beschriebene Radial-Reifen.
Für Reifen gibt es keine Festpreise mehr, doch galten als allgemeine Richtpreise der deutschen Reifenhersteller im Frühjahr 73 (einschließlich Mehrwertsteuer):

Rundschulter-Reifen mit Diagonal-Karkasse	Reifen schlauchlos DM	Reifen Decke DM	Schlauch H. 12 DM
5.20-12	78,59	69,15	10,21

Radial-Reifen

Dieser Reifen unterscheidet sich durch den Aufbau seiner Karkasse, also des Unterbaues des Reifens unter der Lauffläche, von den üblichen Reifen. Während im Rundschulterreifen (genauer: Diagonalreifen) verschiedene Gewebelagen mit schrägem Fadenlauf zueinander eingebettet sind, hat der Radial-Reifen unter seiner Lauffläche einen ziemlich stabilen Gürtel aus feinen Stahl- oder Textilfäden, deren wichtigste quer zur Laufrichtung des Rades liegen.
Dieser Gürtel kann sich in seinem Durchmesser kaum verändern, so daß sich die Lauffläche nicht, wie bei den Normalreifen, mit wachsender Geschwindigkeit aufbaucht. Dadurch gibt es in der Lauffläche bei der Berührung der Fahrbahn keine Querbewegungen, wodurch eine besonders gute Bodenhaftung entsteht und der Abrieb sehr gering gehalten wird. Dieser Gürtelreifen gibt hauptsächlich in den weichen Reifenflanken nach, so daß die Reifen oft den Eindruck machen, es fehle am richtigen Luftdruck. Trotzdem ist der Rollwiderstand etwas geringer, wodurch der Gürtel- oder Radial-Reifen, wie er auch genannt wird, etwas Benzinersparnis bringt. Ferner ist er im Winter wesentlich

In der Erstausstattung ist der Fiat 600 und Jagst mit Rundschulter-Reifen ausgestattet, von denen das obere Bild ein Beispiel zeigt. Die abgerundete Profilkante sorgt für gute Straßenlage auch bei scharfem Kurvenfahren und für geräuscharmen Lauf.

Längere Kilometer-Laufleistungen erreicht man mit Gürtel-Reifen. Auch spart er durch geringeren Rollwiderstand ein wenig beim Benzinverbrauch und macht den Wagen ein bißchen schneller. Dafür muß man allerdings stärkere Fahrgeräusche in Kauf nehmen. Auf unserem Bild der Pirelli Cinturato.

wirkungsvoller als der Normal-Reifen, so daß er in vielen Fällen die Anschaffung besonderer Winter-Reifen erspart.

Besondere Fahreigenschaften

Aber der Gürtel-Reifen hat auch einen Nachteil, der manchen Autofahrer stört: Er dröhnt bei niedrigen bis mittleren Geschwindigkeiten auf Kopfsteinpflaster und läßt beim Überfahren querliegender Straßenbaufugen die Stöße bis in das Lenkrad spüren. Dafür ist beim schrägen Überfahren von Autobahnfugen und Straßenbahnschienen weniger zu spüren als bei Diagonalreifen.
Man muß sich an Gürtel-Reifen, wenn man sie auf seinem 600 oder Jagst fährt, erst gewöhnen. Denn durch ihre weichen Seitenflanken scheinen sie bei den ersten Fahrkilometern seitlich »schwabbelig«. Aber dieser Eindruck täuscht – sie sind so spurgenau, wie Reifen nur sein können, und das leichte seitliche Schwingen auf der Fahrbahn, das bei jedem Normal-Reifen ein Alarmsignal wäre, beachtet man bald nicht mehr. In ein unangenehmes Vibrieren, das bei bestimmten Geschwindigkeiten im Lenkrad deutlich zu spüren ist, artet die Weichheit der Reifenflanken nur aus, wenn die Räder nicht gut ausgewuchtet sind. Gutes Auswuchten ist also bei Gürtel-Reifen besonders wichtig.
Wegen ihrer besonderen Fahreigenschaften, die sich von denen der normalen Rundschulterreifen erheblich unterscheiden, sollen Gürtelreifen nicht gemischt mit anderen Reifen gefahren werden. Ebensowenig zu empfehlen, ja geradezu gefährlich ist es, wenn auf den Vorderrädern Gürtelreifen und hinten M + S-Reifen montiert würden.
Wer bei Ersatzbeschaffung Gürtel-Reifen wählen möchte, sollte möglichst nicht damit beginnen, 2 Reifen dieser Art auf die Hinterachse zu montieren – das ist sowieso die einzige ungefährliche Kombination mit Normalreifen –, sondern er sollte die seither gefahrenen Reifen in diesem Falle solange untereinander austauschen, bis alle vier möglichst gleichzeitig abgenutzt sind und zugleich durch 4 neue Gürtel-Reifen ersetzt werden können.

Andere technische Daten

Da dieser Reifentyp in Frankreich entwickelt wurde, trifft man ihn zumeist in »Millimeter-Größen« (siehe Seite 122). Zur besonderen Kennzeichnung trägt er in der Mitte zwischen den Zahlenangaben seiner Größe anstelle des Bindestriches (wie ihn die Diagonalreifen haben) den Buchstaben »R« für »Radial« und in aller Regel davor noch den Buchstaben »S« für »Sport« (genauer eigentlich »S« für das englische Wort »Speed« = Geschwindigkeit), denn Radialreifen sind für Spitzengeschwindigkeiten bis zu 180 km/h zugelassen (Diagonalreifen in der 12-Zoll-Größe nur 135 km/h), worüber man sich allerdings mit seinem Fiat 600 kein besonderes Kopfzerbrechen zu machen braucht.
Bei der Reifenbreite des serienmäßigen Diagonalreifens mit 5.20 Zoll müßte der Radialreifen 135 SR 12 der richtige sein. Das trifft aber nicht zu, obwohl die Reifenfirmen Michelin und Pirelli diese Größe aus ihrem Reifenprogramm für Fiat 600 und Jagst empfahlen. Denn auch der Abrollumfang spielt bei der Umbereifung eine wichtige Rolle. So zeigt sich, daß dessen Differenz beispielsweise zwischen dem Diagonalreifen 5.20 - 12 (1658 mm) und einem Radialreifen 135 SR 12 (1600 mm) knapp 60 mm beträgt. Da nun beim Fiat 600 im 4. Gang je 10 mm Abrollumfang des Reifens einen Drehzahlunterschied von 35 U/min bedeuten, dreht der Motor mit dem Radialreifen 135 SR 12 bei gleicher Geschwindigkeit um rund 200 Umdrehungen pro Minute mehr. Außerdem hat der Motor weniger Widerstand zu überwinden. Dadurch besteht die Gefahr, daß der Motor bei sehr flotter Fahrt überdreht wird, was ihm auf die Dauer keinesfalls gut bekommt. Außerdem würde das Tachometer mit diesem Reifen um 3,5 % mehr anzeigen, wodurch manche Leute irrtümlich meinen, mit

Radial-Reifen sei eine wesentlich höhere Spitzengeschwindigkeit zu erreichen. Mit dem Reifen 135 SR 12 geht es also nicht.

Der TÜV spricht mit

So wurde zwischen der Reifenindustrie und den Behörden festgelegt, daß für den Fiat 600 und Jagst grundsätzlich nur der Radial-Reifen in der Größe 145 SR 12 ohne weiteres vom TÜV genehmigt wird. Er hat aus der Produktion der verschiedenen deutschen Reifenhersteller 1645 mm Abrollumfang, ist also nahezu gleichgroß wie der serienmäßige Diagonalreifen 5.20 - 12. Daneben hatte die französische Reifenfirma Michelin noch einen Radialreifen in der weich ablaufenden zX-Ausführung für den Fiat 600 maßgeschneidert und ihn mit der Größe 140 SR 12 bezeichnet. Aber auch er wird vom TÜV nicht ohne weiteres anerkannt.

Breitere Felge empfehlenswert

In der Abmachung zwischen Industrie und Behörden, die für den TÜV als Richtlinie dient, wurde leider versäumt, für die breiteren Radial-Reifen auch eine breitere Felge am Fiat 600 zu empfehlen. Es steht nämlich die serienmäßige Felge 4.00 × 12 des Fiat 850 zur Verfügung, die ohne weiteres anstelle der Norm-Felge 3.50 × 12 am Fiat 600 montiert werden kann. Auf der schmaleren Felge wird der Reifen 145 SR 12 etwas zusammengequetscht, verliert dadurch etwas an seiner Fahrbahnhaftfähigkeit und wird in der Mitte seiner Lauffläche schneller als außen abgerieben. Wenn Sie also Radial-Reifen fahren wollen und sich gelegentlich zusätzliche Felgen beschaffen (beispielsweise zur Vereinfachung der Winterreifen-Montage), könnten es die Felgen 4.00 × 12 für den Fiat 850 sein. Es ist aber möglich, daß ein TÜV-Prüfer etwas dagegen einzuwenden hat, weil er es nicht schwarz auf weiß in seiner Liste findet.

Preise der Radial-Reifen mit Schlauch

Entsprechend dem Fiat-Brauch, nur Reifen mit Schlauch zu montieren, sollte man auch beim Kauf von Radial-Reifen nur solche mit Schlauch erwerben. Denn für schlauchlose Radial-Reifen werden besondere Sicherheitsfelgen, sogenannte »Hump-Felgen« benötigt, die es für den Fiat 600 und 770 S nicht gibt. Die Radial-Reifen sind nur wenige DM teurer als die serienmäßigen Diagonal-Reifen, was durch die längere Lebensdauer dieser Reifen mehr als ausgeglichen wird. Bei den deutschen Reifenherstellern kostet die Größe 145 SR 12 einschließlich Mehrwertsteuer im Frühjahr 73 etwa 70 DM in der Ausführung für Schlauch. Dazu kommt noch der Schlauch für etwa 10 DM. Bei diesem empfiehlt es sich unbedingt, die gleiche Marke zu kaufen, die auch die Reifendecke trägt. Es sollten auch nicht die alten Schläuche aus den Reifen 5.20 - 12 sein, denn diese passen nicht in die Radial-Reifendecke genau genug hinein, so daß es bei der Montage Quetschfalten geben kann, die später zu gefährlichen Reifenplatzern führen können.

M + S-Reifen

Die für heutige Straßenverhältnisse nur noch bedingt brauchbaren M + S-Reifen treiben durch querliegende Stollen und Rippen den Wagen durch Matsch und Schnee vorwärts und verkürzen den Bremsweg bei diesen allerdings seltenen Straßenverhältnissen. Es genügt, sie auf der antreibenden Achse, beim Fiat 600 also auf der Hinterachse, zu montieren. Diese Mischung mit Sommer-Reifen auf der Vorderachse und Winter-Reifen auf der Hinterachse ist aber nur möglich, wenn es sich um Reifen mit gleicher Karkasse handelt, also entweder Diagonal- oder Radial-Reifen auf dem ganzen Wagen. Eine Mischung etwa mit

Unter den Profilen der M+S-Reifen reicht die Brauchbarkeit vom Flachlandschnee bis zur verschneiten Gebirgsstraße. Das hier gezeigte „Labyrinth"-Profil eignet sich besonders für tiefen Schnee. Auf trockener oder nasser Straße haben M+S-Reifen jedoch schlechtere Fahreigenschaften als „Sommer"-Reifen.

Für Schnee und Glatteis sind diese Reifen mit griffigem M+S-Profil und eingesetzten Stahl-Spikes gedacht. Die Hartmetall-Stifte können sich im Eis wirkungsvoll festkrallen. Eis-Reifen, die mehrere Winter aushalten, sollen stets mit gleicher Laufrichtung am Wagen montiert werden; das verlängert die Lebensdauer der Spikes.

Radial-Reifen 145 SR 12 vorne und M+S-Diagonal-Reifen 5.20–12 hinten ist lebensgefährlich, weil die Fahreigenschaften zu unterschiedlich sind und der Wagen in kritischen Situationen — und die sind ja gerade im Winter häufig — nicht mehr beherrschbar ist.

Die 6. Felge

Wenn Sie sich mit diesen M + S-Reifen begnügen wollen, empfiehlt sich die Anschaffung einer 6. Felge. Das erspart vor und nach den Winter das Ummontieren der Reifen auf den vorhandenen Felgen, was ja jedesmal pro Rad einschließlich Auswuchten für eine Saison auf rund 10 DM kommt. Wenn Sie eine 6. Felge besitzen, lassen Sie ebenfalls die Ersatzradfelge mit einem Winterreifen bestücken. Der kann dann auch im Sommer draufbleiben und, falls Sie einmal einen Plattfuß einhandeln, ohne weiteres ein paar hundert Kilometer auch in der für ihn ungewöhnlichen Jahreszeit am Wagen mitrollen, bis der platte Sommer-Reifen wieder geflickt oder ersetzt ist. Ein Satz M + S-Reifen hält ja mehrere Winter, so daß sich die 6. Felge schnell amortisiert.

Preise der M + S-Reifen

Wie bei den anderen Reifen sind die Richtpreise der M+S-Reifen einheitlich:

Preise in DM	5.20–12	145 SR 12
Reifen für Schlauch	64,60	77,70
Reifen schlauchlos	76,05	-

Eis-Reifen

Ein Wagen mit nur 2 Eis-Reifen ist, das sei besonders betont, ausgesprochen gefährlich! Da sich die Stahlspikes der Eis-Reifen auf der einen Achse in das Eis einkrallen, die spikelosen Reifen auf der anderen Achse das nicht können, würde der Wagen auf Glatteis nahezu unkontrollierbar. Wenn also Eis-Reifen als die zweifellos beste Winterlösung, dann aber auf allen 4 Rädern! Auch Eis-Reifen gibt es sowohl auf Diagonal-, wie auf Radialkarkasse, wobei natürlich der Radial-Reifen der bessere, aber auch teurere ist. Die Eis-Reifen auf

Diagonal-Karkasse (5.20–12) kosten pro Stück in Ausführung mit Schlauch etwa 87 DM, auf Radial-Karkasse (145 SR 12) etwa 110 DM.
Besondere Hinweise zum Problem »Winter-Reifen« finden Sie im Kapitel »Winterschutz« ab Seite 156.

Fingerzeig: *Erfahrungen mit Eis-Reifen haben gezeigt, daß Spikes nicht so leicht verloren gehen, wenn der Reifen immer in der gleichen Drehrichtung läuft. Deshalb beim Demontieren der Spikes-Reifen nach der winterlichen Eiszeit mit Ölkreide einen Pfeil auf die Reifenwand malen, der die gehabte Laufrichtung des Reifens markiert. Dann kommt der Reifen im nächsten Winter wieder auf die gleiche Wagenseite. Zur Erreichung eines gleichmäßigen Abriebes ist natürlich der Austausch des Vorder-Rades mit dem Hinter-Rad der gleichen Wagenseite empfehlenswert.*

Besondere Felgen für den Winter

Was über den Vorteil einer 6. Felge schon gesagt wurde, gilt auch für eine 7. und 8. Felge, wenn mit 4 M + S-Reifen oder Eis-Reifen gefahren wird. Man hat dann zwei komplette Reifensätze und kann auch während des Winters ohne viele Umstände seine Winterreifen gegen Sommerreifen austauschen, wenn für längere Zeit milde Lüfte wehen und von Schnee und Eis weit und breit nichts zu sehen ist. Denn M + S-Reifen und erst recht die Eis-Reifen sind zu teuer, um sie auf trockener Straße abzuradieren. Allerdings ist die Anschaffung von drei weiteren Felgen noch einmal eine Angelegenheit von 17,80 DM je Felge.

Runderneuerte Reifen

Ganz zu Unrecht stehen runderneuerte Reifen bei vielen Autofahrern in schlechtem Ansehen. Es gibt namhafte Betriebe, die sich fabrikmäßig mit der Runderneuerung abgefahrener Reifen befassen und auf diese Arbeit vertrauenswürdige Garantie geben. Solche Großbetriebe sind beispielsweise Reifen-Holert, der in ganz Norddeutschland Niederlassungen besitzt, Peters Pneu Renova mit Annahmestellen im ganzen Bundesgebiet, Hammesfahr in Essen und bei Heidelberg, ebenfalls mit Geschäftsverbindungen im ganzen Bundesgebiet, Vergölst im Rhein-Main-Gebiet und Gummi-Mayer, Landau/Pfalz, der vor allem in Süd- und Südwestdeutschland vertreten ist, sowie Reifen-Reiff in Reutlingen. Die Fachleute guter Runderneuerungsbetriebe nehmen einen Reifen zur Runderneuerung erst nach gründlicher Inspektion an. Wenn Gewebebrüche, bis auf das Gewebe abgefahrene Profile, Durchschläge, größere Verletzungen und mürbe Seitenwände festgestellt werden, lehnen sie die Runderneuerung der Karkasse, so nennt sich der Unterbau des Reifens, ab.
Auch wenn mit einem runderneuerten Reifen nicht mehr ganz die Kilometerleistung wie zuvor erreicht wird, so rentiert sich das Runderneuern durch den verhältnismäßig niedrigen Preis doch noch. Diese runderneuerten Reifen lassen sich ohne weiteres auf die Vorder- oder Hinterachse montieren und man braucht damit nicht ängstlich zu fahren, wenn die Arbeit in einer vertrauenswürdigen Firma gemacht wurde und Garantie gewährt wird.
Es gibt drei Verfahren mit entsprechenden Preisunterschieden:

- Besohlen. Hierbei wird nur ein Laufstreifen auf die aufgerauhte Karkasse vulkanisiert. Dieses Verfahren war früher allgemein im Gebrauch, wird aber heute vielfach abgelehnt. Bei entsprechender technischer Einrichtung hat es jedoch den Vorteil, daß die Reifenwand nicht zum zweiten Mal aufgeheizt werden muß, was für ihre Dauerhaftigkeit vorteilhaft ist.

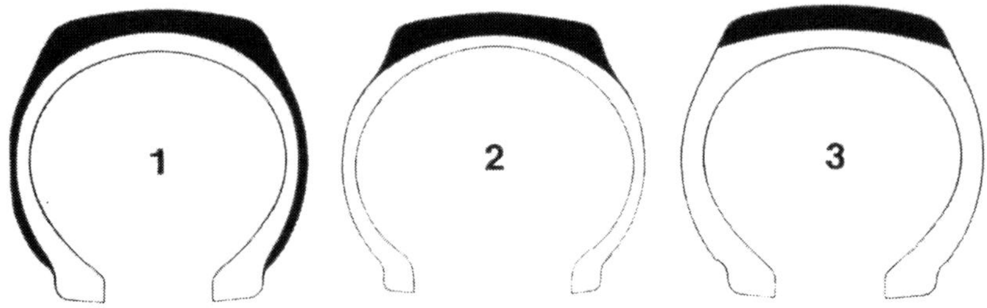

Die 3 Arten der Runderneuerung: 1. von Wulst zu Wulst, die teuerste, aber auch beste Methode. 2. von Schulter zu Schulter; einwandfreie Reifenwände sind dazu Voraussetzung. 3. Laufflächen-Besohlung ein billiges Verfahren, das für Rundschulter-Reifen nicht sehr empfehlenswert ist.

■ Runderneuern von Schulter zu Schulter. Über den Laufstreifen hinaus wird bis zur Seitenwand des Reifens neuer Gummi aufvulkanisiert. Diese Sache ist schon etwas teurer, ermöglicht aber eine saubere Rundschulter des Reifens.

■ Runderneuern von Wulst zu Wulst. Es ist das teuerste und umfassendste Verfahren, bei welchem der gesamte Reifen eine neue Oberschicht erhält. Alterungsrisse und Scheuerbeschädigungen der Reifenwände werden damit wieder in Ordnung gebracht.

Die Preise für Runderneuerung weichen stark untereinander ab; jeder Betrieb kalkuliert da für sich, so daß Preisbeispiele wenig Sinn haben.

Gegenüber Neu-Reifen läßt sich durch zuverlässige Runderneuerung manches Geld einsparen. Gegen entsprechenden Aufpreis können auch abgefahrene Weißwand-Reifen wieder mit neuer Weißwand belegt werden. Unter den M+S-Profilen gibt es viele, in welche nachträglich vom Vulkanisierbetrieb Stahl-Spikes eingesetzt werden können. Das kostet etwa 35 DM zusätzlich und ist durchaus empfehlenswert. Runderneuert werden Gürtel-Reifen in der für den Fiat 600 passenden Größe 145 SR 12 nur selten. Zwar wäre es technisch möglich, aber der Aufwand steht im Vergleich zu den Produktionsmengen in so ungünstigem Verhältnis, daß die Runderneuerungsbetriebe Gürtel-Reifen dieser Größe nur selten runderneuern.

Anhaltende Einrichtung

Wer keine gut ausgeprägte technische Ader hat, sollte sich bei aller Aufmerksamkeit der Bremsanlage gegenüber auf einige Sichtkontrollen und Bremsenprüfungen während der Fahrt beschränken. Arbeiten an der hydraulischen Anlage gehören aus Gründen der Verkehrssicherheit in die Werkstatt. Die folgenden vorbeugenden Prüfungen kann aber jeder Autofahrer ausführen.

Bremsen prüfen
Pflegearbeit Nr. 36

Bremsen müssen gleichmäßig ziehen. Deswegen sollen Bremsen so gut eingefahren sein wie der Motor. Bremsbelag und Bremstrommel müssen sich aneinander gewöhnen. Sie müssen eine möglichst große Oberfläche gemeinsam haben. Wenn der Belag nur auf wenigen Quadratzentimetern »trägt«, ist die Bremswirkung schlechter und noch schlimmer, sie ist ungleichmäßig. Den Wagen verreißt es beim scharfen Bremsen. Deshalb empfiehlt es sich, hin und wieder eine scharfe Bremsung einzulegen, vorausgesetzt, man ist allein auf der Straße. Auch weiß man dann, wie sich der Wagen bei einer echten Notbremsung verhält.
Bremsproben sollten damit beginnen, daß man zunächst aus mäßiger und dann aus höherer Geschwindigkeit abbremst. Das gleiche wiederholt man mit losgelassenem Lenkrad. Das gibt – auf ebener, nicht gewölbter Straße – Aufschluß, ob der Wagen beim Bremsen einseitig wegzieht. Entsprechende Beanstandungen: siehe Störungstabelle im 2. Bremsen-Kapitel.
Versuchen Sie auch bei unbelebter Straße zunächst eine »Notbremsung« aus etwa 60 km/h, und dann auch aus 80–100 km/h. Aber Vorsicht, wenn Sie es noch nicht gemacht haben. Probieren Sie es nach und nach mit höherer Fußkraft. Schließlich, nachdem man alle losen Gegenstände im Wagen gut verstaut hat: Ruckartig auf die Bremse treten.
Das Bremspedal darf einen Leerweg von etwa Fingerbreite aufweisen, bevor die Bremswirkung einsetzt. Wird dieses »Pedalspiel« auffallend größer, muß die Bremsanlage wegen abgenützter Beläge nachgestellt werden. Es können aber auch andere Ursachen vorliegen (z. B. Undichtigkeit in den Leitungen).

Handbremseinstellung prüfen
Pflegearbeit Nr. 28

Nun die Feststellbremse: Die angezogene Handbremse darf den Wagen auf geneigter Bahn weder vorwärts noch rückwärts ablaufen lassen. Andernfalls muß die Handbremse nachgestellt werden. Es ist nicht nötig, die Handbremse auf ebener Straße mit aller Gewalt anzuziehen. Das leiert nur den Seilzug aus und macht frühes Nachstellen erforderlich (siehe Praktiker-Teil).
Ein Vorschlag: Bremsen Sie einmal den Wagen versuchsweise nur mit der

Handbremse ab. Hier ist aber große Vorsicht am Platz, weil das Wagenheck – je nach Ausgangsgeschwindigkeit – wegschleudern kann. Immerhin wissen Sie dann, wie Sie sich zu benehmen haben, wenn die hydraulische Fußbremsanlage ausfällt, und Sie noch zur nächsten Werkstatt fahren wollen.

Fingerzeig: *Falls nicht unbedingt erforderlich, sollte man im Winter den abgestellten Wagen nicht mit angezogener Handbremse sichern. Wenn am Tag Tauwetter geherrscht hat, können die Bremsseile über Nacht einfrieren. Besser ersten Gang einlegen.*

Bremsflüssigkeitsstand prüfen

Pflegearbeit Nr. 26

Sie wissen, warum die Bremsanlage Flüssigkeit braucht? Weil sie den Druck auf das Bremspedal gleichmäßig weiterleitet. Früher geschah das mit Bremsseilen — wie jetzt noch an der Handbremse — aber es war immer schwierig, mit Seilübertragung eine gleichmäßige Bremswirkung zu erzielen.

Der Reserve- oder Ausgleichsbehälter für die notwendige Bremsflüssigkeit sitzt unter der Vorderhaube — von vorn gesehen — rechts neben dem Reserverad unter der Abdeckmatte. Er besteht aus Kunststoff (früher aus Blech). Er ist mit dem Hauptbremszylinder verbunden. Auf den letzteren wirkt direkt eine Verbindungsstange zum Bremspedal. Wird das Pedal betätigt, schiebt sich im Bremszylinder ein Kolben nach vorn und setzt die Flüssigkeit unter Druck, wodurch auch an den einzelnen Radbremszylindern ein Flüssigkeitsdruck entsteht. Dieser Druck treibt zwei Kolben nach außen, die wiederum die Bremsbacken gegen die umlaufende Bremstrommel drücken: Der Wagen wird gebremst!

Die dafür wichtige Flüssigkeit darf im Behälter nicht zu tief absinken. Fällt sie drei bis vier Fingerbreit unter den oberen Rand, stimmt etwas nicht. Doch entstehen mit der Zeit immer kleine Leckverluste.

Der Deckel des Behälters besitzt einen kleinen Durchlaß. Dieser dient zum Belüften, damit sich die beim Bremsen warm werdende Flüssigkeit ausdehnen kann oder über der Flüssigkeit kein Vakuum bildet, welches das Nachfließen von Flüssigkeit zu den Bremszylindern behindern könnte. Das Loch darf also nicht verschmutzt und verstopft sein, wie überhaupt jede Verunreinigung vom Behälter ferngehalten werden sollte.

Zum Nachfüllen nur ausdrücklich als solche gekennzeichnete (blaue) Original-Bremsflüssigkeit verwenden. Auf keinen Fall, auch nicht als Notbehelf,

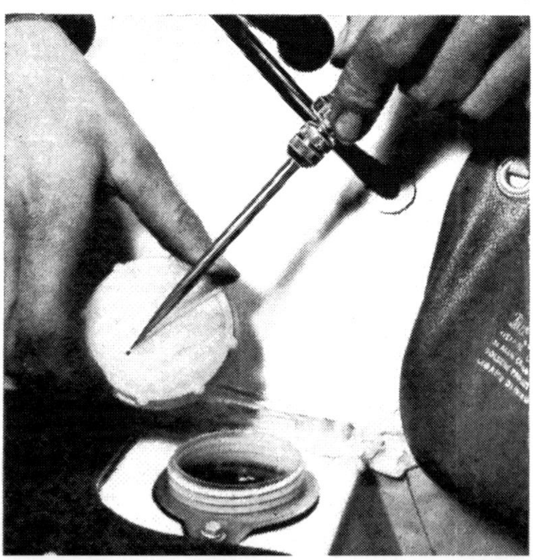

Die Spitze des Werkzeuges zeigt auf eine unscheinbar kleine, aber sehr wichtige Öffnung im Schraubdeckel des Bremsflüssigkeitsbehälters. Es ist die Belüftung für den darunter sichtbaren Vorratsbehälter mit Bremsflüssigkeit. Sie läßt Außenluft nachströmen, wenn Bremsflüssigkeit in die Bremsleitungen nachfließen soll. Ist die Öffnung verstopft, entsteht Unterdruck im Bremsflüssigkeitsbehälter, so daß die Bremsflüssigkeit nicht nachfließen kann. Das Loch gelegentlich einmal durchpusten.

darf Motorenöl genommen werden. Motorenöl zersetzt die Gummiteile. Bremsflüssigkeit ist ein synthetischer Stoff, der auch bei Kälte oder Hitze nicht dick- oder dünnflüssig werden darf. Sie greift übrigens den Lack an, daher beim Hantieren damit aufpassen, auch ist sie giftig.

Zustand der Bremsanlage prüfen

Pflegearbeit Nr. 12

Verfolgen Sie bei trockener Wagenunterseite (unter den Wagen sehen, ihn hochbocken oder Hebebühne) den Verlauf der Bremsleitungen und Schläuche: sie müssen trocken und dürfen nicht aufgequollen sein. Anschluß- und Verbindungsstellen besonders beachten. Wo der Schmutz schwarz wird, kann auf Undichtigkeit geschlossen werden. Feuchtdunkle Stellen an der Bremstrommel? Radbremszylinder könnte undicht sein, Werkstatt. Sind Scheuerspuren an den Schläuchen vorhanden? Bremsschläuche vertragen kein Benzin, Petroleum, Dieselkraftstoff oder Fett. Sie dürfen auch nicht lackiert werden. Weil Absprühöl natürlich Öl enthält, sollte das Absprühen unterlassen werden. Bremsschläuche und -leitungen sind auch auf Beschädigung durch Steinschlag oder Korrosion zu untersuchen.
Wichtiger Hinweis: Man hüte sich davor, bei Undichtigkeiten oder bei nicht einwandfreier Lage von Bremsschläuchen oder -leitungen selbst zu montieren. In diesem Fall muß der Werkstatt Bescheid gesagt werden. Es können Undichtheiten oder Beschädigungen entstehen (z. B. an den Anschluß-Bördelungen der Leitungen), die sich schon bei der nächsten Bremsung gefährlich auswirken.

Fingerzeige: *Bei Nebelfahrt hin und wieder bremsen, um die Stopplichter aufleuchten zu lassen. Das warnt – weil sie stärkere Birnen als die Schlußleuchten besitzen – noch wirksamer die Hintermänner.*
Wissen Sie, ob das Stopplicht beim Bremsen noch brennt, wenn Sie die Zündung ausgeschaltet haben? Das ist nicht bei allen Wagen gleich. Da es Leute gibt, die zu ihrem Abstellplatz die letzten 100 m mit abgestellter Zündung rollen, sollte man das wissen. Wie ist das bei Ihrem Auto?
Man sollte nicht direkt nach einer scharfen oder längeren Bremsung (Gefällefahrt) beim Anhalten die Handbremse anziehen. Sofern die Bremstrommeln sehr heiß geworden sind, entstehen bei den hinteren Bremstrommeln beim Abkühlen und dem damit verbundenen Zusammenziehen Spannungen, weil der Widerstand der gespreizten Bremsbacken überwunden werden muß. Dabei können sich die Bremstrommeln verziehen, was später ungleichmäßige Bremswirkung hervorruft.
Wenn die Bremswirkung bei längeren Abfahrten im Gebirge nachläßt, hat es keinen Zweck, das Bremsen durch wesentlich erhöhten Fußdruck zu erzwingen. Damit werden nur die Bremsbeläge verdorben. Besser ist es, eine Abkühlungspause für die Bremsen einzulegen und mehr als vorher die Bremswirkung des Motors im 2. oder gar im 1. Gang auszunützen.
Wird der Wagen im Freien abgestellt, empfiehlt es sich, morgens gleich auf den ersten hundert Metern ein paarmal zu bremsen. Damit sollen Rostspuren von den Bremsbelägen entfernt werden, was bei einer plötzlichen Bremsung zu »giftiges« Ansprechen hervorrufen könnte.
Besteht auf Grund von »federndem« Durchtreten des Pedals beim Bremsen der Verdacht, daß Luft in den Leitungen ist, mehrmals das Pedal im Stand kräftig durchdrücken. Unter Umständen bekommt man dadurch Lufteinschlüsse auf dem Weg über die Entlüftung im Flüssigkeitsbehälter heraus.

Badefreuden

Mit einem verwahrlosten und ungepflegten Auto gewinnt man nicht gerade die Achtung seiner Mitmenschen, so wenig wie eine speckige Jacke und ausgefranste Hosen das Ansehen ihres Trägers heben. Neben dem Stolz, in einem schmucken und gepflegten Auto zu sitzen, regt auch ein finanziell-nüchterner Grund zur Reinlichkeit am Wagen an: ein gepflegtes Fahrzeug ist mehr wert, vor allem, wenn es verkauft werden soll.

Regelmäßige Wagenpflege ist also kein zweckloser Zeitvertreib. Sie hilft dem Lack in seinen beiden Aufgaben: schön zu sein und die Karosserie gegen Rost und Korrosion zu schützen. Man kann aber den Lack seines Wagens auch zu Tode pflegen. Es kommt nämlich nicht auf die aufgewendete Mühe und Zeit an, sondern vielmehr auf das »Gewußt wie«. Falsche Mittel sind genausowenig wie Übereifer geeignet, den strahlenden Glanz des Wagens möglichst lange zu erhalten.

Der erste Schritt der Wagenpflege ist zweifellos die sachgemäße Wagenwäsche. Es gibt zwei Verfahren, als Selbstpfleger das Fahrzeug zu waschen:

- Die Schlauchwäsche mit fließendem Wasser
- Die Eimerwäsche mit dem Schwamm

Wenn die entsprechenden Voraussetzungen bestehen, ist der Wagenwäsche mit fließendem Wasser aus dem Schlauch unbedingt der Vorzug zu geben. Auch der Tankwart wäscht den Wagen mit dem Wasserschlauch, damit das ununterbrochen fließende Wasser den Schmutz abschwemmt. Der Schmutz darf nämlich nicht abgerieben werden, sondern die Schlauchbürste oder der Schwamm darf ihn nur lockern, so daß ihn das strömende Wasser abschwemmen kann. Reibt man den Schmutz statt dessen mit wenig Wasser ab, dann schmirgeln feine Staub- und Sandkörnchen über den Lack und zerkratzen ihn unvermeidbar. Nach der ersten Mißhandlung dieser Art ist zwar noch nicht viel zu sehen, aber wenn der Lack auf diese Weise eine Zeitlang behandelt wurde, ist sein Glanz restlos hin. Deutlich ist vor allem im Sonnenlicht die streifig geschmirgelte Lackoberfläche zu sehen. Deshalb: Viel und noch mehr Wasser bei der Wagenwäsche.

Waschen ohne Wasser?

Nun gibt es doch, so werden Sie sogleich einwerfen, wie man hört und in großen Anzeigen sieht, auch Möglichkeiten, ohne Wasser seinem Wagen zu strahlendem Glanz zu verhelfen.

In der Tat, so ist es. Eine davon wollen wir als sommerlichen Notbehelf gelten lassen, wenn beispielsweise wegen Wassermangels das Autowaschen hier und dort verboten ist: Das ist der Automop, der beispielsweise von der Firma Apa 14 DM kostet. Dies ist eine Art Handfeger mit dicken, weichen Wollfäden, die mit einer Flüssigkeit getränkt sind. Wenn das Auto verstaubt ist – aber nur dann! – kann man mit dem Automop leicht über die Flächen wischen. Dabei bleibt der Staub im Mop hängen und die getränkten Wollfäden polieren dazu

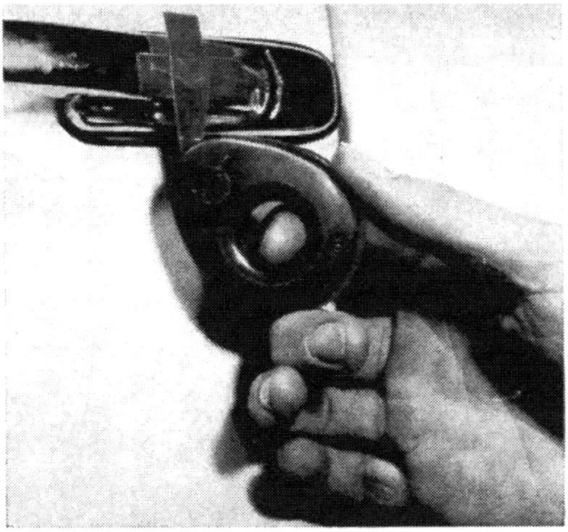

Da der Schlitz des Türschlosses an der linken Tür des Fiat 600 und Jagst und Fiat 770 S nicht verdeckt ist, sollte man vor jeder Wagenwäsche vor allem jedoch in der kalten Jahreszeit – das Schloß mit etwas Tesafilm zukleben, damit dort kein Spritzwaser eindringen kann. Zugefrorene Türschlösser sind nämlich im Winter keine Freude, aber auch im Sommer ist Wasser nicht das richtige Pflegemittel für die Türschloßteile.

noch etwas die Lackoberfläche. Sowie der Schmutz aber von einem Gewitterregen stammt und auf dem Lack angetrocknet ist, ist das nichts mehr für den Automop. Wenn man nun entsprechend fest aufdrückt, ist das genau die oben beschriebene Dreckschmirgelei auf der zarten Lackoberfläche. Automop ist etwas Feines für Taxichauffeure, die von ihrem am Morgen gewaschenen Wagen eben mal schnell den leichten Staub von der letzten halben Stunde abwischen wollen.

Gänzlich zu verdammen sind jedoch jene mit großem Geschrei propagierten Zaubersprühmittel, die man, so bekommt man eingeredet, nur auf den verschmutzten Wagen sprühen und dann abwischen muß – husch, husch ist der Wagen blank. Denn der mirakulöse Spray hat die Staubkörnchen eingehüllt, damit sie dem Lack nichts schaden – soll man glauben. In Wirklichkeit werden beim Abreiben feinste Rillen in den Lack gezogen, die aber sogleich mit dem gelösten Wachs des Wochenend-Wundermittels wieder ausgefüllt werden, so daß man von dem Schaden nichts sieht. Die Rechnung kommt spätestens nach einem Jahr, wenn man brav dem Wunder glaubte: Der Lack ist hin. Daher: Wer sein Auto liebt, nimmt Wasser.

Waschen mit dem Schlauch

Bei der Schlauchwäsche muß trotz der Forderung nach viel Wasser nicht die nächste Umgebung zum Teich werden. Wenn nicht gerade die Radkästen ausgespritzt oder Teile des Fahrgestells gereinigt werden, braucht der Wasser-

Bei der Schlauchwäsche muß trotz der Forderung nach viel Wasser die nächste Umgebung nicht überschwemmt werden. Der Wasserstrahl soll nur sanft an der Stelle fließen, die gerade bearbeitet wird. Ein scharfer Wasserstrahl ist, abgesehen von der Reinigung der Felgen und Radkästen, sowieso nicht gut, denn er reißt die Schmutzteilchen über den Lack, so daß hauchfeine Kratzer entstehen, die mit der Zeit dem Lack seinen Glanz nehmen.

Nach jeder Wagenwäsche muß der Wagen unbedingt »abgeledert« werden, sonst bilden die Kalkrückstände, die in jedem Leitungswasser sind, einen grauen Film auf dem Lack. An der Qualität des Waschleders sollten Sie nicht sparen. Es muß für gute Arbeit mindestens 50 cm auf 50 cm groß sein. Mit dem Abledern muß schon begonnen werden, bevor die Karosserie anzutrocknen beginnt. Notfalls vor dem Abledern noch einmal etwas Wasser über die Karosserie sprühen.

hahn gar nicht weit aufgedreht zu sein. Ein mäßig und ohne Druck aus dem Schlauch fließender Wasserstrom ist gerade richtig. Damit wird zuerst die ganze Außenhaut des Wagens »eingeweicht«.
Ist dies geschehen, kommt als zweiter Arbeitsgang die eigentliche Wäsche mit der Schlauchbürste, dem Waschhandschuh oder dem Schwamm. Am einfachsten ist eine langborstige, weiche Schlauchbürste, die auf das Schlauchende aufgesteckt und die ständig von frischem Wasser durchflossen wird. Sie kostet etwa 15 DM und ihre Anschaffung lohnt sich, wenn man seinen Wagen in der Regel selbst wäscht. Doch wäscht ein Schwamm in der Regel sauberer als es mit den Borsten einer Waschbürste im allgemeinen möglich ist.
Sehr praktisch ist auch ein Waschhandschuh, den man sich selbst aus einem langhaarigen Stück Pelz schneidern kann, oder den es auch als langhaarigen Perlon-Waschhandschuh für etwa 8 DM zu kaufen gibt. Dieser Wasch-Fausthandschuh wird über die eine Hand gestülpt, die andere Hand hält den Schlauch mit dem sanft fließenden Wasser. Beide Hände ziehen gemeinsam leicht über den Lack, alles starke Reiben wird vermieden und in kurzer Zeit ist der Schmutz abgewaschen.
Natürlich geht diese Arbeit auch mit einem Schwamm, am besten mit einem großporigen Naturschwamm, der allerdings in der Regel über 10 DM kostet. Auch großporige Viskoseschwämme sind nicht schlecht – sie kosten nur 2 bis 3 DM. Weniger geeignet sind feinporige Gummischwämme – sie schmirgeln bereits, weil sie den Schmutz stärker festhalten.

Wagen abledern

Ist der Schmutz restlos beseitigt, kommt als dritter Arbeitsgang das Trocknen des Wagens mit dem Waschleder. Nichts anderes ist zum Trocknen des Wagens besser geeignet als ein großflächiges Ziegen- oder Rehleder. Und in diesem Fall müssen Sie einmal tüchtig in den Geldbeutel greifen, denn ein echtes Ziegenleder kostet mindestens 12 DM! Sie können sich statt eines teuren Waschhandschuhes einen billigen Viskoseschwamm kaufen, aber am Waschleder ist nichts zu sparen; alle Kunst- und Ersatz-Fensterleder taugen nicht viel. Sie sind auch zu klein, denn Ihr Waschleder soll mindestens 50 auf 50 cm groß sein. Nehmen Sie's auf die Haushaltskasse, denn die Hausfrau wird schnell dahinterkommen, daß sich mit solch einem echten Fensterleder auch die Wohnungsfenster viel leichter und besser putzen lassen.
Das Trocknen des Wagens läßt sich nur bei Regenwetter sparen, denn das von der Luft angetrocknete Waschwasser würde mit der Zeit unvermeidbar einen grauen Film oder Tropfenflecken auf den Lack bringen. Das ist besonders

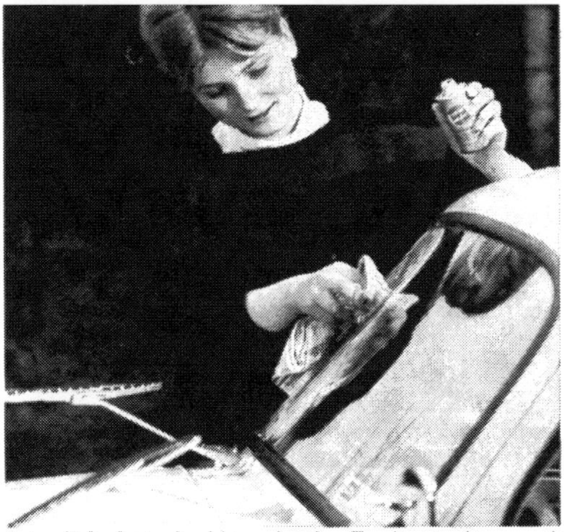

Die Windschutzscheibenreinigung allein mit Wasser genügt auf die Dauer nicht, denn auf ihr setzt sich öliger Dunst von Motorabgasen und eventuell auch etwas Silikon aus Lackpflegemitteln ab. Auch das Waschleder zum Abtrocknen der Windschutzscheibe ist nie ganz fettfrei. Geben Sie deshalb nach jeder Wagenwäsche zur Beseitigung dieser Rückstände der Windschutzscheibe eine intensive »Abreibung«, am besten mit dem schon von Großmutter gelobten Messingputzmittel Sidol. Es ist billiger und mindestens ebenso wirkungsvoll wie viele andere für diesen speziellen Zweck angebotene moderne Pflegemittel.

ärgerlich bei dunklem Lack. Es liegt daran, daß im Leitungswasser immer mehr oder weniger Kalk enthalten ist, der sich auf dem Lack absetzt. Deshalb ist auch die an manchen Tankstellen angewandte Gebläsetrocknung eine fragwürdige Sache.

Zum Trocknen des Wagens wird das Fensterleder zuerst angefeuchtet, sonst nimmt es kein Wasser an. Dann zieht man es Zug um Zug breit über die Karosserie, auf dem Dach beginnend, wringt und wäscht es zwischendurch immer wieder aus, bis alle Wassertropfen weggewischt sind. Jetzt braucht man mit dem Reiben auch nicht mehr so ängstlich zu sein, denn schmirgelnde Sandkörnchen gibt es ja nicht mehr auf dem Lack. Das teure Waschleder wird natürlich nicht zum Austrocknen der Radfelgen oder Stoßstangen-Innenseite benutzt. Dazu reicht ein altes, degradiertes Fensterlederstück oder ein Lappen.

Die Eimerwäsche

Nicht jeder Autobesitzer kann in Hof, Garten oder auf dem Platz vor der Garage einfach einen Schlauch an die Wasserleitung anschließen. Viele müssen, wenn sie ihren Wagen waschen wollen, zum Eimer greifen. Wenn, dann sollten Sie aber nach mindestens zwei Eimern greifen, denn mit einem Wascheimer ist das nichts. Für die Eimerwäsche gilt das gleiche wie für die Wäsche mit dem Wasserschlauch: viel Wasser! Da aber in einem Eimer die Waschbrühe schnell trübe ist, schmirgelt man bei falscher Wasser-Sparsamkeit immer wieder den darin schwebenden Sand und Staub über den Lack. Wie wenig gut

Steht kein fließendes Wasser für die Wagenwäsche zur Verfügung, braucht man zur Eimerwäsche mindestens 2 Eimer. Im einen wird der schmutzige Schwamm ausgespült und im anderen danach der Schwamm mit frischem Wasser vollgesogen. Von oben nach unten muß die Karosserie Zug um Zug mit sehr nassem und ständig frisch ausgewaschenem Schwamm gereinigt werden. Und immer wieder frisches Wasser herbeischleppen! Diese Mühe erspart man sich später wieder bei der Lackpflege an Zeit und Geld.

dies dem Lack bekommt, haben wir schon beschrieben. So schwer es auch fällt, das Wasserschleppen ist in diesem Falle der wichtigste Teil der Arbeit. Zuerst wird der ganze Wagen mit Wasser aus dem Eimer übergossen, damit der Schmutz aufweicht. Also auf keinen Fall sofort mit dem nassen Schwamm auf dem trockenen Schmutz herumfummeln! Darum stehen zwei Eimer zur Verfügung – am besten Kunststoffeimer und keine Zinkeimer, damit es nicht sofort Kratzer gibt, wenn man einmal mit ihnen an den Wagen stößt.

Nicht am Fluß waschen

Manche Leute gehen, damit sie das Wasser in den Eimern nicht zu weit zu tragen brauchen, an einen Fluß oder Bach, um dort ihrem Wagen wieder Glanz zu verleihen. Aus Gründen des Gewässerschutzes ist das grundsätzlich verboten. Aber in manchen Fällen schaut die Polizei nicht so genau hin, weil an dem betreffenden Gewässer doch nichts mehr zu schützen ist. Das bedeutet aber, daß sich in dieser Feuchtigkeit allerlei Abwässer befinden, deren Einfluß auf den Lack nicht unbedingt vorauszusehen ist.

Die Sonne darf nicht zusehen

Versuchen Sie nie, Ihren Wagen in der Sonne zu waschen und abzuledern. Wasserflecken auf dem Lack sind unvermeidbar. Sie entstehen einerseits durch Schmutz- und Kalkrückstände aus den Wassertropfen – dann ist's noch verhältnismäßig harmlos – oder es handelt sich um Lackverfärbungen, weil die Sonnenstrahlen durch einzelne Wassertropfen wie durch Brenngläser gestochen haben – das ist nur durch eine Lackpolitur zu heilen. Wenn weit und breit nur Sonne herrscht, muß also auf Wagenwäsche verzichtet werden.

Motorwäsche mit Vorsicht

Die Seitenwände des Motorraumes und die Teile des Motors verlocken einen auf Sauberkeit erpichten Fiat-Besitzer, auch hier Wasser und Schwamm walten zu lassen. Vorsicht ist dabei am Platze, denn bei einer feuchten Überschwemmung des Motors sind Zündstörungen fast unvermeidbar. Am besten ist deshalb die Reinigung des Motors und des Motorraums mit einem Motor-Reiniger (beispielsweise Beropur; an den meisten Tankstellen bekannt), der mit einem Waschpinsel aufgetragen und anschließend mit vorsichtigem Wasserstrahl abgespritzt wird, nachdem die Elektroteile mit Lappen abgedeckt wurden. Mit Vorliebe setzt sich, wenn dies nicht geschieht, Wasserdampf innen in den Verteilerdeckel und leitet dort den Zündfunken ganz oder teilweise zur Masse ab. Ist dies doch passiert, hilft ein Aussprühen des Zündverteilerdeckels und der Kabelanschlüsse mit Polifac-Chromschutzspray. Das Zeug kriecht nämlich unter die Feuchtigkeit und stellt die Isolierung wieder her.

Das beste Waschmittel: Klares Wasser

Vielleicht wundern Sie sich, daß bis jetzt noch gar nicht von einem der zahllosen Waschmittel und Auto-Shampoos die Rede war, die in allen Tankstellen einen großen Raum des Zubehörschrankes einnehmen. Das hat seinen Grund: Noch immer ist reichlicher Wassergebrauch der wichtigste Teil der Wagenpflege. Das Auto braucht kein Waschmittel oder Shampoo, solange der Lack nach der Wasserwäsche noch einwandfreien Glanz zeigt und der Regen auf dem Lack Wasserperlen bildet, anstatt konturlos zu verlaufen. Der allzu häufige Gebrauch dieser Wagenkosmetika hat das gleiche Ergebnis wie bei jungen Damen: Ihre jugendfrische Haut braucht's eigentlich nicht und wenn sie damit beginnen, geht's nicht mehr ohne. Wann und wie die verschiedenen Auto-Shampoos, Waschkonservierer, Lackpflegemittel angewendet werden können, lesen Sie im nächsten Kapitel. Wenn Sie augenblicklich noch keine Zeit zum Weiterlesen haben, waschen Sie ruhig Ihren Wagen derweilen mit klarem Wasser – Sie haben noch nichts versäumt.

Glanzleistungen

Neben den vielen technischen Details eines Wagens wird heutzutage die beachtliche Leistung der Lackfabrikanten gar nicht recht gewürdigt. Was der Auto-Lack aushalten soll und auch aushält, ist schon erstaunlich. Dabei ist die eigentliche Lackschicht, die dem ganzen Fiat 600 die Farbe gibt, noch nicht $^{1}/_{10}$ mm dick. Dieser farbige Hauch muß an allen Stellen so intensiv decken, daß nirgends die darunter liegenden Schichten des Lackaufbaues – Phosphatierung, Rostschutz (Fiat benutzt dazu ein Spezialmittel namens »Aqualit«) und Grundierung – durchschimmern. Außerdem soll der Lack bei verständiger Pflege über Jahre seinen Glanz behalten und vor allem seine Aufgabe, das Blech der Karosserie gegen Rost zu schützen, einwandfrei erfüllen.
Dabei dürfen ihn auch schwere Strapazen, die er durch sengende Sonne und strömenden Regen, arktische Kälte und tropische Hitze, grobkörnigen Schmutz und spritzendes Salzwasser zu erleiden hat, nicht in die Knie zwingen. Er muß schließlich ziemlich schlagfest sein und hat alle Bewegungen des Bleches bei Vibrationen und normalen Verbiegungen geschmeidig mitzumachen.
Das hat der Lack nicht immer ausgehalten. In der Kinderzeit des Automobils pinselte man Strich um Strich und Lage auf Lage die Öllackfarben, genau wie bei der Pferdekutsche. Dieser Lack brauchte enorm viel Zeit, bis er wirklich durchgetrocknet war. Später nahm man die Spritzpistole und pustete damit Nitrolacke auf die Autos. Das ging schon wesentlich schneller und war in einigen Autofabriken noch nach dem letzten Krieg in Brauch. Aber mit der steigenden Autoproduktion war es doch nicht mehr schnell genug, und heute gibt es in Nitrolack praktisch nur noch handgefertigte Sonderlackierungen. Den Nitrolacken sagt man allerdings, nach strapaziöser Polierarbeit mit der Hand, einen besonders »tiefen« Glanz nach. Allenfalls werden beim Nachlackieren von den Autolackierern noch Nitrolacke verwendet. Auch wenn Sie selbst Lackschäden an Ihrem Wagen ausbessern wollen, werden Sie dies oft mit Nitro- oder Nitrokombinationslack tun.
Heutzutage werden Personenwagen-Karosserien mit Kunstharzlack beschichtet. Anschließend wird der anhaftende Lack in besonderen Einbrennöfen bei einer Hitze bis zu 180 °C eingebrannt. Man nennt den Lack deshalb auch Einbrennlack.

Wenn der Lack altert

Auch der beste Lack hält die ihm zugemuteten Strapazen nur eine gewisse Zeit lang aus, wenn man ihm nicht die notwendige Pflege zukommen läßt. Ungepflegter Lack verliert mit der Zeit seine Elastizität, er »altert«, indem sich die Poren erweitern, Feuchtigkeit eindringt und die Farbschicht von innen zermürbt. Der im Kunstharzlack enthaltene »Weichmacher«, der ihm seine Elastizität verleiht, verflüchtigt sich allmählich, und die einzelnen Farbkörnchen liegen nicht mehr eingebettet im Lack, sondern stehen spröde ab, wodurch er ein stumpfes Aussehen erhält und schließlich »auskreidet«.

Wagenwäsche vor Lackpflege

Die Lackpflege beginnt schon bei der Wagenwäsche. Nicht umsonst empfehlen wir, daß bei der Wagenwäsche mit möglichst viel Wasser abgeschwemmt werden muß und nicht abgerieben werden darf. Sonst ergibt sich mit der Zeit unvermeidbar eine häßliche »Mattierung« des Lackes.
Die reine Wasserwäsche ist so lange gut, solange das Wasser in kleinen Tropfen über den Lack perlt. Das ist nur ein Anhaltspunkt (siehe Bild).
Vor gar nicht langer Zeit galt übrigens noch die Spielregel, daß der Lack eines neuen Autos in den ersten Wochen nur mit klarem Wasser gewaschen werden dürfte, da er noch nicht restlos ausgehärtet sei. Das galt zweifellos noch bei Nitrolack. Die neuesten Kunstharzlacke sind aber so robust geworden, daß solche Rücksicht nicht mehr notwendig ist. Müssen sie doch schon in ihrer zartesten Jugendzeit eine Übersprühung mit billigem Konservierungsmittel über sich ergehen lassen, bevor sie vom Herstellerwerk zum Autohändler transportiert werden, und bald darauf rückt man dort dem frischen Lack mit recht radikalen Entkonservierungsmitteln zu Leibe. Wenn der Lack das überstanden hat, schreckt ihn nichts mehr. Ein gutes Auto-Shampoo schadet ihm dann auch in den ersten Wochen nichts, wenn in der Nähe eines Industriewerkes oder einer Zementfabrik ätzender und intensiv haftender Staub auf den Lack gekommen ist, der mit blankem Wasser nicht zu entfernen ist.

Keine Haushalts-Spülmittel verwenden

Mit einem Auto-Shampoo läßt sich auch hartnäckiger Schmutz leicht vom Lack beseitigen. Keinesfalls soll man aber zur Wagenwäsche eines der im Haushalt durchaus bewährten Spül- und Reinigungsmittel verwenden, auch wenn auf dem Etikett irgend etwas von Autopflege steht. Was nämlich zur Reinigung von Glas, Porzellan und Eßbestecken sehr wirkungsvoll ist, taugt nur selten für den stets porösen und geschmeidigen Autolack. Die Oberfläche von Glas und Porzellan ist hart und selbst für scharfe Reinigungsmittel unangreifbar. Nicht so der Lack. Gutes Auto-Shampoo ist dafür als Spezialmittel stets alkalifrei, milde wirkend und – wenn es seinen Namen wirklich verdient – rückfettend, d. h., es gibt dem Lack gewisse »Nährstoffe«, die ihn frisch und elastisch erhalten. Auf dem Lack haftender fettiger Schmutz, der z. B. von Dieselqualm besonders hartnäckig ist, muß einerseits durch das Auto-Shampoo gelöst werden, andrerseits darf der Lack aber auch nicht durch diese fettlösende Wirkung ausgemagert werden.

Auto-Shampoo direkt auftragen

Um die rückfettenden Wirkstoffe eines guten Auto-Shampoos nicht zu verschwenden und sinnlos in den Ausguß zu schütten, soll es nicht, wie oft von den Herstellern empfohlen, im Eimer angerührt und dann auf den Wagen ver-

Das ist die einfache Kontrolle, ob der Lack eines Pflegemittels bedarf: Perlt das Wasser, wie hier, in kleinen Tropfen über den Lack, ist weiterhin reine Wasserwäsche ausreichend. Wenn jedoch das Wasser »teigig« und ohne Ränder über den Lack läuft, wird auf jeden Fall Lackpflege fällig. Irrtum ist bei dieser Probe möglich, denn auch bei Petroleum und Öl auf dem Lack »perlt« das Wasser. Trotzdem ist in diesem Fall dringend Lackpflege erforderlich.

teilt werden. Sondern es ist wesentlich rationeller, wenn es mit dem feuchten Schwamm direkt auf den Wagen aufgetragen wird, nachdem das Fahrzeug durch die Vorwäsche vom groben Schmutz gereinigt ist. Das Auftragen geht am besten mit einem kleinporigen Schwamm, wobei sich die preiswerten Viskoseschwämme besonders bewähren.
Bei dieser Direktauftragung mit dem Schwamm wird mancher den wunderschönen Schaum vermissen, der sich beim Anrühren im Eimer in dicken Flocken zeigt. Aber dieser Schaum ist im wahrsten Sinne des Wortes Schaumschlägerei, die vielen Autofahrern sehr eindrucksvoll vorkommt, aber für den Lack ganz uninteressant ist. Die Werbesprüche, die Schaumflocken hielten die Schmutzteilchen in der Schwebe, halten einer wissenschaftlichen Nachprüfung nicht stand. Oder kann man sich mit der prachtvoll schäumenden Rasiercreme etwa wirkungsvoll die Hände waschen? Na bitte!

Was ist »rückfettende« Wirkung?

Um noch die angebliche oder wirkliche »rückfettende Wirkung« zu erklären: Ein gutes Auto-Shampoo muß in die feinen Poren und Ritzen des Lackes eindringen, den darin sitzenden Schmutz herauslösen, der dann durch die rückfettenden Substanzen des Shampoos ersetzt wird. So werden die feinen Poren mit schmutzabweisenden Teilchen ausgefüllt und die einzelnen Farbpartikelchen stehen wieder elastisch zueinander. Viel Wasser ist übrigens beim Abschwemmen des Shampoos notwendig, um so mehr, je älter der Lack ist, damit auch alle fettlösenden Anteile herausgeschwemmt werden.

Nicht zu Tode pflegen

Die Shampoo-Wäsche sollte wirklich nur dann angewendet werden, wenn die Wäsche mit klarem Wasser nicht mehr ausreicht. Nicht öfter als alle 3 Monate würden wir raten, wenn kein außergewöhnlicher Anlaß zur Shampoo-Wäsche in kürzeren Abständen besteht. Das könnte beispielsweise im Ruhrgebiet und in der Nähe von Fabriken mit aggressiven Abgasen der Fall sein.
Auch die Lackpflege wird oft übertrieben. Wer immer wieder mit einem Poliermittel an seinem Auto herumfummelt, wird eines Tages die hauchdünne Lackschicht durchpoliert haben. Wenn erst die Grundierung herausschaut, wird eine teure Nachlackierung fällig. Deshalb gilt bei der Lackpflege der Grundsatz, daß um so mehr Wirkung zu erzielen ist, je sparsamer man mit den Pflegemitteln umgeht und stets nur jenes nimmt, das gerade noch die angestrebte Wirkung zeigt. Sowenig man mit Kanonen nach Spatzen schießen soll, sowenig soll man an einen noch guten Lack mit Poliermitteln, die ja eine gewisse Schleifwirkung haben, herangehen.
Auf dem Gebiet der Lackpflegemittel steht ein überreichliches Angebot zur Auswahl, zumal es für jeden einigermaßen schlauen Drogisten ein Kinderspiel ist, in seiner Waschküche Auto-Pflegemittel zusammenzurühren. Solche »Qualitäts-Erzeugnisse« werden vorzugsweise auf Parkplätzen, an den Haustüren und in Ramschläden angeboten. Wobei es sich sehr oft um Bohnerwachs handelt, das mit Lösungmitteln flüssig gemacht wurde. Das ist also nichts.
Andrerseits gibt es auch kleine, strebsame Betriebe, die ausgezeichnete Lackpflegemittel herstellen, weil sie mit guter Qualität ins Geschäft kommen wollen. Wer von seinem fachkundigen Tankwart etwas empfohlen bekommt, was dieser selbst mit gutem Erfolg ausprobiert hat, kann auch ein Produkt einer unbekannten Marke kaufen. Aber im allgemeinen ist es besser, sich an die bekannten Marken dieser Branche zu halten, die einen Namen zu verlieren hätten, wenn sie Schund verkaufen würden. Wir denken dabei an die Marken

- Polifac
- 1 – Z
- Pingo
- Rex
- Wenol
- Johnson

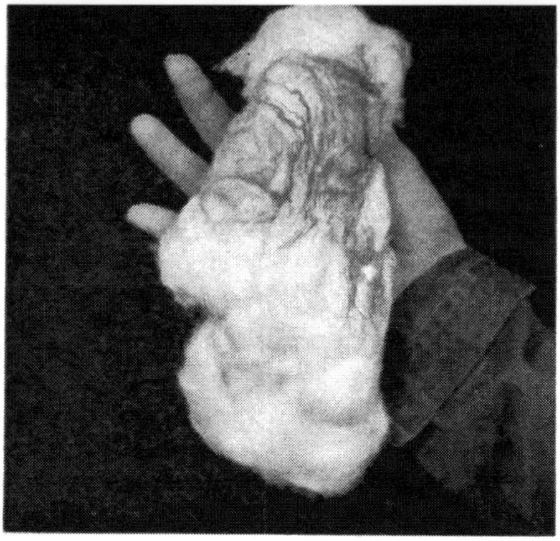

Die Bezeichnungen »Auto Polish«, »Lack-Reiniger«, »Reinigungspolitur« und »Lack-Politur« gehen im Zubehörhandel etwas verwirrend durcheinander. Die Polierwatte zeigt, was es wirklich ist: Bei Lack-Konservierungsmitteln und Auto-Polish darf sie keine Lackfarbe annehmen, bei Lack-Reiniger und Reinigungspolitur ein wenig und nur bei Schleifpolierpaste unJ Lack-Politur färbt sie sich stärker. Nimmt die Watte intensiv Farbe an, ist das Pflegemittel bei nur verschmutztem Lack zu scharf und falsch bezeichnet.

Lackpflege von Stufe zu Stufe

Die Lackpflege ist in mehreren Stufen, je nach Verwitterung, möglich:

■ Auto-Shampoo mit rückfettender Wirkung; das haben wir bereits besprochen.

■ Waschkonservierer (z. B. von Rex oder Polifac). Bei der Eimerwäsche gibt man bei der letzten Nachwäsche einen Meßbecher voll Waschkonservierer in den Eimer mit klarem Wasser, wäscht damit den Wagen ab und ledert nun den Lack trocken (bei Rex) oder läßt die Feuchtigkeit in diesem Falle antrocknen (bei Polifac). Zum Schluß mit dem Poliertuch oder noch besser mit Polierwatte nachreiben. Es bleibt dann eine wachsartige Schutzschicht auf dem Lack zurück. Diese Konservierung ist bei gesundem Lack angebracht, aber auch nicht bei jeder Wagenwäsche notwendig.

Wird sie zu oft ohne andere Pflege wiederholt, zeigt sich der Lack nach unseren Erfahrungen mit der Zeit milchig-trübe. Dann ist die Wachsschicht zusammen mit feinstem Staub »zu dick« geworden. Dem Lack darunter schadet es nichts, er muß, um seinen Glanz wieder zu erhalten, jedoch zwischendurch mit einem milden Lackreiniger behandelt werden.

■ Lack-Konservierungsmittel (Autopolish oder Autowax). Die Wirkung ist die gleiche wie bei einem Waschkonservierer, nur daß die Paste oder milchig-trübe Flüssigkeit erst nach dem gründlichen Abtrocknen des Lackes – am besten mit einem kleinen Spezialschwamm – aufgetragen werden kann. Anschließend mit Watte blank reiben. Auch diese Lack-Konservierungsmittel sind zumeist Wachspasten, sehr oft auch mit Silikon-Teilchen durchmischt, wenn nicht ausdrücklich »ohne Silikon« auf der Verpackung steht. An sich ist Silikon ein sehr wirkungsvolles Konservierungsmittel, aber man kann darüber streiten, ob man es zur Lackpflege am Auto nehmen soll, denn vom Lack kommt es unvermeidbar auf die Windschutzscheibe, und dort ist es gar nicht erwünscht. Außerdem muß ein mit Silikon gepflegter Lack erst umständlich vorbehandelt und geschliffen werden, wenn ein Lackschaden ausgebessert werden soll. Auf Silikon bildet der aufgesprühte Lack nämlich »Fischaugen« oder »Krater« durch chemische Zersetzung. Das wird dann teuer.

Auch Fiat bietet ein Lackkonservierungsmittel in seinem Zubehörprogramm an: Fiat-Sprühwachs. Das geht mit der Sprühdose zwar sehr bequem, ist aber dafür mit 4,20 DM für diese geringe Menge recht teuer. Das zweite Lackpflegmittel aus dem Fiat-Zubehör-Programm, Fiat Auto-Polish (Preis 4,80 DM) ist falsch deklariert, denn in Wirklichkeit ist es ein Lack-Reiniger, der zur nächsten Gruppe der Lackpflegemittel gehört.

■ Reinigungspolitur und Lack-Reiniger. Das ist schon ein schweres Geschütz zur Lackpflege und sollte erst dann angewendet werden, wenn der Lack durch Industriedunst und Dieselqualm so stark verschmutzt ist, daß Auto-Shampoo nicht mehr allein hilft. Oder wenn der Lack blind zu werden beginnt. Der Schmutz wird von der Reinigungsflüssigkeit aufgelöst und die Lackoberfläche ganz leicht angeschliffen, damit die »toten« Farbkörperchen weggewischt werden. Ein echter Lackreiniger darf dabei nur milde wirken.

Deshalb darf sich die Watte, mit der man den Lackreiniger aufträgt, auch nur ganz leicht in der Wagenfarbe färben. (Bei Lack-Konservierungsmittel dürfen sich übrigens überhaupt keine Farbspuren zeigen.) Nimmt die Watte bei Lackreiniger schon sehr intensiv Farbe an, ist das Mittel bei nur verschmutztem Lack schon zu scharf; es handelt sich dann nicht mehr um einen Lackreiniger, sondern schon um eine intensiv schleifende Lackpolitur.

Nach einer Behandlung des Lackes mit einem echten Lackreiniger muß anschließend noch eine Schutzschicht aus Lack-Konservierungsmittel aufgetragen und auspoliert werden.

■ Schleifpolierpaste. Das ist das schwerste Geschütz, das nur bei stark verwitterten Lacken und nur sehr selten angewendet werden darf. An der starken Farbe, die in der Watte hängen bleibt, können Sie die schnelle und scharfe Wirkung erkennen, die manchen Autopfleger – auch die Wagenpfleger an manchen Tankstellen – verlockt, schon bei geringerem Anlaß zu dieser Brisanzgranate zu greifen. Das ist aber falsch, denn der Kunstharzlack hält dies nur ein paarmal aus. Vor allem nimmt er die härteste oberste Schicht des Lackes weg; darunter ist der Lack »weicher« und weniger widerstandsfähig, so daß er nach einigen Schleifpolitiurbehandlungen immer wieder nach Politur »schreit«. Bis die Grundierung herausschaut.

Eine Aufarbeitung mit Schleifpolierpaste macht man eigentlich nur, wenn leichte Schrammen aus dem Lack herausgewienert werden müssen oder der Wagen verkauft werden soll. Dann lohnt sich die stundenlange harte Handarbeit, die unweigerlich damit verbunden ist. Wenn es sein muß: Fachleute schätzen z. B. die Unus-Schleif-Polierpaste von Ferdinand Kuhn, 8033 Planegg. Das Kilo kostet 6 DM. Auch bei dieser Arbeit: Die Sonne darf nicht zuschauen, sonst gibt es Flecken.

Poliermaschine hat Tücken

Mancher Heimwerker hat in seiner Privatwerkstatt eine vielseitig verwendbare Bohrmaschine, in deren Prospekt auch auf die Möglichkeit der Lackpolitur mit dieser Maschine verwiesen ist. Man braucht nur eine Lammfellscheibe aufzustecken, heißt es im Prospekt, und kann – nebenbei pfeiferauchend – in aller Gemütsruhe den Wagen polieren. Vorsicht, das kann dem Lack übel bekommen! Denn diese Universalmaschinchen drehen in aller Regel zu schnell, so daß zwischen der Polierscheibe und dem Lack hohe Reibungswärme entsteht, die das Poliermittel zersetzen oder festbrennen lassen kann, so daß bitterböse Kratzer in den Lack gerissen werden. Will man Reibungswärme vermeiden, reicht der Druck nicht aus, um das Poliermittel in die Lackporen zu drücken. Aber auch wenn solch eine Maschine einen zweiten »Langsam-Gang« hat, kann zwischen Scheibe und Lack geratener Sand oder Staub bereits eine große Fläche kreisförmig verschrammt haben, bevor man es richtig merkt. Selbst versierte Tankwarte und Wagenpfleger wollen von der Poliermaschine nichts wissen und strengen sich lieber mit der Hand an.

Chrom-Pflege

Genau wie der Lack braucht auch die Verchromung Pflege und Schutz gegen Witterungseinflüsse. Chromschutzmittel gibt es ebenfalls in Massen. Man trägt sie auf und reibt sie mit einem weichen Lappen oder Polierwatte blank. Besondere Schwierigkeiten gibt es dabei nicht. Lediglich im Winter erhält die Chrompflege einen besonderen Akzent. Darüber mehr im Kapitel »Winterschutz«. Erste Rostspuren müssen unbedingt »bekämpft« werden, sonst frißt der Rost unter der Verchromung weiter. Am besten eignet sich dazu Lack-Reiniger, wie der an den meisten Tankstellen erhältliche von »1–Z« (grüne Dreieckflasche).

Teerspritzer und Insekten

Bei der Fahrt über frisch asphaltierte Straßen hinterläßt der hochgespritzte Split kleine schwarze Teerflecke auf dem Lack. Völlig falsch ist es, sie mit dem Messer oder auch mit einem Holz abschaben zu wollen. Das gibt Kratzer im Lack, die nicht weniger schäbig als der Teerflecken aussehen. Sie müssen chemisch aufgelöst werden. Das geht mit Petroleum oder einem speziellen Teerflecken-Entferner.
Insektenleichen, die die Wagenvorderseite im Sommer zu Tausenden auffängt, können den Lack verätzen, wenn sie nicht rechtzeitig beseitigt werden. Auch hier ist Herumkratzen nur schädlich. Ebenso falsch ist es, jedesmal mit scharfem Lackreiniger an diesen Stellen zu arbeiten. Die Insektenleichen gehen zwar davon weg, aber der Lack auch. Das mildeste Mittel ist eine dicke, patschnasse Schicht Zeitungspapier auf die Insektenoberfläche. Und bei der Wagenwäsche selbst hilft der kleine Insekten-Spezialschwamm, wie ihn beispielsweise Polifac anbietet. Das ist ein rauher und grobporiger Kunststoffschwamm, der sehr wirkungsvoll ist, den Lack aber nicht zerkratzt.

Ausbessern von Lackschäden

In Zeitungsanzeigen oder auf Plakaten in den Schaufenstern von Farbgeschäften sieht man gelegentlich adrette Damen oder Herren, die im Cocktailkleid oder Smoking mit einer Spraydose auf ihr Auto zielen. Sie bessern schnell noch einen Lackschaden aus, heißt es im Werbetext. Ganz so leicht, gewissermaßen auf dem Weg ins Kino oder Theater, geht es doch nicht, wenn es nach etwas aussehen soll. Obgleich die dort propagierten Farbsprühdosen auch nach unseren Erfahrungen sehr gut und brauchbar sind. Aber die Lackierung muß kunstgerecht »aufgebaut« werden, damit sie wirklich haltbar ist. Dazu
■ beschädigte Karosserieteile zuerst mit Gummihammer, Handfaust und Schlichthammer sorgfältig ausbeulen, leicht überfeilen, mit Schleifpapier trokken alle alten Lack-, Grundierungs- und Spachtelreste von der schadhaften Stelle entfernen, mit Plastik-Füllmasse (aus kleinen Tuben zu 1,30 DM) spach-

Das Arbeitsgerät zum Ausbessern von Lackschäden: Schleifpapier verschiedener Körnung zum Naß-Schleifen, Wassertopf zum Anfeuchten des Schleifpapiers, glatt gehobeltes Holzstück als Schleifunterlage, Metallsägeblatt zum Aufrauhen, Sprühdosen mit Haftgrund und Lackfarbe, Zwei-Komponenten-Plastik-Spachtel und Spachtelwerkzeuge.

teln, nach Trocknungszeit alle Unebenheiten abschleifen (mit Schleifpapier, das über ein handgroßes, völlig planes Brettstück gespannt ist), Grundierung aufpinseln oder aufsprühen, mit feinem Schleifpapier naß nachschleifen, angrenzende Karosserieteile sorgfältig abdecken und Lackfarbe aus Sprühdose aufsprühen. Übrigens: Die Grundierung darf auf keinen Fall gespart und direkt auf das blank geschliffene Metall mit Lackfarbe gesprüht werden. Das »deckt« nicht und das Metall schimmert durch die wolkige Farbe. Haftgrund muß immer dazwischen sein!

■ neue unlackierte Karosserieteile (etwa eine Motorhaube) gründlich entfetten mit reinem Benzin oder »Washprimer« (selbst Fingerspuren vom Transport würden sonst später durch die Lackierung schlagen) eventuelle Transportschäden (auch kleinste!) mit Spachtel und Grundierung beseitigen und erst dann Lackfarbe sprühen,

■ alte Lackierung zuerst mit reinem Benzin entfetten, dann mit 400er oder 360er Schleifpapier naß schleifen, bis alle Lackpflegemittelrückstände (vor allem Silikonspuren) und »toten« Lackteilchen beseitigt sind und die alte Lackierung eine milchig-matte Oberfläche zeigt, naß abwaschen, schnell trocknen, eventuelle Unebenheiten spachteln, grundieren und nachschleifen, angrenzende Karosserieteile gut abdecken und zuletzt Lackfarbe sprühen,

■ Roststellen (auch unter dem Lack) bis aufs blanke Blech abschleifen, mit Nitro-Verdünnung sorgfältig entfetten und anschließend mit Zinkchromat-Grundierung (zur Verhinderung weiteren Rostens) überziehen, eventuelle Unebenheiten spachteln, grundieren; naß schleifen und nach sorgfältiger Trocknung lackieren (nur sinnvoll, wenn das Blech nicht durchgerostet ist).

Sprühdosen im Original-Farbton

Alle Materialien, die man braucht, bekommt man in Farbgeschäften, von denen sich bereits viele auf »Selbst-ist-der-Mann«-Arbeiten eingestellt haben. Allen Versuchen mit Farbsprühpistolen (wenn nicht entsprechende Ausstattung mit Kompressor usw. zur Verfügung steht) sind die Farb-Sprühdosen vorzuziehen. Man erhält sie in allen gängigen Auto-Farbtönen, genau nach den Farbbestimmungen und Original-Farbbezeichnungen der Autohersteller. Leider ist bei den Fiat-Wagen die werksoffizielle Farbbezeichnung nur auf der Liefer-Rechnung zu finden. Dort müssen Sie also nachsehen, wenn Sie die genaue Farbbezeichnung wissen wollen. Denn diesen Farbnamen muß man wissen, um die farbechte Sprühdose zu erhalten. Mehrere Firmen, z. B. Dupli-Color und Ducolux, haben sich auf diese Sprühdosen spezialisiert. Zwischen den Fabrikaten bestehen einige Unterschiede:

	Dupli-Color	Ducolux
■ Preis	5,65 DM	10,40 DM
■ Inhalt	165 Gramm	310 Gramm
■ Lackart	Kombinationslack	Kunstharzlack

Kleine Lackschäden

Kleinste Lackschäden, beispielsweise von Steinschlag, sollten nicht mit Lack ausgebessert werden. Auch nicht feine Kratzer, die nur bei der Lackpflege zu erkennen sind. Was nämlich, unbeachtet, wie ein Spinnenfaden oder ein Fliegenschmutz aussieht, wird besonders durch den sogenannten Tupflack-Stift auffallend. Wir möchten daher von Tupflack oder Lackstiften grundsätzlich abraten. Der darin enthaltene Lack ist notwendigerweise dick und bildet einen warzenartigen Farbklecks, der unübersehbar ist. Kleine Steinschlagschäden schmiert man stattdessen zum Schutz gegen Weiterrosten mit Lackpflegemittel auf Wachsbasis zu. Und von einer Ganzlackierung sollte man als Heimwerker ganz die Finger lassen. Das gibt nur eine Enttäuschung, wenn es an der Erfahrung fehlt.

Nicht kalt gestellt

Vorzeiten meldeten Autobesitzer – von den ganz Unentwegten einmal abgesehen – im Spätherbst ihren Wagen ab, setzten ihn in der Garage kunstvoll auf Holzböcke – damit die Reifen und Federn entlastet waren – und schraubten die Nummernschilder erst kurz vor Ostern wieder an. Heute sind die Leute selten, die wegen des Winters zweimal zur Zulassungsstelle laufen, denn das Autofahren ist im Winter problemlos geworden – so scheint es. Gewiß, Sie brauchen sich heute nicht mehr Stroh in das Auto zu streuen, damit die Füße über dem Gefrierpunkt bleiben; das macht heute die Wagenheizung. Aber die Wasserkühlung muß noch wie einst frostfest gemacht werden, wenn auch nicht mehr mit Bienenhonig oder ähnlichen zauberhaften Mitteln. Darüber hinaus sind mit dem Streusalz auf den Straßen neue Probleme aufgekommen, die man früher nicht kannte. Den Wert seines Wagens den Winter über zu erhalten, macht also einige Vorkehrungen erforderlich.

Kühlflüssigkeit frostfest?

Moderne Frostschutzmittel müssen im Sommer nicht abgelassen werden; sie können etwa 2 Jahre im Kühler bleiben. Dann ist ihre Korrossionsschutzwirkung nicht mehr ganz auf der Höhe. Die Wirkung der Frostschutzmischung muß jedoch auf alle Fälle vor Beginn der kalten Jahreszeit überprüft werden, damit bei einem plötzlichen Kälteeinbruch der Motorblock nicht einfriert und reißt. Die Frostfestigkeit des Kühlerinhaltes ist von dessen spezifischem Gewicht abhängig. Man braucht also nur eine Prüfspindel, die das spezifische Gewicht durch einen geeichten Schwimmer anzeigt. Es ist dabei völlig einerlei, welches Frostschutzmittel man verwendet, ob Glysantin, BP-Antifrost, Genantin oder Paraflu 11 von Fiat, die Abhängigkeit von spezifischem Gewicht zur Frostfestigkeit ist in allen Fällen nahezu gleich. Die Prüfspindeln der Tankstellen und Werkstätten haben in der Regel eine Doppelskala, die ein exaktes Ablesen der Frostfestigkeit bei allen gängigen Temperaturen gestattet. Neuerdings gibt es auch noch ein einfacheres Prüfgerät, das nur durch eine in der angesaugten Flüssigkeit schwebende Kugel anzeigt, ob die Frostschutzmischung bis –25 °C – das ist auch die von Fiat für den Winterbetrieb empfohlene Frostfestigkeit – wirksam ist (siehe Bild auf Seite 33). Dieser Frostschutztester von Glysantin, Glysantester genannt, ist temperaturausgleichend, da die Schwebekugel diesen Ausgleich bewirkt, aber leider nicht im Zubehörhandel erhältlich. Wenn Ihr Tankstellenhalter Glysantin verkauft und Sie gut Freund mit ihm sind, können Sie vielleicht einen Glysantester erbitten. Er bekommt ihn kostenlos von seinem Glysantinlieferanten.

Falls die Frostfestigkeit nicht mehr bis –25 °C ausreicht, weil im Sommer bei Bedarf nur reines Wasser nachgefüllt wurde, müssen Sie Frostschutzmittel zusätzlich einfüllen. Frostschutzmittel ist in der Regel in Dosen zu 1,5 Liter abgefüllt und kostet pro Dose etwa 7,80 DM. Es geht jedoch auch wesentlich billiger, wenn Sie eine Tankstelle finden, die Frostschutzmittel literweise aus dem Faß abfüllt. Dann kostet der Liter unter Umständen nur 2,60 DM (statt 5,20 DM in der Originaldose).

Muß zur Verbesserung der Frostfestigkeit nur eine geringe Menge Frostschutzmittel hinzugefügt werden, genügt dessen direktes Einfüllen in den Kühlereinfüllstutzen, nachdem durch Ablassen der entsprechenden Wassermenge aus dem Wasserablaßhahn (an der Unterseite der Kühlwasserleitung zur Wasserpumpe) entsprechend Platz geschaffen wurde. Nicht bis zum Oberrand des Kühlerstutzens auffüllen, da sich die Frostschutzmischung bei der Erwärmung ausdehnt und zwecklos zum Überlaufrohr hinausrinnt.

Soll nach reiner Wasserfüllung im Sommer oder nach verbrauchter Frostschutzmischung das Kühlsystem frisch mit Frostschutzmischung befüllt werden, ist zur Erreichung einer Frostfestigkeit von –25 ° C bei dem Inhalt des Kühlsystems von insgesamt 4,3 Liter an Gefrierschutzkonzentrat 1,75 Liter notwendig (Fiat 770 S = für 6,5 Liter ca. 3 Liter Frostschutzmittel). Weil aber die handelsüblichen Dosen nur 1,5 Liter haben und man sicherlich wegen des weiteren Viertelliterchens nicht noch eine ganze Dose kaufen mag (anders ist es bei literweiser Frostschutzmittelabgabe an einer Tankstelle) genügen auch 1,5 Liter fürs erste vollkommen. Das reicht dann bis – 20 ° C. Bei Nachfüllbedarf kann man ja dann später reines Frostschutzmittel nachfüllen, um eine höhere Frostfestigkeit zu erreichen.

Wasser und Frostschutzkonzentrat können beim frischen Befüllen des Kühlers nicht einfach nacheinander in den Kühlerstutzen gekippt werden, bis das Kühlsystem voll ist, sondern die Vormischung im Eimer ist zwingend notwendig. Man braucht zu den 1,5 Liter Forstschutzkonzentrat für 4,3 Liter Gesamtmischung 2,8 Liter Wasser. Wird nicht im Eimer vorgemischt, vermengen sich Wasser und Frostschutzmittel nicht genügend, so daß einzelne reine »Wassernester« im Kühlsystem dann doch einfrieren können.

Vor dem Befüllen Kühlsystem reinigen

Vor dem Einfüllen dieser Frostschutzmischung in das Kühlsystem muß dieses tüchtig gereinigt werden. Denn die meisten Frostschutzmittel haben die Eigenschaft, Rost- und Kalkablagerungen im Kühlsystem aufzulösen und dieser Schlamm sollte keinesfalls den Winter über im Kühlsystem und in der frischen Frostschutzmischung bleiben. Das geschieht folgendermaßen:

- Wasserablaßhähne unten am Kühler und an der Kühlwasserleitung zur Wasserpumpe öffnen (im Trägerarm der Pumpe), Kühlerinhalt ablassen.
- Kühlsystem mit 4,3 Liter (Fiat 770 S = 6,5 Liter) Wasser befüllen, dem 200 Gramm Soda beigemengt sind.
- Motor etwa 10 Minuten im Leerlauf drehen lassen.
- Motor abstellen, Sodalösung weitere halbe Stunde im Kühlsystem belassen.
- Bei laufendem Motor Kühlflüssigkeit ablassen; Motor sofort abstellen.
- Frisches Wasser einfüllen, kurzer Motorlauf, Wasser wieder ablassen.
- Ablaßhähne schließen und Frostschutzmischung einfüllen.
- Motor im Leerlauf drehen lassen und Mischung oder Wasser nachfüllen, bis keine Luftblasen mehr aus dem Kühlerstutzen aufsteigen.

Frostschutz für den Scheibenwascher

Nur bei sehr hartem Frost, bei dem es auch bei Verwendung von Auftausalzen keinen Schneematsch gibt, kann man auf den Scheibenwascher verzichten. Ansonsten ist er aber gerade in der Zeit zwischen Frost und Tauwetter sehr wichtig. Auch wenn es bereits taut, unterkühlt der scharfe Fahrwind das aussprühende Scheibenwaschwasser und läßt es auf der Windschutzscheibe ge-

Damit im Winter das Türschloß nicht einfriert, spritzt man entweder einige Tropfen Frostschutzmittel hinein oder, wie hier, etwas Chromschutzspray (aber keinesfalls Chromschutzlack!), wie ihn z. B. Polifac anbietet. Kein Öl für diesen »Winterschutz« verwenden, denn damit verschmiert man sich nur den Autoschlüssel und – als Folge – die Jackentasche.
Die Schlösser sollen auch nicht mit festem Graphitpuder geschmiert werden. Trockengraphit wird von dem Schlüssel ständig nach hinten geschoben und macht eines Tages ein völliges Einschieben des Schlüssels unmöglich. Die Folge sind hohe Kosten, da das Schloß ausgebaut, auseinandergenommen und gereinigt werden muß.

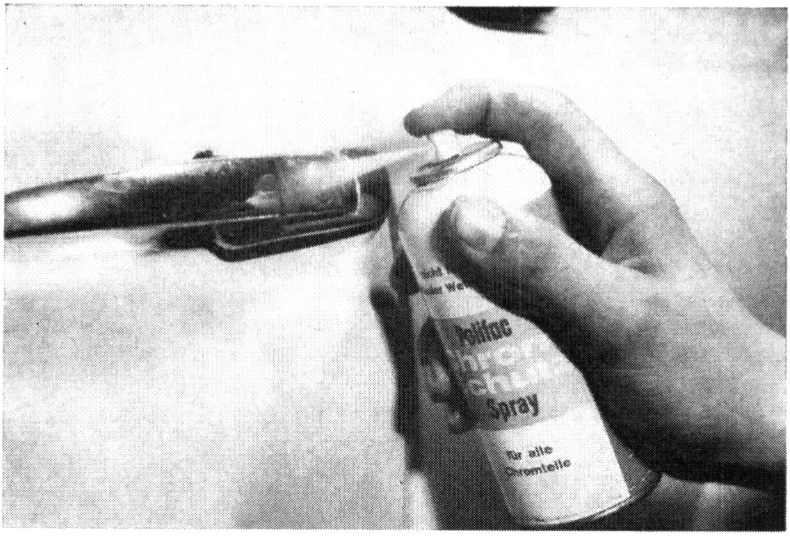

frieren. Überdies hängt der Vorratsbehälter für das Waschwasser sehr temperaturungünstig vorne unter der ungewärmten Kofferraumhaube.
Wie die frostfeste Scheibenwascherflüssigkeit aufbereitet wird, ist bereits im Kapitel über den »kleinen Wartungsdienst« auf Seite 34 beschrieben. Es sei noch einmal betont: Die Antifrostmischung vor dem Einfüllen sehr gut durchmischen oder den Kunststoff-Vorratsbehälter lange »durchkneten«, sonst trennen sich Wasser und Frostschutzmittel bei nur mäßiger Durchmischung und das Wasser friert trotzdem ein.

Reifen im Winter

Durch die stürmische Reifenentwicklung der letzten Jahre, die gerade in der Winterbereifung beträchtliche Fortschritte zu größerer Sicherheit und Fahr-Erleichterung gemacht hat, ist es gar nicht einfach, sich durch das derzeitige Angebot hindurchzufinden. Deshalb hierzu einige Stichworte.

Rundschulter-Reifen reichen vielleicht aus

Wer im Winter nur zu fahren braucht, wenn die Straßenverhältnisse entsprechend gut sind, kann auch in der kalten Jahreszeit mit den serienmäßigen Sommer-Reifen auskommen, zumal durch Heckbelastung der Fiat 600 und Fiat 770 S »winterfreundlich« ist. Auf hartgefahrenem Schnee und Glatteis ist allerdings Kurvenfahren, Bremsen und Anfahren mit diesen glatten Reifen keine reine Freude und in frischem Schnee ist der Wagen auch bei geringer Steigung kaum noch vorwärts zu bringen. Für Schnee und Glatteis bieten sich als Notlösung aber immer noch Schneeketten an, die sowieso auf Rundschulter-Reifen am besten montiert sind und schließlich in ihrer Wirkung doch noch allen Spezial-Winterreifen überlegen sind. Wem also bei nur gelegentlichen Winterfahrten in den seltenen Fällen von Schnee und Eis das Montieren der Schneeketten nicht zu umständlich ist, kommt mit seinen Rundschulter-Reifen und Schneeketten ohne weiteres durch den Winter.

Besser sind Gürtel-Reifen im Winter

Da die Gürtel- oder Radial-Reifen durch ihren stabilen Lauf-Gürtel nicht in ihrer Aufstandsfläche auf der Fahrbahn walken, haben diese Reifen auf Schnee und Glatteis eine wesentlich bessere Haftfähigkeit als die normalen Rundschulter-Reifen. Was oben für die Rundschulter-Reifen gesagt wurde, gilt noch mehr für Gürtelreifen: Wer sein Auto bei Schnee und Eis zumeist in der Garage stehen läßt, kommt mit Gürtel-Reifen ohne weiteres durch den Winter. Besonders der Michelin-X-Reifen wird nicht zu Unrecht als »Ganzjahres-Reifen« bezeichnet, denn sein »Tannenbaumprofil« ist auch im frischen Schnee sehr wirksam beim Anfahren und Bremsen.

M + S-Reifen nur bedingt brauchbar

Die meisten Autofahrer glauben, mit der Anschaffung von 2 M + S-Reifen (M + S = Matsch + Schnee) hätten sie alles Notwendige für den Winter getan. Aber diese Reifen sind durch die schnelle Reifenentwicklung und die heutigen Straßenverhältnisse bereits praktisch überholt. Zwar sind sie im frischen und noch nicht hartgefahrenen Schnee sehr wirksam, aber sowohl auf nasser, wie auf vereister Fahrbahn rutschen sie schneller als die normalen Rundschulter-Reifen. Auf Glatteis und festgefahrenem Schnee wie auch auf nasser Fahrbahn sind also ihre Bremswege länger als die der Sommer-Reifen! Auf unseren Straßen ist, von Gebirgswegen abgesehen, frischer und lockerer Schnee aber selten und nur von kurzer Dauer. Vereister Matsch, festgefahrener Schnee und vor allem Glatteis sind häufiger. Dafür ist der M + S-Reifen aber wenig geeignet. Wenn also Winter-Reifen, dann gleich einen Schritt weiter zu den M + S-Eis-Reifen. Auch wenn es hart ins Geld geht.

M + S-Eis-Reifen gute Lösung

Für alle Winterfälle, mit Ausnahme von besonders hohem Schnee, sind Sie gerüstet, wenn Sie sich M + S-Eis-Reifen anschaffen. Diese greifen mit ihren scharfen Stacheln, den Stahl-Spikes, energisch in das Glatteis und verkürzen den Bremsweg gerade um jene Meter, auf die es bei den heute üblichen Massenkollisionen ankommt, um das eigene Fahrzeug vor dem Auffahren zu schützen. Auf weichem und frischem Schnee sowie im Matsch haben sie die gleiche Wirkung beim Anfahren wie die gerade genannten M + S-Reifen. Nur auf trockener und nasser Fahrbahn zeigen sie etwas weniger – aber immer noch ausreichende – Griffigkeit als der normale Rundschulter- oder der Gürtelreifen.
Die Kehrseite der Medaille sind allerdings die hohen Preise für diese Reifen, die noch dadurch erhöht werden, daß man auf jeden Fall 4 gleichwertige Reifen montieren muß und nicht, wie bei den M + S-Reifen, mit 2 Reifen auf der Antriebsachse auskommt. Da die Fahreigenschaften dieser Reifen beträchtlich von jenen der anderen Reifen abweichen, hätte man bei nur 2 Eis-Reifen ein Fahrzeug mit völlig verschiedenen Bremseigenschaften auf der Vorder- und der Hinterachse. Die Vorderräder ohne Spikes würden beim Bremsen auf Glatteis sofort blockieren und außerhalb jeder Lenkungskontrolle irgendwohin rutschen, während die mit Stahlspikes versehenen Hinterräder nur geringe Bremskraft hätten. Zu den hohen Kosten kommt schließlich noch hinzu, daß Eis-Reifen besonders schnell verschleißen. Wem dies Geld nicht zu viel ist, der hat dafür aber eine ordentliche Portion zusätzlicher Sicherheit erworben, wobei allerdings auch davor gewarnt werden muß, mit solchen Reifen unbekümmert über vereiste Straßen zu fegen.

M + S-Eis-Reifen auf Gürtelbasis

Der Winter-Reifen der Zukunft ist zweifellos der Reifen mit M + S-Profil und Stahlspikes auf einer Gürtel-Reifen-Karkasse. Solche Reifen entsprechen in ihrer Straßenhaftung auch auf trockener und nasser Fahrbahn nahezu den Gürtel-Reifen. In der für den Fiat 600 passenden Größe gibt es aber diese Reifen nur von wenigen Herstellern, z. B. von Dunlop (Dunlop SP M+S-Eis) und Veith-Pirelli (»Kletter-Pirelli«).

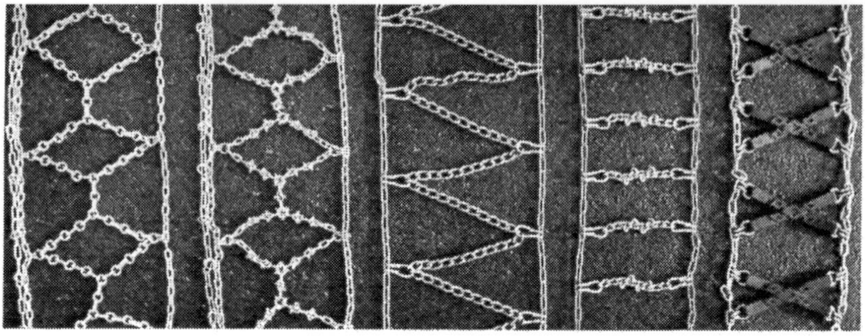

Die fünf Schneeketten-Systeme. Von links: Zwei Ausführungen von Spurkreuzketten, Zickzackkette, Leiterkette, Gummikreuzkette. Die 3 letzten Kettenarten sind abzulehnen, sie können bei Schneeglätte gefährlich werden. Nur die Spurkreuzketten sind empfehlenswert.

Gleitschutzketten

Das schwerste Geschütz gegen Eis und Schnee sind »Schneeketten«, die bei Hochgebirgsfahrten und Alpenpässen auch dann noch weiterhelfen, wenn der griffigste M + S-Reifen schon versagt. Den Ausdruck »Schneeketten« mögen die Fachleute nicht, denn diese Ketten sind nicht nur für Schnee das letzte Mittel, sondern auch auf Glatteis und vereistem Schnee wirkungsvoller als die besten Eis-Reifen. Darum heißen sie offiziell Gleitschutzketten. Viele Leute schwören deshalb darauf, aber die meisten Autofahrer sind – geben wir es zu – einfach zu faul, die Gleitschutzketten mit frostklammen Fingern auf- und abzumontieren. Denn das ist unvermeidbar. Schon nach wenigen Kilometern flotter Fahrt auf trockener Autobahn können auch an den besten Gleitschutzketten die ersten Fetzen davonfliegen. Und dazu sind sie zu teuer. Auch ist die Fahrgeschwindigkeit mit Gleitschutzketten sehr begrenzt. Mehr als 80 km/h »sind nicht drin«, sonst wird es gefährlich.

Das Montieren kann man sich jedoch, da der Fiat nur ein Paar Gleitschutzketten für die Hinterräder braucht, durch eine 6. Felge einfacher machen. Unter der Vorderhaube stecken dann zwei mit Normalreifen und fertig montierten Ketten bestückte Räder, die bei Bedarf gegen die Hinterräder ausgetauscht werden. Dieses Ummontieren ist nicht so unangenehm, wie das Aufmontieren der Gleitschutzketten im Schneematsch. Allerdings muß bei dieser Arbeit der Wagen ganz besonders gut gegen das Wegrutschen – auch das Wegrutschen des Wagenhebers! – gesichert sein.

Bei dem Hinweis auf das Ummontieren der Hinterreifen ist es bereits angedeutet: Gleitschutzketten montiert man grundsätzlich nicht auf M + S-Reifen. Die Ketten müssen nämlich so locker auf den Reifen montiert werden, daß sie während der Fahrt darauf »wandern« können. Sonst gibt es derartig einseitige Spannungen in den Kettenteilen, daß diese reißen oder den Reifen beschädigen. Wegen der hohen Profilstollen der M + S-Reifen können die Ketten aber auf dieser Reifensorte nicht wandern, sondern sie verklemmen sich daran und reißen unter Umständen ganze Profilstollen weg.

Wenn Sie an die Anschaffung von Gleitschutzketten denken, dann kommen nur die tatsächlich feingliedrigen »Spurketten« in Frage. Ein Paar für Reifengröße 5.20–12 kostet 120 DM (Rud-Spur-Gleitschutzketten, Bestell-Nummer 00 110 oder Erlau-Edelstahlkette, Bestell-Nummer 51-041). Neben Rud und Erlau stellen auch die Firmen Nordland und Ruhrketten diese Art Spurketten zu ähnlichen Preisen her. Alle andern Ketten, wie »Leiter-«, »Zickzack-« oder »Gummikreuz-Ketten« sollten überhaupt nicht zur Diskussion stehen, weil sie veraltet und gefährlich sind. Bei diesen Ketten liegt nämlich nicht ununterbrochen ein Kettenteil auf dem Boden. So kann es beim plötzlichen Bremsen auf Glatteis oder vereistem Schnee vorkommen, daß das eine Rad ungebremst Schlitten fährt, während das andere mit gerade aufliegender Kette gehemmt wird. Das ist der Anfang zu einer blitzartigen Karussellfahrt auf dem Eis, von der man nicht weiß, ob sie noch auf der Straße endet. Genauso ist es bei den Zickzack-Ketten, deren aufliegende Kettenteile stets schräg zur

Fahrtrichtung des Wagens auf dem Boden liegen und ihn beim Bremsen in die dementsprechende Richtung ziehen.
Die zuletzt erwähnten Gummikreuz-Ketten, deren Querstege aus Gummistreifen bestehen, haben kaum mehr Wirkung als M + S-Reifen, sind aber genauso teuer wie diese. Dann lieber gleich M + S-Reifen, während deren Laufzeit die Sommerreifen geschont in der Garage stehen können. Überdies müssen Gummiketten sehr umständlich montiert werden.
Zu Gleitschutzketten gehören als inoffizielles aber unvermeidbares Zubehör eine Kombizange und eine Rolle besonders zäher Draht, damit man unterwegs etwa losgerissene Kettenglieder wieder anhängen kann.

Praktische Hilfen unterwegs

Für Fahrten im Winter nimmt man als kluger Autofahrer noch einige Hilfsmittel mit, die unterwegs sehr nützlich sein können:

- Eis-Schaber, um vereiste Scheiben zu reinigen. Er muß aus Kunststoff sein, damit die Scheiben nicht verkratzt werden. Manche Mineralölfirmen verschenken an die Stammkunden ihrer Tankstellen solche Eis-Schaber als Werbegeschenk. Man kann so ein Ding aber auch als »Teig-Schaber« – für die Kuchenteigschüssel braucht ihn die Hausfrau – im Haushaltwarengeschäft kaufen.
- Sandsäckchen, um an vereister Steigung eine Fahrbahn zum Anfahren streuen zu können. Am besten sind dichte Leinen- oder Kunstoffsäckchen mit möglichst scharfem Sand oder feinem Kies.
- Schneeschaufel, um sich nach starkem Schneefall einen Weg bahnen zu können. Damit es ein auch wirklich brauchbares Gerät ist, kein kleines Handschäufelchen mitnehmen, sondern möglichst eine breite Kohlenschaufel mit kurzem, abnehmbarem Stiel, damit man sich auch durch eine hohe Schneewehe graben kann.
- Anti-Beschlagtuch, mit dem die von innen beschlagene Windschutzscheibe und Heckscheibe abgerieben werden kann. Die Imprägnierung, die das Beschlagen etwa für eine Woche verhindert, reicht in dem Tuch für eine Saison. Dann wird das Tuch ausgewaschen und als normales Staubtuch verwendet.
- 2 alte Teppichstreifen, jeweils etwa einen halben Meter breit und mindestens 1,5 m lang aus einem alten Teppich oder Kokosläufer. Diese Stücke kann man zum Anfahren unter die Hinterräder legen, wenn es auf Glatteis nicht mehr weitergeht. Was für diesen Zweck im Zubehörhandel an Gummimatten usw. angeboten wird, taugt dagegen nicht viel. Wichtig ist, daß an beiden Stücken jeweils eine starke Schnur befestigt ist. Damit wird der Teppich-

Für alle Winterfälle gerüstet und nicht kostspielig: Zusammenklappbarer Spaten, Sandsack, Unterlegmatten aus alten Kokosläufern, Anti-Beschlagtuch, Abschleppseil, Eis-Schaber, Kunststoff-Flasche mit Brennspiritus und Handfeger.

Die auf der Vorseite empfohlenen Unterlegmatten am Jagst in Aktion: Während andere an der schneeglatten Steigung ihren Wagen schon schieben müssen, holt man sich mit den Unterlegmatten unter den Hinterrädern beim Anfahren an der Steigung einen winzigen »Anlauf«. Er kann genügen, um mit vorsichtigem Gasfuß die ganze Steigung zu bewältigen. Damit man zum Aufsammeln der Unterlegmatten an der Steigung nicht wieder halten muß, sind diese hinten an die Stoßstange gebunden.

streifen auf der für ihn zuständigen Wagenseite an die hintere Stoßstange angehängt, bevor man ihn vor den antreibenden Hinterrädern ausbreitet.

■ Sprühdose mit Klarsichtmittel gegen vereiste Windschutzscheiben. Es wird aufgesprüht, das Eis löst sich schnell auf, die Scheibenwischer besorgen den Rest. Klarsichtmittel in der Sprühdose sind allerdings teuer; billiger und nahezu genauso wirkungsvoll geht es mit einfachem Brennspiritus, den man sich in eine kleine Plastikflasche mit Sprühdüse füllt.

Dünneres Motoröl bei Frost

Fiat empfiehlt bei lang anhaltenden Temperaturen unter −15 °C ein »Winteröl« der Viskosität SAE 10 W und bei mildem Winter mit Temperaturen zwischen 0 und −15 °C ein solches der Viskosität SAE 20 W/20 einzufüllen, an Stelle des »Sommeröles« SAE 30. Ein dünnflüssiges Motoröl ist im Winter zweifellos vorteilhaft, denn der Anlasser hat es leichter, den kältestarren Motor bei dünnflüssigem Öl anzukurbeln. Was beim Ölwechsel im Winter zu beachten ist, findet sich im Kapitel »Schmieren aller Teile«. Übrigens wird im Winter das Motoröl, vor allem bei vielen Stadtfahrten, stark beansprucht, weshalb ein Ölwechsel im zeitigen Frühjahr kein Fehler ist.

Chromglanz auch im Winter

Seit einigen Jahren wird auf vereisten oder verschneiten Straßen radikal mit Auftausalzen gearbeitet. Dieser salzige Matsch ist für Metall das reinste Gift. Lack und vor allem Chrom sind in diesem Falle keine ausreichende Schutzschicht. So dringt das Salzwasser durch die feinsten Poren der Verchromung, unterwandert sie und frißt das Metall von innen heraus an. Das gibt dann die häßlichen Rostblüten, die den Chrom in kleinen Pickeln in die Höhe drücken, bis er in kleinen Splitterchen abfällt.

Natürlich läßt sich der Chromschmuck im Winter gegen dieses aggressive Salzwasser wirksam schützen. Das einfachste Mittel ist reine säurefreie Vaseline, aber sie wird durch hart anprallendes Spritzwasser mit der Zeit verdrängt und wirkungslos. Besser ist dann ein wachsartiges Unterbodenschutzmittel, wie etwa Tectyl.

Verständlich ist es, daß mancher Autofahrer seinen Chromschmuck im Winter glänzen lassen möchte. Dazu gibt es Sprühdosen mit einem glasklaren Chromschutzspray (von Polifac für 4,20 DM). Weniger bewährt hat sich der auch jetzt noch überall angepriesene oft farbige Chromschutzlack, da vor dessen Aufsprühen das Metall auch in den Poren restlos trocken sein muß. Das ist es aber in der feuchten Herbst- und Winterluft praktisch nie, so daß der Rost unter dem luftabschließenden Lack weiterwirkt. Polifac Chromschutzspray vermag dagegen die Feuchtigkeit zu »unterwandern«.

Schutz für das Fahrgestell

Weniger auffällig, aber dafür sehr oft um so erschreckender rostet im Winter das Fahrgestell vor sich hin, wenn es ungeschützt dem Schneeschmelzwasser und den Auftausalzen ausgesetzt ist. Der mit Sand und Split durchsetzte Schneematsch arbeitet am Fahrgestell wie ein Sandstrahlgebläse und schleift mit der Zeit den schützenden Lack ab, so daß das blanke Metall schutzlos allen Rostangriffen preisgegeben ist. Eine wirksame Konservierung des Fahrgestells ist deshalb im Winter kein Luxus.
Die Zahl der angebotenen Mittel zur Fahrgestellkonservierung ist nicht gering. Allein in der Art der Mittel sind verschiedene Verfahren zu unterscheiden, deren Wirksamkeit von einem knappen Monat bis zu einem vollen Jahr reicht. Parallel zu dieser steigenden Wirksamkeit steigen auch die Preise für die jeweilige Konservierung, wenn man sie sich an einer Tankstelle machen läßt.

Hohlraumkonservierung – kostet und spart Geld

Aber auch mit dem besten Unterbodenschutz sind Sie leider noch immer nicht vor Rostfraß sicher. In den Hohlräumen, um die das Blech zur Verbesserung der Stabilität der Karosserie geformt und gefaltet ist, bildet sich durch Temperaturschwankungen Kondenswasser, und dort kann durch die Belüftungslöcher von oben oder unten Spritzwasser eindringen. Da ist das bißchen Blechgrundierung schnell durchrostet und ohne jede Abwehrmöglichkeit wird an diesen Stellen das Autoblech von innen heraus durchfressen. Das erkennt man dann nach einem oder zwei Jahren, wenn sich außen auf dem Lack kleine Pickel bilden, die schließlich aufbrechen und dem erschreckten Autobesitzer demonstrieren, daß dort in der letzten Zeit nur noch der Lack die restlichen Blechteile zusammengehalten hat. Schauen Sie sich einmal einen bejahrten Fiat auf diese Stellen an. Da ist es natürlich für eine Hohlraumkonservierung zu spät. Aber diese traurige Feststellung, daß das Fahrzeug durch Verrostung von innen heraus kaum noch etwas wert ist – der TÜV-Prüfer wird schon die richtigen Stellen finden und bemängeln – erspart man sich, wenn möglichst sofort nach der Auslieferung des neuen Fahrzeugs alle diese Hohlräume von innen mit einem guten Rostschutz sorgfältig ausgesprüht werden.
Das ist keine Arbeit, die man selbst machen kann, denn dazu braucht man einen Kompressor, der mindestens 6 atü Druck liefert, eine ganze Garnitur verschiedener Sprühdüsen, um die unterschiedlich gestalteten oder verwinkelten Hohlräume auch rundum richtig aussprühen zu können und außerdem eine Bohrmaschine, um an etlichen Stellen des Fahrzeugs noch zusätzliche Löcher anzubringen, durch die man die Hohlräume erst richtig erreicht (diese Löcher werden anschließend mit einem passenden Gummipfropfen verschlossen). Schließlich sind die Mittel für die Hohlraumkonservierung nicht den normalen Unterbodenschutz-Mitteln gleich zu setzen, denn sie müssen auch Feuchtigkeit, die selbst schon beim neuen Fahrzeug unvermeidbar ist und sich in solch einem Hohlraum gar nicht restlos austrocknen läßt, unterwandern und vorhandenen Rostansatz durchkriechen. Auch nicht die nächste Tankstelle oder Werkstatt, die solche Hohlraumversiegelung anbietet, ist für wirklich gute Arbeit geeignet. Da diese Arbeit an Ihrem Fiat etwa 110 bis 140 DM kostet (Preise Herbst 71), können Sie auch einige Bedingungen stellen:

- Suchen Sie sich einen Spezialbetrieb, der für seine Hohlraumkonservierung einen guten Ruf hat. Fragen Sie etwa einen vertrauenswürdigen Mann Ihrer Fiat-Werkstatt (der keine Provision vom empfohlenen Betrieb erwartet), denn Vertragswerkstätten machen solche Hohlraumkonservierungen selten selbst, sondern nehmen auch für die betriebseigenen Fahrzeuge andere Spezialwerkstätten in Anspruch. Oft machen Lackierwerkstätten diese Arbeit. Da sind Sie gut aufgehoben, denn dort sind die Leute besonders sorgfältige Arbeit gewohnt.

- Lassen Sie sich bei der Vorbesprechung für diesen Auftrag (man will sich ja beraten lassen) den genauen Hohlraumkonservierungsplan für Ihren Fiat 600 bzw. 770 S so nebenbei mal zeigen. Wenn man Ihnen solch einen Spezialplan nicht vorführen kann, dann gehen Sie gleich ein Haus weiter, auch wenn man Ihnen versichert, daß der Spezialist für diese Arbeit das alles vorzüglich verstünde. Bei der Vielzahl der heutigen Personenwagen-Modelle ist es jedoch einfach unmöglich, daß auch der beste Spezialist an jedem Fahrzeug alle jene versteckten Gefahrenstellen kennt, auf die es gerade bei diesem Modell ankommt. Solche Spezialpläne stellen die Firmen Pingo, Dinol, Teroson und Valvoline (Tectyl) den Fachwerkstätten zur Verfügung.
- Erkundigen Sie sich bei diesem Vorgespräch auch mal so nebenbei, bei welcher Firma der betreffende Spezialist der Werkstatt einen Fachlehrgang mitgemacht hat. Wenn man Ihnen darauf keine Antwort zu geben weiß, dann »überlegen Sie sichs noch mal« und kommen nicht mehr wieder. Denn eine Hohlraumkonservierung läßt sich nicht dadurch lernen, daß man einem Arbeiter eine Sprühpistole und eine Bohrmaschine für die Löcher in die Hand drückt. Das muß in einem ordentlichen Kurs erlernt und geübt werden.

Wenn Sie diese Bedingungen für die Hohlraumkonservierung erfüllt finden und bei der Arbeit möglichst noch ein wenig kontrollierend zuschauen, dann haben Sie Ihr Geld gut angelegt.

Start bei strenger Kälte

Bei sehr strenger Kälte muß man sich an bestimmte Spielregeln halten:

- Hebel an Luftfilter auf Stellung »I« (vorgewärmte Saugluft).
- Kerzenelektroden-Abstand darf nicht zu groß sein, gegebenenfalls auf 0,5–0,6 mm nachbiegen oder neue Kerzen einsetzen.
- Zündleitungen, Zündspule und Verteiler müssen schmutz- und ölfrei sein.
- Hebel für Starterklappe (Weber-Vergaser) oder für Starterschieber (Solex) muß einwandfrei betätigt werden können.
- Kompression muß in Ordnung sein.
- Evtl. vorhandene Widerstandszündkabel (siehe Kapitel »Zündung«) gegen solche mit Metallseele austauschen.

Aus Blech geschneidert

Die Karosserie des Fiat 600 ist eine selbsttragende Ganzstahlkonstruktion. Das bedeutet, daß dieses Fahrzeug keinen Rahmen aus Längs- und Querträgern als Rückgrat hat, wie beispielsweise heute noch alle Lastkraftwagen, sondern daß alle Teile der Karosserie einschließlich Dach, Fensterstreben, Spritzwand zum Motorraum usw. als tragende Teile dienen.
Deshalb kann man eine solche selbsttragende Karosserie auch nicht einfach oben absägen, um ein Kabriolett daraus zu machen. Die Türen würden während der Fahrt aufspringen und binnen kurzer Zeit wäre der ganze Fiat 600 verbogen und fahrunfähig. Deshalb sind auch die Boden- und Seitenteile des Fiat 600 und Jagst in der Cabrio-Limousinen-Ausführung beachtlich verstärkt. Wegen dieses höheren Gewichtes sind Kabrios auch schwerer und – was selten geglaubt wird – auch langsamer.

Was ist demontierbar?

Weil jedes Stück an der Karosserie des 600, Jagst und 770 S zur Stabilität beitragen muß, sind die einzelnen Teile nicht miteinander verschraubt, sondern elektrisch punktgeschweißt. Das ist bezüglich der Kotflügel nicht sehr angenehm, denn diese besonders stoßgefährdeten Teile werden bei Blechschäden wegen der teuren Schweißarbeiten recht kostspielig. So lassen sich an Ihrem Fiat praktisch nur die Stoßstangen, die Türen, die Hauben, die Fenster und der Chromzierat ohne Schweißapparat austauschen. Da diese demontierbaren Teile aber nur selten allein beschädigt werden, sondern bei einem Zusammenstoß zumeist auch die benachbarten Blechteile etwas abbekommen (was oft nicht ohne weiteres erkennbar, sondern erst nach genauem Vermessen festzustellen ist), lohnen sich hausbackene Klempnerarbeiten an der Karosserie zumeist nur nach leichten Schadensfällen. Der fachkundige Mann aus der Werkstatt muß sich dann mit seinen Spezial-Werkzeugen und Spezial-Meßgeräten der Sache annehmen.

Klappergeräusche

Wir wollen aber nicht gleich an einen Unfall denken. Klappergeräusche, die in den Ohren vieler Autofahrer eine schreckliche Blechmusik sind, genügen bereits, um die Aufmerksamkeit auf das Autogehäuse zu lenken. Die Haubendeckel oder Türen können daran schuld sein. Aber auch ein Schlüsselbund auf dem Ablagebrett! Sehr oft ist es übrigens ein locker hängendes Kabel, das während der Fahrt irgendwo gegen das Autoblech klappert. Wenn also ein solches Störgeräusch auftritt, zuerst einmal alle Kabel abtasten, die in der Geräuschgegend in Frage kommen können, und alle lockeren Kabel wieder in die Kabelschellen drücken oder mit Tesafilm an anderen Kabeln anhängen.

Eine empfindliche Stelle ist die vordere Haubenstütze, denn unkundige Leute versuchen, die Haube ohne Ausrasten des Stützhebels herunterzudrücken. Damit die Haube dabei nicht geknickt wird, sind Hebel und Haltezunge als »Soll-Biegestelle« nachgiebiger dimensioniert. Nach solch unglücklichem Hauben-Schließversuch müssen Stützhebel und Haltezunge wieder mit der Zange zurechtgebogen werden.

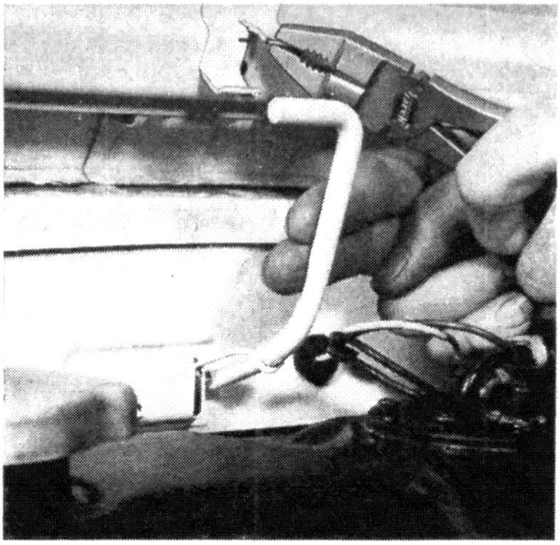

Ebenso kann buchstäblich irgendwo eine Schraube locker sein, die in irgendeinem Blechwinkel der Karosserie umherrasselt. Deshalb in der Klappergegend mit Taschenlampe, Draht oder dünnen Schraubenzieher alle Winkel abtasten und alle erreichbaren Schrauben, Muttern und Blechschrauben anziehen. Offen gestanden, diese Sucherei ist zumeist ein Geduldsspielchen, das starke Nerven erfordert. Wer noch stärkere Nerven hat, läßt es klappern!
Auch Quietschgeräusche sind nicht jedermanns Ohren angenehm. Sie sind ebenfalls nur selten leicht zu finden. Vorbeugend oder versuchsweise hilft es, alle in der Störgegend erreichbaren gegeneinander scheuernden Teile mit Glyzerin einzureiben oder zu beträufeln. Öl ist in diesem Falle nicht ratsam, denn sehr oft sind Gummi- oder Kunstoffzwischenlagen an der Quietscherei mitbeteiligt, denen eine Öldusche gar nicht gut bekommen würde. Sie quellen dann auf und quietschen nachher noch mehr.

Die Kofferraumhaube

Bei geschlossener Kofferraumhaube muß der Abstand zu den beiden Kotflügeln und zu dem hinteren Windfang vor der Windschutzscheibe rundum annähernd gleich sein. Sitzt die Haube schief, müssen die Sechskantschrauben an den beiden Haubenscharnieren unter dem hinteren Ende der Kofferraumhaube etwas gelockert und letztere entsprechend verschoben werden.
Das Haubenschloß läßt sich in seiner Stellung nicht grundsätzlich verändern,

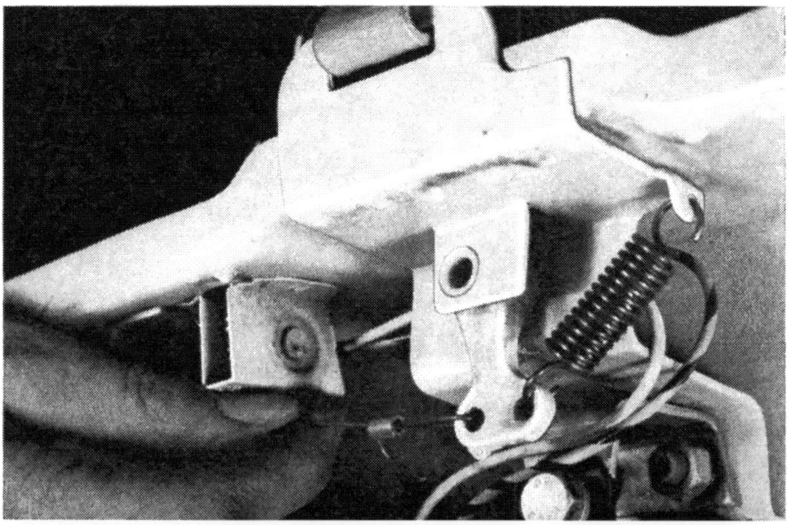

Der Verschlußhebel-Mechanismus der vorderen Kofferraumhaube, wie ihn sozusagen die Gepäckstücke im Kofferraum sehen. Die Hand hält den Seilzug zum Verschlußhaken der Haube. Über der Hand das Scharnier des Sicherungshakens, rechts die Rückhol-Spiralfeder des Verschlußhakens. Der ganze Mechanismus ist an das Karosserieblech angeschweißt, läßt sich also nicht verstellen.

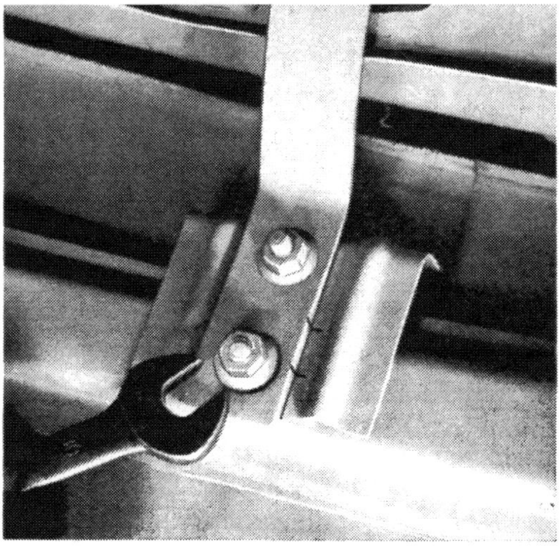

Soll die Kofferraumhaube ausgebaut und später wieder eingebaut werden, spart man sich viel Mühe, wenn vor dem Lösen der Sechskantschrauben mit Bleistift oder scharfer Schraubenzieherkante Markierungsstriche, wie auf dem Bild zu sehen, um und neben das Scharnierband gezogen werden. Nach diesen Markierungsstrichen wird die Haube beim Wiedereinbau ausgerichtet, wodurch alles umständliche Justieren der Haube nach gleichmäßigen Rundum-Abständen erspart bleibt.

denn es ist an die vordere Karosserieverkleidung angeschweißt. Man kann allenfalls den Haken etwas zurechtbiegen, wenn die Haube nicht gut schließt oder während der Fahrt aus dem Verschlußhaken springt – der Sicherungshaken hält dann die Haube noch fest, aber Regenwasser und Schmutz dringen in den Kofferraum. Wichtig ist, daß die 8 Gummipilze auf der Karosserieoberkante unter der Auflagekante der Kofferraumhaube nicht fehlen oder beschädigt sind. Fehlen welche, klappert die Haube und schließt nicht richtig. Durch Rost und heftiges Zerren kann es einmal passieren, daß der Bowdenzug zum Verschlußhaken der Kofferraumhaube reißt. Er kann auch aus seiner Öse am Verschlußhaken gerutscht sein, wenn die Seilzugklemme nicht richtig befestigt war. Sie brauchen dann kein Stemmeisen zu holen, um die Kofferraumhaube aufzustemmen – ein flaches Messer tut es auch. Damit unter der Haubenvorderkante zwischen Verschlußhaken und Sicherungshaken fahren und Verschlußhaken nach links aufdrücken. Danach, wie stets, den Sicherungshaken nach hinten drücken und Haube hochheben. Wertvolles Gepäck ist also vor wagenkundigen Dieben unter der Kofferraumhaube nicht sicher!

Die Motorraumhaube

Sie hat zum Öffnen einen einfachen Hebelgriff, Seilzug und Schloß entfallen bei ihr. Sitzt der Haubenverschluß an der leichten Motorhaube nicht mehr genau, kann er durch Lösen der beiden Sechskantschrauben innen an der

Beidseitig ist oben am Motorraum-Ausschnitt der Karosserie je ein Haubendeckel-Scharnier angeschweißt. Zum Ausbau der Motorraumhaube sind insgesamt 4 Sechskantschrauben zu lösen.

Das Schloß der Motorraumhaube kann nach Lösen der beiden Sechskantschrauben in Längsschlitzen etwas verschoben und eingestellt werden, wenn es nicht einwandfrei schließt und die Motorraumhaube klappert.

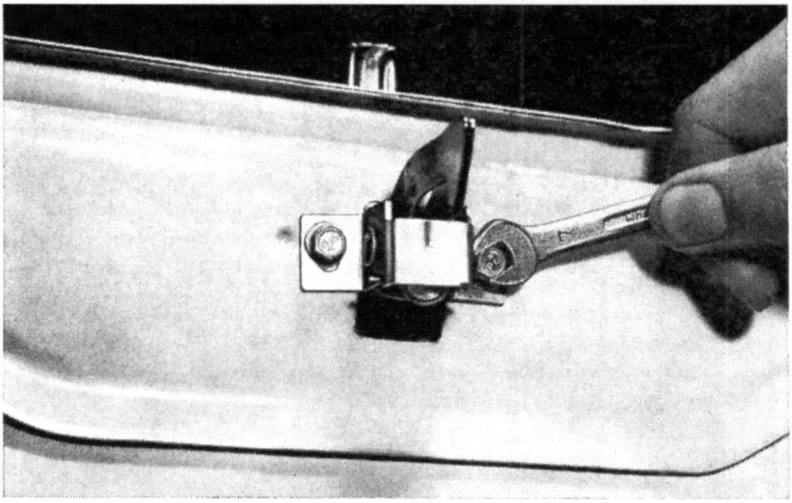

Motorhaube gelockert und in seinen Schraubenlöchern etwas verschoben werden, bis der Sperrhaken wieder genau einrastet.
An den vier Ecken des Haubendeckels sind Gummipilze befestigt, die das Klappern des Haubendeckels verhindern. Müssen sie ersetzt werden, genügt es, sie einfach in die entsprechenden Bohrungen der Motorhaube mit der Hand einzudrücken. An der Unterkante des Motorraum-Ausschnittes sitzen zwei Gummipuffer als Auflage für den Haubendeckel.

Die Stoßstangen

Am Fiat 600, Jagst und 770 S sind die vordere und die hintere Stoßstange gleichartig und jeweils aus einem Stück. Vor den Stoßstangenhalterungen sitzen Stoßstangenhörner mit Gummiauflage – es gibt also nicht gleich Kratzer, wenn man beim Einrangieren in eine Parkreihe einen anderen Wagen berührt.
Der Ausbau der Stoßstangen ist sehr einfach und man braucht in beiden Fällen nicht unter das Auto zu kriechen. Man braucht dazu als Werkzeug nur einen Ringschlüssel SW 17, für die vordere Stoßstange in der kurzen Ausführung und hoch gekröpft, weil man vorne im Ersatzradkasten nicht viel Bewegungsfreiheit hat.
Beim Zusammenbau müssen Sie darauf achten, daß das Abstandstück zwischen Karosserie und Stoßstange sowie das jeweilige Stoßstangenhorn richtig herum sitzen.

Für die vordere Stoßstange sitzen die Haltebolzen und ihre Endschrauben in den Verstärkungsstreben, die im Ersatzradkasten zwischen Karosserievorderwand und Ersatzradkastenhinterwand zu finden sind. Die Sechskantmuttern erreicht man durch seitliches Ansetzen eines kurzen Ringschraubenschlüssels SW 17.

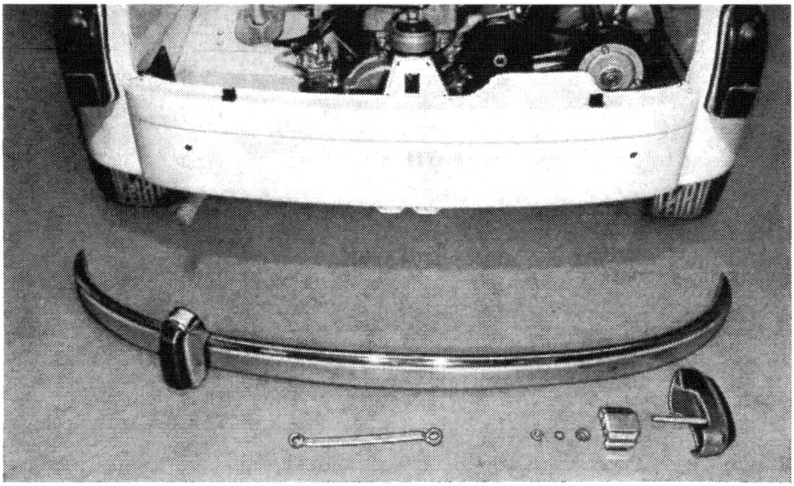

Zum Ausbau der hinteren Stoßstange im Motorraum beidseitig je eine Schraube in dem Verstärkungswinkelstück lösen. Die bis zum Stoßstangenhorn durchgehenden beiden Haltebolzen der Stoßstange lassen sich dann zusammen mit der Stoßstange herausziehen.

Zierleisten und Zierstücke

Die Zierleisten außen an der Karosserie sind nicht verschraubt, sondern lediglich mit Federklammern in entsprechenden Bohrungen des Karosseriebleches gehalten. Sollen Zierleisten abgenommen werden, muß ein dünner Schraubenzieher seitlich unter die Leiste geschoben – Lappen gegen Verkratzen des Lackes unter den Schraubenzieher halten – und diese abgehebelt werden. Werden die Zierleisten am 600 und Jagst noch nicht Ihrem Schönheitsgefühl gerecht, brauchen Sie sich nur die entsprechende »Meterware« mit den zugehörigen Federklammern im nächsten Zubehörgeschäft zu erwerben und in die Karosserie die notwendigen Löcher zu bohren. Damit aber dort nicht später ständig Rost-»Tränen« von den Bohrungen unter den Zierleisten den Lack herunter laufen, müssen vor dem Einsetzen der Leisten die Bohrungen im Karosserieblech erst mit etwas Unterbodenschutz – Sprühdose oder Teroson – ausgeschmiert werden, damit die blanken Metallschnittstellen gegen Rost geschützt sind.
Die Zieraufschriften und Fabrikmarken sind entweder mit gleichartigen Federklammern oder kurzen Haltestiften im Karosserieblech befestigt. Auf letzteren sitzen von der Blechinnenseite her kleine Kunstoffkäppchen, die sich in die Riffelungen der Haltestifte einpressen und diese dadurch halten.

Die Türen

Seit Anfang 1964 sind die Türen des Fiat 600 und Jagst entsprechend den deutschen Vorschriften vorne »angeschlagen«, also am vorderen Türholm in Scharnieren befestigt. Die vorher eingebauten Türen, die sich nach vorne öffneten, also am Mittelpfosten angeschlagen waren, sind den jetzigen spiegelbildlich, die nachfolgende Beschreibung gilt also für beide Türformen.
Der Ausbau der Türen ist kein Problem. Es sind nur die Befestigungsschrauben der Scharniere und die Schrauben des Türhaltebandes – es soll gegen Umklappen der Tür gegen die Karosserie sichern – zu lösen. Diese Demontage ist aber nur notwendig, wenn die Türen ersetzt, lackiert oder grundsätzlich instandgesetzt werden müssen. Zu allen anderen Arbeiten an Türschloß, Fensterhebermechanismus usw. braucht die Tür nicht ausgebaut zu werden.

Türen justieren

Liegt eine Tür nach dem Wiedereinbau jedoch nicht flächenglatt zum vorderen Kotflügel, müssen die Scharnierschrauben noch einmal etwas gelockert und in ihren Bohrungen soweit verschoben werden, daß die geschlossene Tür flächenglatt anliegt. Dieses hauseigene Justieren wird allerdings nicht immer

Wenn die Tür klappert oder nicht einwandfrei schließt, kann zumeist der Mangel durch Verstellen des Türschließkeiles mit Hilfe eines Kreuzschlitzschraubenziehers behoben werden. Nach dem Wiederfestdrehen der Kreuzschlitzschrauben muß das Türschloß »satt« in den Türschließkeil einrasten und die geschlossene Tür flächenglatt zur Karosserie-Seitenwand anliegen.

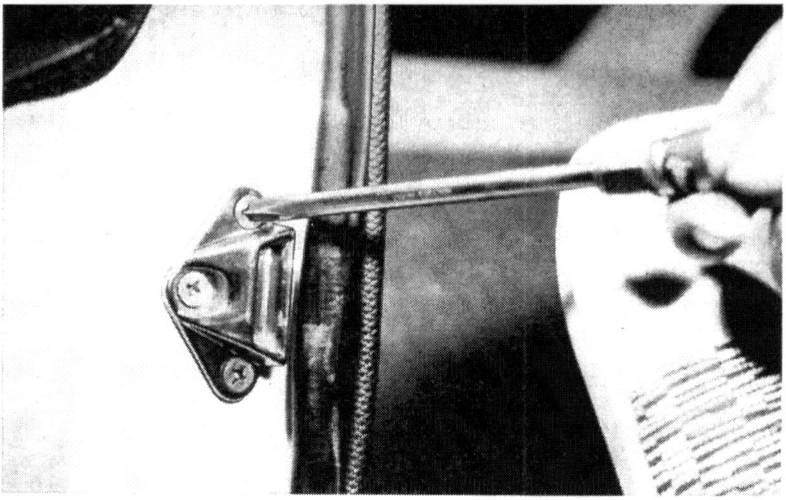

ausreichen, wenn beispielsweise die Tür beim Öffnen auf den Bürgersteig aufgeschlagen ist, sich durch Anprall verschoben hat und nun etwas verkantet im Türausschnitt sitzt. Da sind die speziellen Richtwerkzeuge der erfahrenen Werkstatt notwendig.

Türschloß-einstellung prüfen

Wartungsdienst Nr. 30

Selbst helfen kann man sich jedoch, wenn bei einwandfreiem Sitz der Tür in ihrem Ausschnitt Klappergeräusche zu hören sind, die vom Türschloß her kommen oder wenn die Tür nicht bündig zur Schloß-Säule sitzt. Sie brauchen dazu nur einen kräftigen Kreuzschlitzschraubenzieher. Damit sind die 3 Kreuzschlitzschrauben – an der früheren Ausführung 2 Schrauben – am Türschließkeil auf dem Pfosten der Karosserie, in welchen das Türschloß einrastet, zu lockern und der Türschließkeil so weit zu verschieben, daß nach dem Wiederfestdrehen der Kreuzschlitzschrauben das Türschloß nach Höhe und Seite »satt« in den Schließkeil einrastet und die geschlossene Tür flächenglatt zur hinteren Karosserieseitenwand liegt. Geht die Tür erst bei starkem Druck zu, muß der Schließkeil ein wenig nach außen verschoben werden.

Türverkleidung ausbauen

Die Innenverkleidung der Türen gehört eigentlich zum Kapitel »Arbeiten im Innenraum«, aber wir wollen alle Probleme, welche die Türen des Fiat 600 und Jagst betreffen, hier zusammenfassen.

Fensterkurbel und Türschloßhebel sind auf ihre Wellen nur aufgesteckt (also nicht verschraubt) und durch kleine Metallkeile gegen Herausfallen gesichert. Zum Ausbau die Kunststoff-Rosette hinter Kurbel und Hebel mit zwei Fingern kräftig zurückdrücken und mit feinem Schraubenzieher seitlich zwischen Kurbel und Rosette den Sicherungskeil herausdrücken. Sorgfältig aufbewahren, die Griffe sind ohne diese Keile nicht zu befestigen.

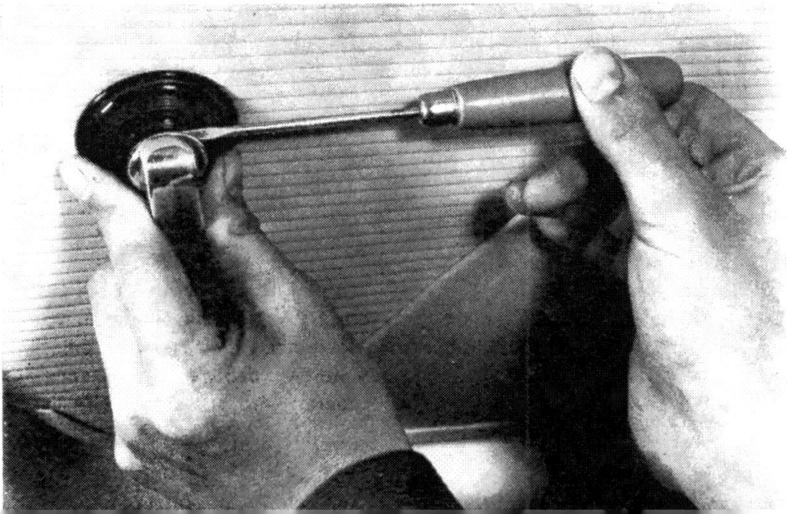

Sind Fensterkurbel und Türschloßhebel, wie im Bild links unten beschrieben, ausgebaut, drückt man zuerst mit einem lappenumwickelten Schraubenzieher (Lappen als Schutz gegen Kratzer) die Türverkleidung etwas ab und fährt mit der Hand, wie im Bild gezeigt, dahinter. Nun biegt die Hand die Türverkleidung in der Mitte etwas durch, so daß diese aus ihrer oberen und unteren Führungsschiene springt und abgenommen werden kann.

Die Türverkleidung muß abgenommen werden, wenn Störungen im Schloßgestänge, im Fensterkurbelmechanismus oder an den Fensterführungen behoben werden müssen. Zuerst sind der Hebel für das Türschloß und die Fensterkurbel abzunehmen. Als Vorbereitung sauberen Papierbogen oder Kunststofftuch unter die Tür legen, damit die kleinen Sicherungskeile beim Herabfallen nicht verloren gehen. Alles andere ist im Bild links unten erklärt.
Unter der Verkleidung finden Sie eine oder zwei Schutzfolien, die Sie eventuell zu Arbeiten am Fensterkurbelmechanismus oder Schloß abnehmen müssen. Versäumen Sie nicht vor dem Einbau der Türverkleidung, diese Schutzfolie wieder sorgsam anzukleben und unten nach innen in den Türkasten zu hängen. Versäumen Sie das, läuft später das Regenwasser durch die Fensterführung innen gegen die Türverkleidung und weicht diese auf, statt unten durch den Türkasten wieder abzulaufen.

Der Fensterkurbelmechanismus

Wenn die Fenster schwergängig sind, kann es daran liegen, daß die Führungsrollen für das Zugseil etwas Schmierung haben möchten oder die Fenster verklemmen sich schief beim Aufwärtskurbeln. Im ersten Fall hilft etwas Öl oder Mehrzweckfett auch auf das Seil, im zweiten Fall haben die Fenster meist seitlich zu viel Spiel. Das kann man beheben, indem man auf der einen Seite einen ganz schmalen Streifen (eine Spur breiter als das Fensterglas dick ist) Resopal (von Resopalplatte vorsichtig absägen) in die Fensterführung drückt. Ist dadurch die Fensterscheibe schmaler geführt, läuft sie in der Regel glatter.

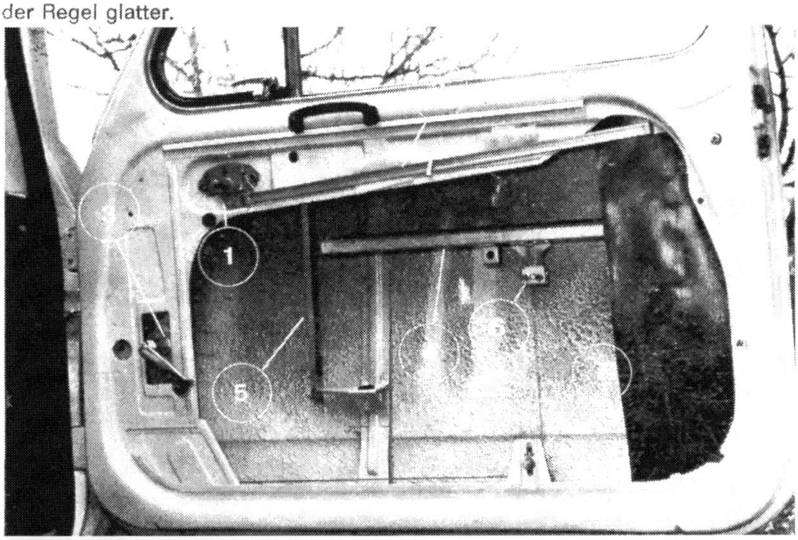

Das Tür-Innere bei abgenommener Verkleidung. Es bedeuten: 1. Türschloß-Hebel. – 2. Betätigungsstange zum Türschloß. – 3. Fensterkurbelmechanismus. – 4. Türfenster-Hebeschiene. – 5. Führungsschiene für das Türfenster. – 6. Türseilklemme an der Hebeschiene. – 7. Verstellbare Seilführungsrolle zum Nachspannen.

Zeigt sich ein Fensterkurbelseil auch nur geringfügig angerissen, muß es ersetzt werden, denn schon eine einzige Drahtlitze des Seiles kann sich so verklemmen, daß sich das Fenster nicht mehr drehen läßt. Ist das Seil zu locker geworden, wird die Halteschraube der unteren Führungsrolle gelockert, etwas nach unten gedrückt und wieder festgeschraubt.

Türschloß ausbauen

Das Türschloß und dessen auf der andern Türseite sitzende Innenbetätigung sind mit einigen Schrauben befestigt und machen beim Ausbau keine Schwierigkeiten. Am besten beginnt man mit der Kreuzschlitzschraube, mit der außen der Halteflansch des Türgriffes auf dem Blech verschraubt ist und die man beim Wegziehen des Griffes unter diesem findet.
Am Fiat 600 und Jagst ist die rechte Tür nur von innen verriegelbar. Man kann den Wagen nicht von außen öffnen, wenn die linke Tür durch einen parkenden Wagen blockiert ist. Abhilfe schafft der Einbau eines von außen abschließbaren Türschlosses in die rechte Tür, wie für Wagen mit Rechtslenkung.

Fenster austauschen

Soll ein Türfenster ausgetauscht werden, läßt sich dies bei den neueren Türen mit zusätzlichem Ausstellfenster durch Abschrauben der Haltelasche an der Fensterrahmenschiene vom Zugseil und Herausziehen der Scheibe nach unten verhältnismäßig leicht bewerkstelligen. Etwas schwieriger wird dies bei den früheren Türausführungen mit einer durchgehenden Fensterscheibe.
Ansonsten möchten wir vor dem Einsetzen neuer Scheiben, also Windschutzscheibe und Heckscheibe, warnen. Erstens brechen bei ungeschickter Handhabung die Scheiben leicht. Dann hat man nur noch höhere Kosten, denn die Scheiben sind teurer als die Einbauarbeit. Wenn dagegen dem Mann in der Werkstatt beim Einsetzen eine Windschutzscheibe bricht, war es seine Schuld. Zweitens muß nach dem Einbau jeder Scheibe mit einer besonderen Druckpresse Dichtungsmasse zwischen die Gummifassung der Scheibe und den Karosserierand gedrückt werden. Da diese Dichtungsmasse nicht eintrocknet, kann man sich empfindlich das Wageninnere verschmieren.
Diese Dichtungsmasse ist übrigens werkseitig vergessen oder nicht in genügender Menge eingepreßt, wenn bei starkem Regen Wasser in den Wagen eindringt. Das kommt gelegentlich vor und sollte bald behoben werden.

Scheiben nicht einschlagen

Es mag Sie interessieren, daß die Scheiben nirgends am Karosserieblech anliegen, sondern kleiner als der Fensterausschnitt der Karosserie sind und nur von dem doppel-T-förmigen Profilgummi gehalten werden. Das bedeutet, daß sich solch eine Scheibe, wenn ihre Öffnung bei einem Unfall mal als Notausgang benutzt werden muß, mit den Füßen, dem Arm oder der Schulter ohne weiteres nach außen drücken läßt! Das ist besser, als sie mit der Faust oder einem harten Gegenstand zerschlagen zu wollen.

Leichter Innendienst

Wer viel im Auto unterwegs ist, möchte darin so sauber und angenehm wie zu Hause im Wohnzimmer sitzen. Manche Leute machen es sich darin ganz besonders gemütlich, wie sie meinen, klemmen eine Blumenvase an das Armaturenbrett, hängen einen Hampelmann oder derartiges an den Rückspiegel und kleben das Heckfenster mit Erinnerungsplaketten an Rimini und Aßmannshausen zu. Wenn Sie uns fragen, also wir finden ein gesticktes Sofakissen auf dem hinteren Sitz weitaus gemütlicher, weil fahrtechnisch weniger fragwürdig.

Reinlichkeit an erster Stelle

Vor allem kommt es bei einem gepflegten fahrbaren Zimmer auf Sauberkeit an. Deshalb gehört es zu jeder Wagenwäsche, daß etwa eingelegte Fußmatten herausgenommen, abgewaschen oder ausgeklopft werden und die eigentliche Bodenmatte mit einem feuchten Schwamm abgewaschen wird. Wenn nach längerer Winter- oder Regenzeit wieder warmes und trockenes Wetter herrscht, kann es auch nichts schaden, die Gummi-Bodenmatte herauszunehmen, damit ihre eventuell von vielen nassen Schuhen oder eingedrungenem Wasser feucht gewordene Unterseite und der Wagenboden gut trocknen kann. Mancher wird sich wundern, daß es darunter wie in einem muffigen Kartoffelkeller riecht. Dann wird es höchste Zeit, sonst beißt der Rost ins Bodenblech. Vorhandene Roststellen werden blankgeschliffen und das Metall mit etwas Teroson-Unterbodenschutz überstrichen oder mit Tectyl übersprüht.

Den Kunststoff-Himmel, mit dem die Dachunterseite bespannt ist, reinigt man wie die Sitzbezüge auf keinen Fall mit Benzin oder Fleckenwasser, denn damit lassen sich viele Kunstoffarten auflösen, so daß es nicht mehr reparierbare Flecken und Schäden gibt. Statt dessen versucht man es erst einmal mit einem feuchten Schwamm und etwas Seifenschaum. Noch schneller und intensiver geht es mit einem Plastik-Reiniger, den es von verschiedenen guten Pflege-

Die Bodenmatten sind im Karosserieboden mit kleinen Gummistiften befestigt. Da sie beim Herausnehmen der Bodenmatten gelegentlich abreißen, sollte man sich eine Handvoll bei der Fiat-Vertretung auf Vorrat kaufen. Zum leichten Eindrücken der Gummistifte in den Karosserieboden kann man die Bohrungen mit etwas Glyzerin »schmieren«, jedoch nicht mit Öl, Fett oder Seifenwasser!

mittelfirmen gibt, beispielsweise Pyrmofix Plastoclean (kleine Blechflasche mit 250 Gramm Inhalt kostet mit kleinem Spezialschwamm 4,50 DM). Auch die Seitenverkleidungen werden damit gereinigt.
Die Sitzpolster, soweit sie aus Textilien sind, müssen regelmäßig ausgebürstet werden, auch ein Staubsauger ist für diese Reinigung praktisch.

Die Sitze

Selbst bei bester Innenraum-Pflege werden mit der Zeit die Sitzpolster unansehnlich und reißen da und dort ein. Man kann entsprechend vorbeugen und sich beizeiten Polsterschonbezüge kaufen. Aber sehr wirtschaftlich ist das nicht, denn Polsterschonbezüge sind ziemlich teuer und der Original-Polsterbezug, auf den ein kluger Zweitbesitzer zuerst schaut, falls der Wagen ihm verkauft werden soll, ist davon auch noch nicht neu. Also lieber gleich einen neuen Original-Polsterbezug – oder selbstgeschneidert. Die Polster-Schneiderei ist nämlich gar nicht so schwer für jemand, der mit Schere und Nähmaschine umgehen kann. Die Ösen und Haken der Polsterbezüge lassen sich leicht vom Sitzrahmen lösen. Dann wird der verschlissene Polsterbezug zum Maßnehmen auf den neuen Stoff gelegt (wir würden Cordsamt dazu empfehlen, denn er ist unempfindlicher als er aussieht, läßt sich durch die Längsrippung leicht verarbeiten und sieht ausgesprochen individuell und »vornehm« aus) und mit entsprechenden Nahtzugaben zugeschnitten. Vielleicht lassen sich noch die Seitenteile und Rückseiten der Polsterbezüge verwenden. Sie müssen, falls sie aus Kunststoff sind, mit weiten Nähstichen in mehreren Nähten nebeneinander an den Stoff geheftet werden, damit der Kunststoff nicht wie perforiert in der Naht ausreißt.
Sicherlich sind auch Teile der Unterpolsterung durchgesessen, wenn der Polsterbezug repariert werden muß. Merken Sie sich gut, um welche Teile es sich handelt, und lassen Sie sich vom Mann im Ersatzteillager Ihrer Fiat-Werkstatt das betreffende Bild im Ersatzteilkatalog zeigen, damit auch wirklich das genau richtige Teil für Sie bestellt wird.
Die hintere Sitzbank wird etwas angehoben, um sie aus ihren Haltestiften zu nehmen. Dann nach vorne herausnehmen. Die Rückenlehne läßt sich mit einem kräftigen Ruck nach vorne umklappen, wobei die beidseitigen Haltezapfen aus den Gummipuffern gleiten. Sie haben dann den verlängerten Innengepäckraum. Soll die Rückenlehne vollständig herausgenommen werden, müssen Sie beidseitig unten die Scharnierschrauben lösen.

Die Vordersitze lassen sich nach Anheben des Verstellhebels unter der rechten Sitzkante auf ihren Schienen nach vorne schieben und ohne alle Umstände herausheben. Das erleichtert die Innenreinigung des Wagens sehr erheblich. Von Zeit zu Zeit das alte Fett der Sitzschienen abwischen und ganz dünn frisches Fett auftragen.

Seitenwandverkleidung ausbauen

Auch die beidseitigen Seitenwandverkleidungen unter den hinteren Seitenfenstern sind mit Federklammern in entsprechenden Bohrungen des Karosseriebleches gehalten. Zum Herausnehmen dieser Verkleidungen muß die hintere Sitzbank herausgehoben werden, am besten auch die Rückenlehne. Dann mit einem lappenumwickelten dicken Schraubenzieher vorne seitlich unter die Verkleidung fahren, die Federklammern abhebeln, mit der Hand nachfassen und die Pappe nach innen durchwölben und herausziehen.

Einbau von Sicherheitsgurten

Seit 1962 sind die Fiat 600 und Jagst mit Befestigungsvorrichtungen für Sicherheitsgurte ausgestattet, ab Ordnungs-Nummer 1 217 970 bis 1 328 664 zum Einbau von Schultergurten, ab Ordnungs-Nummer 1 328 664 auch für Beckengurte, wodurch auch der Einbau von Dreipunktgurten möglich ist. Für die Hintersitze, deren Benutzer erfahrungsgemäß weniger gefährdet sind, gibt es keine Befestigungsvorrichtungen.
Wenn Sie sich Sicherheitsgurte für Ihren Fiat 600, 770 S oder Jagst anschaffen wollen, sollten es möglichst Dreipunktgurte, allenfalls auch Schrägschultergurte sein. Vor Beckengurten, bei welchen nur ein Gurt über den Unterleib geht, möchten wir jedoch unbedingt warnen: Bei einem Zusammenstoß fliegt der nicht gehaltene Oberkörper im sogenannten »Taschenmesser-Effekt« nach vorne – es gibt schwere Kopfverletzungen. Schrägschultergurte, die man in Schweden auch »Ordensband« nennt, halten dagegen gerade den Oberkörper. Die Knie sind aber noch gefährdet. Den besten Schutz bietet also eine Kombination aus Becken- und Schultergurt, der Dreipunktgurt. Die oberen Befestigungspunkte sind an kleinen Einsenkungen im Karosserieholm direkt unterhalb der hinteren Seitenscheiben zu erkennen. Diese zwei Einsenkungen auf jeder Wagenseite müssen mit einem 9-mm-Bohrer so vorsichtig aufgebohrt werden, daß der Bohrer gerade nur das Blech durchdringt und nicht die darunter bereits angeschweißten Muttern im Gewinde beschädigt.
Die namhaften Sicherheitsgurt-Hersteller liefern für den Fiat speziell ausgestattete Einbausätze, so daß die gelieferten Beschläge und Schrauben in diese Muttern passen. Die unteren Festpunkte auf dem Wagenboden sind bereits vorgebohrt, aber durch den Bodenbelag und Gummibolzen in den Bohrungen verdeckt. Um die Bohrungen zu finden, muß man auf dem Wagenboden etwa 20 cm von der Rücksitz-Vorderkante nach vorne messen, jeweils dicht am Mitteltunnel und außen an der Karosserieseitenwand. Nun soll man den Bodenbelag über den Löchern im Karosserieblech durchbohren. Dann lassen sich aber die Bodenbeläge zur besseren Reinigung des Wagenbodens nicht mehr herausnehmen. Wir würden stattdessen ein der Befestigungslasche entsprechendes Stückchen an der betreffenden Stelle aus dem Bodenbelag sauber herausschneiden, mit zwei Löchern versehen und als federnde Unterlage (das ist wichtig) mit den Befestigungswinkeln auf dem Wagenboden verschrauben. Auf der Bodenunterseite sind ebenfalls die passenden Muttern für die Befestigungswinkel angeschweißt.
Sonstige Einzelheiten über die Montage sind allen für den Fiat 600 und 770 S vorgesehenen Sicherheitsgurtsätzen beigegeben. Und daß man sich nur solche anschafft, versteht sich von selbst, weil schließlich vielleicht einmal das Leben davon abhängt, »... denn du hast nur einen«, sagen die Amerikaner über den durch solche Maßnahmen bei Gefahr zu schützenden Kopf. Man sollte ihn schon beim Gurteinkauf und -einbau gebrauchen.

Seid nett zueinander

Leider ist es beim Autofahren nicht damit getan, Benzin und Öl, Steuer und Versicherung zu bezahlen. Eines Tages ist es nämlich unweigerlich soweit: Irgend etwas an Ihrem Fiat 600 oder Jagst oder Fiat 770 S ist nicht mehr in Ordnung – eine Reparatur wird fällig. Wie wird man mit der Werkstatt am besten fertig? Und was wird es wohl kosten? Das sind dann die zwei Fragen, die das schöne Autofahren überschatten.

Umgang mit der Werkstatt

Es ist eine Zeitkrankheit, daß nahezu alle Kraftfahrzeug-Werkstätten überlastet sind. Das macht Werkstattchef und Mechaniker genauso nervös wie den auf seinen Wagen wartenden Kunden, und nur gegenseitiges Verständnis erspart unfruchtbare Auseinandersetzungen. Zur Entschärfung dieses Problems deshalb einige Ratschläge:

■ Wartungsdienste und voraussehbare Reparaturen möglichst früh persönlich oder telefonisch anmelden und Termin vereinbaren.

■ Möglichst morgens zwischen 7 und 8 Uhr vorfahren; zu dieser Zeit werden die Arbeiten für den Tag eingeteilt. Notfalls den Wagen am Vorabend hinbringen.

■ Ganz klaren Reparaturauftrag geben (dieses Buch soll dazu helfen). Ölwechsel ja oder nein? Welches Öl? Zündkerzen austauschen, ja oder nein?

■ Den Annehmer der Werkstatt um möglichst genaue Auskunft über die vermutlichen Kosten bitten. Dazu eindeutig erklären, daß man Sie anrufen oder auf Ihr Wiederkommen warten müsse, wenn der Betrag um soundsoviel höher komme.

■ Eigene Telefonnummer hinterlassen. Wichtig für Rückfragen wegen zusätzlicher Arbeiten, die der Werkstatt empfehlenswert erscheinen. Zusätzliche Reparaturen können Sie übrigens nicht ablehnen, wenn ohne diese das Fahrzeug nicht mehr verkehrssicher ist.

■ Ausgebaute oder ersetzte Teile wandern auf den Schrotthaufen. Lassen Sie auf dem Auftrag vermerken, daß man sie Ihnen in den Kofferraum legt oder zur Hand hält. Dadurch haben Sie eine gewisse Kontrolle der Werkstattarbeit und lernen Ihr Fahrzeug besser kennen.

■ Allgemeiner Werkstatt-Brauch: Wagen-Auslieferung nach der Reparatur nur gegen Barzahlung. Auch von Schecks will man in vielen Werkstätten nichts wissen, es sei denn, Sie sind dort gut bekannt.

■ Wenn Sie anderer Meinung als die Leute von der Werkstatt sind, toben Sie nicht durch die Werkhalle – Sie erheitern dadurch nur die Lehrlinge –, sondern sprechen Sie sachlich und ruhig mit dem Chef. Lassen Sie sich seine Gründe so erklären, daß Sie sie verstehen können.

■ Auch bei Reparaturen haben Sie Garantieansprüche, wenn die Arbeit unsach-

gemäß erledigt wurde oder sich ein Materialfehler herausstellt. Bei Fahrlässigkeit der Werkstatt haben Sie sogar Anspruch auf Schadenersatz.
■ Unterwegs sollten Sie immer einen kleinen Block und Bleistift mit sich führen, damit Sie nicht vergessen, was Sie dem Werkstattmann mitteilen wollten.

Was wird das wohl kosten?

Die größte Scheu haben Autofahrer, wie wir immer wieder beobachten, vor der Frage nach den Kosten. Man will seine Unkenntnis nicht zugeben (obwohl unmöglich ein Mensch erwarten kann, daß man etwa als Studienrat die Ersatzteilpreise für einen Kotflügel und die zugehörigen Montagekosten kennt), läßt sich etwas Unverständliches erzählen, erteilt dementsprechende verschwommene Reparatur-Aufträge und wartet dann mit banger Sorge auf die Höhe der Rechnung, wenn die Finanzreserven knapp sind. Jene Leute, die mit fröhlicher Unbefangenheit erklären, daß sie rein gar nichts vom Auto verstehen (obwohl sie vielleicht recht gut Bescheid wissen) und daher keine Ahnung hätten, wieviel Geld sie zum Abholen des Wagens in die Tasche stecken müßten, sind da viel besser dran. Machen Sie es wie letztere, Sie werden manche Sorge weniger haben und dazu manche Mark sparen, weil Sie diese oder jene eifrig angebotene Arbeit abweisen können, bevor sie auf Ihrer Rechnung steht.

Garantie-Ansprüche

Eine Menge Kleingedrucktes hing hinten an dem Kaufvertrag, den Sie zum Erwerb Ihres neuen Fiat unterschrieben haben. Natürlich haben Sie das alles ganz genau gelesen – oder? Hoffentlich sind Sie dann klaglos über das »Allgemeine«, den Preis, die Zahlungs-, Liefer- und Übernahmebedingungen gekommen. Falls nun Ihr Fiat noch im jugendfrischen Alter unter 6 Monaten steht und auch noch keine 10 000 km auf dem Zähler hat, bleibt der letzte Abschnitt, die Gewährleistung, für Sie interessant.
»Das Lieferwerk gewährleistet eine dem jeweiligen Stand der Technik entsprechende Fehlerfreiheit in Werkstoff und Werkarbeit«, heißt es da. Mit diesem »Stand der Technik« ist keinesfalls die trotz Weltraumfahrt und Wirtschaftswunder an sich bedauerliche Tatsache gemeint, daß fast bei jedem Neuwagen – einerlei von welcher Marke – dieser und jener kleine oder große Mangel noch nachträglich beseitigt werden muß. Diese Fehlerfreiheit, wenn auch nachträglich, herzustellen, verpflichtet sich das Werk. Dagegen entspricht es noch nicht dem Stand der Technik, daß beispielsweise eine Scheinwerferlampe 10 000 km Fahrzeit auf jeden Fall aushält. Auf die sogenannten »Verschleißteile« erstreckt sich also der Buchstabe der Gewährleistung nicht. Welche Einschränkung der Gewährleistung sich ansonsten hinter dem »Stand der Technik« verbirgt, ist dem Käufer zumeist unbekannt, so daß dieser Satz mehr oder weniger ein »Gummi-Paragraph« ist, bei dessen eventuell notwendiger Anwendung es auf Verhandlungsgeschick ankommt.

Garantie-Ausschlüsse

In mehr Sätzen und Nebensätzen als einem beim ersten Blick auffällt, sind jene Gründe genannt, die den Anspruch auf Gewährleistung ausschließen oder erlöschen lassen. Das sind unter anderem: Unsachgemäße Behandlung, also nicht genaues Beachten der Betriebsanleitung, Einbau fremder Teile und Übergehen der Inspektionen. Schon um diesen Anspruch nicht zu verlieren, wird man die ersten Inspektionen brav und termingemäß bei der Fiat-Vertretung absolvieren müssen. Auch hinsichtlich der Reifen, der Elektroteile und der Batterie übernimmt Fiat keine Garantie, sondern man muß sich, über seinen Fiat-Händler, an den betreffenden Hersteller wenden. Wenn beispielsweise bei einem Reifen die Karkasse bricht oder sich die Lauffläche teilweise ablöst (heutzutage Seltenheit), ersetzt die Reifenfirma den Prozent-Wert, den nach dem normalen Abrieb der Lauffläche der Reifen noch hätte.

Schadenersatz

Wenn es Ihnen passieren sollte, daß durch den Bruch eines Teiles Ihr Wagen an einen Baum rollt oder ein anderer Autofahrer zu Schaden kommt, dann ist das Werk nur zum Ersatz des gebrochenen Teiles verpflichtet, aber Schadenersatz für die daraus entstandenen Folgen wird nicht gewährt. Auch nicht, wenn Sie beispielsweise durch garantiepflichtigen Schaden eine vielversprechende Geschäftsreise abbrechen oder den Wagen für Ihr teures Geld abschleppen lassen müssen. Das steht so schwarz auf weiß, juristisch fein formuliert, in den Gewährleistungsbedingungen.

Nach all diesem dürfen Sie sich nicht wundern, wenn die Fiat-Werkstatt nach Beseitigen des Schadens zuerst einmal von Ihnen Geld haben möchte, und zwar so viel, als hätten Sie überhaupt keinen Anspruch. Denn über den Anspruch entscheidet das Werk und erst dann wird Ihnen der entsprechende Betrag zurückerstattet oder gutgeschrieben.

Kulanz als mildes Pflaster

Nun wird, Gottseidank, vieles, was in Verträgen steht, nicht so heiß gegessen, wie es juristisch gekocht wurde. Denn schließlich kann es einem Automobilwerk auch nicht gefallen, wenn einer, der ohne eigenes Verschulden draufzahlen mußte, landauf landab das betreffende Werk mies macht und jedem, der es hören will, sein Mißgeschick klagt. Bei ganz eindeutigen Garantieansprüchen wird also der Vertragshändler den Rechnungsbetrag vielleicht stunden, bis das Werk entschieden hat, auch wird die obere Grenze von 6 Monaten und 10 000 km in der Regel nicht so genau genommen, wenn es im Grunde kein strittiger Fall ist. Es kommt da auf das persönliche Verhandlungsgeschick an, und meistens ist zähe Liebenswürdigkeit erfolgreicher als cholerisches Auf-den-Tisch-schlagen. Auch die Aussicht, in Ihnen einen zukünftigen Autokäufer zu sehen, wenn der jetzige Wagen verkauft oder verbraucht ist, wird den Fiat-Händler zur Unterstützung Ihrer Ansprüche anspornen. Im übrigen brauchen Sie aber auch bei km-Stand 18 000 keineswegs ganz hoffnungslos zu sein, wenn etwa die Kurbelwelle zum Teufel geht – vorausgesetzt, Sie haben regelmäßig das Motoröl gewechselt und immer genügend Öl nachgefüllt.

Austausch-Teile

Es müssen nicht immer gleich neue Ersatzteile sein, die Sie in Ihren 600 oder 770 S einbauen lassen. Fiat bietet für Motor und Fahrwerk ein reichhaltiges Programm sogenannter Austausch-Teile an, die weitaus billiger als Neuteile sind. Vielfach handelt es sich dabei sogar um Neuteile (z. B. Stoßdämpfer), die aus »optischen« Gründen in das Austauschteile-Programm mit einbezogen wurden. Voraussetzung ist, daß das defekte Alt-Teil abgegeben wird.

Läßt wesentlich zu hoher Ölverbrauch und Leistungsabfall (Kompressionsdruckprüfung!) weiterreichende Maßnahmen geraten erscheinen, muß nicht unbedingt ein Tauschmotor fällig werden. Es wird fast immer wirtschaftlicher sein, wenn man nur einzelne Aggregate – z. B. Kurbelwelle mit Lagern oder einen Teilmotor – auswechselt. Bei hohem km-Stand – 70 000 bis 80 000 km

– wird man allerdings mit einem kompletten Tauschmotor besser dran sein, da in diesem Stadium auch die an den Motor angebauten Teile – Lichtmaschine, Vergaser usw. – nicht mehr lange ohne Überholung auskommen.
Im übrigen sind Austausch-Teile sorgfältig im Werk überarbeitet und für diese können Sie ebenso Garantie in Anspruch nehmen wie für Neuteile, wenn sie sich als nicht einwandfrei erweisen.

Ersatzteile

Natürlich sind die nicht im Austauschteile-Programm geführten Teile verhältnismäßig teurer. Da ihre Anzahl aber einen dicken Katalog füllt und sich ihre Preise auch von Zeit zu Zeit ändern, hat es hier wenig Sinn, eine Ersatzteilpreisliste zusammenzustellen. Auch ist es mit dem einfachen Preis allein zumeist nicht getan. Sehr oft müssen neben dem defekten Teil noch die anschließenden oder mit diesem in Zusammenhang stehenden Teile ausgewechselt (und bezahlt) werden. Das gilt nicht nur für Dichtungen, Schrauben und dergleichen, auch einzelne Bremsbacken lassen sich nicht ersetzen, sondern es müssen alle Bremsbacken zumindest einer Achse ausgetauscht werden. Ebenso kann man Zahnräder nur paarweise ersetzen. Wenn Sie sich bei Ihrer Fiat-Werkstatt Ersatzteile zum Selbsteinbau kaufen, sollten Sie nicht zu fragen vergessen, ob dann auch irgendwelche Nachbarteile mitersetzt werden müssen.

Werkstattkosten

Mit den Kosten für die Austausch- oder Ersatzteile ist es alleine leider nicht getan. Natürlich kann man sich als gewandter Heimwerker manches Teil selbst einbauen – etwa eine neue Kofferraumhaube, wenn ein Dachziegel draufgefallen war. Aber in der Werkstatt kommen bei den meisten Reparaturen noch erhebliche Arbeitskosten hinzu. Sie sind in den Fiat-Werkstätten nicht überall gleich, obwohl sie sich alle nach einer gemeinsamen Basis, nach der von Fiat herausgegebenen Reparaturen-Richtzeiten-Liste richten. Darin hat das Werk sogenannte Richtzeiten ermittelt, in der die einzelnen Arbeiten von einer ordentlichen Werkstatt erledigt sein könnten. Das ist für den Rechnungsschreiber der Werkstatt einfach, denn er braucht nicht festzustellen, wie lange der Monteur gebraucht hat, sondern er nimmt diese Liste zur Hand. Damit sind allerdings die Reparaturkosten der verschiedenen Fiat-Werkstätten noch nicht gleich, denn jede Werkstatt kalkuliert ihre Stunde Arbeitszeit nach ihren eigenen Durchschnittslöhnen, Unkosten, Abschreibungen usw. usw. Das ist der sogenannte Werkstatt-Index, mit dem der Chef die Richtzeit multipliziert.
Über den Daumen gepeilt muß man heute mit mindestens 18 DM für die Werkstatt-Stunde rechnen, bei manchen geht es bis zu 25 DM, andere bescheiden sich noch mit 15 DM. Es lohnt sich also bei größeren Arbeiten unter Umständen, aufs Land zu gehen, wo der Werkstattchef weniger Unkosten hat und weniger Geld pro Stunde fordert. Weil die Richtzeiten-Liste Berechnungsbasis jeder Fiat-Werkstatt ist und auch jedem Reparaturannehmer der Stunden-Arbeitspreis seiner Werkstatt bekannt sein muß, kann man Ihnen also ohne weiteres einen ziemlich genauen Kostenvoranschlag bei anfallenden Reparaturen machen. Der einzige Unsicherheitsfaktor bildet dabei die Möglichkeit, daß sich im Laufe der Reparaturarbeiten die Notwendigkeit zu zusätzlichen Instandsetzungen ergibt, die nicht ohne weiteres vorauszusehen

waren. Da Sie aber bei der Auftragserteilung – falls möglich – Ihre Telefon-Nummer angegeben und erklärt haben, man müsse Sie bei weiterreichenden Reparaturen zuvor befragen – vergessen Sie das niemals! – brauchen Sie keine Furcht vor umwerfend hohen Reparatur-Rechnungen zu haben.

Prüfen vor der TÜV-Kontrolle?

Alle zwei Jahre muß man sein Auto den kritischen Augen des Technischen Überwachungsvereins vorführen. Wann genau, sagt Ihnen die farbige Plakette auf dem hinteren Kennzeichenschild Ihres Wagens sowie die Eintragung auf der Rückseite des Kraftfahrzeugscheins. Dieser bisweilen gefürchteten Kontrolle können Sie gefaßt entgegensehen, wenn Sie Ihren Fiat anhand dieses Buches liebevoll gepflegt haben. Es ist von Vorteil, wenn die Unterseite des Autos direkt vor der Fahrt zum TÜV gründlich gereinigt, d. h. bei einer Tankstelle saubergespritzt wurde. Fahrwerksteile und Bremsleitungen müssen für den Prüfer ohne Mühe – also ohne Dreckkruste – erkennbar sein.
Als selbstbewußter Heimwerker werden Sie natürlich Ihren Fiat auch noch einmal sorgsam unter die Lupe nehmen, alle nicht-serienmäßigen Anbauteile entfernen (fremde Auspufftöpfe, überlaute Signalhörner, Eigenbau-Schaltungen und was dergleichen Gegenstände mehr sind), den Auspuff auf Durchrostung sowie die Reifen auf Profiltiefe prüfen.
Teuer kann es für Sie werden, wenn Sie einer Werkstatt den Auftrag erteilen, den Wagen speziell für die TÜV-Kontrolle vorzubereiten. Solche Kunden sind sehr beliebt. Gewitzte Autobesitzer handeln genau umgekehrt: Sie säubern ihren Wagen nur und fahren erst einmal zum TÜV. Hier erklärt man, daß man sich über eventuelle Mängel informieren wolle. Der Prüfer überreicht nach der Kontrolle einen schriftlichen Untersuchungsbefund, nach dem sich jetzt die Werkstatt richten soll. Mit dem ausdrücklichen Hinweis, nur die vermerkten Mängel zu beheben, erhält man ein preislich angemessen instandgesetztes Auto zurück, das danach ein zweites Mal dem TÜV vorgestellt wird, möglichst unter Vorlage der detaillierten Rechnung. Nun wird man seine neue Prüfplakette ohne Schwierigkeiten erhalten. Hat dieser erneute Besuch auch eine Nachgebühr gekostet, sparte man doch wesentlich mehr ein.
Dabei sind die Kosten von Interesse. Gegenwärtig zahlt man für eine Hauptuntersuchung knapp 15 Mark. Eine Nachkontrolle, die sich aus erheblichen Mängeln ergab, kostet 7 Mark, und bei leichten Mängeln muß man etwas über 3 Mark zahlen.
Und noch einige Hinweise: Die Untersuchung braucht nicht bei einer TÜV-Stelle am Wohnort zu erfogen (man kann sich also eine solche aussuchen, bei der man sich mehr Entgegenkommen verspricht). Ungünstige Prüfzeiten sind die Tage vor den Ferien und vor Feiertagen, allgemein jedoch das Frühjahr. Eine Anmeldung ist nicht immer möglich, doch kann man mit einzelnen Prüfstellen Termine vereinbaren. Man muß nicht persönlich mit seinem Wagen vorfahren, sondern kann einen anderen mit dieser Vorführung beauftragen.

Kultivierter Vierzylinder

Fiat ist die gegenwärtig einzige Firma, die selbst in dieser Hubraumklasse einen kultivierten, laufruhigen und geräuscharmen Motor anbietet, nämlich einen wassergekühlten Vierzylinder. Nun, man folgt damit auch einer gewissen Tradition, denn schon vor dem letzten Krieg hielt man den kleinsten wassergekühlten Vierzylinder bereit und jener war noch kleiner: Der 500-ccm-Motor des Fiat »Topolino«. Man konnte also für den jetzigen Motor auf einen reichen Erfahrungsschatz zurückgreifen.

Daß der Motor im Heck sitzt, entspricht nicht einer starren konstruktiven Firmen-Linie, sondern der Auffassung, daß dies für den ganz besonderen Zweck des Wagens eine gute Lösung darstellt. Immerhin bietet Fiat ja auch Wagen mit Frontmotoren an. Der Heckmotor vermittelt in diesem Fall, also bei einem relativ leichten Wagen, den Vorteil einer gut belasteten Hinterachse, wodurch beim Bremsen auch die Hinterräder gut belastet bleiben und bei Schnee die Räder noch gut greifen. Außerdem bietet der Heckmotor Raumkomfort für die Passagiere und er bleibt, was weniger bekannt ist, im städtischen Kurzverkehr wärmer, was der Lebensdauer zugute kommt.

Motor-Steckbrief

Die vier Zylinder stehen aufrecht hintereinander in Fahrtrichtung – wir haben also einen Reihenmotor vor uns. Die aus Stahl geschmiedete Kurbelwelle – geschmiedet ist besser als gegossen – ist dreifach gelagert. An sich hat man heute bei Vierzylindern schon 4- oder 5fache Lagerung, doch in Anbetracht der relativ niedrigen Leistungsausbeute von 23 PS aus einem Hubraum von 767 ccm ist das durchaus vertretbar. 23 PS aus 0,767 Liter ergibt eine sogenannte Literleistung von genau 30 PS/Liter – ein Wert für die Belastung eines Motors –, was sehr niedrig ist. Im Durchschnitt sind heute höhere Literleistungen üblich.

Das gesamte Motoraggregat – also Motor mit Getriebe- und Achsantriebsgehäuse – ist dreifach mit Gummilagern elastisch in der selbsttragenden Karosserie aufgehängt, und zwar hinten an der Quertraverse im Motorraum und vorn beidseitig des Getriebegehäuses in einem kräftigen Bügel.

Der Motorblock ist in Gußeisen ausgeführt, Zylinderkopf und Kolben bestehen aus Leichtmetall, das die Wärme bekanntlich besser ableitet, aber auch für schnelle Erwärmung sorgt. Die Ölwanne ist aus Stahlblech gepreßt. Ansaugkrümmer und Zylinderkopf bilden ein Stück. Ein- und Auslaßventile hängen leicht geneigt in Reihe im Zylinderkopf und werden von der unten liegenden Nockenwelle über Stößel, Stoßstangen und Kipphebel betätigt. Die dreifach gelagerte Nockenwelle wird über eine Doppelkette von der Kurbelwelle aus angetrieben. Die Nockenwelle wiederum treibt den Zündverteiler, die Kraftstoffpumpe und die Ölpumpe an. Die Pleuel sind aus Stahl.

Man sollte sich einmal die Zeit nehmen, um die im Motorraum sichtbaren Teile zu erkennen. Man ist dann bei unvermuteten Störungen besser vorbereitet. Es bedeuten: 1 – Luftfilter (sitzt auf Vergaser), 2 – Lufteintritt für Sommerbetrieb (nicht vorgewärmte Luft), 3 – Unterdruckleitung zur Zündverstellung vom Vergaser zum Zündverteiler, 4 – Zündverteiler, 5 – Kondensator, 6 – Leitung Kraftstoffpumpe-Vergaser, 7 – Auspuffsammelrohr, 8 – Leitung Tank-Kraftstoffpumpe, 9 – Kraftstoffpumpe, 10 – Motoraufhängung, 11 – Thermoelektrischer Schalter zur Kühlwasserkontrolle, 12 – Zündkerze für 1. Zylinder, 13 – Riemenrad für Lichtmaschine, 14 – Ventilator für Kühler, 15 – Schlauch von Wasserpumpe zum Motor, 16 – Antriebsrad für Ventilator und Wasserpumpe, 17 – Massekabel zwischen Motor und Karosserie, 18 – Kühlerblock, 19 – Regler für Lichtmaschine, 20 – Motorraumleuchte, 21 – Zündspule, 22 – Schlauch Kühler-Motor, 23 – Kurbelgehäuse-Entlüftung, in den Luftfilter geführt.

Die Kolbenbolzen liegen übrigens um 2 mm außerhalb der Mittelachse der Kolben, wodurch Kolbenkippen vermieden und die entsprechende Zylinderseite weniger abgenutzt wird. Jeder Kolben besitzt zwei Kompressionsringe und einen Ölabstreifring.

Zur Motorüberholung können die Zylinder mehrere Male ausgeschliffen und Kolben mit Übergrößen verwendet werden. Es können auch, was selten nötig ist, Zylinderbüchsen eingezogen und wieder Normalkolben benutzt werden. Auch die Büchsen können ausgebohrt werden.

Noch ein Wort zur Motordrehzahl. Es heißt hier und da, daß Fiat-Motoren besonders hochtourig laufen würden und deswegen schneller verschleißen. Nun, hierzu wäre zu sagen, daß dieser Einwand im Falle des Fiat 600 nicht zutrifft. Entscheidend ist ja nicht im wesentlichen die Drehzahl an sich, sondern die sogenannte Kolbengeschwindigkeit. Diese wiederum richtet sich nach dem Kolbenhub und dieser ist bei unserem Motor relativ klein. Die mittlere Kolbengeschwindigkeit liegt beim Motor des 600 D bei rund 10 m/sek. Neuere Motoren anderer Fabrikate liegen in der Regel über 10 m/sek.

Ventilfedern

Diese schraubenförmig gewickelten Federn sieht man nur bei abgenommener Zylinderkopfhaube. Sie sollen die Ventile gasdicht auf ihren Sitz drücken. Man hört sie allenfalls, wenn man den Motor überdreht, ihn also in den unteren Gängen zu hoch ausfährt. Was dann schwirrt und brummt, sind die in Schwingung geratenen Ventilfedern. Den Motor überdrehen ist sinnlos – es bringt keine zusätzliche Leistung. Es ist höchstens vertretbar, wenn man in einer kitzligen Überholsituation keine wertvollen Sekundenbruchteile durch Schalten verlieren will.
Ventilfedern können bei Überdrehzahlen brechen. Erfahrungsgemäß tritt dies bei Überdrehzahlen unter Last (z. B. beim Überholen) kaum auf. Im 4. Gang läßt sich der Motor in der Ebene nicht überdrehen. Gefährlich sind Überdrehzahlen im Gefälle im 2. bzw. 3. Gang. Zum Auswechseln von Ventilfedern, ohne den Zylinderkopf abzunehmen, wird in der Werkstatt ein Sonderwerkzeug in das Zündkerzenloch gesteckt. Behelfsmäßig läßt sich auch mit einem abgebogenen Schraubenzieher von unten gegen das Ventil drücken.

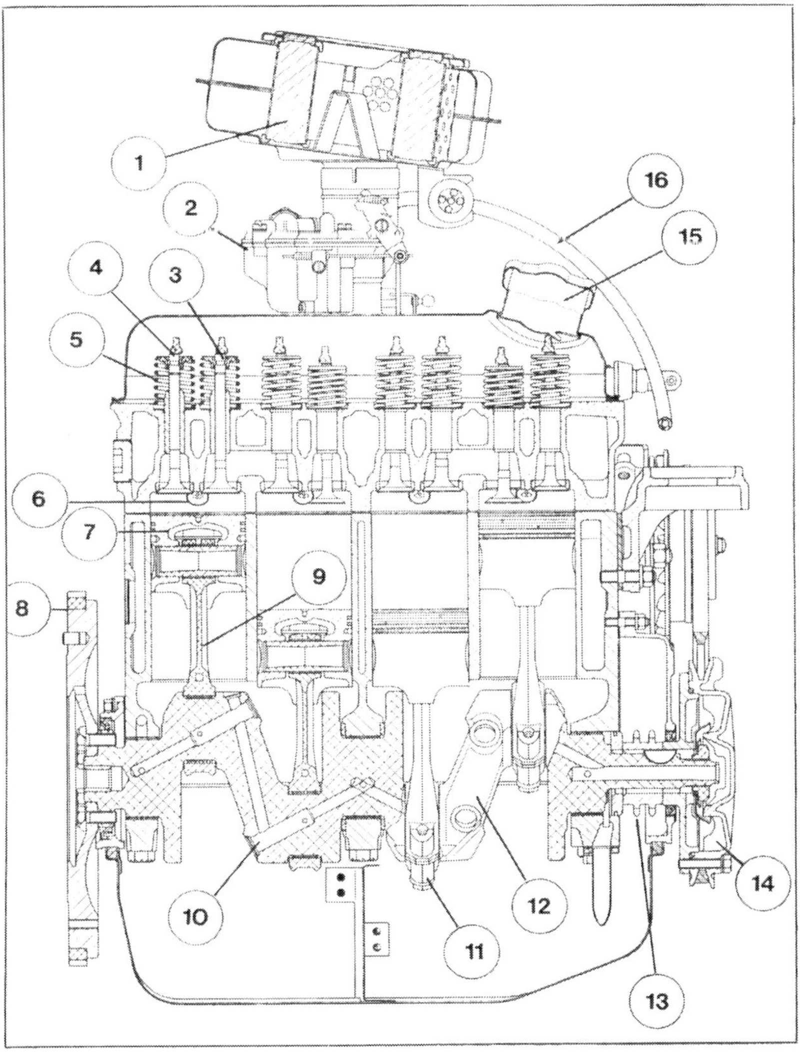

Es ist nicht jedermanns Sache, sich durch eine technische Zeichnung hindurchzufinden. Zur Kenntnis des Motors wird dieser Längsschnitt aber nützlich sein. Es bedeuten: 1 – Luftfilter mit Einsatz, 2 – Vergaser, 3 – Einlaßventil, 4 – Auslaßventil, 5 – Ventilfeder, 6 – Zündkerze, 7 – Kolben, 8 – Verzahnung an Schwungrad für Anlasser, 9 – Pleuel, 10 – Verschlußstopfen für Ölkanal in Kurbelwelle, 11 – Pleuellagerschraube, 12 – Kurbelwelle, 13 – Antriebszahnrad für Kette zur Nockenwelle, 14 – Ölschleuderfilter und Antriebskeilriemenrad, 15 – Öleinfüllstutzen, 16 – Kurbelgehäuse-Entlüftung.

Lagerschäden

Durch frühes Erkennen von Lagerschäden läßt sich viel Geld (für eine neue Kurbelwelle) sparen. Lagerschäden kündigen sich mit wärmer werdendem Motor (Öl wird flüssiger) durch Klopfen an, das allmählich immer lauter wird. Man sollte dann umgehend die Werkstatt aufsuchen. Oft kann man bei äußerster motorschonender Fahrweise noch bis zum rettenden Stützpunkt fahren. Welches Lager beschädigt ist, bzw. ob es überhaupt an einem Lager (meistens Pleuellager) liegt, läßt sich durch folgenden Test ermitteln:
Motor im Leerlauf drehen lassen und Kerzenkabel nacheinander an den Zündkerzen abziehen. Wenn das Lagerklopfen aufhört, wenn in dem betreffenden Zylinder durch das Entfernen des Zündkabels keine Zündung erfolgt, ist der Übeltäter schon gefunden: Für diesen Zylinder dürfte das Pleuellager defekt sein.
Wenn die Zündkabel mit zusätzlichen Entstörsteckern versehen sind, dann den Stecker mit einem isolierenden Lappen umwickeln und jeweils abziehen. Lagerschäden können besonders leicht entstehen (außer durch Ölmangel), wenn mit Frostschutzmittel versehenes Wasser durch schlechte oder schadhafte Dichtungen in Verbindung mit Öl in das Lager eindringt. Auch wenn reines Wasser ins Öl tritt, können natürlich Lagerschäden auftreten. Wenn man Glück hat, muß nur ein Pleuellager ersetzt werden. Meistens ist auch der Kurbelwellenzapfen beschädigt, so daß die Kurbelwelle neu geschliffen oder ersetzt werden muß. Dazu muß der Motor ausgebaut werden.
Noch ein wichtiger Tip zum Schluß: Es schadet der Kurbelwelle bzw. den Lagern, wenn man den Motor bei kleiner Drehzahl hoch beansprucht, also viel Gas gibt (schaltfaules Fahren). Je schneller die Kurbelwelle dreht, um so kräftiger ist das Schmierpolster in den Lagern.

Warum Ventilspiel?

Der Begriff »Ventilspiel« taucht bei allen technischen Daten und Anweisungen auf. Wie wichtig ist es eigentlich? Es ist von lebenswichtiger Bedeutung für die Lebensdauer der Ventile und damit für die gleichbleibende Motorleistung. Zwischen den Teilen der Ventilbetätigung – also Nocken, Stössel, Stoßstangen, Kipphebel und Ventilschaft-Ende – muß etwas Luft oder »Spiel« vorhanden sein, damit die unterschiedlichen Wärmedehnungen dieser Teile sowie des Zylinderblocks oder -kopfes ausgeglichen werden können. Zu den wichtigsten Wartungsmaßnahmen gehört daher die Kontrolle auf richtiges Ventilspiel.
Man sollte sich dabei nicht auf sein Ohr verlassen, um etwa das Klappern bei zu großem Ventilspiel zu erkennen. Was man nicht hört und was wesentlich kritischer ist: zu kleines Ventilspiel. Es bedeuten:
Zu kleines Ventilspiel: Gefahr, daß Ventile und Ventilsitze verbrennen, besonders wenn gar kein Spiel vorhanden ist (Ventile liegen nicht satt auf Ventil-Sitzring auf, wodurch die Ventil-Kühlung ungenügend ist), Verziehen der Ventile, schlechte Leistung durch verringerte Kompression, ferner veränderte Steuerzeiten.
Zu großes Ventilspiel: Schlechtere Zylinder-Füllung, also geringere Leistung, Veränderung der Steuerzeiten, ungleichmäßiger Lauf, höherer Verschleiß, größeres Geräusch.
Vom Werk ab März 1964 (neue Nockenwelle) vorgeschriebenes Ventilspiel: 0,15 mm für Ein- und Auslaß-Ventile.
Aus Sicherheitsgründen wurde das Ventilspiel also vergrößert. Bis dahin begnügte man sich mit 0,1 mm für Ein- und Auslaßventile, was für die wärmemäßig höher beanspruchten Auslaßventile etwas knapp war.

Zum Nachprüfen und Einstellen des Ventilspieles muß die Zylinderkopfhaube ausgebaut werden. Man muß sie, um den Gaszug nicht lösen zu müssen, geschickt zwischen Vergaser und Verteiler herausschwenken. Es bedeuten: 1. Verbindungsstange zwischen Gaszug und Vergaser. – 2. Gaszug-Rückholfeder und Einhängeöse. – 3. Gaszugumhüllungs-Endstück und Einhängemuffe.

Ventilspiel überprüfen

Pflegearbeit Nr. 23

Werkzeug: Gabelschlüssel SW 11 und 13, Steckschlüssel SW 10, Schraubenzieher, Fühlerlehre, Kombizange.

Wer der berechtigten Ansicht ist, erst dann die Werkstatt aufzusuchen, wenn tatsächlich Störungen vorliegen, könnte zur Sicherheit gegenüber verbrannten Auslaßventilen zumindest selbst das Ventilspiel überprüfen oder es erforderlichenfalls als Einzelarbeit von der Werkstatt vornehmen lassen.

Diese Arbeit setzt schon etwas praktische Veranlagung voraus, aber es ist absolut kein Hexenwerk. Wer es nicht selbst machen will, sollte sich dennoch ein paar Punkte einprägen. Zum Beispiel: Das Ventilspiel darf nur bei völlig kaltem Motor überprüft bzw. eingestellt werden. Man sollte also nicht die Werkstatt bitten – selbst wenn sie es gerade könnte – »schnell einmal nach dem Ventilspiel zu schauen«. Der warmgefahrene Motor sollte etwa 2 Stunden Zeit zum Abkühlen haben. Bedingt durch Eile und Zeitnot werden aber häufig die Ventile bei heißem Motor kontrolliert. In diesem Fall sollte mindestens ein Ventilspiel von 0,25 mm für Ein- und Auslaßventile zugrunde gelegt werden. Exakt ist diese Methode aber nicht.

Nun die praktische Seite der Angelegenheit. Zunächst Luftfilter abnehmen (siehe Kapitel »Kraftstoff-Anlage«). Bevor man aber den Ventilkammerdeckel abschrauben kann: Kunststoff-Verbindungsstange zum Vergaser-Drosselhebel von letzterem mit Schraubenzieher vom Kugelkopf abdrücken. Deckel vom Zündverteiler abnehmen und Verteilerläufer abziehen. Dann mit Steckschlüssel die vier Kammerdeckelschrauben herausdrehen und Deckel mit Geduld

So wird mit einer Fühlerblattlehre das Ventilspiel gemessen. Vorgeschrieben sind 0,15 mm für Aus- und Einlaß-Ventile bei kaltem Motor. Hier wird gerade das Einlaß-Ventil des 1. Zylinders gemessen. Die Fühllehre muß sich gerade zwischen Kipphebel und Ventilschaft hindurchziehen lassen.

Für die Einstellschraube des Ventilspiels gibt es einen Spezial-Steckschlüssel, dessen Anschaffung für den Heimwerker jedoch **wenig Sinn hat,** weil die Arbeit auch mit der Kombizange und sogar ohne weiteres mit der Hand geht. Mit Gabelschlüssel SW 11 Kontermutter etwas lockern und bei zwischengelegter Fühllehre Einstellschraube rechts herum leicht festdrehen, so daß erster Widerstand zu spüren ist. Da die Gewinde der Einstellschrauben sehr leichtgängig sind, geht es nach unserer Erfahrung besonders feinfühlig mit Daumen und Zeigefinger. Nach leichtem Widerstand der Einstellschraube Kontermutter gut festziehen, wobei sich die Einstellschraube nicht mehr **verdrehen darf und** zuletzt Ventilspiel noch einmal nachmessen. (A = **Auslaßventil,** E = Einlaßventil.)

und **Vorsicht** zwischen Vergaser und Verteiler herauskippen und -heben. Vorsicht dabei, damit Dichtung nicht beschädigt wird. Gegebenenfalls mit Schraubenziehergriff Deckel abklopfen und mit Klinge abhebeln.

Die Ventile können jeweils nur in völlig geschlossener Stellung geprüft werden. Deswegen muß der Motor zur Messung jedes Ventilpaares etwas weitergedreht werden. Bei älteren Motoren genügt es, dazu einen Schlüssel SW 19 auf die Mutter des Lichtmaschinen-Keilriemenrades zu setzen. Dieser wird dann mit dem Rad nach rechts gedreht, wobei man auf den Keilriemen drücken muß, damit er nicht durchrutscht. Bei neueren, noch stramm gehenden Motoren muß man notfalls noch die Kerzen herausschrauben, dann dreht man den Motor mangels Kompression besser mit dem Schlüssel durch. Vor dem Abziehen der Zündkabel von den Kerzen ritze man sich, falls man sicher gehen will, die Nummern der einzelnen zu den Kerzen bzw. Kabeln gehörenden Zylinder auf den Verteilerdeckel, direkt über den Kabeln oder in die Hülsen der jeweiligen Zündkerzenstecker. Die Zylinder-Nummern sind neben den Kerzenlöchern eingeprägt (Zylinder 1 ist der hinterste Zylinder in Fahrtrichtung gesehen). Weiß man später nicht mehr, welches Kabel zu welcher Kerze gehört, muß man sich nach der Zündfolge (Bild, S. 93) richten und die Kabel entsprechend ihrer Zünd-Reihenfolge im Verteilerkopf auf die Kerzen stecken.

Sollte sich der Motor einmal nicht weiterdrehen lassen, kann man diese schwergängige Stelle überbrücken, indem man den 4. Gang einlegt, Handbremse löst und den Wagen dann etwas hin- und herschiebt.

Der Motor wird nun am Keilriemenrad so weit durchgedreht, bis beide Ventile von Zylinder 1 geschlossen sind. Hierzu muß die Markierung am Rand der Kurbelwellen-Riemenscheibe 13 bis 14 mm vor der Markierung am Motor (Steuergehäusedeckel) stehen. Nur bei jeweils geschlossenen Ventilen des betreffenden Zylinders kann das Ventilspiel überprüft werden.

Andere Kontrolle dafür, ob die betreffenden Ventile geschlossen sind (Kolben steht dann im oberen Totpunkt): Da die Kipphebel in dieser Stellung der Ventile entlastet sind, müssen sich die zugehörigen Stößelstangen mit den Fingern hin- und herdrehen lassen. Weitere Kontrolle: Steht der Zylinder 1 auf volle Verdichtung (Kolben also im oberen Totpunkt, Ventile geschlossen), bewegen sich die Ventile bzw. Kipphebel von Zylinder 4 in verschiedener Richtung. Man nennt das auch Überschneiden der Ventile.

Bei Zylinder 1 steckt man nun zwischen Kipphebel und Ventilschaft-Ende das betreffende Fühlerlehrenblatt, wie es im Bild zu sehen ist. Zur genauen Messung ist es besser, das Lehrenblatt zu schieben und nicht zu ziehen.

Stimmt das Spiel nicht mehr, Sechskant-Gegenmutter der Einstellschraube lösen. Spiel durch Drehen der Einstellschraube mit der Kombizange (oder Hand) nach der Lehre korrigieren. Einstellschraube festhalten und Gegenmutter anziehen. Hierbei ist etwas Fingerspitzengefühl nötig, damit durch das Anziehen der Kontermutter die Einstellschraube nicht wieder verstellt wird. Natürlich ist das Spiel hinterher wieder mit der Lehre zu prüfen. Das Gleiche ist sinngemäß für die Ventile der anderen Zylinder zu wiederholen. Dazu muß die Kurbelwelle wieder weitergedreht werden.
Als nächstes folgt die Ventilspielprüfung bei Zylinder 2. Hierzu werden die Ventile von Zylinder 3 auf Überschneiden gestellt. Dann Zylinder 3 (Überschneiden der Ventile von Zylinder 2) und als letzte Prüfung der Zylinder 4 (Überschneiden der Ventile von Zylinder 1). Da Ein- und Auslaßventile das gleiche Spielmaß aufweisen sollen, braucht man nicht wie bei anderen Motoren zwischen Ein- und Auslaßventilen unterscheiden. Immerhin ist es gut zu wissen, daß im Zweifelsfalle die Auslaßventile weniger knapp eingestellt sein sollten als die kühler bleibenden Einlaßventile.
Wenn schon der Ventilkammerdeckel abgeschraubt ist, kann man bei dieser Gelegenheit die Schrauben für die Kipphebelwelle auf festen Sitz überprüfen.

Kompressionsdruck prüfen

Diese Arbeit wird man der Werkstatt überlassen müssen, da man hierzu ein spezielles Prüfgerät braucht. Auch muß eine Hilfskraft anwesend sein, die das Gaspedal betätigt und den Motor mit dem Anlasser durchdreht.

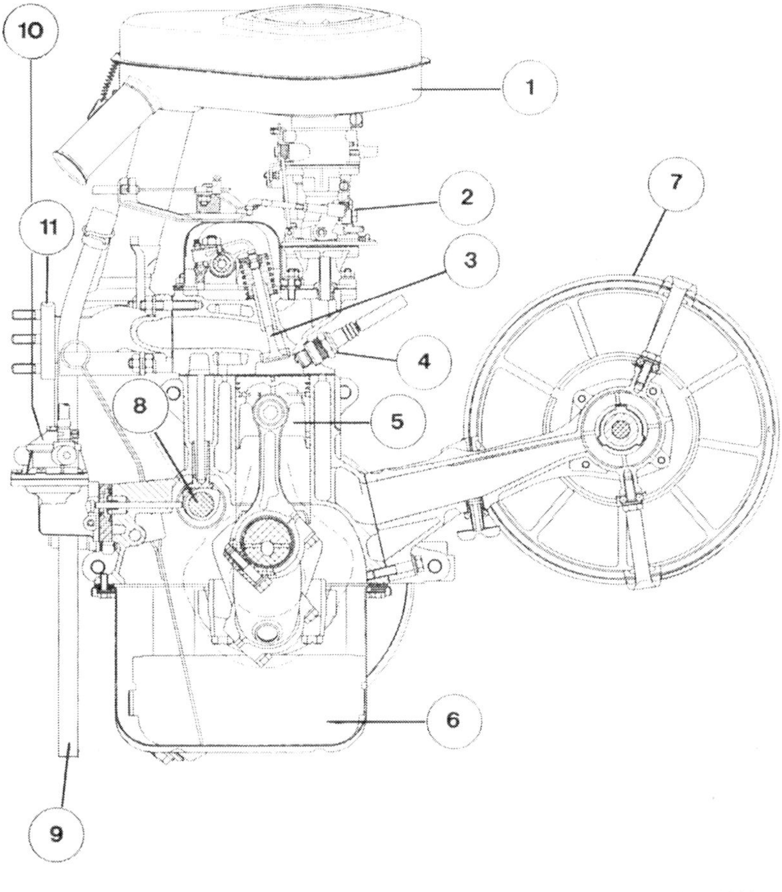

Hier ist der Fiat-Motor quer aufgeschnitten. Es bedeuten: 1 – Luftfilter, 2 – Vergaser (sitzt auf Ansaugkanal des Zylinderkopfes), 3 – Ventil mit Ventilfeder, oben auf den Schaft wirkt der Kipphebel, 4 – Zündkerze, 5 – Kolben mit Pleuel, 6 – Kurbelwanne, in diese ragt links der Ölpeilstab, 7 – Gehäuse für Kühlgebläserad, 8 – Nockenwelle im Querschnitt, darauf ein Stößel und in diesem die Stößelstange, links waagerecht an der Nockenwelle der Stößel für die Betätigung der Kraftstoffpumpe, 9 – Kurbelgehäuse-Entlüftung (später ins Luftfilter geführt), 10 – Kraftstoffpumpe, 11 – Anschlußflansch mit Stehbolzen für Auspuffkrümmer.

Mit dieser Kontrolle soll vorbeugend oder im Bedarfsfalle geprüft werden, ob Kolben und Ventile gut abdichten, ob also die Kompression in den Zylindern noch hoch genug ist. Voraussetzung: Ventilspiel richtig eingestellt.

Zur Prüfung wird von der Werkstatt ein Kompressions-Druckschreiber benutzt, in den Meßkärtchen eingelegt werden. Der Druckschreiber wird auf das Kerzenloch gesetzt. Der Motor sollte betriebswarm sein, doch sieht es in der Praxis oft so aus, daß er kalt ist, bis er zur Prüfung kommt. Ein Helfer drückt das Gaspedal ganz durch, damit die Zylinder ihre größte Füllung erhalten und dreht den Motor mit dem Anlasser einige Male durch. Für jeden Zylinder zeichnet der Druckschreiber nach Weiterschalten eine flache Kurve auf das gewachste Papier, deren Endpunkt den höchsten Druck anzeigt. Wichtig für den gesunden Motor ist nicht die absolute Höhe des Druckes, sondern dessen Gleichmäßigkeit bei allen Zylindern. Druckunterschiede bis zu 0,5 kg/cm² sind unerheblich, sie sollen aber nicht mehr als 1 kg/cm² betragen. Der Druck bei warmem Motor liegt höher als bei kaltem Motor, da bei diesem die Abdichtung durch die Kolbenringe und das Öl noch nicht so hoch ist.

Zu niedriger Druck kann bedeuten: Schäden an den Ventilen, z. B. durch verbranntes Auslaß-Ventil (durch zu knappes Ventilspiel) oder klebendes (»hängendes«) Ventil durch zu viel Rückstandsbildung am Ventilschaft und in dessen Führung, ferner Kolben- und Kolbenring-Verschleiß, gebrochene oder festsitzende Kolbenringe, unrunde Zylinder, Folge-Erscheinungen von Kolbenklemmern. In den weitaus meisten Fällen liegt jedoch mangelnder Kompressionsdruck und damit verringerte Motorleistung an undichten Auslaßventilen. Deren Einschleifen bringt Abhilfe, wenn sich nicht wegen zu hoher Motor-Laufstrecke ohnehin ein Tauschmotor empfiehlt.

Ist die Motorleistung trotz hohem und gleichmäßigem Kompressionsdruck schlecht, liegt der Fehler vermutlich an der Zündanlage.

Ungefähre Werte: Gutes Ergebnis 7–9,5 kg/cm² (20-PS-Motor bis 9 kg/cm²), unter 6 kg/cm² läßt auf schlechten Motorzustand schließen. Vergleichbar sind nur Messungen, die mit demselben Meßgerät ausgeführt sind, da diese voneinander immer etwas abweichen. Lassen Sie sich gegebenenfalls das Meßkärtchen geben, wenn es nicht schon der Rechnung beigefügt wurde.

Eine alte »Hausmacher-Methode«, um in den Ventilführungen klebende Ventile wieder gängig zu machen: 1 Liter Petroleum, versetzt mit etwa ¼ Liter Öl, bei schnell laufendem Motor nach und nach in den Vergaserstutzen gießen (Luftfilter abgenommen). Als käufliches Mittel zum Gängigmachen von Ventilen sei »Motor-Quick« erwähnt, es ist im Zubehörhandel zu bekommen.

Zylinderkopf-Ausbau

Für den Eigenpfleger kommt diese Arbeit nur in Betracht, wenn man ausreichend mit Werkzeug versorgt ist und über praktische Erfahrung verfügt. Nötig wird sie zum Zweck des Auswechselns von Ventilen oder Ventilfedern, zum Einschleifen von Ventilen (bei Kompressionsverlust), zum Säubern der Brennräume oder bei Frisierarbeiten.

Nach diesem Schema werden die Zylinderkopfschrauben entsprechend der Numerierung nacheinander angezogen, und zwar in folgenden Arbeitsgängen: Beim ersten Mal mit 1,5–2,5 mkg, dann mit dem richtigen Anzugswert von 2,8 bis 3 mkg und schließlich Kontrolle bei Schrauben Nr. 1 und 2 auf richtiges Anzugsmoment.

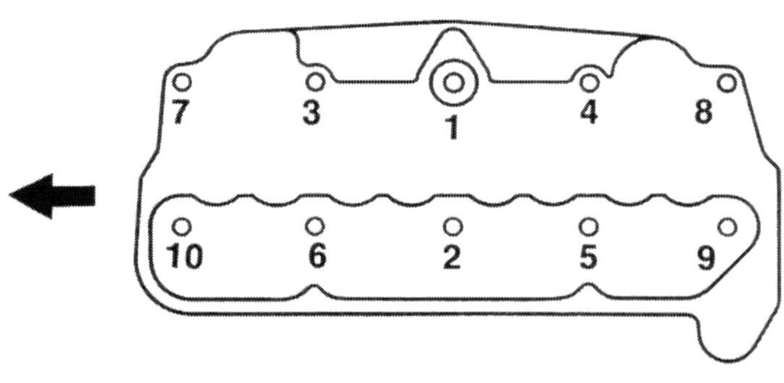

Es müssen ausgebaut werden: Luftfilter, Vergaser, Zündverteiler mit Unterdruckversteller und der Ventilkammerdeckel, dann die beiden Wasserablaufleitungen vom Zylinderkopf, die Auspuffleitung vom Auspuffkrümmer und dieser vom Zylinderkopf, die Zündkabel und die Leitung zum Thermoschalter. Danach können die Zylinderkopfschrauben (SW 13) gelöst und der Kopf vorsichtig abgehoben werden.

Ventile einschleifen

Bei nicht ausreichend hohem Kompressionsdruck (nachlassende Leistung mit höherem km-Alter) bringt Nachfräsen des Ventilsitzes oder Ventil-Einschleifen wieder Besserung. Voraussetzung ist, daß die kegelige Ventilsitzfläche nicht zu große Verschleiß- oder Verbrennungsspuren aufweist. Beim Einschleifen wird der Ventilkegel mit Schleifpaste (im Zubehörhandel) bestrichen und das Ventil in seine Führung im Zylinderkopf – dieser ist ausgebaut – gesteckt. In der Werkstatt wird dann ein Spezial-Handgriff auf den Ventilschaft gesteckt und das Ventil unter leichtem Anziehen und wechselweisem Hin- und Herdrehen auf seiner Sitzfläche eingeschliffen. Es gibt auch Gummisauger mit Handgriff, die man auf den Ventilteller setzt. Der Griff wird dann wie ein Quirl zwischen den Handflächen unter leichtem Druck hin- und hergedreht. Mit einer Drahtbürste können Ventile vorsichtig von Rückständen gesäubert werden. Die Ventilführungen sollten ebenfalls auf Verschleiß geprüft werden. Falls erforderlich, mit Reib-Ahle aufreiben und Ventile mit Übermaß einbauen.

Die Auspuffanlage

Die Auspuff-Anlage gehört zwar auch noch zum Motor, doch erreicht sie selten seine Lebensdauer. Rost durch Spritzwasser und Korrosion von innen und außen (durch Streusalz im Winter) lassen das Blech schnell dünner werden. Im Kurzstreckenverkehr ist die Lebensdauer des Auspufftopfes geringer als bei vorwiegendem Überlandverkehr. Durchgerosteter Auspuff macht sich bemerkbar durch Knallen bei schiebendem Wagen (Gas wegnehmen bei schneller Fahrt) und durch lauteres Auspuffgeräusch.

Prüfen der Auspuff-Anlage bei hochgebocktem Wagen oder noch besser, wenn der Wagen gelegentlich des Abschmierens an der Tankstelle auf der Hebebühne oder über der Schmiergrube steht.

Der Kenner stellt aus der Beschaffenheit der Auspuffgase seine Diagnose. Hier sei das Wichtigste aufgezeichnet. Es bedeuten:

■ Schwärzliche Gase: unvollständige Verbrennung durch Luftmangel oder Kraftstoff-Überschuß. Oder der Leerlauf ist zu fett eingestellt.

■ Bläuliche Gase: verbranntes Öl durch undichte Kolben bzw. Kolbenringe. Oder zuviel Öl im Kurbelgehäuse.

■ Weiße Gase: Das ist Wasserdampf als chemisches Verbrennungsprodukt, der bei Kälte kondensiert (unbedenklich).

■ Gase, die man nicht sieht: Gift (Kohlendioxyd) bei geschlossener Garage. Bei Stadtverkehr wird der Auspuff-Stutzen innen schwarz gefärbt sein – ein Zeichen, daß man – was sich freilich kaum vermeiden läßt – nicht die nötige Betriebstemperatur erreicht und durch viel Leerlauf Kraftstoff-Überschuß vorliegt. Nach Überlandfahrten soll der Stutzen innen hellgrau sein.

Durch die Einwirkung von Wärme und Vibrationen schrumpfen mit der Zeit die Dichtungen zwischen Zylinderkopf und Auspuffkrümmer und im Flansch nach dem Krümmer. Undichtigkeiten, Klappern oder Bruch sind die Folge. Man sollte daher diese Schrauben öfter auf festen Sitz kontrollieren, öfter jedenfalls als nur zur 10 000-km-Inspektion. Auch die Befestigung des Geräuschdämpfers unten am Kurbelgehäuse muß fest sitzen (alles Schrauben für Schlüssel SW 13).

Richtiges Einfahren

Wahrscheinlich haben Sie sich schon, falls Sie der Besitzer eines ganz neuen Fiat sind, über die strengen Einfahrvorschriften gewundert. Die Geschwindigkeitsbegrenzungen in den einzelnen Gängen kleben auf einem Abziehbildchen an der Windschutzscheibe und sind auch in der Betriebsanleitung verewigt. Wenn Sie sich buchstaben- oder zahlengetreu daran halten, wird Ihr Wagen ein lahmer Vogel werden. Außerdem werden die Belastungen in den Kurbelwellenlagern zu groß, wenn Sie mit derart niedrigen Geschwindigkeiten in den Gängen fahren. Auf lange Sicht gesehen, bedeutet das höheren Verschleiß.

Diese unrealistischen Vorschriften haben nur einen Sinn: dem Hersteller des Wagens Schäden zu ersparen, solange noch die Werksgarantie läuft.

Betreiben Sie Ihre eigene Einfahrmethode! Grundregel: Niemals den Motor in einem für die Geschwindigkeit zu hohen Gang mit niedrigen Drehzahlen quälen. Anders ausgedrückt: Statt das Gaspedal ganz durchzutreten, schalte man besser herunter. Oder wer es noch anders gesagt haben will: Mit möglichst wenig Gas den Motor hoch drehen lassen.

Höhere Drehzahlen ohne zu große Motorbelastung haben den Vorteil, daß die Ölpumpe mehr kühlendes Öl durch den Motor und die Wasserpumpe mehr Wasser durch den Kühler schickt. Und je schneller ein Kurbelwellen- oder ein Pleuellagerzapfen in seinem Lager rotiert, umso besser kann sich dadurch ein Ölpolster aufbauen (»hydrodynamische« Schmierung).

Die praktische Ausführung: Bieten Sie dem Motor etwa ab 300 km kurzzeitig immer wieder mehr Gas an – also mindestens Halbgas – als Sie es eigentlich tun dürften. Aber gleich wieder das Gaspedal zurücknehmen. Spielen Sie gewissermaßen mit dem Motor: Gas geben – Gas zurück – Gas geben usw. Öfters die Geschwindigkeit wechseln – öfter schalten. Halten Sie den Motor – etwa auf einer Steigung – nie zu lange unter Last bei niedrigen Drehzahlen. Bergab kann man noch schneller fahren. Wie gesagt: Mit wenig Gas den Motor gut drehen lassen. Lassen Sie auf freier Strecke den Motor auch einmal ganz ohne Gas ausrollen, gönnen Sie ihm eine Verschnauf- und gute Schmierpause. Wenn Sie nach dieser Methode handeln, können Sie getrost ab 700 km – wieder nur kurzzeitig – Vollgas geben. Sie können dann schon, ohne Schlimmes fürchten zu müssen, 90–100 km/h fahren – aber nicht als Dauergeschwindigkeit. Immer daran denken: Mit dem Motor spielen, ihn sozusagen innen blank wienern.

Und noch ein Tip: »Erledigen« Sie die Einfahrzeit möglichst auf größeren Strecken. Kurzstreckenverkehr während der ersten 1000 km macht den Motor müde und verlängert die Einfahrzeit. Vergessen Sie nicht den ersten Ölwechsel nach etwa 1500 km. Mit ihm wird metallischer »Einfahr-Abrieb« abgeführt.

Wer mit Bewußtsein und Gefühl nach unserer Methode sein Auto einfährt, kann es schon nach 1000 km mit Vollgas beschleunigen und die Höchstgeschwindigkeit fahren. Dennoch wird diese erst allmählich anwachsen, denn noch andere Teile müssen eingefahren, also metallisch geglättet werden, so Getriebe, Achsantrieb und Radlager.

Besuch in der Gasanstalt

Mit diesem Kapitel macht man sich nicht die Finger schmutzig. Man kann es sogar abends im Bett lesen. Dann hat man die nötige Ruhe, um die etwas verwickelten Vorgänge zu verstehen, die zu einem gut brennbaren Gemisch im Motor Ihres Wagens führen. Mit diesem Wissen fallen einem Handgriffe zur ersten Hilfe leichter.

Der Motor wird entweder mit einem Vergaser der Firma Weber (Bologna) oder mit einem solchen der Firma Solex (Turin) ausgerüstet. Weber liefert einen großen Teil der Vergaser für italienische Wagen und ist sehr bekannt durch die Hochleistungsvergaser für Sport- und Rennwagen. Ersatzteile sowohl für Weber- wie für Solex-Vergaser bekommt man über Fiat-Vertretungen. Es gibt aber noch einen Importeur für Weber-Erzeugnisse, es ist die Firma Nöldeke GmbH, Konstanz/Bodensee, Theodor-Heuss-Str. 36. Solex unterhält eine große Zahl von Vertragswerkstätten in Deutschland, die der deutschen Solex (Deutsche Vergaser-Gesellschaft, Neuß, Leuschstraße 1) angeschlossen sind. Die Adressen erhält man auf Anfrage.

Seit Oktober 1971 übernehmen zahlreiche Bosch-Dienste auch – neben Solex-Vergasern – die Betreuung von Weber-Vergasern. Hierbei werden die Gesetze über die Begrenzung der Schadstoffe im Abgas durch genaue Einstellung der Vergaser (und der Zündung) befolgt.

Man muß natürlich wissen, welches der beiden Fabrikate am Motor vorhanden ist. Die eingeprägte Marke oben auf dem Vergaser sagt es. Nachstehend werden die beiden Vergaser beschrieben, wie sie ab 1960, beginnend mit dem Fiat 600 D bzw. Jagst 770 und auch im Fiat 770 S eingebaut werden. Im Prinzip sind jedoch die früheren Vergaser ähnlich, (der Weber-Vergaser hatte füher einen Starterdrehschieber statt einer Starterklappe).

Vergaser Weber 28 ICP — 3 und Weber 28 ICP — 10

Wie bei Vergasern üblich, wird durch die Buchstaben ein bestimmter Typ und durch die erste Zahl die Saugrohrweite in Höhe der Drosselklappe bezeichnet. Sie beträgt also in diesem Fall 28 mm. (Die Ziffern der nachfolgenden Beschreibung entsprechen der Zeichnung oben auf der nächsten Seite.)

Der Vergaser besteht aus einem Oberteil, auch Vergaserdeckel genannt, und dem Unterteil, der die Schwimmerkammer nebst allen wichtigen Vergaser-Einrichtungen enthält. Der von der Kraftstoffpumpe geförderte Kraftstoff fließt über ein Filter (19) durch das Nadelventil (3) in die Schwimmerkammer (6), wo der Schwimmer (5) über einen kleinen Hebel die Nadel (4) anhebt oder senkt, wodurch der Zufluß gestoppt oder offengehalten wird. Dadurch bleibt der Kraftstoffstand immer auf gleicher Höhe. Das Benzin gelangt von der Schwimmerkammer durch die Hauptdüse (7) und den Kanal (8) in den Vorratsraum (10). Hier erfolgt die Mischung mit Luft aus dem Mischrohr (11) und der Luftkorrekturdrüse (1), letzteres über Kanal (2). Durch das Aus-

Dieser Querschnitt macht den Aufbau des Vergasers Weber 28 ICP-3 verständlicher. Er wurde mit der Einführung des Fiat 600 D bzw. Jagst 770 verwendet. Es bedeuten:
1 – Luftkorrekturdüse,
2 – Luftzuführungskanal,
3 – Schwimmernadelventil, 4 – Nadel,
5 – Schwimmer,
6 – Schwimmerkammer,
7 – Hauptdüse in Düsenträger, 8 – Kanal,
9 – Drehschieber für Teillast-Abmagerung,
10 – Kraftstoff-Vorratsraum, 11 – Mischrohr,
12 – Lufttrichter,
13 – Nebenlufttrichter (Vorzerstäuber),
14 – Austrittsrohr,
15 – Luftzuführungskanal,
16 – Träger für Leerlaufdüse (sitzt links liegend im Vergaser),
17 – Drosselklappe,
18 – Starterklappe,
19 – Filter für eintretenden Kraftstoff.

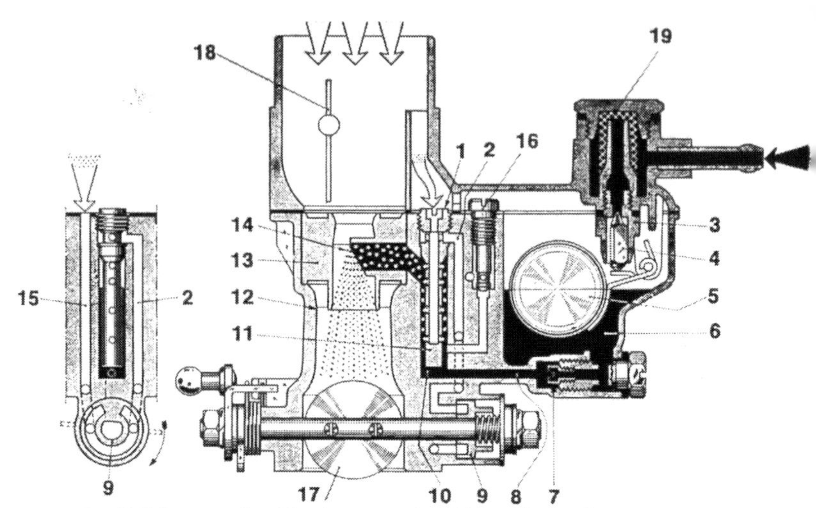

trittsrohr (14) kommt die Mischung in das Saugrohr und zwar in seine engste Stelle, wo die Geschwindigkeit der angesaugten Luft am größten ist. Hier befinden sich Nebenlufttrichter (13) und Hauptlufttrichter (12).

Bei Leerlauf wird der Kraftstoff über den Raum (10) zur Leerlaufdüse [unten in Düsenträger (16)] geleitet. Durch einen anderen Kanal strömt über eine Leerlaufluftdüse Luft dazu. Diese Mischung fließt über eine Bohrung (neben der Leerlaufdüse) zu einem Austritt unterhalb der Drosselklappe (17). Diese Öffnung wird durch die Leerlaufgemisch-Regulierschraube verändert. Für einen guten Übergang zwischen Leerlauf und Teillast ist noch eine zweite Austrittsöffnung in Höhe der Drosselklappe vorgesehen.

Erwähnt muß noch die Teillast-Steuerung werden, die das Gemisch abmagert, wenn man das Gaspedal etwas weiter durchtritt. Andernfalls würde der Kraftstoff-Anteil zu hoch (überfettet), und das Gemisch im Zylinder wäre nicht zündfähig. Hierfür ist ein Drehschieber (9) vorhanden. Bei teilweise geöffneter Drosselklappe verbindet er die Kanäle (15) und (2), so daß weitere Luft hinzukommt außer jener durch die Luftkorrekturdüse (1). Bei weiterer Drehung der Drosselklappenwelle zu ganz geöffneter Drosselklappe verdreht sich der kreisförmige Schieber (9), und die Verbindung zwischen den erwähnten Kanälen (15 und 2) wird damit wieder unterbrochen, so daß das Gemisch fetter wird, um Höchstleistung zu erzielen.

Vorhanden ist ferner eine Beschleunigungspumpe, durch welche bei Durchtreten des Gaspedals zusätzlicher Kraftstoff in das Saugrohr eingespritzt wird.

Weber-Vergaser 28 ICP-3 rechte Seite:
1 – Anschluß für Kraftstoff (von der Kraftstoffpumpe kommend),
2 – Verschlußschraube für Kraftstoffilter, 3 – Befestigungsschraube für Vergaserdeckel,
4 – Schwimmerkammer,
5 – Hauptdüsenträger, 6 – Leerlaufgemisch-Regulierschraube,
7 – Leerlauf-Einstellschraube,
8 – Anschluß für Drosselklappe (mit Gaspedal in Verbindung),
9 – Unterdruckanschluß für Zündverstellung im Zündverteiler, 10 – Leerlaufdüsenträger,
11 – Verbindungsstange Drosselklappe-Starterklappe (um erstere etwas zu öffnen, wenn Starterklappe geschlossen).

Der in Fahrtrichtung nach vorn weisende Teil des Vergasers Weber 28 ICP. Es bedeuten: 1 – Vergaser-Lufteinlaß, 2 – Verschlußschraube für Kraftstofffilter, 3 — Hauptdüsenträger, 4 – Leerlaufgemisch-Regulierschraube, 5 – Betätigung für Starterklappe, 6 – Schwimmerkammer, 7 – Welle für Teillast-Drehschieber-Betätigung.

Die Teile (Kolben, Kolbenstange, Kugelventil, Betätigungsstößel) sind aus der Teile-Zeichnung im nächsten Kapitel zu ersehen. Wird Gas gegeben, dreht sich mit der Drosselklappenwelle vorn am Vergaser (in Fahrtrichtung) ein Anschlaghebel (Nr. 12 in Teile-Darstellung des Weber-Vergasers im nächsten Kapitel), wodurch eine auf diesem Hebel stehende Kolbenstange (Nr. 18 der erwähnten Darstellung) durch Federkraft nach unten gleitet und Benzin über eine Düse im Saugrohr einspritzt.

Die Startvorrichtung besteht im wesentlichen aus der Starterklappe (18), die außerhalb der Mitte auf einer Welle sitzt und die über einen Hebel und einen Starterzug vom Fahrer aus betätigt wird. Bei gezogenem Starterhebel schließt die Klappe den Vergaser-Einlaß, gleichzeitig wird über eine Verbindungsstange die Drosselklappe etwas geöffnet. Beim Anlassen entsteht unterhalb der Starterklappe ein starker Unterdruck, durch den auch bei verhältnismäßig langsam drehendem Motor ausreichend Kraftstoff aus dem Eintrittsrohr (14) abgesaugt wird. Nach Anspringen des Motors wird der Unterdruck noch größer, wodurch dann die Klappe gegen die Kraft einer mit ihrer Welle verbundenen Feder selbsttätig etwas geöffnet wird. Natürlich muß der Fahrer mit wärmer werdendem Motor die Starterklappe wieder öffnen.

Vergaser Solex C 28 PIB — 3

Dieser Vergaser wird seit Fertigungsbeginn des Fiat 600 D bzw. Jagst 770 abwechselnd mit dem schon beschriebenen Weber-Vergaser eingebaut. Die Buchstaben bedeuten eine Vergaser-Typenbezeichnung, während die Zahl 28 mit einer inneren Saugrohrweite von 28 mm identisch ist. (Die Ziffern im nachfolgenden Text entsprechen umseitiger Schnitt-Zeichnung.) Der Fiat 770 S besitzt den weiterentwickelten, aber im Aufbau gleichen Vergaser Solex C 28 PIB–5.

Auf das Vergaser-Unterteil ist der Vergaserdeckel aufgeschraubt. In letzterem sitzt das Schwimmernadelventil. Die Wirkungsweise (siehe dazu die Zahlen der Zeichnung) des Vergasers ist folgende: Der von der Kraftstoffpumpe geförderte Kraftstoff gelangt durch den Anschluß-Stutzen in das Filter (1). Von dort über das Schwimmernadelventil (2) in die Schwimmerkammer. In dieser schwimmt auf dem Kraftstoff der Schwimmer (3), der über einen Hebel die Nadel im Ventil schließt oder öffnet, um den Benzin-Pegel konstant zu halten. Bei Normalbetrieb fließt dann der Kraftstoff über die Hauptdüse (4) in das Mischrohr (5). Hier tritt durch die Luftkorrekturdüse (6) Luft hinzu,

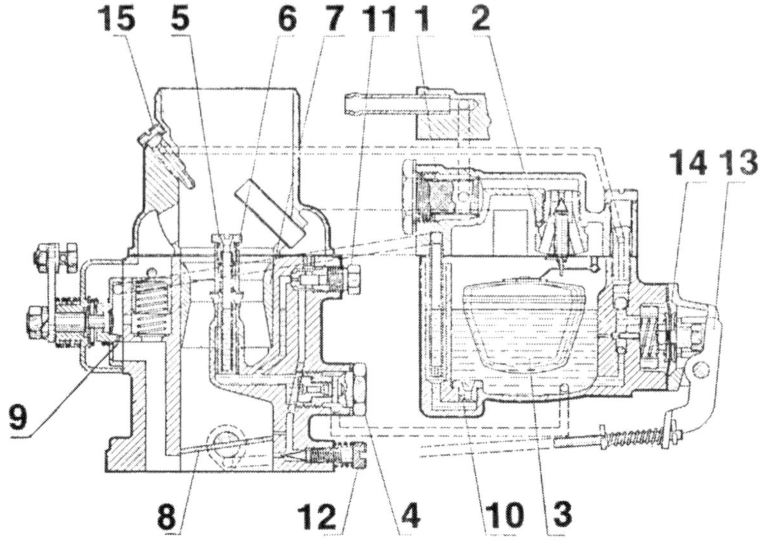

Querschnitt durch den Vergaser Solex C 28 PIB-3. Die Zahlen bedeuten: 1 – Kraftstofffilter im Kraftstoffeinlaß zum Vergaser, 2 – Schwimmernadelventil, 3 – Schwimmer, 4 – Hauptdüsenträger mit Hauptdüse, 5 – Austrittsarm mit Mischrohr, 6 – Luftkorrekturdüse, 7 – Lufttrichter, 8 – Drosselklappe, 9 – Starterdrehschieber, 10 – Starterkraftstoffdüse, 11 – Träger für Leerlaufdüse, 12 – Leerlaufgemisch-Regulierschraube, 13 – Hebel für Beschleunigungspumpe, 14 – Pumpenmembrane, 15 – Einspritzrohr für Beschleunigungspumpe (in verschiedenen Baureihen als gebogenes Einspritzrohr vorhanden).

wodurch schon eine erste Mischung erfolgt. Aus dem Mischrohr wird dann das Vorgemisch abgesaugt und mit der in den Vergaser eintretenden Luft weiter vermengt. Das Mischrohr befindet sich an der engsten Stelle im Saugrohr, im Lufttrichter (7), wo die Luftgeschwindigkeit am größten ist. Durch die Drosselklappe (8) wird die Menge des zu den Zylindern strömenden Gemischs durch das Gaspedal geregelt.

Wird vom Fahrer beim Kaltstart der Starterhebel gezogen, wird durch den kreisförmigen Starterdrehschieber (9) über die in der Schwimmerkammer befindliche Starterkraftstoffdüse (10) zusätzlicher Kraftstoff (Überfettung) in das Saugrohr eingebracht.

Bei Leerlauf wird der Kraftstoff durch eine Leerlaufdüse (11) dosiert, wobei über eine darüber vorhandene Leerlaufluftdüse noch Luft zugemischt wird. Diese Mischung wird dem Saugrohr durch zwei kleine Bohrungen über und unter der Drosselklappe zugeführt. Die untere wird durch die Leerlaufgemisch-Regulierschraube bei der Leerlauf-Einstellung mehr geöffnet oder geschlossen. Schließlich sei noch die Beschleunigungspumpe erwähnt, durch welche bei plötzlichem Durchtreten des Gaspedals zusätzlicher Kraftstoff in das Saugrohr gespritzt wird, damit beim Beschleunigen kein »Loch« im Übergang entsteht. Zu diesem Zweck ist der Drosselklappenhebel über eine Verbindungsstange mit dem Betätigungshebel (13) für die Beschleunigungspumpe verbunden. Der

Die linke Seite des Vergasers Solex C 28 PIB-3. 1 – Vergaserdeckel, 2 – Befestigungsschraube für Vergaserdeckel, 3 – Halteschraube für Starterzug, 4 – Betätigungshebel für Starterdrehschieber, 5 – Halteschraube für Startergehäuse, 6 – Hebel für Drosselklappe (mit Gaspedal in Verbindung), 7 – Schwimmerkammer.

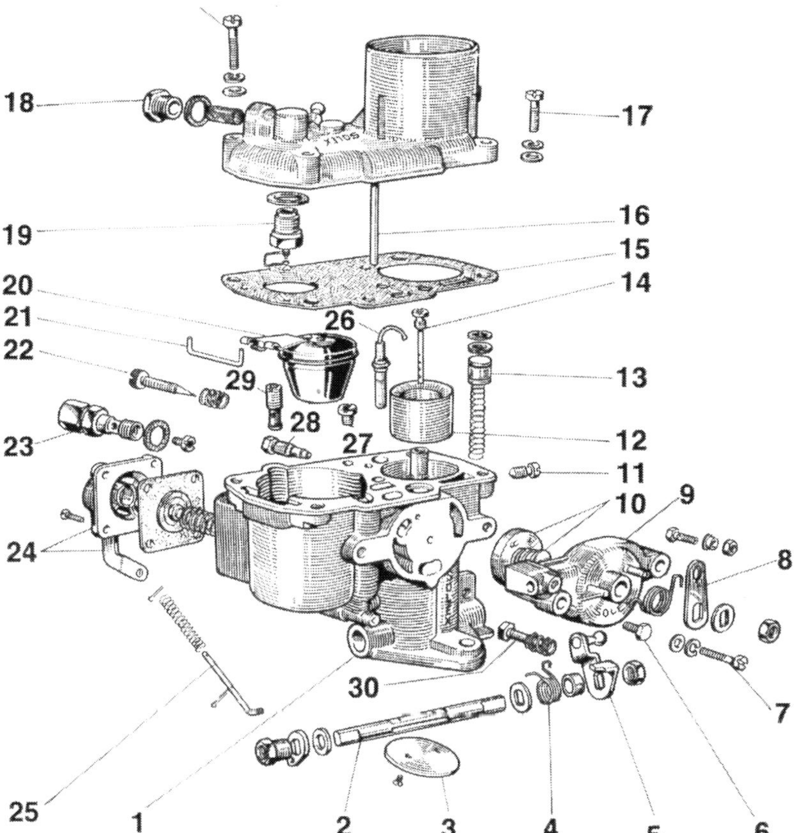

Der Solex-Vergaser C 28 PIB-3 und seine Einzelteile. 1 – Vergasergehäuse, 2 – Drosselklappenwelle mit Zubehör, 3 – Drosselklappe, 4 – Rückdrehfeder, 5 – Drosselklappenhebel,
6 – Schraube f. Starterzug, 7 – Schraube f. Starterhebel, 8 – Starterhebel, 9 – Startergehäuse, 10 – Starterschieber, 11 – Schraube f. Lufttrichter, 12 – Lufttrichter, 13 – Kolben f. Starteinrichtung mit Feder, 14 – Mischrohr m. Luftkorrekturdüse,
15 – Dichtung,
16 – Tauchrohr f. Starter,
17 – Deckelschraube,
18 – Verschlußschraube m. Kraftstoffilter,
19 – Schwimmernadelventil, 20 – Schwimmer,
21 – Welle dafür,
22 – Leerlaufgemisch-Regulierschraube,
23 – Träger m. Hauptdüse, 24 – Gehäuse f. Beschleunigungspumpe m. Hebel, 25 – Verbindungsstange f. Beschleunigungspumpe,
26 – Einspritzdüse f. Beschleunigungspumpe,
27 – Düse f. Starterkraftstoff, 28 – Leerlaufdüse, 29 – Pumpenventil, 30 – Leerlauf-Einstellschraube.

Hebel drückt auf eine Membrane (14), wodurch Kraftstoff unter Druck gesetzt und über eine Einspritzdüse (15) oder ein Einspritzröhrchen in das Saugrohr gedrückt wird.

Unterhalb des Vergasers sitzt bei neueren Baujahren noch eine durch den Drosselklappenhebel betätigte, umschaltbare Kurbelgehäuse-Entlüftung (siehe dazu das noch folgende Kapitel »Die Schmierung«).

Wegen der seit 1971 zu befolgenden Abgas-Gesetze sind die Bohrungen und Passungen des Vergasers äußerst präzise gefertigt. Jeder unsachgemäße Eingriff ist zu vermeiden.

Die rechte Seite des Vergasers Solex C 28 PIB-3. Die Zahlen bedeuten: 1 – Vergaser-Einlaß, auf dem das Luftfilter sitzt,
2 – Befestigungsschraube für Vergaserdeckel (Oberteil),
3 – Kraftstoffzuführung (von Kraftstoffpumpe kommend),
4 – Verschlußschraube für Kraftstoffilter, 5 – Beschleunigungspumpe, 6 – Betätigungshebel dafür, 7 – Trägerschraube für Hauptdüse, 8 – Leerlaufgemisch-Regulierschraube, 9 – Leerlauf-Einstellschraube, 10 – Unterdruckanschluß zum Zündverteiler für Zündverstellung, 11 – Hebel für Drosselklappe (steht mit Gaspedal in Verbindung),
12 – Leerlaufdüse, 13 – Halteschraube für Lufttrichter.

Nicht so schwer, wie man denkt

Im allgemeinen bringt der Autofahrer dem Vergaser und seinem Innenleben zu viel Respekt entgegen. Gewiß, das Einstellen eines Vergasers – wenn man von der Serieneinstellung abgeht – ist problematisch. Aber das Beheben von Störungen oder das notwendige Reinigen einzelner Teile ist nicht so schwer, wie man denkt. Man muß freilich wissen, welchen Zweck diese Teile im einzelnen erfüllen. Dieser Aufklärung diente das vorhergehende Kapitel. Am besten ist es, wenn man einmal in Ruhe den Vergaser betrachtet, z. B. wenn man einmal ins Grüne gefahren ist. Und wer sich noch nie an den Vergaser getraut hat, möge dann einmal das Folgende tun, um seine Hemmungen zu verlieren: Motor laufen lassen, Motorhaube öffnen, Schraubenzieher nehmen und ihn auf die sogenannte Leerlauf-Einstellschraube setzen. Wo diese beim Weber- oder Solex-Vergaser sitzt, zeigen die Bilder dieses und des vorhergehenden Kapitels. Nun die Schraube etwas nach rechts drehen. Was passiert? Die Motordrehzahl steigt etwas an, man kann es hören. Dieser Handgriff könnte z. B. notwendig werden, wenn der Motor im Leerlauf immer stehen bleibt. Nun die Schraube wieder um den gleichen Betrag zurückdrehen – der Leerlauf wird wieder niedriger.

Noch ein »Ermutigungshandgriff« für Neulinge auf diesem Gebiet: Den Drosselklappenhebel ins Visier nehmen. Mit ihm wird die Drosselklappe bewegt, wenn man mit dem Fuß Gas gibt. Er sitzt in Fahrtrichtung hinten am Vergaser. Wenn man ihn nicht findet, läßt man jemand Gas geben und schaut bei geöffneter Haube, was sich am Vergaser dabei bewegt.

Nun drückt man den Drosselklappenhebel von Hand auf, also seinen oberen Teil nach links drücken. Der Motor nimmt Gas an und wird schneller – man hat mit der Hand Gas gegeben! Eine Rückzugfeder holt die Drosselklappe wieder in die geschlossene Stellung zurück. Bei Störungen kann man auf diese Weise den Motorlauf prüfen. Aber den Motor im Stand nicht zu sehr hochjagen. Man wird zugeben, daß diese beiden Handgriffe nicht schwer waren.

Leerlaufeinstellung prüfen

Pflegearbeit Nr. 21

Der Leerlauf, selbst wenn er richtig eingestellt wurde, bleibt auf die Dauer selten, wie er ist. Die Leerlauf-Anschlagschraube, welche auf dem Drosselklappenhebel sitzt, schlägt sich mit der Zeit ein, setzt sich und kann sich durch die Motorvibrationen verstellen. Letzteres ist auch bei der federgesicherten Leerlaufgemisch-Regulierschraube möglich. Außerdem reagiert der Motor auf die Gemischveränderung durch verschiedene Beschaffenheit der Außenluft (Feuchtigkeit, Temperatur). Diese ist zu jeder Jahreszeit verschieden. Es empfiehlt sich daher, zu Beginn der warmen und der kalten Jahreszeit den Leerlauf zu überprüfen und eventuell neu einzustellen. Im Sommer kann man die Leerlaufdrehzahl geringfügig reduzieren (an Leerlauf-Einstellschraube),

das spart Kraftstoff. Nicht unwichtig: Vor der Vergaser-Einregulierung die Zündkerzen überprüfen (siehe Kapitel »Zündung«).
Der Leerlauf ist nicht nur für den Standlauf von Bedeutung, sondern auch wegen seines Einflusses auf den Verbrauch bis zu mittleren Drehzahlen. Liegt der Leerlauf zu hoch, so kann sich daraus ein Mehrverbrauch von mehr als 0,5 Liter je 100 km ergeben. Zu hoher Leerlauf ist auch deswegen von Nachteil: Wenn Sie während des Fahrens das Gas wegnehmen, bremst der Motor nicht so stark, da er noch zuviel Kraftstoff erhält. Der Unterschied gegenüber einem richtig eingestellten Leerlauf ist beträchtlich.
Die Leerlauf-Einstellung ist auch für ungeschulte Leute kein Problem. Gebraucht werden: ein Schraubenzieher und ein gutes Gehör. Reguliert wird die Drehzahl des Motors im Leerlauf und die Höhe der Kraftstoff-Zuteilung beim Leerlauf.

- Die Drehzahl des Motors wird durch Verstellen der Leerlauf-Einstellschraube dosiert: Leichtes Öffnen oder Schließen der Drosselklappe.
- Der Kraftstoff wird durch Hinein- oder Herausdrehen der Leerlaufgemisch-Regulierschraube dosiert.

Wo diese Schrauben am Vergaser sitzen, zeigen die Bilder in diesem und im vorhergehenden Kapitel. Der Motor muß betriebswarm sein. Vorher also den Motor warm fahren, Erwärmung im Standlauf genügt nicht.

1. Handgriff
Leerlauf-Einstellschraube mit Schraubenzieher so weit herausdrehen (Drosselklappe schließen), bis der Motor gerade noch rundläuft. (Der rechte weiße Pfeil zeigt auf die im rechten Bild betätigte Leerlaufgemisch-Regulierschraube an der rechten Vergaserseite.)

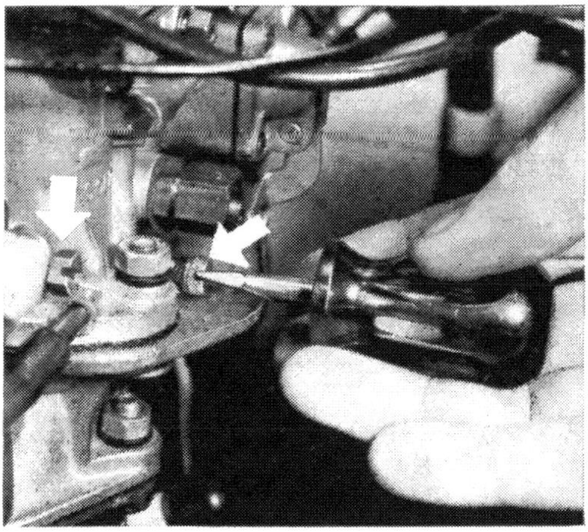

2. Handgriff
Durch Drehung der Leerlaufgemisch-Regulierschraube etwas nach links oder rechts eine Dosierung von Kraftstoff und Luft finden, die für diese Drosselklappenstellung den schnellsten und gleichmäßigsten Leerlauf ergibt.

3. Handgriff: Leerlauf-Einstellschraube, wenn möglich, noch etwas herausdrehen, und zwar bis zur niedrigsten gleichmäßigen Leerlaufdrehzahl.
Diese Einstell-Methode weicht, wie Praktiker wissen, etwas von der sonst üblichen ab, bei welcher zunächst die Leerlaufdrehzahl etwas erhöht wird. Doch wird mit dieser Methode geringster Kraftstoff-Verbrauch ermöglicht. Die Leerlaufgemisch-Regulierschraube soll nie ganz hineingedreht werden, da sonst ihr spitz zulaufendes Ende beschädigt wird. Es kann sein, daß das Verdrehen der Leerlaufgemisch-Regulierschraube ohne Einfluß auf die Leerlaufdrehzahl ist. Ursache: Leerlaufsystem ist verstopft. Wenn Leerlauf zu fett: die Auspuffgase werden schwärzlich. Bleibt der Motor im Leerlauf stehen: Gemischschraube kann verlorengegangen sein. Möglich ist auch, daß die Leerlaufdüse verstopft ist. Ein paar Mal kräftig Gas geben oder Düse reinigen.

Hier der Vergaser Weber 28 ICP-3 in seine einzelnen Teile zerlegt. Die Zahlen bedeuten: 1 – Vergaser-Oberteil, 2 – Starterklappe, 3 – Starterklappenwelle, 4 – Klappenfeder, 5 – Betätigungshebel f. Starterklappe nebst Befestigungsteilen, Verbindungshebel u. Klemmschraube f. Starterzug, 6 – Drosselklappenhebel mit Befestigungsteilen und Lagerhülse, 7 – Hebel f. Starterklappe, 8 – Rückdrehfeder, 9 – Drosselklappe nebst Welle, 10 – Drehschieber f. Teillastabmagerung, 11 – Distanzscheibe, 12 – Anschlaghebel für Kolbenstange der Beschl.-Pumpe, 13 – Vergasergehäuse, 14 – Klemme f. Starterzug, 15 – Träger mit Leerlaufdüse und Dichtscheibe, 16 – Kolben f. Beschl.-Pumpe, 17 – Haltescheibe f. Feder, 18 – Kolbenstange f. Beschl.-Pumpe, 19 – Druckventil dafür, 20 – Pumpendüse, 21 – Pumpenansaugventil (sitzt in Schwimmerkammer), 22 – Schwimmernadelventil mit Nadel, 23 – Schwimmer, 24 – Verschlußschraube f. Kraftstoffilter, 25 – Deckelschraube, 26 – Mischrohr, 27 – Luftkorrekturdüse, 28 – Leerlauf-Einstellschraube, 29 – Träger f. Hauptdüse, 30 – Hauptdüse, 31 – Leerlaufgemisch-Regulierschraube, 32 – Dichtung.

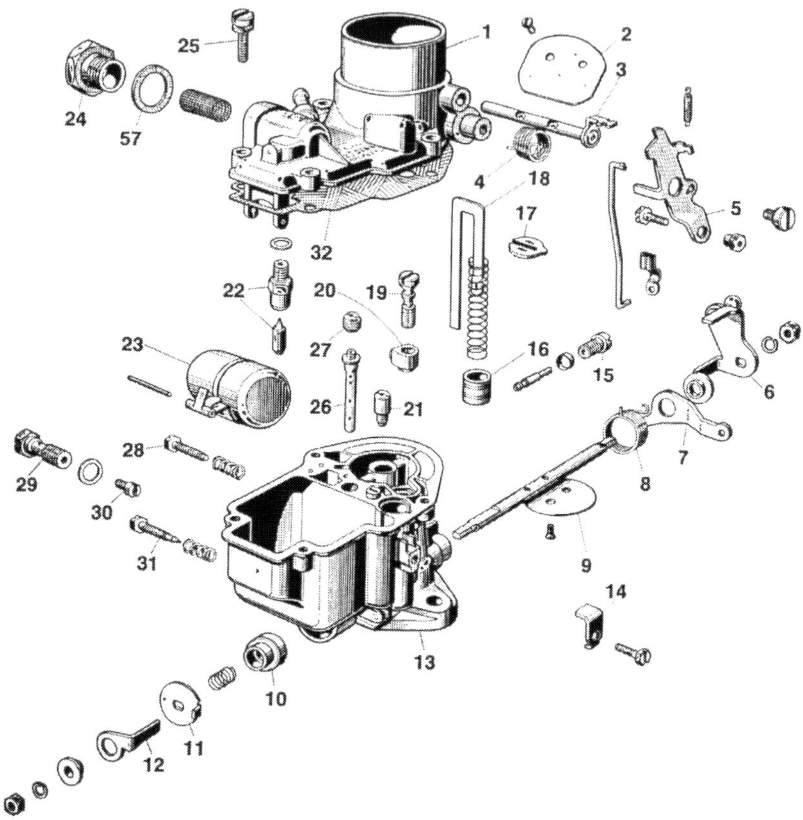

Fingerzeige: *Stirbt der Motor im Leerlauf ab, was im Stadtverkehr besonders unangenehm ist, drehe man als vorläufige Maßnahme zunächst einmal die Leerlauf-Anschlagschraube etwas hinein (nach rechts), um die Leerlaufdrehzahl zu erhöhen. Später dann den Leerlauf neu einregulieren, wie beschrieben. Wenn die Leerlauf-Anschlagschraube gut geölt ist, läßt sie sich von Hand drehen (links am Luftfilter vorbeigreifen).*

Neu-Einstellung des Leerlaufes beim Übergang von Normal- auf Superkraftstoff ist nicht nötig, auch die Zündeinstellung kann bleiben, wie sie ist.

Ändern der Vergaser Einstellung

Die vom Werk aus festgelegte Vergaser-Einstellung in bezug auf Düsen-Bestückung, Lufttrichter und Funktion seiner verschiedenen Systeme ist im Zusammenwirken mit dem Vergaser-Hersteller erst nach langwieriger Feinarbeit gefunden worden. Das ist bei jedem Vergaser so, denn es gilt, den besten Kompromiß zwischen bester Leistung und kleinstem Verbrauch zu finden. Deswegen rät man offiziell von jeder Änderung der Einstellung ab. Mit gutem Grund. Man wird kaum einen besseren Kompromiß finden.

Ein nicht fachgerechtes Auswechseln der Düsen kann außerdem Gefahren bergen. Es hat Leute gegeben, die partout durch eine kleinere Hauptdüse weniger verbrauchen wollten. Das führte prompt wegen zu heiß werdendem Motor (bei zu magerem Gemisch weniger »Innenkühlung«) zu einem hübschen Kolbenfresser oder durchgebrannten Ventilen. Hier jedoch das grundsätzliche Schema für Veränderungen am Vergaser:

- Kleinere Hauptdüse: Kleinerer Verbrauch, kleinere Leistung
- Größere Hauptdüse: Größerer Verbrauch, evtl. verbesserte Beschleunigung aus mittlerem Drehzahlbereich
- Kleinere Luftkorrekturdüse: Verbrauch größer
- Größere Luftkorrekturdüse: Kleinerer Verbrauch, kleinere Leistung
- Kleinerer Lufttrichter: Besserer Anzug bei tieferer Drehzahl Verringerte Höchstgeschwindigkeit
- Größerer Lufttrichter: Mehr Leistung nur bei höherer Drehzahl

Fanatiker von Mindest-Verbrauch-Rekorden sollten immer berücksichtigen: Auch die beste Neu-Einstellung kann nicht solch günstigen Verbrauch bringen, wie die entsprechende Kontrolle der eigenen Fahrweise. Diese wird immer entscheidend sein.

Die Daten für die Vergaser-Bestückung sind in den Technischen Daten am Schluß des Buches zu finden.

Wer auf Grund ausreichender eigener Erfahrung mit veränderter Vergaser-Bestückung experimentieren möchte, weiß sicher, daß es besser ist, immer nur jeweils eine Änderung vorzunehmen, damit man die Übersicht über das neue Leistungsbild nicht verliert. Außerdem gehört dazu eine sorgfältige Beobachtung im Fahrbetrieb, wobei man sich selbst nichts vormachen darf. (Übrigens ist der Lufttrichter nur beim serienmäßigen Solex-Vergaser auswechselbar.)

Vergaser reinigen

Pflegearbeit Nr. 20

An sich braucht der Vergaser keine spezielle Pflege, es sei denn, es liegen Störungen vor. Aber er muß innen sauber sein, um Störungen vorzubeugen. Deshalb schreibt Fiat im Inspektionsplan die Vergaser-Reinigung alle 10 000 km vor. Für den, der wenig Jahreskilometer fährt, ist die Rechnung nach Zeitintervallen günstiger: jedes Jahr einmal reinigen. Es kann nach längerer Betriebszeit nicht schaden, wenn die Vergaserbefestigung am Saugrohr und das Vergaseroberteil auf festen Sitz überprüft werden. In Düsen, Bohrungen und in der Schwimmerkammer können sich Fremdstoffe in feiner Form abgelagert haben oder die Schwimmernadel kann in ihrem Sitz ausgeschlagen sein. Das Schwimmernadelventil kann nur als Ganzes ausgewechselt werden.

Möglich ist auch eine Verunreinigung des Vergasers durch Öldämpfe, die über die Kurbelgehäuse-Entlüftung in das Luftfilter und damit in den Vergaser geleitet werden, insbesondere, wenn man aus vermeintlichem, aber unnötigem Sicherheitsbedürfnis zu viel Öl in den Motor füllte.

Zwar kommt man an einige Düsen von außen heran, man sollte aber trotzdem mindestens den Vergaserdeckel abschrauben, um auch an die Schwimmerkammer nebst Schwimmernadelventil (im Deckel eingeschraubt, Weber: SW 10, Solex: SW 14) und an die restlichen Düsen und Kanäle heranzukommen. Dazu muß man das Luftfilter abnehmen (siehe Kapitel »Kraftstoff-Anlage«) und die 4 Deckelschrauben (oben im Vergaserdeckel) herausschrauben. Damit läßt sich der Deckel entfernen oder abkippen, falls man sich (beim Weber-Vergaser) das Abnehmen der Verbindungsstange zur Starterklappe sparen will. Evtl. auch den Kraftstoffschlauch vom Stutzen am Deckel abziehen.

Einzelheiten des Vergasers Solex C 28 PIB-3 bei abgeschraubtem Oberteil: 1 – Vergaser-Oberteil (Deckel), 2 – Vergaser-Unterteil, 3 – Mischrohrträger mit Mischrohr, darauf Luftkorrekturdüse, 4 – Einspritzrohr für Beschleunigungspumpe, 5 – Starterdüse, 6 – mit dem Deckel verbundenes Kraftstoffzuführungsrohr für Starteinrichtung, 7 – Schwimmernadelventil, 8 – Kunststoffschwimmer, 9 – Hülle für Starterzug, 10 – Feststellschraube für Starterzug, 11 – Gehäuse für Starterdrehschieber.

Falls der Deckel auf der Dichtung festklebt, Deckel vorsichtig mit Hammerstiel oder mit Schraubenzieher gefühlvoll abhebeln (Dichtung gehört zu Deckel). Wenn die Dichtung beschädigt ist, muß eine neue besorgt werden. Aufpassen, daß keine Dichtringe für Düsen verloren gehen.

Nachstehend der Sitz der einzelnen Düsen bzw. Teile:

Weber-Vergaser: Von außen zugänglich sind Verschlußschraube für Kraftstoffilter, Hauptdüse (SW 10) und Leerlaufdüse – die letzteren beiden jeweils in Düsenträger – und Leerlaufgemisch-Regulierschraube, alle an der rechten Vergaserseite. Nach Abnahme des Vergaserdeckels sind erreichbar: Oben im Vergasergehäuse die zentral gelegene Luftkorrekturdüse mit Mischrohr, Leerlaufluftdüse, sowie Düse und Einspritzröhrchen für Beschleunigungspumpe, ferner Pumpenkolbenstange. Unten in Schwimmerkammer sitzt das Saugventil für die Beschleunigungspumpe.

Solex-Vergaser: Von außen zugänglich sind Verschluß für Kraftstoffilter, Hauptdüse (in Düsenträger, SW 14), Leerlaufdüse (SW 8), Leerlaufgemisch-Regulierschraube – alle rechts am Vergaser. Nach Abnahme des Vergaserdeckels sind erreichbar: Mischrohr mit Luftkorrekturdüse und Einspritzrohr für Beschleunigungspumpe. Unten in der Schwimmerkammer finden sich Düsen für Starterkraftstoff (links) und Beschleunigungspumpe. Ferner ist hier ein Kanal zur Hauptdüse vorhanden.

Zur Vergaser-Reinigung ist folgendes zu raten:

■ Sämtliche Vergaserteile in Kraftstoff oder Spiritus reinigen. Die Teile auf sauberem Tuch ablegen. Evtl. Schmutz in der Schwimmerkammer entfernen.

■ Düsen, Bohrungen und Schwimmerkammer mit mäßigem Preßluft-Druck ausblasen, auch Handluftpumpe ist geeignet. Düsen können notfalls auch mit dem Mund durchgeblasen werden (aber möglichst ohne Spucke). Auf keinen Fall mit hartem Draht reinigen, geeignet ist jedoch eine Borste aus einer Bürste. Düsen sind aus weichem Metall (Messing), daher nicht zu fest schrauben. Für die Bohrungen eignen sich einzelne Borsten oder ein Pfeifenreiniger.

■ Drossel- und Starterklappenwelle auf zu großes Spiel an den Lagerungen untersuchen. Eingedrungene Nebenluft verschlechtert Start und Leerlauf.

■ Leerlaufgemisch-Regulierschraube darf keine verbogene oder abgebrochene Spitze aufweisen. Sonst auswechseln.

■ Ferner: Die Flanschschrauben der Befestigung des Vergasers auf dem Ansaugrohr auf festen Sitz überprüfen, aber nicht zu fest anknallen und abwechselnd festziehen. Sonst kann sich der Vergaserflansch verziehen und Nebenluft eindringen.

Den Schwimmer kontrolliert man, ob er dicht ist (schütteln und gegen das Ohr halten). Evtl. in heißes Wasser legen und auf Blasen achten. Auch muß die Schwimmerhebelwelle gut gängig in der Nut liegen. Der Hebel besteht aus sehr dünnem Blech. Aufpassen, daß man ihn nicht verbiegt. Hat sich die Nadel nicht zu tief eingeschlagen?

Im Vergaserdeckel, von unten eingeschraubt, findet sich das Schwimmernadelventil. Ist es nicht locker? Die Ventilnadel muß einwandfrei beweglich sein. Gegen sie drückt von unten der Hebel des Schwimmers. Falls der Schwimmerhebel durch die Ventilnadel ausgeschlagen ist, sollte die Vertiefung vorsichtig mit feiner Feile und Polierleinen geglättet werden. Besser auswechseln, damit die Ventilnadel nicht klemmt und den Vergaser überlaufen läßt.

Ob die Beschleunigungspumpe einspritzt, erfährt man, wenn man den Drosselklappenhebel betätigt, so als würde man Gas geben. Die Pumpe im Vergaser muß dann durch das nach unten gerichtete Röhrchen einspritzen.

Nach wieder aufgeschraubtem Vergaserdeckel prüfen, ob beim Weber-Vergaser Starterklappe einwandfrei öffnet und schließt. Dazu muß der Starterhebel vorn im Wagen betätigt werden.

Weber-Vergaser: Wenn der Vergaserdeckel ausgebaut ist, sollte man die richtige Stellung des Schwimmers prüfen (er ist im Deckel gelagert). Dazu den Deckel genau senkrecht stellen (Schwimmernadelventil oben). Das Gelenkplättchen des Schwimmers muß jetzt in leichter Berührung mit dem Nadelventil stehen, der Abstand des Schwimmers von der Auflagefläche des Deckels (einschließlich Dichtung) soll 7 mm betragen. Trifft dies nicht zu, Schwimmerhebel vorsichtig entsprechend zurechtbiegen.

Um an den Drehschieber für die Teillast-Abmagerung heranzukommen, muß man den Vergaser vom Saugrohr abschrauben.

Abgas-Messung

Keine Sorge braucht man vor der CO-Messung zu haben, die seit 1971 beim TÜV vorgenommen wird. Auch wenn das Auto keinen Abgasvergaser besitzt, lassen sich die geforderten Werte – 4,5 plus maximal 1,0 Vol. % CO – einhalten.

Folgendes ist vor der Messung zu beachten: Der Motor soll möglichst eine halbe Stunde warmgefahren werden. Ein Wagen, der viel im Stadtverkehr verwendet wird, ist zur Reinigung seines innerlich verschmutzten Motors 100 bis 150 km weit zügig zu bewegen. Mit diesen beiden Maßnahmen hat man schon viel gewonnen.

Werden trotzdem die vorgeschriebenen Werte nicht erreicht, sind Ventilspiel, Schließwinkel, Zündzeitpunkt und Elektrodenabstand der Zündkerzen zu prüfen. Fällt danach der CO-Test immer noch negativ aus, ist die Vergasereinstellung zu kontrollieren. Die Reihenfolge der hier aufgezeigten Vorkehrungen muß unbedingt befolgt werden, weil der Erfolg sonst zweifelhaft bleibt. In jedem Fall ist ein »versuchsweises« Korrigieren am Vergaser zu vermeiden.

Störungsbeistand

Den ausführlichen Störungsbeistand für Vergaser und Kraftstoffpumpe finden Sie hinter dem folgenden Kapitel über die Kraftstoffpumpe auf Seite 201.

Wen es vor so vielen Störungen und Ursachen graust, der möge bedenken, daß dort mit Sammlerfleiß alle Möglichkeiten zusammengetragen wurden. Die Praxis sieht doch wesentlich freundlicher aus. Wichtig: Vor Eingriffen am Vergaser überzeuge man sich, ob alle Teile der Zündanlage in Ordnung sind (Zündzeitpunkt, Unterbrecherkontakte, Zündkerzen). Fehler an der Zündanlage sind häufiger an Störungen schuld als man denkt.

Sorgt für nötigen Druck

Der Kraftstoff kann nicht von allein gegen die Schwerkraft und gegen Fahrbewegungen vom Tank nach hinten zur Höhe des Vergasers fließen. Deshalb wird die mechanisch angetriebene Kraftstoffpumpe als Zwischenstation zum Kraftstoff-Transport eingeschaltet. Sie führt links am Motorblock ein unbeachtetes Dasein, denn Störungen sind selten, wenn man sie regelmäßig reinigt (siehe Kapitel »Kraftstoff-Anlage«).
Die Kraftstoffpumpe wird durch einen Nocken angetrieben, der auf der Nokkenwelle angebracht ist. Von diesem Nocken wird über einen Stößel ein Kipphebel in der Pumpe hin- und herbewegt, dessen gabelförmiges Ende den an der Gummimembrane der Kraftstoffpumpe befestigten Membranstößel nach unten zieht. Dadurch wird Kraftstoff aus dem Tank in die Pumpe gesaugt. Eine starke Feder, die der Bewegung des Kipphebels entgegenwirkt, drückt die Membrane wieder in ihre Ausgangsstellung: Das Benzin wird dadurch in die Leitung zum Vergaser gedrückt. Der Pumpvorgang geschieht unter Mithilfe von zwei Ventilen im Pumpenoberteil, dem Saug- und dem Druckventil, die als Flatterventile den Kraftstoff-Fluß in jeweils einer Richtung sperren.

Zerlegen der Pumpe

Genau wie beim Vergaser kommen verschiedene Pumpen zum Einbau, doch sind sich diese sehr ähnlich. Vor dem Entfernen der Pumpe zieht man vorn am Tank den Kraftstoffschlauch ab (Schlauchschelle lösen), damit kein Benzin aus dem höher liegenden Tank an der Pumpe ausfließt. Dann Leitung an der Pumpe abnehmen und Flanschmuttern (SW 13, Steckschlüssel) am Motorblock lösen. Zerlegen der Pumpe kommt in Frage, wenn die Pumpe undicht ist, wenn die Ventile nicht in Ordnung sind oder wenn die Membrane defekt ist.

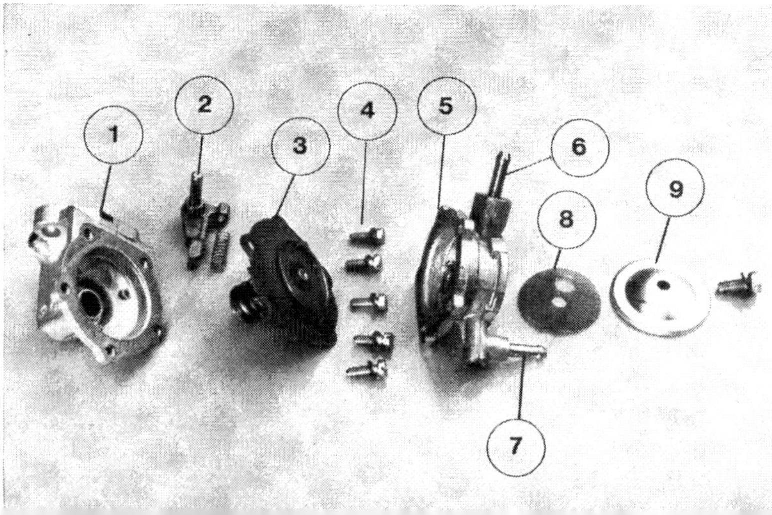

Das sind die einzelnen Teile der Kraftstoffpumpe. Da in der Serie verschiedene Pumpen eingebaut werden, können sie geringfügig voneinander differieren. Im Prinzip sind sie sich ähnlich. 1 – Pumpenunterteil (sitzt am Motorblock), 2 – Betätigungs-Kipphebel für Stößel an der Membrane, 3 – Membrane (zugleich Dichtung zwischen Ober- und Unterteil) mit Stößel und Feder, 4 – Verbindungsschrauben für Ober- und Unterteil, 5 – Pumpenoberteil, Saug- und Druckventile enthaltend, 6 – Kraftstoffeinlaß (vom Tank kommend), 7 – Auslaß zum Vergaser, 8 – Filtersieb, 9 – Pumpendeckel mit Halteschraube.

Vor Abschrauben des Pumpen-Oberteiles (5 Schlitzschrauben) markiere man Ober- und Unterteil durch einen gemeinsamen Kratzer, damit sie beim Zusammenbau wieder richtig übereinander kommen. Bei Pumpen neuerer Bauart läßt sich bei defekten Ventilen, die im Oberteil sitzen, nur noch das komplette Oberteil auswechseln. Mit einem Holzspan lassen sich die Kunststoffplättchen der Ventile auf Gängigkeit untersuchen. Die Kipphebelwelle muß geölt sein. Nach Wiederanbau der Pumpe später alle Befestigungsschrauben auf festen Sitz prüfen.

Störungsbeistand

Vergaser

Die Störung	– ihre Ursache	– ihre Abhilfe
A Kraftstoffverbrauch zu hoch	1 Fehlerhafte Flanschdichtung	Nachprüfen Eventuell auswechseln
	2 Undichter Schwimmer	Auswechseln
	3 Schwimmernadelventil schließt nicht (Fremdstoffe aus Tank im Ventil?)	Säubern
	Beschädigt?	Eventuell auswechseln
	4 Düsen stimmen nicht	Herausschrauben, eingeschlagene Bezeichnungen mit Angaben in den Technischen Daten vergleichen. Evtl. korrigieren
	5 Leerlaufgemisch zu fett	Gemisch-Regulierschraube etwas hineindrehen, aber Leerlauf muß einwandfrei bleiben
	6 Leerlaufdüse locker	Kontrollieren Eventuell anziehen
	7 Leerlauf zu hoch	Einstellen
	8 Andere Möglichkeiten:	Seite 16
B Motor springt nicht an (siehe auch vordere Buchklappe)	1 Zündung nicht einwandfrei	Kontrollieren (siehe Kapitel Zündanlage und vordere Buchklappe)
	2 Tank leer	Auftanken
	3 a) Kraftstoffweg im Vergaser nicht in Ordnung. Prüfung: Zuleitung am Vergaser lösen und Motor starten.	Tritt kein Kraftstoff aus, siehe unter Kraftstoffpumpe
	b) Leerlaufdüse verschmutzt	Herausschrauben, reinigen
	c) Bohrungen oder Kanäle im Vergaser verstopft	Vergaser zerlegen (Deckel abnehmen), reinigen
	d) Vergaser läuft über (Motor ersoffen durch zuviel Gasgeben oder Schwimmer klemmt oder undicht)	Gegen Schwimmergehäuse klopfen. Evtl. Vergaserdeckel abnehmen. Schwimmer überprüfen (schütteln), evtl. erneuern
C Leerlauf ungleichmäßig, Motor bleibt stehen	1 Leerlauf zu fett oder zu mager	Richtig einstellen
	2 Leerlaufsystem verstopft (Verstellen der Gemischschraube hat keinen Einfluß auf Drehzahl)	Leerlaufdüse herausnehmen, reinigen. Anschließend Leerlauf einstellen

Die Störung	– ihre Ursache	– ihre Abhilfe
D Motor bleibt bei höheren Drehzahlen stehen, wenn langsam Gas gegeben wird	1 Hauptdüse verstopft	Herausschrauben, reinigen
E Ungleichmäßiger Lauf und Auspuffrußen bei niedriger Leerlaufdrehzahl, stärkeres Rußen bei höherem Leerlauf, Kerzen verrußen, deswegen Zündaussetzer	1 Zu hoher Druck auf Schwimmernadelventil	Kraftstoffpumpendruck prüfen lassen
	2 Schwimmernadelventil schließt nicht	Ventil prüfen, evtl. erneuern
	3 Schwimmer undicht	Auswechseln
F Ungleichmäßiger Lauf bei Vollgas, Aussetzer, Patschen, Leistung fällt ab	Nicht ausreichende Kraftstoffzufuhr	Hauptdüse reinigen, evtl. auch Kraftstoffpumpe und Schwimmernadelventil reinigen
G Schlechte Übergänge beim Gasgeben	1 Beschleunigungssystem arbeitet nicht	Luftfilter abnehmen, prüfen, ob eingespritzt wird, wenn Gasgestänge betätigt wird
	■ Pumpenkanal oder Einspritzrohr verstopft	Reinigen
	■ Membrane bzw. Pumpenkolben defekt (Vergaser patscht bei plötzlichem Gasgeben)	Auswechseln
	2 Falsch eingestellter Leerlauf	Richtig einstellen
H Vergaser patscht	Leerlauf zu mager eingestellt	Regulierschraube etwas herausdrehen. Leerlauf muß aber einwandfrei bleiben. Ist Saugrohrflansch dicht?

Störungsbeistand
Kraftstoffpumpe

Die Störung	– ihre Ursache	– ihre Abhilfe
A Pumpe fördert nicht oder nicht ausreichend (Prüfung: Zuleitung am Vergaser lösen, in ein Gefäß halten, Motor bei entferntem Verteilerfinger kurz starten lassen: Kraftstoff tritt nicht oder nur zögernd aus der Leitung.)	1 Tank leer	Auftanken
	2 Leitungen zur Pumpe undicht oder unterbrochen	Leitung erneuern, notfalls abdichten
	3 Pumpensieb verstopft	Herausnehmen, reinigen
	4 Pumpe undicht: a) Schrauben des Pumpenoberteils locker	Schrauben über Kreuz anziehen
	b) Verschlußkappe undicht	Dichtung erneuern
	c) Membrane eingerissen, durchlässig oder nicht geschmeidig	Membrane mit Stößel ersetzen
	5 Ventile klemmen	Pumpe zerlegen, Ventile gängig machen oder Pumpenoberteil auswechseln
	6 Pumpendruck schwach	Pumpendruck in Werkstatt prüfen und richtig einstellen
B Zu hoher Verbrauch	1 Pumpe undicht	Siehe A 4
	2 Pumpendruck zu hoch	Pumpendruck in Werkstatt prüfen und einstellen

Öl auf unsichtbaren Wegen

Man wird in diesem Kapitel nicht mit zusätzlichen Pflege- oder Wartungsarbeiten belastet. Was der Motor an Öl braucht, welches es sein muß und wann und wie es erneuert wird, stand schon im Kapitel »Schmieren aller Teile« zu lesen. Dennoch enthält auch dieses Kapitel einige wissenswerte Dinge.

Der Ölkreislauf

So funktioniert der Ölkreislauf im Fiat: Das in der Kurbelwanne befindliche Öl wird durch ein Sieb von der aus zwei Zahnrädern bestehenden Ölpumpe angesaugt. Ein Zahnrad der Ölpumpe sitzt auf der verlängerten Verteilerwelle. Diese Welle wird über ein sogenanntes Schraubenradgetriebe von der Nockenwelle angetrieben. Die Pumpe drückt das Öl in den Hauptölkanal, von wo die Kurbelwellen- und Nockenwellenlager versorgt werden. In den Kurbelwellenhauptlagern tritt das Öl durch Bohrungen in die Kurbelwelle selbst und gelangt dadurch auch zu den Pleuellagern. Vom mittleren Nockenwellenlager aus gelangt das Öl durch eine Leitung auch hinauf zur Kipphebelwelle und damit zu den einzelnen Kipphebellagern und zu den Ventilschäften in den Ventilführungen. Parallel mit dem Hauptölkanal liegt das Nebenstrom-Ölfilter, wodurch immer ein Anteil des Öles gereinigt wird. Freilich fließt bei verschmutztem Filter kein Öl mehr hindurch – was man aber nicht direkt merkt. Ein Nebenstromölfilter ist daher immer nur eine halbe Sache, wenn es nicht gewissenhaft gereinigt, bzw. der Einsatz gewechselt wird. Vermutlich deswegen ließ man es ab Anfang 1966 als Teil der Serienausrüstung weg.

Das Schleuderfilter

1960, mit Einführung des Fiat 600 D, erhielt der Motor ein Ölschleuderfilter. Es ist praktischerweise mit der außen auf der Kurbelwelle sitzenden Riemenscheibe kombiniert und besteht im wesentlichen aus zwei Schalenhälften und einer Umlenkscheibe. Das Öl strömt zunächst von der Ölpumpe aus durch zwei Bohrungen der Kurbelwelle in das Schleuderfilter, wo es nach außen geschleudert wird. Hierbei scheiden sich die schweren Schmutzteilchen aus und verdichten sich unter der ständigen Einwirkung der Fliehkraft zu einer festen Kruste. Das saubere Öl wird durch die Umlenkscheibe zentral nach innen zurückgeführt und verläßt die Schleuderkammer durch eine in der Mitte befindliche Bohrung, weiter durch eine Zentralbohrung in der Kurbelwelle und wird dann den weiteren, zunächst den Kurbel- und Pleuellagern, zugeführt.

Die Schleuder ist an sich wartungsfrei. Wer aber unlösliche Zusatzschmierstoffe im Öl verwendet, sollte die Schleuder mindestens alle 10 000 km reinigen (äußere Schale abschrauben und in Benzin auswaschen, Dichtring erneuern). Sie setzen sich zum Teil außen im Filter ab und sind dort im Wege.

Das geöffnete Ölschleuderfilter vorne auf der Kurbelwelle. Um es besser sichtbar zu machen, haben wir die Motorraum-Rückwand ausgebaut. Das Motoröl tritt rund um die untertassenähnliche Blechscheibe in das Schleuderfilter ein, so daß durch die Zentrifugalkraft im rotierenden Schleuderfilter die schwereren Ölverschmutzungen nach außen gedrückt werden und dort »anbacken«. Das gereinigte Motoröl fließt durch die mittlere Kurbelwellenbohrung in den Motor zurück. Links in der Hand der Deckel des Schleuderfilters.

Bei Kälte und steifer werdendem Öl kann die erste Schmierung dadurch behindert werden. Ölzusätze dieser Art sind also bei Vorhandensein eines Schleuderfilters nicht gut. Aber auch davon abgesehen: Wer gern bastelt, tut dem Motor einen Gefallen, wenn er etwa alle 20 000 km einmal die Schleuder reinigt. Immerhin geht die Ölzufuhr zum Motor zunächst durch die Schleuder. Das Werk ist freilich der Ansicht, daß eine Schleuderreinigung erst bei Motor-Überholung nötig wäre.
Die geänderte Schmierung mit der Einführung des Fiat 600 D brachte neben der guten Ölreinigung durch die Schleuder auch den Vorteil, daß die Schmierung der Kurbel- und Pleuellager nun von »außen nach innen« erfolgt, weil das Öl von einem Ende der Welle in diese hineingedrückt wird. Früher trat das Öl im mittleren Kurbelwellenlager ein. Wenn sich bei Überbeanspruchung die Kurbelwelle zentral – also im mittleren Lager – durchbog, konnte damit die Schmierung gefährdet werden.
Zu erwähnen sind noch die Öldruck-Kontrolle (siehe Kapitel »Instrumente und Geräte«) und das Ölüberdruckventil, das auf der linken Seite des Kurbelgehäuses eingeschraubt ist. Letzteres regelt den von der Pumpe aufgebauten Öldruck mittels eines federbelasteten Ventils und läßt zuviel gefördertes Öl zurück in die Kurbelwanne fließen. Der Öldruck, der bei laufendem Motor 2,5–3 kg/cm² betragen soll, kann durch die Werkstatt entsprechend eingestellt werden: Verschluß abschrauben und je nach Erfordernis Einstellscheiben einlegen oder entfernen.

Bei den zu Beginn des Jahres 1966 ausgelieferten Jagst 2 fehlt das Nebenstromölfilter wieder. Ein dreieckiger Stahlflansch verschließt seitdem die entsprechende Anbauöffnung im Motorblock. Der Einbau eines Ölfilters ist jedoch, falls die Betriebsbedingungen des Wagens dies empfehlenswert machen, jederzeit möglich.

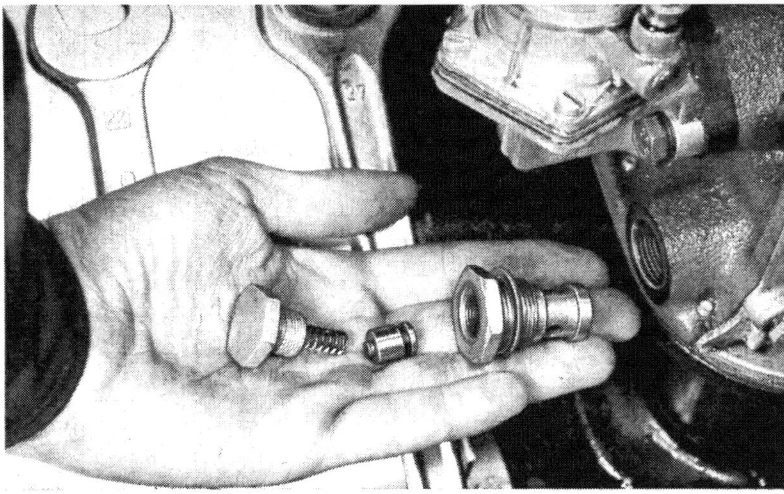

Das Ölüberdruckventil rechts unten neben der Kraftstoffpumpe öffnet bei zu hohem Öldruck ein Ventil (auf den Fingerwurzeln), welches im Normalfall durch eine Spiralfeder (links in Handmitte in der Verschlußschraube) geschlossen ist. Dadurch kann ein Teil des Motoröles durch eine Bohrung im Einsatzstück (Bohrung ist rechts unten am Einsatzstück sichtbar) wieder direkt in die Ölwanne zurücklaufen.

Fingerzeige: *Durch Handprobe läßt sich am Nebenstrom-Ölfilter feststellen, ob es noch von Öl durchflossen wird oder nicht. Bleibt es bei warm gelaufenem Motor kalt, ist es durch Schmutz verstopft und der Einsatz ist auszuwechseln. Das Nebenstrom-Ölfilter darf nicht ohne Einsatz benutzt werden, da sonst zu hoher Öldruckabfall im Motor eintritt.*

Belüftung

Wenn nicht im Kurbelgehäuse für Entlüftung gesorgt wäre, könnte dort ein so hoher Druck entstehen, daß Dichtungen oder sogar das Gehäuse beschädigt werden könnten. Dieser Druck entsteht durch heiße Öldämpfe und durch die am Kolben vorbei ins Kurbelgehäuse blasenden Verdichtungs- und Brenngase. Bis vor wenigen Jahren stand das Kurbelgehäuse über ein Rohr direkt mit der Außenluft in Verbindung. Aus hygienischen Gründen leitet man aber nun die Überdruckgase ins Luftfilter, damit sie noch einmal im Motor verbrannt und etwas entgiftet werden. Das ist heute allgemein üblich. Beim Fiat-Motor läuft ein dicker Schlauch von der Ventilkammer, die mit dem Kurbelhaus in Verbindung steht, zum Luftfilter. Frischluft strömt ins Kurbelhaus nach durch den dazu eingerichteten Öleinfüll-Verschlußdeckel.

Bei neueren Motoren werden Leute mit scharfen Augen einen weiteren Schlauch entdecken, der vom Luftfilter aus zum Saugrohr unterhalb des Vergasers führt. Dort findet sich ein Ventil, das durch den Drosselklappenhebel beim Gasgeben geöffnet wird. Das hat folgende Bewandtnis: Bei Leerlauf würden die Kurbelhaus-Gase durch den langsamer laufenden Motor und durch den Widerstand im Luftfilter nicht wirksam genug abgesaugt werden. Man schickt die Gase dann direkt ins Saugrohr unter dem Vergaser. Beim Gasgeben und schneller drehendem Motor wird das Ventil automatisch geschlossen, und die unwillkommenen Gase strömen durch das Luftfilter in die Zylinder. Sehen Sie sich diese Vorrichtung einmal an!

Dieser ganze, noch umstrittene Aufwand, den man zur Entgiftung der Luft und wegen der Vorschriften in einigen Exportländern getrieben hat, brachte allerdings einen Minuspunkt. In den Gasen sind auch klebrige Öldämpfe vorhanden, die Vergaser und Ventile verschmutzen. Insbesondere im Leerlauf gelangen sie ungefiltert direkt an Ventile und Ventilführungen und lagern sich zum Teil an ihnen ab.

Ölverbrauch

Es gibt Autos, die wenig Öl, aber keine, die überhaupt kein Öl verbrauchen. Sofern der Ölverbrauch etwa 0,6 Liter pro 1000 km nicht übersteigt, hat man keinen rechten Grund, in der Werkstatt vorstellig zu werden. Denn Öl kann sozusagen nur unter Aufopferung seiner selbst schmieren. Das Öl, das an den Zylinderwänden haftet, muß zwangsläufig bei Kontakt mit den Brenngasen verdampfen und verbrennen. Auch durch die Schmierung der Ventilführungen gelangt immer etwas Öl in den Brennraum und verbrennt. Da es außerdem während des Betriebes wesentlich heißer wird, verdampft immer etwas und entweicht über die Kurbelgehäuseentlüftung ins Freie. Hochtouriges Fahren (scharfes Ausfahren der Gänge) und hohe Betriebstemperatur steigern den Ölverbrauch.

Bis zu einer Laufstrecke von rund 7000–10 000 km hat sich der Ölverbrauch noch nicht endgültig stabilisiert. Denn die aufeinandergleitenden Motorteile brauchen ihre Zeit, um sich gegenseitig einzuschleifen und anzupassen. Nach einer Periode gleichmäßigen Ölverbrauchs – falls der Wagen nicht ausgesprochen gejagt wird – steigt der Ölverbrauch mit wachsendem Motoralter wieder an. Das kann ab 40 000 bis 50 000 km der Fall sein. Durch den Verschleiß von Kolben samt seinen Ringen, der Zylinderwand und der Ventilführungen, durch die Öl in den Verbrennungsraum sickert, verbrennt dann auch mehr Öl.

Höherer Ölverbrauch als man es normalerweise gewohnt ist, kann auch seine Ursache in der Verwendung von Mehrbereichsölen haben. Bei diesen Ölen handelt es sich ja, wie schon im Kapitel »Schmierung aller Teile« erwähnt, im Grunde genommen um ganz dünne Winteröle der Viskositätsklasse SAE 10 W. Damit sie ihre Schmierfähigkeit auch bei hohen Temperaturen behalten, wurden ihnen bestimmte Zusätze beigegeben. Diese können sich, was nur wenig bekannt ist, im Laufe der Betriebszeit regelrecht »abnutzen«, so daß das Öl allmählich wieder etwas dünnflüssiger wird. Bei hohem Ölverbrauch, wenn sonst alles in Ordnung scheint, gehe man beim nächsten Ölwechsel einmal auf Einbereichsöl über, das zudem auch billiger ist.

Verbraucht ein Motor mit hoher Laufzeit kein Öl, oder nimmt der Ölstand sogar zu, so besteht der Verdacht, daß Kraftstoff an den Kolben vorbei ins Kurbelgehäuse gelangt und das Öl verdünnt. Das setzt natürlich die Schmierwirkung des Öls herab: Zeit für eine Motorüberholung.

Fingerzeig: *Wird der Wagen ausschließlich im Stadtverkehr gefahren, sollte man ihn zwischendurch einmal auf einer Überlandstraße bewegen, damit der Motor gut warm wird. Dann verdunsten unverbrannte Kraftstoff-Anteile, die ins Öl gelangt sein können.*

Altes Öl verbraucht sich schneller. Erhöhter Ölverbrauch kann daran liegen, daß man schon häufig neues Öl zum alten hinzugeschüttet hat. Ein Ölwechsel kann den Verbrauch wieder sinken lassen, wenn der Motor sonst noch in Ordnung ist.

Die Sache mit dem Reibeplätzchen

Beim Fahren hat man praktisch jede Minute mit der Kupplung zu tun, bei der Wartung tritt sie nur ganz bescheiden in Erscheinung. Sie muß entsprechend dem Verschleiß der Reibscheiben (Kupplungsscheiben) nachgestellt werden. Das läßt sich ohne weiteres selbst erledigen und wird noch erklärt. Zuvor sollen aber noch eine Reihe von möglichen Kupplungs-Unarten vorgestellt werden, und dazu müssen wir uns wiederum erst durch ziemlich trockene Theorie hindurchbeißen – aber das geht schnell vorüber.

So funktioniert die Kupplung

Die Kupplung trennt und verbindet alles, was sich außerhalb des Motors dreht. Beim Anfahren ermöglicht sie ein allmähliches Anpassen des schon schnell drehenden Motors an die zunächst noch stehenden Teile der Kraftübertragung bis zu den Antriebsrädern. Während der Fahrt trennt sie das Schaltgetriebe vom Motor, damit ein paar andere Zahnräder zum Zwecke einer anderen Übersetzung miteinander verbunden werden können.
So einfach nun im Prinzip die Wirkungsweise der Kupplung ist, so schwer fällt es meistens, ihren Aufbau zu begreifen. Fangen wir mit dem Schwungrad an. Es sitzt vorn am Motor außen an der Kurbelwelle. An seinem Umfang trägt das Schwungrad bekanntlich eine Verzahnung, in welche der Anlasser eingreift. Gegen die vordere Fläche der Schwungscheibe wird nun die Kupplungsscheibe gepreßt. Letztere hat in ihrer Mitte eine Nabe, in welche die verlängerte Getriebewelle (Kupplungswelle) gesteckt ist. Dreht sich die Kupplungsscheibe, wird also das Getriebe »mitgenommen«, und die Motorkraft läuft über die diversen Zahnrädchen zu den Hinterrädern. Wird der Druck gegen die Kupplungsscheibe gelockert, schleift zunächst die Scheibe noch etwas, bis sie nicht mehr an der Schwungscheibe anliegt – es wird keine Motorkraft mehr übertragen. Würde gleichzeitig das Getriebe auf Neutral geschaltet werden, müßte die Kupplungsscheibe stehenbleiben.

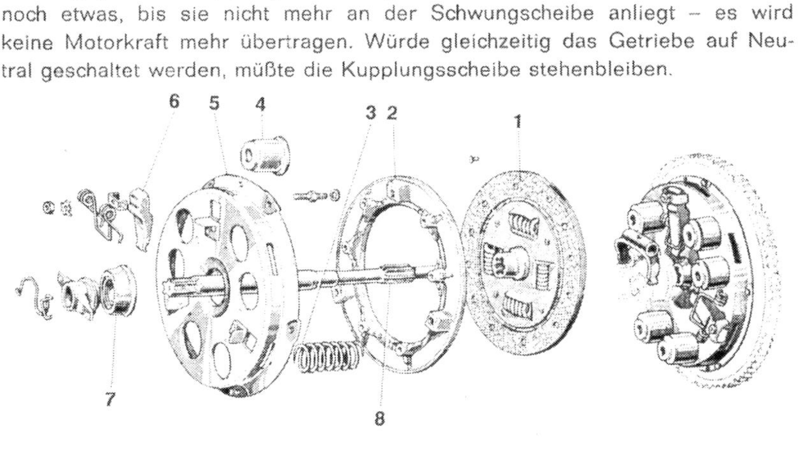

Die Einzelteile der Kupplung im Fiat 600 und Jagst: 1. Kupplungsscheibe mit dem Kupplungsbelag und den Dämpfungsfedern. – 2. Kupplungsdruckplatte. – 3. Eine der 6 Kupplungsfedern. – 4. Eine der 6 Kupplungsfederhülsen. – 5. Kupplungsdeckel. – 6. Einer der 3 Kupplungsfinger. – 7. Kupplungsmuffe. – 8. Kupplungswelle. – Rechts noch einmal eine komplette Kupplung, an die Schwungscheibe des Motors montiert. (Siehe auch Bild Seite 213.)

So sieht die Übertragung der Fußkraft auf das Kupplungspedal nach hinten zur Kupplung aus. Es sind 1 – Kupplungspedal, 2 und 3 – Verstell- und Kontermutter für Einstellung des Kupplungszuges, 4 – Kupplungszug, 5 – Schutzhülle für Zug, 6 – Ausrückhebel und Welle für Ausrückgabel, 7 – Ausrücklager (Drucklager), 8 – Kupplungsfinger an Druckplatte.

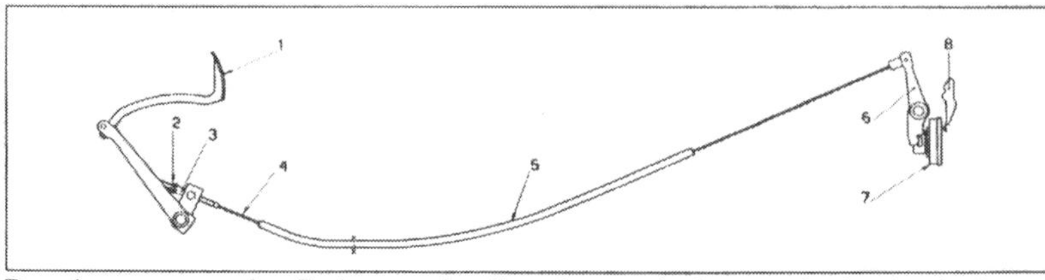

Das Anpressen oder Entlasten der Kupplungsscheibe geschieht durch die sogenannte Druckplatte. In dieser sitzen bei der Fiat-Kupplung sechs kleine Federn. Diese stützen sich im sogenannten Kupplungsdeckel ab und pressen die Druckplatte gegen die Kupplungsscheibe. Mit drei sogenannten Kupplungsfingern kann die Druckplatte gegen den Druck der Federn von der Kupplungsscheibe abgehoben werden. An der Stelle, wo die drei Finger zentral zusammenlaufen, sitzt das Kupplungsausrücklager (Drucklager). Es ist in Längsrichtung verschiebbar und zwar durch einen Gabelhebel und den außen am Kupplungsgehäuse sitzenden Ausrückhebel. An diesem greift der Seilzug zum Kupplungspedal an. Das Ausrücklager trägt einen kugelgelagerten und damit drehbaren Ring und ist dauergeschmiert. Der letztere dreht sich in dem Moment, wo er gegen die bewußten Kupplungsfinger geschoben wird.

Damit hätten wir nun alle Teile zusammen. Und so geht die Sache dann: Der Fahrer tritt aufs Kupplungspedal — ein Seilzug überträgt die Bewegung nach hinten zum Ausrückhebel – letzterer schiebt das Ausrücklager in Richtung Kupplungsfinger – diese hebeln die Druckplatte zurück – damit ist die Kupplungsscheibe ohne Anpreßdruck – es wird keine Motorkraft und -drehzahl auf das Getriebe übertragen, und es kann geschaltet werden.

Verschleißteile bei diesem Verfahren sind vor allem die Kupplungsscheibe und — aber weniger — das Ausrücklager. Die Kupplungsscheibe ist beidseitig mit einem dem Bremsbelag ähnlichen Belag versehen. Bei zu hohem Verschleiß wird sie ausgewechselt, aber nicht neu belegt. Bevor sie an der Schwungscheibe oder an der Druckplatte fest anliegt, macht sie immer erst eine Schleif-Phase durch und das nagt an ihrem Lebensfaden bzw. an ihrer Stärke. Die beiden Belagseiten, aus welchen die Kupplungsscheibe besteht, sind durch vier kleine querliegende Federn miteinander verbunden. Dadurch werden die Stöße beim plötzlichen Einkuppeln etwas gemildert und alle Teile geschont, auch bewahrt es den Belag davor, zu reißen.

Nachdem wir dieses nun mit einiger Haltung hinter uns gebracht haben, werden wir das Folgende besser verstehen.

Hier erkennt man – von unten gesehen – den Betätigungshebel für die Kupplung am Kupplungsgehäuse. Von links führt der Seilzug von der Kupplungspedalwelle zum Hebel. Rechts davon die Rückzugfeder.

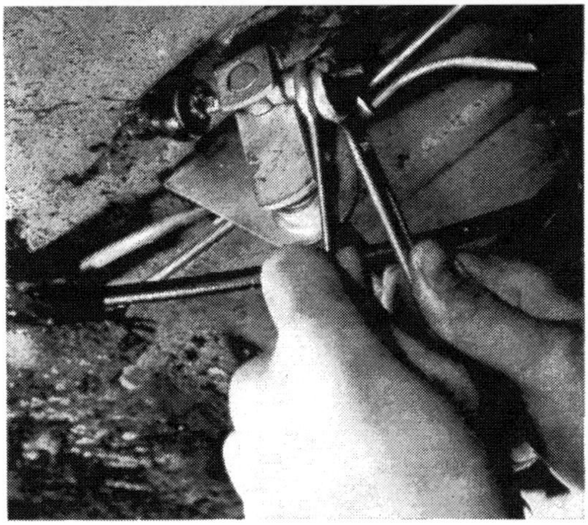

Das Einstellen der Kupplung geschieht vorne an der Wagenunterseite, wo ein Hebel die Pedalbewegung auf das Kupplungsseil weiterleitet. An diesem Hebel wird durch eine Einstell- und eine Kontermutter (letztere hält die erste in ihrer Einstellung fest) das Pedalspiel eingestellt, wie es das Bild zeigt. Benötigt werden dazu zwei Schraubenschlüssel SW 10. Vor dieser Arbeit muß zuerst das Abdeckblech der Vorderachse demontiert werden.

Kupplungsstörungen

Obwohl die Kupplung ständig getreten wird, ist sie, wie gesagt, eines der anspruchslosesten Teile im Auto. Jedoch auch beim Treten kommt es auf das Wie an: Wer sich des Pedals nur bedient, wenn er wirklich schaltet, wird ihr zu hoher Lebenserwartung verhelfen. Die anderen Leute sind die »Kupplungsfahrer«: Sie mogeln sich vor dem Einbiegen in eine andere Straße oder vor dem Passieren einer Kreuzung um das Schalten herum, indem sie die Kupplung so lange treten, bis sie wieder Gas geben. Resultat: Die Kupplung kann dabei schleifen, das heißt, die Kupplungsflächen reiben unter Hitze-Entwicklung aufeinander. Das gibt vorzeitigen Verschleiß.
Weiter: Die Kupplung rutscht oder sie trennt nicht (»sie bleibt nicht stehen«). In einfach gelagerten Fällen liegt es an nicht einwandfrei eingestelltem Kupplungsspiel. Das läßt sich überprüfen und korrigieren.

Rutschende Kupplung

Durchrutschen – bei zu kleinem Kupplungsspiel – bedeutet, daß die Kupplung bei zu hoher Motorbelastung nicht mehr »faßt«, also nicht mehr einwandfrei verbindet. Das läßt sich feststellen, wenn man nach dem Wechsel vom 1. in den 2. Gang und schnellem Einkuppeln bei gleichzeitig kräftigem Gasgeben den Motor aufheulen hört, ohne daß der Wagen beschleunigt.
Oder eine sehr rauhe Prüfmethode: Handbremse anziehen, 3. Gang einlegen, langsam einkuppeln und Gas geben. Jetzt müßte der Motor abgewürgt werden. Wenn nicht, rutscht die Kupplung. Aber meistens ruckt der Wagen an – die Handbremse hält ihn nicht. Das ist nur ein Schönheitsfehler. Zum Blockieren des Wagens im Gefälle reicht die Handbremse immer noch aus. Dieser Test sollte höchstens ein- bis zweimal gemacht werden, sonst wird die Kupplung heiß und rutscht deswegen ohnedies durch. Rutschende Kupplung ist eine Folge – außer zu kleinen oder gar keinen Spiels – auch zu hohen Verschleißes des Kupplungsbelages. Die Kupplungsscheibe muß in der Werkstatt ausgewechselt werden. Auch muß die Abdichtung vom Motor oder vom Getriebe her geprüft werden.

Kupplung trennt nicht

Wenn eine Kupplung nicht richtig trennt, dann kratzt oder kracht es beim Schalten. Um festzustellen, daß es nicht am Getriebe liegt, müssen Sie die Probe mit einem nichtsynchronisierten Gang machen. Das ist der erste Gang. Lassen Sie den Motor laufen, kuppeln Sie aus, warten Sie etwa eine Sekunde lang und legen Sie den ersten Gang ein. Kratzt es, trennt die Kupplung nicht sauber. Es kann aber auch daran liegen, daß das Kupplungsspiel zu groß ist.
Dann gibt es noch die Kriechprobe. Der Wagen darf sich bei eingelegtem 1. Gang, laufendem Motor, ganz durchgetretenem Kupplungspedal und ge-

löster Handbremse nicht in Bewegung setzen. Tut er es doch, trennt die Kupplung nicht einwandfrei. Das Kupplungsspiel ist zu groß.

Kavalierstart

Eine recht wirksame Methode, die Beläge frühzeitig zu verschleißen, ist das Anfahren mit zu hoher Drehzahl, landläufig als Kavalierstart bekannt. Technisch gesehen bekommt man tatsächlich vom Halt weg eine größere Anfangsbeschleunigung, wenn man mit höherer Drehzahl und länger schleifender Kupplung anfährt. Sinnvoll ist das aber in keiner Weise, allenfalls bei sportlicher Betätigung.

Der stärkere Verschleiß rührt von der höheren Reibungswärme her, die sich dann bildet. Diese Wärme entsteht bis zu einem gewissen Grade immer bei Aus- und Einkuppeln, denn der Belag schleift ja stets, bevor die Kupplung faßt, also verbindet. Er schleift, wie gesagt, auf der einen Seite gegen die Reibfläche des Schwungrades, auf der anderen Seite gegen die Druckplatte.

Auskuppeln beim Halten?

Viele Fahrer haben die Angewohnheit, vor dem Rotlicht mit durchgetretenem Kupplungspedal und startbereitem, eingelegtem 1. Gang zu warten. Dadurch entsteht zwar kein direkter Schaden, aber gut ist es auch nicht. Durch den auskuppelnden Fuß muß ein stehendes Lager (im Ausrücklager) gegen ein rotierendes gedrückt werden, was notwendigerweise Verschleiß ergibt. Je länger das vor den vielen Ampeln geschieht, um so vorzeitiger die Abnutzung des Lagers. Noch mehr nutzt sich dabei ab: das Drucklager der Kurbelwelle. Durch den in Längsrichtung erfolgten Druck beim Aus- und Einkuppeln wird auch die Kurbelwelle in Längsrichtung (axial) beansprucht. Das Drucklager der Kurbelwelle, das diese Kraft aufnehmen soll, verschleißt dabei und es entsteht Axialspiel, das auch die Kolben beeinflußt: sie werden dadurch in Motorlängsrichtung stärker gegen die Zylinderwand gedrückt. Auch hierbei kann erhöhter Verschleiß auftreten. Da die Kupplung im heute vorherrschenden Bummelverkehr ohnedies stark beansprucht wird, würden wir wenigstens bei stehendem Wagen den Fuß vom Kupplungspedal nehmen.

Fingerzeig: *Man sollte nicht mit eingelegtem 1. Gang und getretener Kupplung zu schnell ein Gefälle herunterfahren. Durch die hohe Übersetzung drehen Getriebe-Eingangswelle und damit die mit ihr verbundene Kupplungsscheibe so schnell, daß letztere durch Fliehkraft zerstört werden kann.*

Schalten ohne zu kuppeln?

Das ist grundsätzlich möglich, ist jedoch witzlos, es sei denn, daß wegen irgendeiner Störung die Kupplung nicht mehr betätigt werden kann oder nicht mehr trennt. Das Herausnehmen eines Ganges, ohne vorher auszukuppeln, ist kein Problem, sofern kein Gas gegeben wird (schiebender Wagen) und die Motordrehzahl nicht zu hoch ist. Manche Leute erleichtern sich dadurch das Stadtfahren. Sie fahren beispielsweise leicht bremsend auf eine rotleuchtende Ampel zu, wobei die rechte Hand auf dem Schalthebel liegt und diesen etwas in Richtung Leerlaufstellung drückt. Ist der Wagen ausreichend langsam geworden, läßt sich der Gang herausnehmen, ohne daß die Kupplung getreten wird. Man merkt den richtigen Zeitpunkt dazu in der Hand ziemlich genau, der Schalthebel gibt dann dem Druck nach.

Eine Angelegenheit für Fahrkünstler dagegen ist es, ohne zu kuppeln einen Gang einzulegen. Das läßt sich jeweils nur bei einer ganz bestimmten Geschwindigkeit ausführen, und auch wieder nur, wenn die Antriebsteile nicht unter Last stehen, wenn also das Gas weggenommen ist. Wem es nichts ausmacht, krachende Geräusche aus Richtung Getriebe zu vernehmen, kann es ausprobieren, empfehlenswert ist es aber nicht.

»Spiel« am Kupplungspedal

Bevor wir das Nachstellen der Kupplung erklären, sei kurz dieses Spiel erklärt. Spiel bedeutet Abstand innerhalb der Teile der Kupplungsübertragung bei nicht niedergedrücktem Kupplungspedal. Diese Spiel muß sein, sonst steht das Ausrücklager der Kupplung ständig unter einem gewissen Druck, der den Verschleiß fördert. Auch ist der Anpreßdruck für die Kupplungsscheibe unter Umständen nicht mehr groß genug, sie könnte durchrutschen. Wenn das Spiel aber zu groß ist, geht etwas vom normalen »Kupplungsweg« verloren, d. h. die Kupplung wird beim Niederdrücken des Pedals nicht ganz getrennt: Gefahr für das Getriebe (Synchronisierung) beim Schalten.
Die übliche Entwicklung geht dahin, daß mit fortschreitender Abnutzung des Kupplungsbelages das Spiel kleiner wird (umgekehrt wie beim Bremspedal). Man möchte es eigentlich umgekehrt annehmen. Aber es verhält sich so: Durch die verschleißende und damit dünner werdende Kupplungsscheibe wandert auch die federbelastete Druckplatte nach. Das Ausrücklager folgt dieser Bewegung allmählich, der Ausrückhebel zieht dadurch den Kupplungszug an, was schließlich das Kupplungsspiel am Pedal verkleinert.

Kupplungspedalspiel prüfen

Pflegearbeit Nr. 27

Zu dieser Angelegenheit muß man wissen: Besser ist es, Spiel am Pedal zu haben als keines.
Das Kupplungsspiel kann am Pedal geprüft werden. Es muß sich ca. 20 bis 25 mm, das ist etwa gut eine Fingerbreite, niederdrücken lassen – am besten von Hand –, bevor Widerstand fühlbar wird. Dies ist der sogenannte Leerweg, der vorhanden sein muß, bevor die Kupplung zu trennen anfängt. Ist dieser Leerweg nicht vorhanden, muß nachgestellt werden. Dies geschieht an der Übertragungswelle hinter der Vorderachse und geht folgendermaßen:
Das vordere Schutzblech unter der Blattfeder abnehmen (4 Schrauben SW 10, zwei vorn, zwei hinten). Nun sieht man die Kupplungsbetätigung: Eine Übertragungswelle und damit verbunden ein Hebel mit Nachstellvorrichtung und dem Seilzug. Die Gegen- oder Festhaltemutter am Übertragungshebel lösen und dann die Einstellmutter lösen oder nachziehen, je nachdem ob der Leerweg am Pedal verringert oder vergrößert werden soll. Dann den Pedalweg nochmals prüfen, die Gegenmutter anziehen und das Schutzblech der Vorderradfederung wieder anbringen.

Neue Kupplungsbeläge

Der Kupplungsbelag ist wie der Bremsbelag für den Verschleiß bestimmt. Er hält selten so lange wie der Motor. Für ausgesprochene Kupplungsfahrer kommt bald der Zeitpunkt, daß die Kupplung wegen Abnützung nicht mehr neu eingestellt werden kann. Dann hilft nur noch Auswechseln oder Neubelegen der Kupplungsscheibe.
Als Faustregel kann man sagen: Benzinverbrauch und Kupplungsverschleiß hängen eng zusammen. Wer im Durchschnitt im Stadtverkehr, durch rasantes Anfahren und sehr häufiges Schalten mehr Kraftstoff verkonsumiert, wird auch früher als andere die Kupplung neu belegen müssen.
Wenn ein neuer Belag fällig wird, lassen Sie sich von der Werkstatt den alten geben (auf Reparatur-Auftrag vermerken lassen). Wenn der Belag riefig, rissig,

verbrannt oder bis nahe an die Nieten abgenutzt ist, dann war die Erneuerung wirklich notwendig. Die Kupplungsscheibe kann neu belegt werden. Bei hoher km-Leistung empfiehlt sich der Austausch der ganzen Scheibe, da ja auch die vier Dämpfungsfedern der Scheibe ermüdet sein können. Diese um die Nabe gruppierten Federn haben, wie schon erläutert, die Aufgabe, bei zu heftigem Einkuppeln dämpfend zwischen Motor- und Getriebewelle zu wirken.
Der eventuell nötig werdende Ausbau der Kupplung ist Werkstattsache. Denn dazu muß das Getriebe ebenfalls ausgebaut werden. Das erfordert so hohen Aufwand, daß man es am besten der Werkstatt überläßt.

Störungsbeistand
Kupplung

Die Störung	– ihre Ursache	– ihre Abhilfe
A Kupplung rupft	1 Druckplatte zu stark abgenutzt (Riefenbildung) oder angerissen	Nachschleifen oder auswechseln
	2 Kupplungsscheibe hat Schlag	Korrigieren, besser auswechseln
	3 Verschmierte Kupplungsscheibe	Auswechseln Dichtungen überprüfen
	4 Lockere Beläge	Neu vernieten oder erneuern
B Kupplung trennt nicht	1 Zu großes Kupplungsspiel	Korrigieren
	2 Kupplungsscheibe hat Schlag	Richten oder auswechseln
	3 Beläge gerissen	Scheibe auswechseln
	4 Nabe der Kupplungsscheibe zu stramm auf Welle	Gängig machen oder auswechseln
C Kupplung rutscht	1 Kupplungsspiel zu gering (Beläge zu stark abgenutzt)	Korrigieren, evtl. Scheibe auswechseln
	2 Kupplungsscheibe verschmiert	Scheibe auswechseln, Dichtungen prüfen
	3 Kupplungspedal geht nicht zurück	Gängig machen
D Geräusche bei Pedalbetätigung	1 Defektes oder schlecht geschmiertes Ausrücklager	Auswechseln (nachträgliche Schmierung nicht möglich)
	2 Kupplungsfinger stoßen gegen Kupplungsdeckel	Richtig montieren
	3 Pedalweg stimmt nicht	Richtig einstellen
	4 Zu schwache oder beschädigte Rückzugfeder an Ausrückwelle oder Gabelhebel an Ausrücklager	Auswechseln
	5 Spiel zwischen Nabe der Kupplungsscheibe und Welle zu groß, dadurch Schlagen	Kupplungsscheibe erneuern
	6 Kupplungsscheibe nicht richtig mit Schwungscheibe zentriert	Neu montieren und richtig zentrieren

Zahn um Zahn

Was in diesem Bereich zur Pflege getan werden kann, beschränkt sich im wesentlichen auf den Getriebeölwechsel. Dennoch werden sicher einige Erklärungen und Hinweise nicht verschmäht werden.

In einem Gehäuse vereinigt

Vorteilhaft ist beim Fiat 600 und 770 S, daß das Schaltgetriebe und der Achsantrieb, wozu auch das Differential zählt, in einem Gehäuse vereinigt sind. Damit ist auch eine gemeinsame Ölfüllung vorhanden, was Arbeit und Kosten erleichtert. Das dreiteilige Gehäuse besteht aus Aluminiumguß, ist am Motor vierfach verschraubt und stützt sich in seinem vorderen Teil über zwei Gummipuffer an einer Quertraverse der selbsttragenden Karosserie ab. Mit dem Schalthebel ist das Getriebe durch eine Schaltstange verbunden.
Bis 1960 trug die untere Getriebewelle an ihrem vorderen Ende eine Bremstrommel, die als Hand- bzw. Feststellbremse diente. Weil sich das nicht bewährte – das Getriebe wurde dadurch unter bestimmten Umständen stark beansprucht –, wurde die mechanisch wirkende Feststellbremse mit der Hinterradbremse vereinigt, wie es ja auch allgemein üblich ist. Über das Einstellen der Getriebebremse bei älteren Wagen siehe Seite 227.
Vom Ausgleichsgetriebe (Differential) zweigen nach links und rechts die beiden Antriebswellen zu den Hinterrädern ab. Mit sogenannten Gleitsteinen sind sie in der Nut von hohlen Antriebsrädern gelenkig so gelagert, daß sie gleichzeitig drehen und – wegen der Radfederung – auf- und abschwingen können. Die Gleitsteine sind dem Verschleiß unterworfen. Falls dieser ein bestimmtes Maß überschreitet, müssen sie ausgewechselt werden.
Reparaturen am Schaltgetriebe können ohne Ausbau des Differentials vorgenommen werden, ausgenommen, wenn Teile der unteren Getriebewelle ersetzt werden müssen. Zur Überholung des Differentials ist der Ausbau des Wechselgetriebes nicht zu umgehen.
Wie man weiß, ist das Getriebe bis hinunter zum 2. Gang synchronisiert, d. h.

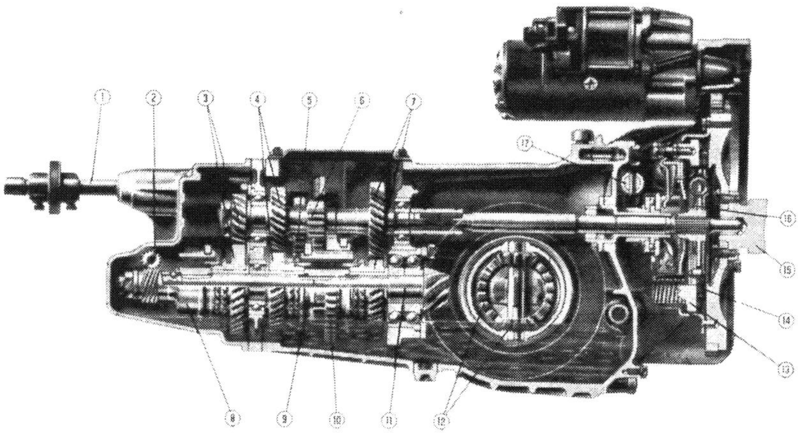

Das aufgeschnittene Gehäuse für Schaltgetriebe Achsantrieb und Kupplung. Es bedeuten: 1. Schaltstange mit elastischer Kupplung. – 2. Tachowellenantrieb. – 3. Zahnräder für 2. Gang. – 4. dto. für 3. Gang. – 5. dto. für Rückwärtsgang. – 6. dto. für 1. Gang. – 7. dto. für 4. Gang. – 8. Synchronisierung für 2. Gang. – 9. dto. für 3. und 4. Gang. – 10. Zwischenrad 1. und Rückwärtsgang. – 11. Getriebe-Welle mit Antriebsritzel für Kegelrad (Achsantrieb). – 12. Differential. – 13. Kupplungsdruckplatte. – 14. Kupplungsscheibe. – 15. Kurbelwelle. – 16. Dämpfungsfeder in der Kupplungsscheibe. – 17 – Ausrückhebel für Kupplung.

man kann bis zum 2. Gang herunterschalten, ohne Zwischengas zu geben. Zu diesem Zweck werden nicht die Zahnräder auf der Welle verschoben, sondern nur Synchronisierungsteile (Muffe und Synchronring), durch die das betreffende Zahnrad, das bis dahin frei auf der Welle drehte, mit dieser fest verbunden wird. Da das Synchronisieren auf dem Prinzip der Reibung beruht, hat es keinen Sinn, den Schalthebel mit Gewalt durchzureißen, da es eine gewisse Zeit braucht, um ein anderes Gangzahnrad abzubremsen oder zu beschleunigen.

Fingerzeige: *Schont man mit Zwischengas für den 2. bis 4. Gang das Getriebe? Es hat nur dann eine mildernde Wirkung (auch auf den Kupplungsbelag), wenn bei hohen Drehzahlen heruntergeschaltet wird (Notfälle, sportliches Fahren). Auch bei kaltem Getriebeöl wirkt es schonend.*
Man schont die Synchronisation des Getriebes, wenn man in der kalten Jahreszeit auf den ersten Kilometern den Schalthebel nicht durchreißt. Das Getriebeöl, das ja auch zwischen den Teilen der Synchroneinrichtung zirkuliert, ist dafür noch zu dickflüssig.
Weil das Synchronisieren auf Reibung beruht, sind fremde Ölzusätze für das Getriebeöl nicht angebracht. Diese Zusätze sollen meistens die Reibung herabsetzen, was genau entgegengesetzt dem Prinzip der Synchronisation ist. Andererseits können durch Ölzusätze die Synchronringe verkleben, was ebenfalls die Synchronisation beeinträchtigt oder sogar aufhebt.
Man sollte gelegentlich auf einwandfreien Zustand der Ölabdichtungsmanschetten und ihrer Drahtklemmen innen an den beiden Hinterachswellen achten. Hier dürfen keine Verluste von Getriebeöl auftreten. Auch die Flanschschrauben des Getriebe- und Achsantriebsgehäuses auf festen Sitz prüfen.
Der 4. Gang ist kleiner als 1 : 1 untersetzt, hat also »Schongang-Charakteristik«. Man sollte deswegen im 4. Gang nicht zu langsam fahren, weil dann der Motor zu niedrig dreht und stuckert, was den Kurbelwellenlagern nicht zuträglich ist. Rund 40–50 km/h sollte die untere Grenze sein.

Schalthebel-Ausbau

Hat man Schwierigkeiten beim Schalten, kann versucht werden, den Lagerbock des Schalthebels neu einzustellen. Dazu die Schrauben der Schutzhaube des Schalthebels lösen und die Haube am Hebel hochstreifen. Dann die Lagerbockschrauben – zwei oben, drei seitlich – lockern. Im Fußbodentunnel sind Aussparungen, die eine Verschiebung des Bockes in Längsrichtung erlauben. Er soll bei nicht einwandfreiem Eingriff des 1. und 3. Ganges etwa nach vorn versetzt werden und nach hinten, um den 2., den 4. und den Rückwärtsgang einzustellen. Den Ausbau der gesamten Schaltbetätigung sollte man der Werkstatt überlassen.

Schalten und Bremsen

Wer sportlich schnell mit Zwischengas herunterschalten und gleichzeitig bremsen will, kann auch den »Spitze-Ferse-Trick« ausprobieren: Mit der Schuhsohle oder -spitze (je nach Schuhgröße) des rechten Fußes auf das Bremspedal treten und bremsen – mit dem linken Fuß gleichzeitig auskuppeln – Gang herausnehmen und Schalthebel in Leerlaufstellung – wieder einkuppeln – Zwischengas geben mit dem Absatz des rechten Fußes! – auskuppeln – neuen Gang einlegen und einkuppeln. Während dieser ganzen Prozedur bleibt der rechte Fuß auf dem Bremspedal, solange dies jedenfalls nötig ist. So kompliziert es auch klingt, die praktische Ausführung ist nach einiger Übung bei stehendem Wagen und Motor nicht schwer. Künstler schalten damit sehr schnell bei hohen Drehzahlen herunter.

Allseitig unabhängig

Das gesamte Fahrwerk ist weitgehend wartungsfrei. Was noch zu schmieren ist – Achsschenkelträger und bei früheren Baujahren das Lenkgestänge – wurde schon im Kapitel »Der kleine Wartungsdienst« beschrieben. Trotzdem werden von aufmerksamen Fiat-Fahrern einige weitere Hinweise sicher gern gesehen werden.

Die Vorderachse

Jedes Vorderrad ist an einem oberen Querlenker und einer gemeinsamen unteren Querblattfeder aufgehängt. Letztere übernimmt noch dank besonderer Anordnung zu einem gewissen Teil die Funktion eines Querstabilisators, falls scharfsichtige Fiat-Besitzer diesen schon vermißt haben sollten. Dadurch wird die Querneigung des Wagens in der Kurve vermindert. Ein Achsschenkelträger verbindet Querlenker und das äußere Ende der Feder und trägt gleichzeitig, verbunden durch einen Achsschenkelbolzen, die Radnabe mit dem Achsschenkelzapfen. Sämtliche Teile sind durch wartungsfreie Gummi-Metall-Büchsen geräuschisolierend miteinander und mit der Karosserie verbunden. Die Blattfeder ist sechslagig. Jedes Blatt ist vom anderen durch eine Kunststofflage getrennt, was Quietschen verhindert und das feine Ansprechen erhöht.
Wer sich einmal die Vorderachse von unten ansieht, könnte bei dieser Gelegenheit die Befestigung der Federböcke auf einwandfreien Sitz untersuchen.

Vorderradlager prüfen und einstellen

Pflegearbeit Nr. 38

Das Vorderrad dreht sich auf einem Wälzlager, das auf dem Achsschenkelzapfen – sozusagen der Achsstummel – sitzt. In diesem Lager darf kein zu großes Spiel vorhanden sein. Man kann es überprüfen, indem man bei aufgebockter Wagenseite das Rad anpackt und es hin- und herzukippen versucht. Oben bzw. unten darf ein geringes Kippspiel auftreten (ca. 1 mm),

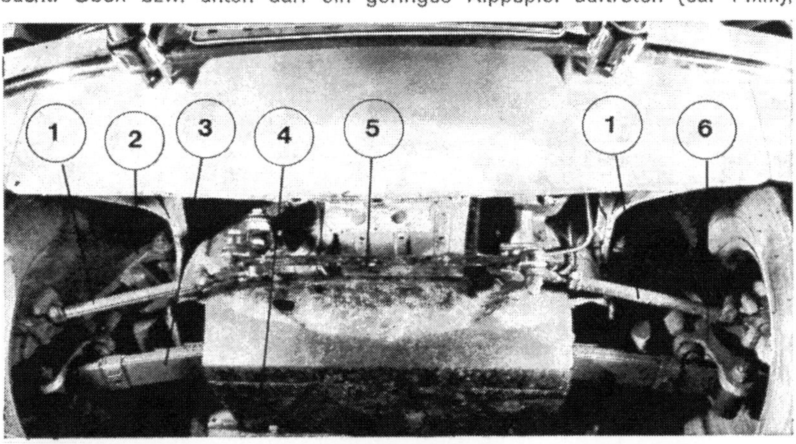

Aus der Sicht von vorn unten erkennt man die Teile der Vorderachse. 1 – Äußere Spurstangen, 2 – Querlenker zur Radaufhängung, 3 – Querfeder, 4 – Abdeckblech, 5 – Mittlere Spurstange, 6 – Achsschenkelträger (nimmt Achsschenkel bzw. Radnabe und Querfeder auf).

Prüfung des Radlagerspieles der Vorderräder:
Bis zu einem Millimeter darf sich das Rad oben und unten bewegen lassen. Ist es mehr, muß die Ursache festgestellt werden. Dazu wird zu nochmaliger Wackelprüfung die Fußbremse getreten. Nun ist das Rad selbst in seiner Lage blockiert. Wackelt es trotzdem noch, ist ein ausgeschlagener Achsschenkelbolzen schuld, der ausgewechselt werden muß. Wackelt es nicht mehr, war es das Radlager, das dann nachzustellen ist. Läßt man das Rad wackeln, ist die Lenkgenauigkeit gefährdet und es kostet erhöhten Reifenverschleiß.

dann hat es im Radlager gerade das richtige Maß. Ist das Spiel größer, muß es freilich nicht nur am Radlager liegen. Es kann auch ein ausgeschlagener Achsschenkelbolzen sein, der also auswechselbedürftig ist. Wenn man es genau wissen möchte, muß ein zweiter Mann die Fußbremse treten. Ist das Spiel noch vorhanden, stammt es nicht vom Radlager. Auch in axialer Richtung (Längsrichtung der Achse) darf kein Spiel vorhanden sein. Hierzu muß man versuchen, das Rad an sich zu ziehen und wieder von sich wegzustoßen.

Bei zu großem Radlagerspiel und nach Wiederaufsetzen einer abgenommenen Bremstrommel muß das Radlager neu eingestellt werden. Schwierigkeit bei neueren Baujahren (etwa ab Sommer 1963): Es wird eine Achsmutter verwendet, deren Krone durch eine Spezialzange mit einer Nute verstemmt wird. Wenn man die Verstemmung mit Dorn und Hammer entfernt und die Mutter lockert, braucht man eine neue Mutter dieser Art. Auch das Entfernen der Fettkappe, die noch über der Mutter sitzt, ist nicht ganz einfach und geschieht in der Werkstatt mit einem Spezialabzieher. Bei unsachgemäßem Abziehen, Abklopfen oder Abhebeln kann die Fettdichtigkeit leiden. Man müßte also später einmal überprüfen, ob nach Erwärmung kein Fett herausläuft. Also besser: Werkstattsache.

Laut Werksvorschrift wird die Mutter zunächst mit 2 mkg angezogen und dabei die Radnabe 4–5mal hin- und hergedreht. Dann wird die Mutter gelockert und mit 0,7 mkg angezogen, wieder um 30° zurückgedreht und eine Kerbe in die Unterlegscheibe geschlagen und zwar in Höhe der Mitte einer

Ein Vorderrad mit abgenommener Bremstrommel und mit Radlager. Der Pfeil weist auf die Sicherungsnut im Bund der Achsmutter hin. Nach jedem Abnehmen der Mutter muß diese daher ausgewechselt und nach Anschrauben und richtiger Radlagereinstellung neu verstemmt werden. Das ist im allgemeinen Werkstattsache.

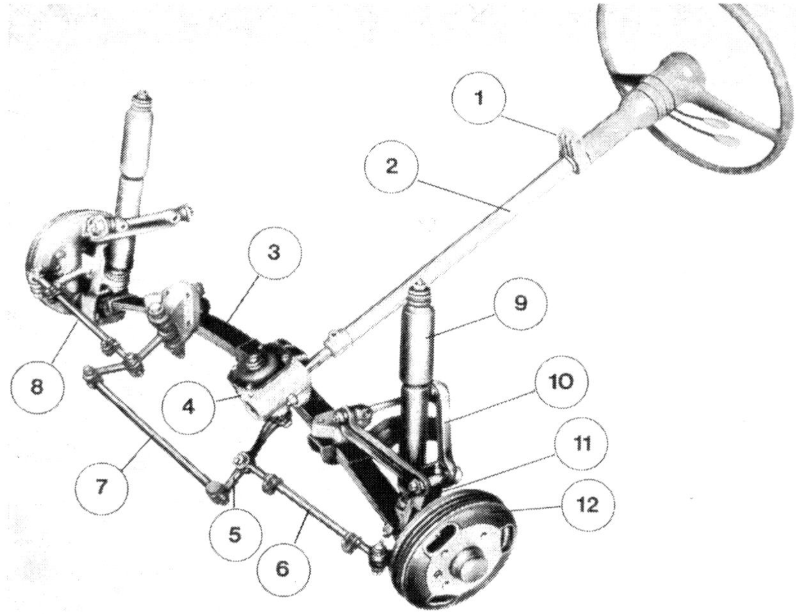

Die von der Karosserie entblätterte Vorderachse zeigt sich hier mit ihren wichtigsten Teilen: 1 – Halterung für Lenksäule, 2 – Lenkrohr, 3 – Querblattfeder, 4 – Lenkgetriebe, 5 – Lenkstockhebel, 6 – linke Spurstange, 7 – mittlere Spurstange, 8 – rechte Spurstange, 9 – Stoßdämpfer, 10 – Querlenker, 11 – Achsschenkelträger, 12 – Bremstrommel mit Schaulöchern für Bremsbeläge.

der Sechskantseiten der Mutter. Nun wird die Mutter wieder so weit zurückgedreht, bis ihre nächste Kante genau über der Kerbe liegt. In dieser Stellung wird der Bund der Mutter in eine Nut des Achsschenkelzapfens gestemmt.
Früher geschah die Sicherung der Mutter durch einen Splint, wobei nach gut handfestem Anziehen der Mutter diese so weit wieder zurückgedreht wurde, bis das Splintloch im Achsschenkelzapfen mit dem Schlitz im Bund der Mutter übereinstimmte.

Lenkungsspiel prüfen

Pflegearbeit Nr. 29

Die Drehung am Lenkrad wird im Lenkgetriebe – verborgen unter dem unten am Wagen befindlichen Abdeckblech – durch das Schwenken eines Hebels an die Spurstangen und damit zu jedem Vorderrad weitergegeben. Zu diesem Zweck sitzt im Lenkgetriebe eine Schnecke (eine Art Bolzen mit großem Gewinde), die durch ihre Drehung eine verzahnte Scheibe (Segment) und damit den erwähnten Hebel schwenkt.
Durch normalen Verschleiß kann das Spiel zwischen Schnecke und Segment im Lenkgetriebe zu groß werden. Die Größe dieses Spiels macht sich durch »toten Gang« am Lenkrad bemerkbar. Wenn sich das Lenkrad mehr als etwa drei Finger breit bewegen läßt, ohne daß Widerstand für das Einschlagen der Räder spürbar wird, muß eine Nachstellung im Lenkgetriebe erfolgen.
Das Nachstellen wird, wenn der Verschleiß nicht zu groß ist, an der Einstellschraube oben auf dem Lenkradgetriebe-Gehäuse vorgenommen. Dazu die Feststellmutter der Einstellschraube lösen. Weil die Gefahr besteht, daß durch unsachgemäßes Verstellen die Lenkung schwergängig wird (Lenkung stellt sich nach Kurve nicht zurück), sollte man diese und die folgende Arbeit (bei starkem Verschleiß und hohem km-Alter) der Werkstatt überlassen:
Abdeckblech an Wagenunterseite entfernen und beide Schrauben an Einstellplatte lösen. Mit ihr eine (exzentrische) Lagerbuchse so verdrehen, daß sich Spiel verkleinert. Die Einstellplatte muß sich in den nächsten Löchern befestigen lassen. Falls nicht mehr möglich, Lenkgetriebe ausbauen: Platte von Lagerbuchse abnehmen und um einen oder mehrere Zähne verdreht aufsetzen. Spiel der

Nach Herausheben der Batterie unter der Vorderhaube wird das Lenkgetriebe zugänglich. Nachstellen der Lenkung kann durch Verdrehen der Verstell-Schlitzschraube erfolgen. Vorher Kontermutter lösen und nach dem Einstellen wieder festziehen. Diese Arbeit erfordert Erfahrung und sollte, weil die Leichtgängigkeit der Lenkung leiden kann, der Werkstatt überlassen werden.

Schneckenrollenlager wird durch Gewindering im Schneckengehäuse nachgestellt (mit Spezialwerkzeug).
Zum Abnehmen des Lenkrades, was freilich kaum erforderlich werden dürfte, hebelt man mit feinem Schraubenzieher die Zierplatte in Lenkradmitte ab, klemmt das Hupenkabel ab und löst die Befestigungsmutter.

Wartungsfreie Gelenke

Seit etwa Frühjahr 1964 werden für die gelenkige Verbindung des gesamten Lenkgestänges wartungsfreie Gelenke verwendet. In diesen ist eine Fettdauerfüllung enthalten, die durch einen Gummibalg gegen Fettverlust, Staub und Nässe abgedichtet ist. Der Gummi darf nicht beschädigt werden. In der Praxis verbraucht sich das Fett aber doch, außerdem dringt mit der Zeit Feuchtigkeit ein, was – zumal im Winter bei »versalzenen« Straßen – zum Verrosten des Kugelkopfes führen kann. Die Lenkung wird dann schwergängig, auch machen sich knarrende Geräusche bemerkbar. Die Gelenke müssen in diesem Fall ausgewechselt werden, so traurig es ist.

Vorspur und Sturz der Räder nachmessen

Pflegearbeit Nr. 39

Das ist eine reine Werkstatt-Angelegenheit. Aber was ist überhaupt Vorspur? Jedes der beiden Vorderräder hat die Tendenz, nach außen wegzulaufen, hervorgerufen durch ihre Schrägstellung (Sturz) und durch die Fahrwiderstände. Um das zu verhindern, stellt man sie vorn näher zusammen als hinten. Sie

Die Einstellung der Vorderräder auf die richtigen Werte für Sturz, Vorspur und Nachlauf kann nur in der Werkstatt mit den geeigneten Vorrichtungen vorgenommen werden. Hier die Einstellung mit einem modernen optischen Gerät, das die gemessenen Werte auf eine besondere Meßtafel projiziert.

laufen also sozusagen aufeinander zu. Ist die Vorspur zu klein oder zu groß, verschleißen die Reifen schneller, auch wirkt sich das ungünstig auf das Lenkverhalten aus. Die Vorspurkontrolle hat mehr vorbeugenden Charakter.
Gemessen wird an den Felgenhörnern, und zwar in Achsmutterhöhe. Die Vorspur soll 0–2 mm betragen. Um diesen Betrag müssen die Vorderräder vorn näher zusammenstehen als hinten.
Die beiden äußeren Spurstangen sind an ihren beiden Enden mit verstellbaren Köpfen versehen, die zur Einstellung der Vorspur dienen. Abweichung von der vorgeschriebenen Vorspur macht sich durch Radflattern und übermäßigen Reifenverschleiß bemerkbar.
Mit Sturz bezeichnet man eine leichte Schrägstellung der Vorderräder. Sie stehen unten näher zusammen als oben, was bewirken soll, daß die Räder nicht die Tendenz bekommen sollen, von den Radlagerzapfen abzulaufen.
Der Sturz wird durch Beilegscheiben korrigiert, die zwischen den Lagerbolzen der Querlenkerlagerung und den Abstandsstücken der an die Karosserie geschweißten Halteschrauben eingesetzt werden.

Fingerzeige: *Wer mit der Lenkung eines Neuwagens noch nicht zufrieden ist, sollte warten, bis sich alle Verbindungen der Lenkungs- und Radaufhängungsteile »gesetzt« haben. Bei der 4000-km-Inspektion muß man und kann man auf einer Neuvermessung der Vorderräder mit Neueinstellung, falls erforderlich, bestehen. Diese Arbeit darf nicht berechnet werden.*

Die Hinterachse

Die Hinterräder sind einzeln geführt (»aufgehängt«) und durch je eine Schraubenfeder gefedert. Zu diesem Zweck hat man sich je einer Dreieckschwinge bedient. Beim Ein- und Ausfedern entsteht eine Radbewegung, die aus seitlichem Pendeln und längsgerichtetem Schwingen gemischt ist. Rein fahrerisch interessiert daran, daß sich beim Federn die Spurbreite und der Radsturz verändern. In der Kurve kann, hervorgerufen durch eine gewisse Querneigung und einseitiges Einfedern, die Spurbreite verringert und der Sturz positiv (»O-Beine«) werden. Dies bedeutet, daß die Seitenführung der Reifen etwas kleiner wird und das Heck eine Tendenz bekommt, nach außen wegzusetzen (»Übersteuern«). Beim scharfen Kurvenfahren muß das einkalkuliert werden. Durch Erhöhung des Luftdrucks der Hinterradreifen um 0,1–0,3 atü läßt sich das Übersteuern mildern.

Aus dieser Sicht bekommt man seinen Wagen bei Ölwechsel und Unterwagenwäsche zu sehen. Man erkennt hier die wichtigsten Teile der Hinterachse: 1 – Linke Schwinge zur Radaufhängung, 2 – Schraubenfeder, 3 – Hinterachs-Halbwellen, 4 – elastische Kupplung zwischen Antriebswelle und Radnabe, 5 – Motor-Ölwanne, 6 – Gehäuse für Getriebe und Achsantrieb, 7 – Handbremsseil, 8 – Auspufftopf mit Halterung

So komplett bekommt man die Hinterachse selten zu sehen. Die Zahlen bedeuten:
1 – Stoßdämpfer,
2 – Schraubenfeder,
3 – Hinterradschwinge zur Aufhängung des Rades, 4 – Gummimetallbüchse zur vorderen Schwingenlagerung, 5 – Anschluß für Schaltstange zum Schalthebel, 6 – Anschluß für Tachometerwelle,
7 – vordere, am Getriebegehäuse befindliche Motoraufhängung,
8 – Dichtungsmanschette mit Buchse und Öldichtung für Antriebshalbwelle, 9 – Antriebshalbwelle, 10 – Bremstrommel, 11 – Auspuffgeräuschdämpfer,
12 – Kühler, 13 – Anlasser an Kupplungsgehäuse.

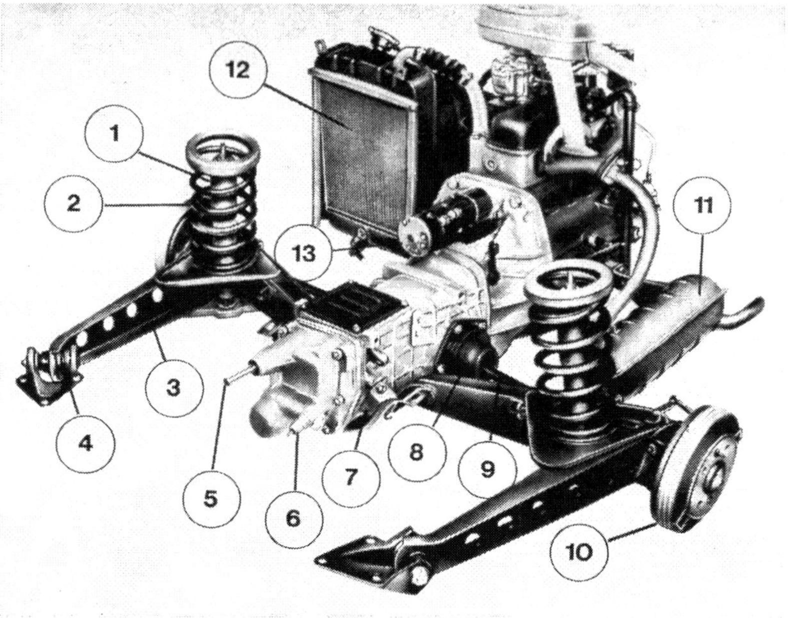

Die Teile der Hinterrad-Aufhängung sind wartungsfrei in geräuschisolierenden Gummilagern befestigt. Wissen sollte man noch, daß die Radnabe nicht direkt mit der Antriebswelle verbunden ist, sondern durch Zwischenschaltung einer elastischen Kupplung. Dadurch werden Stöße durch hartes Einkuppeln und scharfes Bremsen und Beschleunigen zugunsten aller Teile der Kraftübertragung gemildert.

Fingerzeige: *Wegen der vielen Gummiteile an Vorder- und Hinterradaufhängung sollte man das Absprühen der Wagenunterseite mit Sprühöl unterlassen. Auch die Verwendung rostlösender Mittel muß daher vorsichtig geschehen. Insbesondere muß Mineralöl (Öl, Benzin, Diesel) von den elastischen, stark beanspruchten Gummi-Kupplungen der Antriebswellen nahe der Hinterräder ferngehalten werden. Ungefährlich sind Einsprühmittel als Unterbodenschutz auf Wachsbasis (siehe Kapitel »Winterschutz«).*

Hinterradlager prüfen
Pflegearbeit Nr. 42

Dies ist Sache der Werkstatt. Hier muß mittels eines Spezialwerkzeugs die Leichtgängigkeit des Rades in den beiden Wälzlagern der Radnabenwelle geprüft werden. Ist diese nicht leichtgängig genug, muß die Radnabe ausgebaut und eine neue Abstandsbüchse zwischen die beiden Radlager gesetzt werden.

Diese Zeichnung zeigt den Hinterradantrieb. Die Antriebshalbwelle ist im Achsantriebsgehäuse mit Zapfen und Gleitsteinen gelenkig gelagert. Am anderen Ende ist sie durch einen Mitnehmerflansch über ein elastisches Kupplungsstück mit der Keilwelle der Radnabe verbunden. Das Kupplungsstück soll Stöße durch hartes Einkuppeln und Gasgeben von allen Antriebsteilen fernhalten.

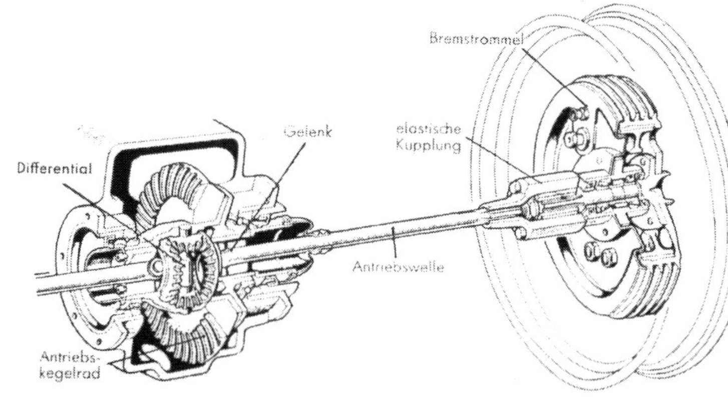

Fingerzeige: *Ein Ausrollversuch aus nicht zu geringer Geschwindigkeit auf guter Straßenoberfläche bei abgestelltem Motor und Schalthebel auf Neutral verschafft Aufklärung über den Zustand der hinteren Radlager. Hört man aus Richtung Hinterachse ein mahlendes Geräusch, können die Radlager vorzeitig verschlissen sein. Diese Möglichkeit kann schon nach drei Wintern mit vielen Fahrten auf mit Salz abgestreuten Straßen eintreten.*

Stoßdämpfer prüfen

Pflegearbeit Nr. 33

Die hydraulisch wirkenden Stoßdämpfer sind wartungsfrei, an ihnen läßt sich nichts pflegen oder reparieren. Man hat bei vernünftiger Fahrweise wenig Schwierigkeiten mit ihnen. Man sollte ihre Befestigung hin und wieder prüfen. Gelegentlich abgenommener Räder oder entlasteter Achsen läßt sich durch Rütteln feststellen, ob sie fest in ihrer Aufhängung sitzen und nicht klappern. Auf Feuchtigkeitsspuren achten (Fiat verwendet ab Sommer 1965 rötlich gefärbte Dämpferflüssigkeit). Geringe Leckverluste wiegen nicht schwer, da die Flüssigkeits-Reserve im Dämpfer im allgemeinen ausreicht. Bei größeren Verlusten müssen die Dämpfer ausgetauscht werden. Dämpferflüssigkeit läßt sich nicht nachträglich auffüllen.
Stoßdämpfer können aus zwei Gründen klappern: Wenn die Gummilager ihrer Befestigung gealtert (verhärtet) oder gerissen sind oder wenn die hydraulische Flüssigkeit ausgelaufen ist. Der erste Fall ist häufiger, der zweite ergibt sich allenfalls nach Beschädigung des Dämpfers. Die Gummilager können ausgetauscht werden.

Prüfen auf Wirksamkeit

Es gehört einige Erfahrung dazu, ihre Wirksamkeit während der Fahrt festzustellen: Die Federung ist unruhiger und die Straßenlage auf unebener Straße schlechter. Kontrolle im Stand: Wagen am betreffenden Kotflügel von Hand aufschaukeln und plötzlich loslassen. Federbewegung müßte sofort gedämpft werden. Schwingt der Wagen weiter und läßt sich das Auto bis zum Anschlag der Federung in der Abwärtsbewegung zu leicht durchdrücken, dürfte der betreffende Dämpfer defekt sein.
Überbeanspruchte Stoßdämpfer werden schnell heiß und lassen damit in ihrer Wirksamkeit nach, sofern sie nicht defekt werden. Die Überlastung liegt darin, wenn auf schlechter, schlaglochreicher Straße lang anhaltend schnell gefahren

Zum Lösen eines Stoßdämpfers muß die Gewindestange mit einem kleineren Schlüssel festgehalten werden, wenn die Befestigungsmutter gelöst wird. Links oben im Bild erkennt man die elastische Kupplung zwischen Antriebswelle und Radnabe. Diese muß vor Fett und Öl geschützt werden, sonst wird der Gummi brüchig.

wird. Defekte Dämpfer verschlechtern die Straßenlage: Das betreffende Rad springt dann. Ein in der Luft befindliches Rad, auch wenn es nur sehr kurzzeitig geschieht, kann den Wagen nicht mehr exakt führen. Defekte Dämpfer an der Hinterachse lassen auch die Reifen schneller verschleißen, weil sich das springende Rad hierbei noch durchdreht (Reifenschlupf).
Weil Stoßdämpfer nicht schlagartig auszufallen pflegen, gewöhnt man sich als Fahrer meistens daran, daß der Wagen allmählich schlechter liegt und die Federung schlechter wird. Deswegen ist die erwähnte Kontrolle im Stand von einiger Wichtigkeit. Hinweis: Bei der Wagenwäsche mit einem Schlauch sollte man den Wasserstrahl nie so halten, daß Wasser unter das Schutzrohr des Stoßdämpfers dringt.
Für den Ausbau der Stoßdämpfer braucht man einen Schlüssel der Größe 17 (der Vierkant des Gewindezapfens muß dabei festgehalten werden). Der obere Befestigungspunkt der hinteren Dämpfer ist nach Umklappen der hinteren Rücksitzlehne und Abheben der Gepäckraumabdeckung erreichbar. Unter dieser Abdeckung ist übrigens noch beachtlicher Stauraum vorhanden.

Schrauben nachziehen

Pflegearbeit Nr. 40

Es gibt am und vor allem unter dem Wagen eine ganze Menge von Schrauben, die im Laufe der Betriebszeit auf festen Sitz überprüft werden müssen. Insbesondere während der ersten paar tausend Kilometer »setzen« sich noch Schrauben, Muttern und Verbindungsteile, so daß sich manches noch lockern und dann klappern kann.
An sich handelt es sich hier um eine Werkstattarbeit. Denn um an alle Schrauben gut heranzukommen, sollte eigentlich der Wagen auf einer Hebebühne stehen. Aber es ist nicht unmöglich, eigenes Werkzeug in Gestalt von passenden Schlüsseln vorausgesetzt, dies auch selbst auszuführen, auch wenn der Wagen nur jeweils seitlich aufgebockt ist. Allerdings muß er dann gut gegen Abrollen gesichert sein.
In Frage kommen folgende Verschraubungen: Im Motorraum Auspuff, Vergaser, Saugrohr, Kraftstoffpumpe, Steuerkettenkasten, Lichtmaschine, Wasserpumpe, Stoßstangenhalterung. Unter dem Wagen: Motoraufhängung (am Getriebe), Vorderachse, Abdeckblech und Hinterachse. Auch die Radbefestigungsschrauben sollte man nicht vergessen.

Reibung nutzt ab

Angesichts der wachsenden Verkehrsdichte werden die Bremsen wesentlich stärker beansprucht als früher. Auch wer sich vornehmlich nur in der Stadt bewegt, muß damit rechnen, daß die Beläge früher verschleißen. Denn zu jedem Beschleunigen gehört im Stadtverkehr praktisch wieder ein Bremsvorgang.
Interessant für den Eigenpfleger im Rahmen dieses Praktiker-Teiles ist vor allem das Nachstellen der Bremsen bei voranschreitendem Belagverschleiß. Dies wird nicht im Rahmen der Inspektion vorgenommen, wie bei manchen anderen Fabrikaten. Das Neubelegen und vor allem das Arbeiten am hydraulischen Teil der Bremsanlage (Hauptbremszylinder, Bremsleitungen und -schläuche, Radbremszylinder) gehört unbedingt in die Hände des Fachmannes.

Fußbremse nachstellen

Eines schönen Tages werden Sie das Gefühl haben, daß Ihr rechter Fuß das Bremspedal weiter als sonst durchtreten muß. Wenn Sie das merken, sind Sie ein aufmerksamer und technisch gefühlvoller Mensch. Normalerweise gewöhnt man sich an jede Veränderung, die sehr langsam vor sich geht. Zwei Ursachen gibt es für den größeren Pedalweg: Der Belagverschleiß ist soweit fortgeschritten, daß die Bremsbacken einen immer größeren Weg brauchen, bis sich ihr Belag an die Trommel anlegen kann – dann muß die Bremse am Rad nachgestellt werden. Die andere Ursache: Luft in den Bremsleitungen. Siehe Abschnitt »Entlüften«.
Das Einstellen der Bremsen muß an allen vier Rädern erfolgen. Hierzu ist der Wagen an der jeweiligen Seite hochzubocken. Noch besser geht es auf einem Kreuzheber, der alle vier Räder freiläßt. Eingestellt wird an den Vorder- und

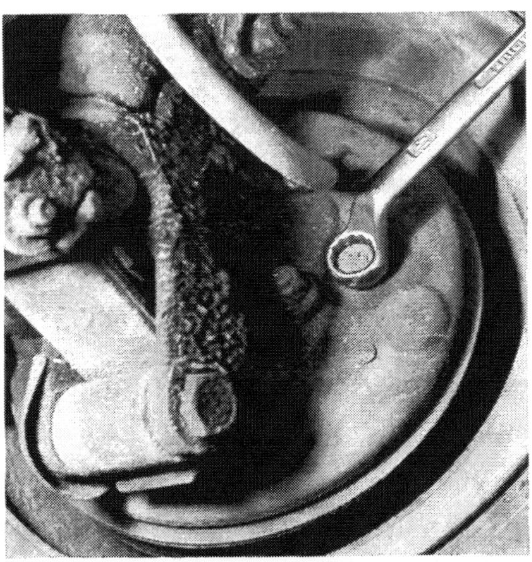

So wird die Vorderradbremse nachgestellt. Hier im Bild wird mit einem Ringschlüssel SW 17 der Einstell-Exzenter der hinteren Bremsbacke verdreht. Jeder Sechskantkopf (zwei an jedem Rad) muß zum Nachstellen nach außen, also vom Rad weg, gedreht werden.

Hier wird die hintere Bremsbacke an einem Hinterrad nachgestellt. Um die Bremsbacke entsprechend dem Verschleiß des Bremsbelages näher an die Bremstrommel zu bringen, muß der Sechskantkopf jeweils in Richtung von der Radmitte weg verdreht werden. Jedes Hinterrad hat je zwei Einstellschrauben.

Hinterrädern an je zwei Sechskantköpfen. Mit diesen Schrauben wird innerhalb der Bremse ein sogenannter Exzenter verstellt, der je eine Bremsbacke in eine stärker gespreizte Ausgangsstellung bringt.

Der Gang der Handlung ist folgender:

■ Bremsen kräftig durchtreten, damit sich Bremsbacken zentrieren (in die richtige Ausgangsstellung kommen).

■ Wagen ganz oder an der betreffenden Seite hochbocken.

■ Mit dem 17er Schlüssel – am besten gekröpfter Ringschlüssel – den Sechskantkopf so verdrehen, daß die betreffende Bremsbacke zum Anliegen an die Bremstrommel kommt (Schlüssel bei jeder Schraube vom Radmittelpunkt wegdrehen). Das Rad kann dabei gedreht werden: wenn die Backen schleifen und sich das Rad gerade nicht mehr drehen läßt, hat man die Schraube weit genug gedreht.

■ Schlüssel um etwa ⅛ Umdrehung zurückdrehen, damit Rad wieder einwandfrei ohne Schleifen dreht. (Vom Werk wird ein Zurückdrehen des Schlüssels um 25 ° angegeben, aber darunter kann man sich ohne Winkelmaßlehre wohl kaum etwas vorstellen.)

■ Diese Arbeit ist an jedem Rad für jede der beiden Bremsbacken zu wiederholen, also insgesamt achtmal auszuführen.

Gleich nach dieser Nachstellarbeit sollte eine Probefahrt unternommen werden, um die Bremswirkung, insbesondere ihre Gleichmäßigkeit, zu überprüfen. Für das Nachstellen gibt es natürlich eine Grenze, die durch den unvermeidlichen Belagverschleiß diktiert wird. Den Belagverschleiß kann man auch bei abgenommenen Rädern durch Sichtöffnungen in der Bremstrommel kontrollieren. In diesen Schaulöchern ist – wenn eines davon oben steht – die obere Begrenzung gleichzeitig die Reibfläche der Trommel. Dann kommt, leicht bräunlich aussehend, der Bremsbelag und dann die Bremsbacke als Belagträger. Ist der Belag weniger als etwa 1–1,5 mm stark, muß an das Auswechseln der Bremsbacken gedacht werden. Gefährlich wird es, wenn der Belag ganz heruntergebremst wird: Blockieren der Bremse, weil sich dann Metall mit Metall unter Hitzeeinwirkung verschweißt.

Werkstätten messen auch das Spiel zwischen Belag und Trommel mit einer Fühlerlehre, das etwa 0,10 mm (unten) bis 0,25 mm (oben) betragen sollte.

Bremsbeläge

Bremsbeläge werden nach verschiedenen Rezepten aus Bestandteilen wie Asbest, Metallpulver, Kunststoffe usw. hergestellt, wobei man sich stets der Eigenart des betreffenden Wagens (Gewicht, Geschwindigkeit) anpassen muß.

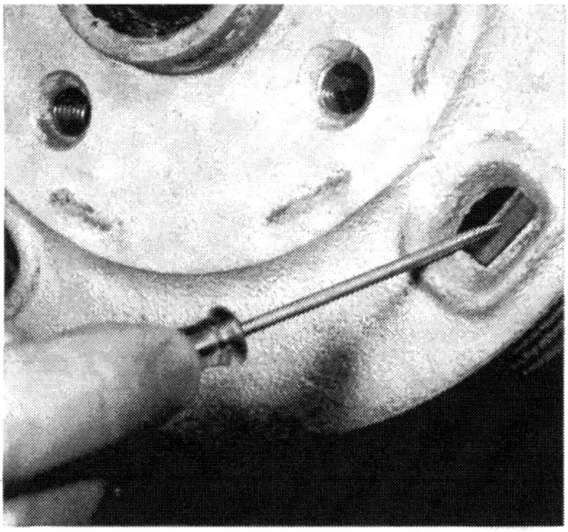

Bei abgenommenem Rad werden Sichtlöcher in der Bremstrommel frei. Mit dem Schraubenzieher läßt sich der Schmutz wegkratzen, damit man die Stärke des Bremsbelages auf dem Bremsbacken erkennt.

Man kann also nicht jeden beliebigen Belag ersatzweise verwenden. Auch sind Unterschiede in Bezug auf harte und weiche Bremswirkung vorhanden. Es ist in den Werkstätten üblich geworden, die Backen mit den Belägen auszutauschen. Man belegt also nicht die vorhandenen Bremsbacken. Die Beläge werden in einem Spezialverfahren auf die Backen geklebt. Üblich ist es bei vielen anderen Fabrikaten, die Beläge aufzunieten, wobei natürlich die Nietlöcher als Bremsfläche fehlen.

Da bei Fiat die Bremstrommeln im Durchmesser um maximal 1,0 mm ausgedreht werden dürfen – sofern sie riefig oder unrund geworden sind (bei zu hoher Hitze-Entwicklung bei Bergabfahrten oder durch gewaltsames Anziehen der Radschrauben) – werden Bremsbacken auch in Übergrößen geliefert. Wurde die Trommel noch nicht ausgedreht, müssen daher oft die Beläge nachträglich auf kleineren Trommel-Radius abgedreht werden. Nicht jede Werkstatt macht sich diese Arbeit, sondern nimmt nach Augenmaß mit der Feile das Zuviel vom Belag herunter. Hierbei besteht die Gefahr, daß der Belag nicht gleichmäßig anliegt. Auch schleift man in manchen Werkstätten kurzerhand die Stütznase der Backe (zum Bremszylinder) ab. Dann stimmt die Krümmung von Trommel und Belag nicht überein. Blockierende Bremsen können die Folge sein. Man sollte sich also bei solchen Reparatur-Arbeiten davon vergewissern, daß die Arbeit korrekt ausgeführt wird.

Wichtig ist, daß immer alle Beläge einer Achse – also jeweils immer vier, weil in jedem Rad zwei Bremsbacken vorhanden sind – ausgewechselt werden. Das ist besser für gleichmäßige Bremswirkung.

Das linke Vorderrad bei abgenommener Bremstrommel: 1 – Bremsbacken, 2 – Bremsbackenlagerung, 3 – Bremsbelag, 4 – Einstell-Exzenter zum Nachstellen der Bremsbacken, 5 – Backenrückzugfeder, 6 – Radbremszylinder (spreizt die Bremsbacken), 7 – Achsschenkel (auf diesem sitzen Radlager und Radnabe).

Das linke Hinterrad bei abgenommener Bremstrommel: 1 – Bremsbacken, 2 – Bremsbelag, 3 – Federteller, Bolzen und Rückzugfeder, 4 – Einstell-Exzenter zum Nachstellen der Bremsbacken, 5 – Radbremszylinder (spreizt die Bremsbacken), 6 – Druckstange (spreizt die Bremsbacken bei Betätigen der Handbremse). 7 — Radnabe.

Bremstrommeln ausbauen

Die hintere Bremstrommel ist relativ einfach abzuziehen: Wagen aufbocken, Rad abnehmen, Handbremse und Flanschbolzen lösen. Allerdings kann die Trommel an der Nabe festgerostet sein. Dann muß hier ein rostlösendes Mittel hingesprüht werden. Dieses einwirken lassen und mit vorsichtigen Schlägen beim Abziehen nachhelfen. (Der in die Trommel eingeschraubte Zapfen dient zum »Aufhängen« des Rades beim Radwechsel.)

Schwierigkeiten bei der vorderen Bremstrommel: Trommelabzieher nötig. Fettkappe auf der Nabe kann nur mit Spezialwerkzeug abgezogen werden. Wird sie unsachgemäß abgeklopft, kann sie undicht werden und das Radlagerfett läuft bei Erwärmung heraus. Außerdem werden bei neueren Baujahren Achsmuttern ohne Splintsicherung verwendet, die nur einmal benutzt werden können. Bei diesen wird eine Sicherungsnocke in eine Nut gepreßt. Auch beachten: An linkem Rad Achsmutter mit Rechtsgewinde, an rechtem Rad Mutter mit Linksgewinde. Auch das nach dem Wiedereinbau der Trommel nötige Einstellen des Radlagers erfordert Sachkenntnis.

Bei abgenommener Bremstrommel können diese und die Bremsbacken auf einwandfreien Zustand untersucht werden. Staub herausblasen, Trommel evtl. mit Benzin auswischen. Verschmierte Beläge sind auszuwechseln. Reinigen mit Benzin oder Drahtbürste bringt nur in seltenen Fällen Erfolg. Schwarze, aber nicht fettige Oberfläche ist nicht kritisch. Es bedeutet, daß der Belag gleichmäßig trägt. Ferner prüfen, ob Bremsbacken keine Verformung oder Risse aufweisen und ob die Rückzugfedern nicht zu schwach geworden sind.

An beiden Hinterrädern führt oben das kräftige Handbremsseil zu einem auf der Bremsplatte sitzenden Bremshebel, der mechanisch die Bremsbacken spreizt. Dadurch ist auch bei Ausfall der hydraulischen Bremse die Handbremse noch funktionsfähig. Auf dem Bild in der Mitte oben eine Schraubenfeder, welche den Bremshebel nach Loslassen des Handbremsgriffes wieder in seine Ausgangslage zurückdrückt.

Beidseitig unten an der Vorderseite der Hinterradschwingen sitzen die Seilspanner für die Handbremse. Der Gabelschlüssel SW 19 ist auf die im Bild verdeckte Kontermutter angesetzt, davor ist die Einstellmutter sichtbar. Sie muß, soll die Handbremse nachgespannt werden, nach rechts gedreht werden, wodurch das Gewinde der Seilzughülle weiter herauskommt.

Handbremse nachstellen

Wenn sich der Wagen auf der Ebene von seinem Standplatz wegschieben läßt (kein Gang eingelegt), muß die Handbremse nachgestellt werden. Bevor dies aber erfolgen kann, muß die Fußbremse einwandfrei eingestellt sein.
Das Nachstellen der Handbremse: Handbremshebel um zwei Rasten anziehen und in dieser Stellung auf jeder Seite unten am Wagen die Seilspanner nachstellen. Diese sitzen an der Vorderseite des querliegenden Teiles der Hinterradschwingen. Zum Nachspannen erst die hinten sitzenden Feststellmuttern (SW 19) lösen, Spannhülsen (SW 15) an der Seilzughülle nachstellen und die beiden Feststellmuttern wieder anziehen. Das gleiche auf der anderen Seite wiederholen.
Seit etwa Herbst 1959 wirkt die Handbremse auf die Hinterrad-Bremsbacken, die durch einen auch außen sichtbaren Hebel mechanisch gespreizt werden. Bis zu diesem Datum wurde der Wagen durch eine Getriebebremse festgestellt. Hierbei wurden durch zwei Bremsbacken eine Bremstrommel blockiert, die auf der verlängerten Getriebewelle saß. Der Wagen wurde also erst auf dem Umweg über Achsantrieb und Getriebezahnräder gehalten, was unter Umständen – bei unsanfter Berührung des Wagens oder Betätigen während der Fahrt – zu Schäden in der Kraftübertragung führen konnte. Das Nachstellen erfolgte an einem Hebel neben der Trommel entsprechend dem Nachspannen der später eingeführten Feststellbremse.

Bremsen entlüften

Läßt sich das Bremspedal zu tief durchtreten, ist Luft in die Leitungen oder Bremszylinder eingedrungen. Es läßt sich auch feststellen, wenn das Pedal beim Betätigen sozusagen federt. Erste Kontrolle vor dem Entlüften: Ist Bremsflüssigkeits-Behälter gefüllt? Möglicherweise war der Stand zu tief abgesunken, so daß von dort aus Luft eingedrungen ist. Während des Entlüftens muß der Behälter ständig ganz gefüllt gehalten werden. Entlüften allein ist zwecklos, wenn die Bremse nicht ordnungsgemäß eingestellt ist.
Durch das Entlüften soll, wie schon der Name verrät, die Luft wieder aus der Bremsanlage herausgebracht werden. Der zweite Mann drückt mit dem Bremspedal pumpenderweise die Flüssigkeit aus den Leitungen, und zwar so lange, bis sie keine Luftbläschen mehr mit sich bringt. Wichtig ist die Reihenfolge für das Entlüften: linkes Hinterrad, rechtes Hinterrad, rechtes Vorderrad, linkes Vorderrad.

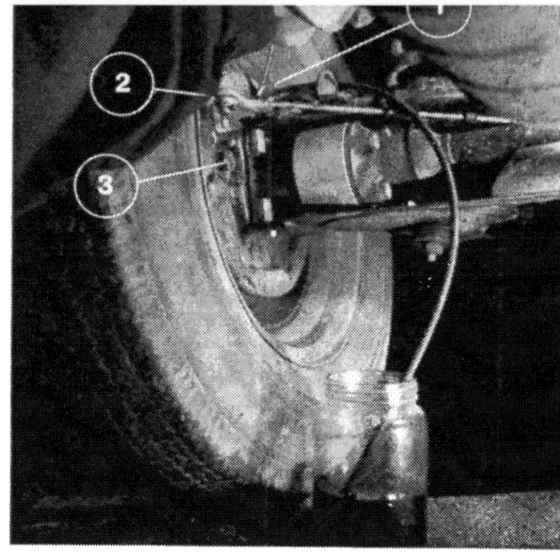

Das Entlüften der Bremsanlage am linken Hinterrad. (Am linken Hinterrad wird mit dem Entlüften begonnen.) Es bedeuten: 1. Entlüftungsventil mit aufgeschobenem Entlüftungsschlauch. – 2. Handbremshebel. – 3. Mutter des Einstellexzenters. – Während dieser Arbeit muß immer wieder der Bremsflüssigkeitsbehälter aufgefüllt werden, damit nicht wegen mangelndem Bremsflüssigkeitsnachschub von neuem Luft in die Bremsleitungen gelangt.

Dann sieht der Gang der Handlung folgendermaßen aus: Schlauch über den (vorher gesäuberten) Ventil-Nippel schieben. Schlauchende in ein Glasgefäß stecken. Das Gefäß sollte schon mit Bremsflüssigkeit gefüllt sein, damit beim folgenden »Pedalpumpen« keine Luft in die Leitung zurückgesaugt wird. Das Schlauchende muß also in der Flüssigkeit liegen. – Mit Gabelschlüssel (SW 8) Entlüfter-Ventil etwa ½ Umdrehung lösen. – Auf Zuruf des Mannes am Rad fängt der Mann mit dem Bremspedal zu pumpen an (schnell treten, langsam zurückkommen lassen). – Beobachtet der erste Mann, daß mit der Flüssigkeit keine Luftblasen mehr herausgedrückt werden, ruft er »Halt«. – Der zweite Mann muß das Pedal in seiner tiefsten Stellung getreten lassen. – Der erste schließt das Entlüfter-Ventil. – Schlauch abziehen.
Nach jeder Radentlüftung ist der Bremsflüssigkeits-Vorratsbehälter wieder weit genug aufzufüllen. Sonst gerät wieder Luft in die Leitungen. Fiat- oder ATE-Bremsflüssigkeit gibt es in der Werkstatt oder in Zubehör-Geschäften.

Fingerzeig: *Seit etwa Sommer 1964 sitzt der Bremslichtschalter nicht mehr vorn am Hauptbremszylinder, wo er unter dem Abdeckblech schwer zugänglich war, sondern hinten am Verteilerstück der zu den beiden Hinterrädern führenden Bremsleitungen. Am Bremslichtschalter läßt sich nichts reparieren. Bei Störungen den Kabelanschluß prüfen.*

Störungsbeistand
Bremsanlage

Die Störung	– ihre Ursache	– ihre Abhilfe
A Wagen zieht nach rechts oder links beim Bremsen	1 Reifendruck ungleichmäßig	Korrigieren bei kalten Reifen
	2 Bereifung ungleichmäßig abgenutzt	Reifen so untereinander auswechseln, daß auf jede Achse gleichmäßig abgenutzte Reifen kommen.
	3 Unrunde Bremstrommeln	Trommeln ausdrehen
	4 Verschmierte Beläge	Beläge erneuern, jeweils bei beiden Rädern einer Achse
	5 Radbremszylinder, Schlauch oder Leitung einseitig verschmutzt oder defekt	Reinigen oder Auswechseln

Die Störung	– ihre Ursache	– ihre Abhilfe
B Bremsen quietschen	1 Staub und Schmutz in der Trommel	Trommeln mit Preßluft ausblasen und mit Schmirgelleinen oder Drahtbürste säubern.
	2 Beläge liegen nicht gleichmäßig an Trommeln an	Bremsträgerplatte auf Verzug, Federn auf richtige Spannung prüfen. Evtl. Trommeln ausdrehen, wenn unrund, oder Beläge erneuern.
	3 Lose Beläge	Neu belegen oder auswechseln.
C Pedalweg zu groß	Beläge abgenutzt	Bremsbacken nachstellen oder Beläge erneuern
D Pedalweg zu groß und federndes Durchtreten	Luft in Bremsanlage evtl. Bremsflüssigkeit im Vorratsbehälter zu tief abgesunken	Bremsen entlüften. Evtl. Vorratsbehälter auffüllen
E Pedalweg zu groß trotz richtiger Bremseneinstellung und Entlüftung	Kolbenstange zum Hauptbremszylinder verstellt	Spiel zwischen Kolbenstange und Kolben auf 1–1,5 mm einstellen
F Pedal läßt sich ganz durchtreten, Bremswirkung läßt nach	1 Undichtigkeit in der Leitung	Anschlüsse kontrollieren, evtl. Leitung auswechseln
	2 Beschädigte Manschette in Haupt- od. Radzylinder	Manschette auswechseln (Werkstatt)
G Bremstrommeln werden zu heiß	1 Verschmutztes Ausgleichsloch im Hauptbremszylinder	Zylinder säubern
	2 Erlahmte Rückzugfedern in der Trommel	Auswechseln
	3 Gummiteile gequollen (ungeeignete Bremsflüssigkeit)	Flüssigkeit ablassen, Bremsanlage mit Originalflüssigkeit durchspülen Gummiteile, auch Bodenventil erneuern (Werkstatt)
	4 Bremspedal hat kein Spiel	Spiel zwischen Kolbenstange und Kolben auf 1–1,5 mm einstellen
H Schlechte Bremswirkung bei hohem Fußdruck	Belag verölt	Radlager-Dichtung überprüfen und Beläge erneuern
I Bremse zieht von selbst	1 Ausgleichsbohrung im Hauptzylinder verstopft	Bohrung mit 0,7-mm-Draht reinigen (Werkstatt)
	2 Gequollene Manschetten, ungeeignete Bremsflüssigkeit	Bremsanlage spülen, Manschette auswechseln
	3 Veränderter Pedal-Anschlag	Anschlag des Pedals prüfen, richtig einstellen Ausgleichsbohrung muß in Ruhezustand der Bremse frei sein.
	4 siehe G 3	
	5 siehe G 4	
K Bremsen schütteln	1 Beläge ungleichmäßig abgenutzt	Beläge auswechseln
	2 Bremstrommeln unrund	Trommeln ausdrehen

Mit sportlicher Note

Dieses Kapitel könnte eigentlich ein ganzes Buch werden, so vieles gäbe es zu diesem Thema zu sagen. Denn es sind nicht wenig Fahrer, die den Wunsch hätten, daß ihr Wagen in der Höchstgeschwindigkeit und beim Beschleunigen noch etwas zulegen könnte. Man kann nun den schneller-sein-wollenden Leuten nicht einfach mit dem billigen Rat kommen, sie mögen sich eben einen leistungsstärkeren Wagen anschaffen. Selbst der Hinweis, daß der finanzielle Aufwand für eine Motor- und Fahrwerksüberarbeitung oft mehr ausmacht als der Differenzpreis zum größeren Wagen, ist nicht immer stichhaltig. Denn diese Dinge werden oft auf psychologischer Ebene entschieden. Das Gefühl, mit seinem Auto anderen des gleichen Fabrikates und womöglich noch größeren Wagen überlegen zu sein, ist nicht mit Mark und Pfennig zu erfassen.

Frisier-Maßnahmen

Nur selten wird man dank vorhandener technischer Möglichkeiten selbst in der Lage sein, seinen Motor auf höhere Leistung zu frisieren. In den meisten Fällen wird man sich mit einer erfahrenen Spezialwerkstatt in Verbindung setzen müssen, wobei die Schwierigkeit darin besteht, daß diese nur spärlich gesät sind. Folgende bekannte Adressen seien genannt: R. Fiedeler KG, 3 Hannover, Am Mittelfelde 63; ZIMA, 8 München-60, Pippinger Str. 38; Schaetzle, 7 Stuttgart-Zuffenhausen, Schwieberdinger Str. 27 b; ASZ, 46 Dortmund, Pf. 1221.
Was kann überhaupt im einzelnen getan werden? Mehr Leistung erhält man durch größere Zylinderfüllung, höhere Verdichtung, vergrößerten Hubraum oder Anheben des Drehzahlniveaus.
Um die Zylinderfüllung mit einer größeren Gemisch-Menge zu versorgen, bietet sich ein Vergaser mit vergrößertem Querschnitt oder eine Zweivergaser-Anlage an. Hand in Hand damit muß eine gründliche Bearbeitung der Ein- und Auslaßwege erfolgen. Um diese »Atemwege« strömungsgünstiger zu gestalten, müssen Übergänge in den Anschlußflanschen zwischen Vergaser, Saugrohr und Zylinderkopf geglättet werden, denn jede hervortretende Kante oder Dichtung, selbst ein kleiner Bearbeitungsgrat, lassen die Gasströmung so verwirbeln, daß die Füllung darunter leidet. Die Form von Krümmern und von Ventilführungen wird ausgeglichen.
Eine geschickte Werkstatt kann zur Verbesserung der Füllung auch die Ventilsitze etwas ausdrehen, wobei insgesamt eine Durchmesservergrößerung um 1 mm möglich ist. Auch die Ventilschäfte können geglättet werden, was geringere Reibung ergibt. Dies sollte übrigens nicht mit Polierleinen geschehen, was gewisse Riefen bringt, sondern mit einem Metallschleifmittel, wodurch die Schäfte nahezu so blank wie Chrom werden können.
Verwendet man einen größeren Vergaser (z. B. Solex 34 PCI), muß das Saugrohr auf den größeren Durchgang angepaßt werden. Will man beim serien-

mäßigen Vergaser einen größeren Lufttrichter einsetzen, muß man zugunsten einer etwas höheren Spitzenleistung etwas auf Durchzugskraft im unteren Drehzahlbereich verzichten. Beim serienmäßigen Weber-Vergaser ist leider der Trichter ein fester Bestandteil des Vergasergehäuses. Notfalls muß er im Durchmesser etwas ausgedreht werden – eine allerdings sehr heikle Arbeit. Im Kapitel »Vergaser-Praxis« hatten wir schon auf die prinzipiellen Maßnahmen bei Änderung der serienmäßigen Vergaser-Einstellung hingewiesen.

Die Kerzenbilder müssen Aufschluß darüber geben, wie arm oder reich die Verbrennung in den einzelnen Zylindern vor sich geht und was ihnen im einzelnen fehlt. Danach wird versucht, die Strömungsführung des Gemisches zu beeinflussen. Die Art der für alle diese Überlegungen notwendigen Bearbeitung des Zylinderkopfes, also das Vorfräsen, Vorschleifen, Nachschleifen und Polieren, machen den eigentlichen Meister auf diesem Gebiet aus, der viel verbessern, aber auch viel zerstören kann. Denn nicht überall sitzt genügend »Fleisch« und dünn sind oftmals die Wandungen.

Neubemessung der Ventilfederkräfte: Sie werden vermessen, aufeinander abgestimmt und durch Unterlegen von Stahlscheiben härter gemacht. Härtere Ventilfedern allein bringen jedoch nicht die höhere Leistung. Sie haben nur dann Zweck, wenn der Motor bei den möglichen höheren Drehzahlen auch wirklich mehr Leistung abgeben kann. Das setzt also Verbesserung der Zylinderfüllungen voraus. Zu harte Ventilfedern lassen wiederum die Nocken schneller verschleißen und zehren Leistung. Man wird beim Fiat 600 mit maximal 1 mm starken Unterlegscheiben genug getan haben. Flatternde und rasselnde, also nicht mehr schließende Ventile, setzen dem Hochdrehen eine Grenze. Bei sehr heißem Motor muß man aufpassen, dann können dabei die Ventile reißen. Im 4. Gang läßt sich der Motor auf der Ebene nicht überdrehen.

Die vier Kolben müssen untereinander genau gleiches Gewicht aufweisen. Die höchste Gewichtstoleranz vom leichtesten zum schwersten darf allenfalls 4 Gramm betragen, sonst entsteht eine Lauf-Unwucht.

Nicht vergessen darf man, den Regler der Lichtmaschine neu einzustellen, um ihn der höheren Drehzahl anzupassen. Unter Umständen muß auch die Übersetzung des Keilriemenantriebs zur Lichtmaschine geändert werden, damit diese nicht zu hoch dreht, wofür sie im allgemeinen nicht gedacht ist.

Die höhere mögliche Drehzahl macht sich praktisch erst dann richtig bezahlt, wenn man den Motor auch etwas schneller hochdrehen kann. Dazu müßte man natürlich alle hin- und hergehenden und rotierenden Massen etwas erleichtern. Am einfachsten ist dies am Schwungrad, das man bis zu einem Gewicht von 0,8 kg abdrehen kann, wenn der Motor noch einigermaßen rund laufen soll.

Ein auf rund 60 PS frisierter Fiat 600-Motor in einem Zagato-Coupé. **Dazu wurden Nocken- und Kurbelwelle, Auspuff und Ölwanne von Abarth verwendet. Man beachte die Führung der** einzelnen Auspuffrohre **entsprechend der Zündfolge 1 – 3 – 4 – 2 zwecks geringsten** Abgaswiderstands. Die beiden Vergaser sind von Weber, Typ IMPE. **Links eine elektrische** Kraftstoffpumpe. Vorn links ein Schlauch für die zusätzliche Kurbelgehäuse-Entlüftung. Der Motor dreht – mit doppelten Ventilfedern pro Ventil – auf über 7000 U/min. Die Spezialventilfederteller wurden zwecks Erleichterung mehrfach durchbohrt. Zur Erhöhung des Ventilhubes wurde vom Grundkreis der Nockenwelle noch etwas abgeschliffen.

Aber nur ausgesprochene Spezialisten können auch Teile wie Pleuel, Pleuelschrauben oder Ventilfederteller noch um einige Gramm erleichtern.
Zur Erhöhung der Verdichtung kann man in verschiedenen Stufen vorgehen. Hierzu muß der Zylinderkopf an seiner Auflagefläche abgeschliffen werden, wodurch der Brennraum verkleinert und damit das Verdichtungsverhältnis erhöht wird. Entfernen des Materials um 1 mm Tiefe bringt schon einen spürbar frischeren Motor, doch kann man in extremen Fällen auch bis 1,8 mm gehen.
Zur Hubraumvergrößerung lassen sich die Zylinder etwas aufbohren, wozu dann Kolben mit Übermaß eingebaut werden müssen. Für den Fiat 600 mit dem kleineren Motor gibt es Abarth-Umbausätze, die durch eine Kurbelwelle mit größerem Hub den Hubraum erhöht. Der Fiat 600 D läßt sich durch Abarth-Teile auf 850 ccm bringen.
Wird relativ hohe Leistungssteigerung erzielt, muß auch die Anpreßkraft der Kupplungsfedern erhöht werden, wozu man härtere Federn für die Druckplatte verwenden muß, wenn die Kupplung nicht durchrutschen soll.
Als neue Teile könnte man eine Hochleistungszündspule von Marelli oder Bosch verwenden oder einen Bosch-Verteiler, falls kein Marelli-Verteiler vorhanden ist. Daß die Kerzenkabel in Ordnung sein müssen – also keine Widerstandszündkabel! – sei nur am Rande erwähnt.
Hingewiesen sei auf die Möglichkeit, daß speziell für den Fiat 600 eine ganze Reihe von Um- und Anbausätzen von Abarth, Turin, angeboten werden. Der deutsche Importeur ist die Fa. Nöldeke, 775 Konstanz/Bodensee, Theodor-Heuss-Str. 36. In Frage kommen andere Nocken- oder Kurbelwelle, Auspuffanlage und Ölwanne, um nur das wichtigste zu nennen. Von Nöldeke erhält man auf Anfrage auch die Adressen von Fiat-Abarth-Vertragswerkstätten.
An zusätzlicher Instrumentierung sei vor allem auf die Möglichkeit hingewiesen, daß man heutzutage elektrische Drehzahlmesser verhältnismäßig leicht selbst einbauen kann. Man achte auf gute Ablesegenauigkeit. Einbauanleitungen sind meistens vorhanden. Nächst wichtig wäre ein Öltemperaturmesser.
Fahrwerksmäßige Verbesserungsmöglichkeiten gibt es nicht viele. Natürlich sollten die Bremsen und Reifen in gutem Zustand sein. Evtl. könnte man sich vorn und hinten die Spurbreite durch Distanzscheiben vergrößern, was den Wagen etwas besser in der Kurve aussehen läßt. Diese Distanzscheiben werden zwischen Rad und Bremstrommel gesetzt. Allerdings müssen dazu die Radschrauben verlängert werden.
Die Bremsen für die Hinterräder können bleiben wie sie sind. Man kann sich auch die hinteren Federn etwas kürzen lassen, etwa um 30 mm, was den Schwerpunkt tiefer bringt, aber den Fahrkomfort etwas beeinträchtigt. Manche Spezialisten sprengen auch die vorderen Blattfedern etwas auf, was noch den Vorteil bringt, daß sich der Sturz der Vorderräder in Richtung negativ verändert und ihre Seitenführung verbessert. Was die Stoßdämpfer betrifft, so wird man zwischen Koni- und Bilstein-Stoßdämpfern wählen können, die sich für Spezialzwecke als besonders standfest erwiesen haben.
Leider sind in unserem Land Ratschläge zur Leistungssteigerung unvollständig, wenn nicht auch auf die Zulassungsvorschriften hingewiesen wurde. Diese besagen, daß alle Änderungen, die zu einem Abweichen der Angaben im Kraftfahrzeug-Brief und -Schein führen, meldepflichtig sind. Verboten sind sie nicht, doch müssen sie von den Technischen Überwachungsvereinen abgenommen werden. Wer also beim TÜV vorfahren muß, denke daran.

Bezahlte Zahlen

Als »Technische Daten« bezeichnet man an Autos nicht nur das, was sich wiegen, messen oder sonstwie in Zahlen festlegen läßt. Auch die Kurzbeschreibung der einzelnen Teile des Motors und des Wagens zählt dazu. Diese Angaben, die eines Tages für Sie von Interesse sein könnten, finden Sie nachstehend aufgeführt, wobei wir uns, wegen mannigfaltiger kleiner Änderungen des Fiat 600 und des Jagst im Laufe ihrer Lebensjahre, zumeist auf jene Daten beschränken mußten, die bei Erscheinen dieses Buches für den zu dieser Zeit angebotenen Jagst 2 gültig waren, aber sie gelten ebenfalls für den ab Sommer 1970 in der Bundesrepublik angebotenen Fiat 770 S aus spanischer Produktion.

Motor

Bauart	Wassergekühlter 4-Zylinder-Viertakt-Reihenmotor im Heck	
Kolbenhub	63,5 mm	
Bohrung	62 mm	
Hubraum	767 ccm	
Höchstleistung nach DIN-Norm	23 PS bei 4500 U/min	
nach CUNA (ital.)	29 PS	
nach SAE (USA)	32 PS	
Höchstes Drehmoment nach DIN	4,6 mkg bei 2400 U/min	
Verdichtungsverhältnis	7,5 : 1	
Zylinderblock	Grauguß in einem Stück	
Zylinderkopf	Leichtmetall mit eingesetzten Ventilsitzen	
Zylinderkopfhöhe	71,6 mm	
Ventile	hängend, durch Stoßstangen und Kipphebel betätigt	
Ventilspiel	0,15 mm bei kaltem Motor	
Ventilsteuerung		
Einlaß öffnet	4° vor OT	
Einlaß schließt	34° nach UT	
Auslaß öffnet	29° vor UT	
Auslaß schließt	1° nach OT	
Kurbelwelle	3fach gelagert	
Nockenwelle	untenliegend, durch Doppelkette angetrieben	
Nockenwellenhub	Einlaß 5,1 mm	Auslaß 4,7 mm
Kühlung	Überdruck-Wasserkühlung mit Flügelradpumpe und Gebläse (1,5fache Motordrehzahl)	
Kühlerinhalt	4,5 Liter	
Schmierung	Druckumlaufschmierung mit Schleuderfilter auf der Kurbelwelle	
Ölinhalt des Motors	3,6 Liter; bei Ölwechsel 3,25 Liter	
Öldruck	2,5–3 atü im Mittelwert	

Kraftstoffanlage

Tank	Unter der Vorderhaube	
Tankinhalt	31 Liter (Normalbenzin)	
Kraftstoffpumpe	Linksseitig am Motorblock, Antrieb durch Nockenwelle	
Vergaser	Solex C 28 PIB-3	oder Weber 28 ICP 3
Luftansaugstutzen	28 mm	28 mm
Lufttrichter	20 mm	19 mm
Hauptdüse	1,15 mm	1,00 mm
Leerlaufdüse	0,40 mm	0,45 mm
Starterdüse	1,00 mm	Luftklappe
Hauptluftdüse	1,90 mm	2,00 mm
Pumpendüse	0,55 mm	0,40 mm

Zündung

	Fiat 600/770 S	Jagst 2
Zündanlage	Marelli	Bosch
Zündspule	BE 200 L	TE 12 B 1
Zündverteiler	S 83 C	ZV/KB 4 R 5
Zündverstellung	automatisch durch Fliehkraft und zusätzlich durch Unterdruck	
Zündfolge	1 – 3 – 4 – 2	
Zündeinstellung	10° vor OT	
Fliehkraft-Vorzündung	zusätzlich 30°	
Unterdruck-Vorzündung	zusätzlich 13°	
Abstand der Unterbrecherkontakte	0,47–0,53 mm	
Schließwinkel	51° ± 3°	
Einsetzbare Zündkerzen	Bosch W 175 T 1 Beru 175/14 Champion L 85 Marelli CW 225 N AC-Delco 44 F	
Elektrodenabstand	0,5-0,6 mm	
Batterie	Spannung 12 Volt, Kapazität 36 Ah	
Lichtmaschine	Fiat D 90/12/16/3	Bosch EH 14 V 20 A 29
Dauerleistung	240 Watt	240 Watt
Übersetzung Kurbelwelle : Lichtmaschine	1 : 1,83	
Ladebeginn	bei 920 U/min Kurbelwelle	
Anlasser	E 76-0,5/12 S	AL/EDD 0,5/12 L 8
Leistung	0,5 kW	0,5 kW

Kraftübertragung

Kupplung	Einscheiben-Trockenkupplung
Kupplungspedalspiel	20 mm
Belag	⌀ außen 155 mm
Getriebe	Wechsel-Ausgleichsgetriebe in einem Gehäuse
Ölinhalt	1,6 Liter
Wechselgetriebe	4 Vorwärts-, 1 Rückwärtsgang
Synchronisierung	2., 3., 4. Gang
Schaltung	Mittelschalthebel auf Fußbodentunnel
Schaltgetriebeübersetzung	1. Gang 3,384 : 1 2. Gang 2,055 : 1 3. Gang 1,333 : 1 4. Gang 0,896 : 1 Rückwärtsgang 4,275 : 1
Gesamtübersetzung	1. Gang 16,5 : 1 2. Gang 10,02 : 1 3. Gang 6,45 : 1 4. Gang 4,36 : 1
Ausgleichsgetriebe-Untersetzung	39 : 8
Antrieb	auf Hinterräder durch Halbachsen

Fahrwerk

Vorderräder	einzeln aufgehängt mit querliegender Blattfeder und oberen Querlenkern
Stoßdämpfer	doppelt wirkende hydraulische Teleskopstoßdämpfer
Stoßdämpfer-Innenzylinder	27 mm Durchmesser
Hinterräder	einzeln aufgehängt mit Schraubenfedern und Längslenkern
Stoßdämpfer	doppelt wirkende hydraulische Teleskopform
Lenkung	Betätigung über Schnecke und Segment
Spurstangen	symmetrisch mit mittlerer Verbindungsstange
Lenkuntersetzung	2 : 26
Radeinstellung vorne (voll belastet)	Vorspur bis Fahrgestell-Nr. 071 086 6–8 mm von Nr. 071 087 bis 377 800 3–5 mm von Nr. 377 801 bis 698 914 2 mm ab Fahrgestell-Nr. 698 915 0–2 mm Radsturz 1° 10′ ± 10′ (= 5–6 mm) Nachlaufwinkel 9° ± 10′ Neigung Achsschenkelträger 5° 30′
hinten	Vorspurwinkel 0° 10′ ± 15′
Wendekreis	8,7 m

Bremsen	Hydraulische Vierrad-Trommelbremse	**Bremsen**
Betätigung	Hauptbremszylinder und je ein Radbremszylinder	
Bremstrommel-∅ innen	185,24-185,53 mm	
Bremsbeläge	aufgeklebt 180 mm lang, 30 mm breit	
Spiel zwischen Bremsbacke und Bremstrommel	0,25 mm	
Handbremse	auf Hinterräder wirkend	
Gesamtbremsfläche	432 cm^2	

Reifen	5.20–12 Super Ballon-Reifen mit Schlauch	**Räder**
Reifendruck	vorne 1,2 atü, hinten 1,6 atü	
Felge	3.50 X 12 Tiefbettfelge	

Karosserie	selbsttragend	**Karosserie**
Türen	2 Türen, vorne angeschlagen	
Fenster	Türfenster mit Kurbeltrieb, hintere Seitenfenster feststehend	
Sitze	vorne Einzelsitze, einzeln verstellbar, Sitze vorzukippen hinten feststehende Sitzbank mit abklappbarer Rückenlehne	
Gepäckraum	unter Vorderhaube und hinter Rückenlehne zur Motorraum-Trennwand	

Länge über alles	329,5 cm	**Abmessungen**
Breite über alles	139,5 cm	
Höhe (Wagen unbelastet)	140,5 cm	
Radstand	200 cm	
Spurweite vorne	115 cm	
Spurweite hinten	116 cm	
Bodenfreiheit	18 cm	
Innenbreite vorne	122 cm	
Innenbreite hinten	125 cm	

Leergewicht, fahrbereit	615 kg	**Gewichte**
Zulässiges Gesamtgewicht	930 kg	
Nutzlast	4 Personen (je 75 kg) + 15 kg Gepäck	
Zulässiger Achsdruck vorne	380 kg	
Zulässiger Achsdruck hinten	550 kg	
Zulässige Anhängelast gebremst	350 kg	
Zulässige Anhängelast ungebremst	300 kg	
Zulässige Dachlast	40 kg	

Höchstgeschwindigkeit	110 km/h		**Fahrleistungen** (Werksangaben)
Steigvermögen bei Vollbelastung	1. Gang 30 %	3. Gang 10 %	
	2. Gang 17 %	4. Gang 5.5 %	
Kraftstoffverbrauch nach DIN-Norm	5,8 Liter/100 km		
in der Fahrpraxis	ca. 7,7 Liter/100 km		
Beschleunigung	0 bis 40 km/h 6,2 sec		
(Auto, Motor und Sport)	0 bis 60 km/h 12,2 sec		
	0 bis 80 km/h 21,0 sec		
	0 bis 100 km/h 46,0 sec		

Fiat 600 D und Jagst 2

Im Gegensatz zu dem ganz in Turin produzierten Fiat 600 sind beim Jagst 2 gegenwärtig folgende Unterschiede anzutreffen:
Die elektrische Anlage (Lichtmaschine, Verteiler, Regler, Zündspule) von Bosch. Zündkerzen von Bosch bzw. Beru. Reifen von Continental, Veith oder Dunlop. Vergaser wahlweise von Solex. Das Haubenemblem zeigte bis März 1966 NSU-Fiat. Montiert sind außerdem die sogenannte Jagst-Rosette, Zierpfeile auf der Vorderfront und die Heckschrift Jagst bzw. Jagst 2. Ferner ist der Jagst 2 mit einem Lenkradschloß mit Zündanlasser, Schmutzfängern, Radzierkappen, Regenrinnen-Zierleisten und dem Typenschild »Neckar« ausgestattet.

Änderungen am Fiat 600 und 770 S

Entwicklungsjahre

Die nachfolgende Aufstellung über die im Laufe der verschiedenen Baujahre erfolgten Änderungen am Fiat 600 ist nicht nur aus typenkundlichen Gründen interessant. Auch beim Kauf von Gebrauchtwagen ist es wichtig, daß man über die jeweils eingeführten Neuerungen Bescheid weiß.

März 1955

Vorstellung auf dem Genfer Salon, gleichzeitig Produktionsbeginn der I. Bauserie. Der 600 war im Fiat-Programm der Nachfolgetyp des bis dahin gebauten Fiat 500 C (auch »Topolino« genannt). Auslieferung in Deutschland ab Sommer 1955. Äußerliche Kennzeichen: Schiebefenster in den Türen, keine Türverkleidung innen (dafür feste Ablagekästen an den Türen), keine Chromeinfassungen der hinteren Seitenfenster.
Technische Daten: 4-Zylinder-Reihenmotor im Heck, Hubraum 633 ccm (Bohrung/Hub: 60/57 mm), 19 PS bei 4600 U/min, Verdichtung 7,0 : 1, Motorölinhalt 2,45 Liter, Kühlwasserinhalt 4,1 Liter, Vergaser Weber 22 DRA oder Solex C 22 BICF, Tankinhalt 27 Liter, Batterie 12 Volt/28 Ah, Lichtmaschine 180 Watt, Blinker und Lichtschalter werden durch Zündschlüssel betätigt, Beschleunigung von 0 bis 80 km/h in 27 sek, Höchstgeschwindigkeit 95–100 km/h, Leergewicht vollgetankt 600 kg.

Juni 1956

Beginn der deutschen Montageproduktion in Heilbronn/Weinsberg: Typbezeichnung NSU/Fiat Jagst, serienmäßig mit Klappdach. Rohkarosserie, Motor und Fahrwerk kommen aus Turin, Ausstattung und Ausrüstung sind größtenteils deutschen Ursprungs.

Oktober 1956

Produktionsbeginn der II. Bauserie mit Ausstattungsänderungen: andere Radkappen, vordere Blinker größer, hintere Seitenfenster mit Chromeinfassungen, geänderte Schiebefenster in den Türen.

März 1957

Produktionsbeginn der III. Bauserie. Kurbelfenster in den Türen mit kleinen Abdeckscheibchen oben zur zugfreien Entlüftung. Blinker (mit automatischer Rückstellung) und Lichtschalter als Hebel links an der Lenksäule, Türverkleidungen mit Kartentaschen, gepolstertes Instrumentenbrett

November 1957

Produktionsbeginn der IV. Bauserie. Ganzmetall-Zierleisten seitlich und unter den Türen, neue Scheinwerfereinfassungen und Schlußleuchten, Stoßstangen mit Hörnern. Scheibenwaschanlage.
Vergaser Weber 22 IM. Vergrößerte Spurweite vorn von 1225 auf 1230 mm. Motorölinhalt 3,0 Liter (vorher 2,4 Liter).

1958

V. Serie: Neue Lichtmaschine mit 230 Watt Dauerleistung (vorher 180 Watt), in Zusammenhang damit Riemenscheibe, Halterung und Regler geändert.

März 1959

Geringfügige Leistungserhöhung auf 20 PS bei 4800 U/min (bei unverändertem Hubraum) durch neuen Zylinderkopf, Verdichtung 7,5 : 1 und Weber-Vergaser 26 IM (Weber-Vergaser 22 IM bis Motor-Nr. 644 010), Kühlwasserinhalt 4,5 Liter, Höchstgeschwindigkeit 100 km/h. Sitzbezüge und Tür- und Seitenverkleidungen zweifarbig. NSU/ Fiat Jagst mit Schiebedach.

November 1959

Produktionsbeginn der VI. Bauserie. Blinker vorn unter den Scheinwerfern statt auf den Kotflügeln, zusätzliche kleine Seitenblinkleuchte, Blinker hinten mit den vergrößerten Schlußleuchten kombiniert. Handbremse auf Hinterradbremsbacken wirkend (vorher auf Getriebewelle) ab Motor-Nr. 758 493.

April 1960

1 Million Fiat 600 produziert.

Oktober 1960

Produktionsbeginn der I. Bauserie des Fiat 600 D (deutscher Montagetyp: NSU/Fiat Jagst 770 bzw. Jagst 2). Ausstellfenster in den Türen, nochmals geänderte Brems- und Schlußleuchten.
Anlasserbetätigung mit Zündschlüssel (in Deutschland durch nachträgliche Umrüstung weggefallen, dafür meist Schaltungsschlüssel).
Neuer Motor mit vergrößertem Hubraum (767 ccm, Bohrung/Hub: 62/63,5 mm), 25 PS bei 4800 U/min, Weber-Vergaser 28 ICP, Batterie-Kapazität 32 Ah, Luftfilter in flacher Bauart mit Papiereinsatz und Ansaugregelung für warme und kalte Luft, Ölschleuderfilter, Zentrifugal-Ölfilter, Wasserkühler mit größerem Ein- und Auslaufstutzen; Wasserpumpe mit größerer Fördermenge, vordere Radbremszylinder vergrößert, Achsuntersetzung 4,875 (vorher beim 600: 5,375); Beschleunigung von 0 bis 80 km/h in 23 sek, Höchstgeschwindigkeit 115 km/h, Leergewicht vollgetankt 605 kg.
Mit Einführung des Schleuderfilters fiel zunächst das Nebenstrom-Ölfilter weg. Ab Motor-Nr. 1 101 669 (etwa Frühjahr 1961) Schleuderfilter und Nebenstrom-Ölfilter.

Oktober 1961

Produktionsbeginn der II. Bauserie: Batterie-Kapazität 36 Ah.

Januar 1962

Serienmäßige Ausrüstung mit Lenk-Anlaßschloß nach den deutschen Zulassungsvorschriften.

Oktober 1962

Durchgehendes Ablagefach unter dem Armaturenbrett.

Januar 1964

Umschaltbare Kurbelgehäuse-Entlüftung.

März 1964
Weber-Vergaser 28 ICP 3, geänderte Ventilsteuerzeiten, geändertes Ventilspiel (0,15/0,15 mm statt vorher 0,1/0,1 mm), geänderter Abstand des Unterbrecherkontaktes (0,43–0,48 mm statt vorher 0,47 bis 0,53 mm).

Mai 1964
Produktionsbeginn der III. Bauserie. Vorn angeschlagene Türen (ab Fahrgestellnummer 1 821 001), Leistung durch andere Motor- und Vergaserabstimmung geringfügig auf 23 PS bei 4800 U/min. herabgesetzt, geänderte Untersetzung Kurbelwelle/Lichtmaschine, wartungsfreies Lenkgestänge, Höchstgeschwindigkeit 105–110 km/h.

Juni 1965
2 Millionen Fiat 600 produziert. Ab Sommer (Ordnungs-Nr. 176 93 90) Bremslichtschalter vom Hauptbremszylinder (schwer zugänglich) zum Verteilerstück an Hinterachse verlegt.

April 1965
32-Liter Tank im Bug (vorher 27 Liter), Tank etwas nach hinten versetzt und anderer Verschluß (ab Fahrgestellnummer 1 979 500).

November 1965
Produktionsbeginn der IV. Bauserie ohne technische Änderungen mit folgenden äußerlichen Kennzeichen: größere Scheinwerfer, neue Verzierung der Frontpartie wie Fiat 850, Stoßstangenhörner mit Gummibelägen, Chromzierleisten seitlich fallen weg.

Januar 1966
Nebenstromölfilter als Serienzubehör fällt weg, nachträglicher Einbau bei staubreichem Betrieb möglich.

Dezember 1969
Produktion des Fiat 600 in Turin und Heilbronn eingestellt. Gesamtproduktion seit 1955: 2 470 000 Stück, davon 288 000 in Deutschland verkauft. Jahresproduktion 1969: 68 000 Wagen.

Juni 1970
Herstellungsbeginn des Fiat 770 S auf den Original-Produktionsbändern des Fiat 600 in der zu Fiat gehörenden spanischen Automobilfabrik Seat in Barcelona. Änderungen am Fiat 770 S gegenüber dem Fiat 600: Geschlossenes Kühlsystem mit Ausgleichbehälter wie Fiat 850, neues Luftfilter, Vergaser Weber 28 ICP-10 oder Solex C 28 PIB-5.

September 1971
Produktionsaufnahme des Zastava 750 M in Jugoslawien, ebenfalls ein wieder ins Leben gerufener Fiat 600.

Fiat in Deutschland

Natürlich wird es besonders interessieren, wie der Stützpunkt von Fiat in der Bundesrepublik aussieht. Folgende Gesellschaften kümmern sich hier um die Interessen der Turiner: die Fiat Automobil AG, Heilbronn, ferner die Neckar Automobilwerke AG (seit 1959, davor als NSU Automobil AG bekannt). Sitz ebenfalls in Heilbronn. Die »Fiat-Tochter« in Heilbronn befaßt sich mit dem Import fertiger Personenwagen, während die »Neckar-Tochter« für die Montage des »Jagst« und des »Neckar« zuständig ist. Schließlich sei noch die NSU-Fiat Automobil-Vertrieb GmbH., Berlin, erwähnt.
Die Buchstaben NSU in der früheren Firmenbezeichnung stammten aus dem Jahre 1928, als Fiat von NSU, Neckarsulm, Aktien übernahm. Das führte 1929 zu der Gründung einer neuen Firma, die als NSU Automobil AG eingetragen wurde. Eine dabei geschlossene Vereinbarung untersagte es den NSU-Werken, eigene Automobile unter dem Namen NSU zu verkaufen. 1932 trennte man sich wieder. Seit 1928 firmiert NSU als NSU Werke AG, Neckarsulm.
Der von NSU aus Neckarsulm gegen die NSU Automobil AG, Heilbronn, vor einigen Jahren angestrengte Prozeß um die Benützung des Warenzeichens NSU endete, nachdem er verschiedene Instanzen durchlaufen hatte, 1959 mit einem Vergleich. Danach änderte die zu Fiat gehörige NSU Automobil AG ihren Namen in Neckar Automobilwerke AG. Die NSU Werke AG aus Neckarsulm firmierten um in NSU Motorenwerke AG. Weiter durfte das letztgenannte Werk die von ihm gebauten Wagen mit »NSU« bezeichnen, während die in Deutschland montierten Fiat-Personenwagen »Neckar« und »Jagst« weiter unter der Marke »NSU/Fiat« liefen. Aber im März 1966 einigte man sich doch schließlich friedlich, daß die Bezeichnung »NSU« nur noch von der Neckarsulmer NSU-Motorenwerke AG gebraucht werden sollte, während die Heilbronner Fiat-Firmen vollkommen auf die drei umstrittenen Buchstaben verzichteten. Seitdem heißt unser Jagst nicht mehr NSU/Fiat Jagst, sondern Neckar Jagst 2.

Stichwortverzeichnis

Erläuterungen zum Schaltplan in der hinteren Buchklappe

Lassen Sie sich von dem buntgedruckten Kabelgewirr unserer Zeichnung nicht erschrecken. Die Farben und die jeweiligen Breiten der Linien entsprechen den Kabelfarben und -stärken des Jagst. Der Schaltplan entspricht demnach den deutschen Schaltungsvorschriften und weicht dadurch etwas vom Schaltplan (nach italienischen Vorschriften) in der Betriebsanleitung Ihres Wagens ab. Die Buchstaben und Ziffern der nachfolgenden Tabellen sollen Ihnen im Schaltplan zu weiterer Übersicht verhelfen. Siehe auch das Kapitel »Elektrische Leitungen« ab Seite 77.

A - Anlasser
B - Batterie
C - Lichtmaschine
C_1 - Reglerschalter
C_2 - Ladeanzeigeleuchte
D - Zünd-Anlaß-Schalter
E - Sicherungskasten
F - Blinkerschalter
F_1 - Blinkleuchte vorne links
F_2 - Blinkleuchte vorne rechts
F_3 - Blinkleuchte links außen
F_4 - Blinkleuchte rechts außen
F_5 - Blinker-Relais
F_6 - Blinker-Kontrolleuchte
F_7 - Blinkleuchte hinten links
F_8 - Blinkleuchte hinten rechts
G - Bremslichtschalter
G_1 - Bremslicht links
G_2 - Bremslicht rechts
H - Signalhorn
H_1 - Hupenkopf
J - Innenleuchte
J_1 - Türkontaktschalter
K - Kraftstoffanzeige
K_1 - Geber der Kraftstoffanzeige
L - Haupt-Lichtschalter
L_1 - Scheinwerfer links
L_2 - Scheinwerfer rechts
L_3 - Schlußlicht links
L_4 - Schlußlicht rechts
L_5 - Abblendschalter und Lichthupe
L_6 - Fernlicht-Kontrollampe
L_7 - Beleuchtungs-Kontrollampe
L_8 - Schalter für Instrumentenbeleuchtung
L_9 - Instrumentenbeleuchtung
M - Motorraumleuchte
N - Nummernschildleuchte
O - Öldruck-Kontrollampe
O_1 - Öldruckschalter
P - Kühlwasser-Kontrollampe
P_1 - Thermoschalter für Kühlwasser
S - Scheibenwischermotor
S_1 - Schalter für Scheibenwischer
Z_1 - Zündspule
Z_2 - Zündverteiler
Z_3 - Zündkerzen

Die im Schaltplan quergestrichelt schwarz-weiß gedruckten Leitungen sind in Wirklichkeit grau isoliert. Die beiden auf der einen Seite anschlußfreien Kabel sind an den Klemmen 30/2 (rosafarben) und 56 a/2 (grün) des Abblendschalters (L_5) angeschlossen und durch die Umschaltung nach deutschen Beleuchtungsvorschriften frei geworden.

Genormte Klemmenbezeichnungen im Schaltplan

Die nachstehenden Klemmenbezeichnungen sind sowohl im nebenstehenden Schaltplan an den betreffenden Stellen eingedruckt als auch zumeist auf den entsprechenden Bauteilen im Auto eingeprägt. Da die diesbezüglichen deutschen DIN-Vorschriften teilweise von den in Italien üblichen abweichen, sind gelegentlich jene Bezeichnungen möglich, die in untenstehender Tabelle in Klammern (= italienische Bezeichnung) stehen.

Klemme	Kabel zwischen
1 (D)	Primärstrom Zündspule — Unterbrecher
(2)	Blinkerschalter – linke Blinkleuchten
4 (+)	Sekundärstrom Hauptzündkabel Zündspule – Verteiler
(5)	Blinkerschalter – rechte Blinkleuchten
15 (B)	Zündstrom bei eingeschalteter Zündung von Zündschloß (Klemme 15/54) – Zündspule
15/54	Strom bei eingeschalteter Zündung Zündschloß – Kombi-Instrument – Sicherung II – Blinker-Relais (Klemme +) – Schalter für Instrumentenbeleuchtung – Bremslichtschalter
30	Stets stromführende Leitungen: Batterie (+-Pol) – Anlasser – Reglerschalter Batterie (+-Pol) – Zündschloß Zündschloß — Sicherung I — Innenraumleuchte Sicherung I – Signalhorn
(INT.)	Zündschloß - Hauptlichtschalter - Lichthupe (C)
30	Stromführend bei eingeschaltetem Lichtschalter:
(Commutat)	Hauptlichtschalter – Sicherung V/VI
(30/2)	Sicherung VI – Abblendschalter (bei deutscher Schaltung stillgelegt)
(30/3)	Sicherung V – Abblendschalter
(30)	Instrumentenlichtschalter – Instrumentenbeleuchtung im Kombi-Instrument
31	Reglerschalter – Masseanschluß
31	Scheibenwischermotor – Masseanschluß
31	Scheibenwischerschalter – Blinker rechts vorne – Masseanschluß
50	Zündschloß – Anlasserschalter

Klemme	Kabel zwischen
56 a (56 b)	Abblendschalter (56 b) – Sicherung III/IV – Fernlichtfaden rechter bzw. linker Scheinwerfer (56 a)
56 b (56 a/1)	Abblendschalter – Abblendfaden rechter bzw. linker Scheinwerfer (56 b)

Anmerkung: Die Bezeichnungen 56 a für Fernlicht und 56 b für Abblendlicht gelten auch in Italien. Der »falsche« Anschluß am Abblendschalter ist jedoch durch die Umschaltung nach deutschen Vorschriften (Lichthupe muß auf Fernlicht liegen) bedingt.

Klemme	Kabel zwischen
(56 a/2)	Durch Umschaltung blindgelegter Fernlichtanschluß
57	Sicherung V — rechtes Standlicht vorne
57	Sicherung VI (Klemme 30/2) — Beleuchtungs-Kontrollampe — linkes Standlicht vorne
58	Sicherung V (Klemme 30/3) – linkes Schlußlicht – Motorraumleuchte
58	Sicherung VI (Klemme 30/2) – Nummernschildbeleuchtung – rechtes Schlußlicht
61 (51)	Reglerschalter (Klemme D^+ 61 bzw. 51) Ladekontrollampe
B^+ (30)	Batterie – Anlasser – Reglerschalter
(C)	Scheibenwischerschalter – Wischermotor
D^+ 61 (51)	Lichtmaschine (D^+) - Reglerschalter
DF (67)	Lichtmaschine (Feldspulen) – Reglerschalter
P·	Parklichtanschluß an Zündschloß-Rückseite (nur stromführend bei ausgeschalteter Zündung)
R	Radio-Anschluß an Zündschloß-Rückseite (nur bei eingeschalteter Zündung stromführend)

Erläuterungen zum Schaltplan siehe Seite 240

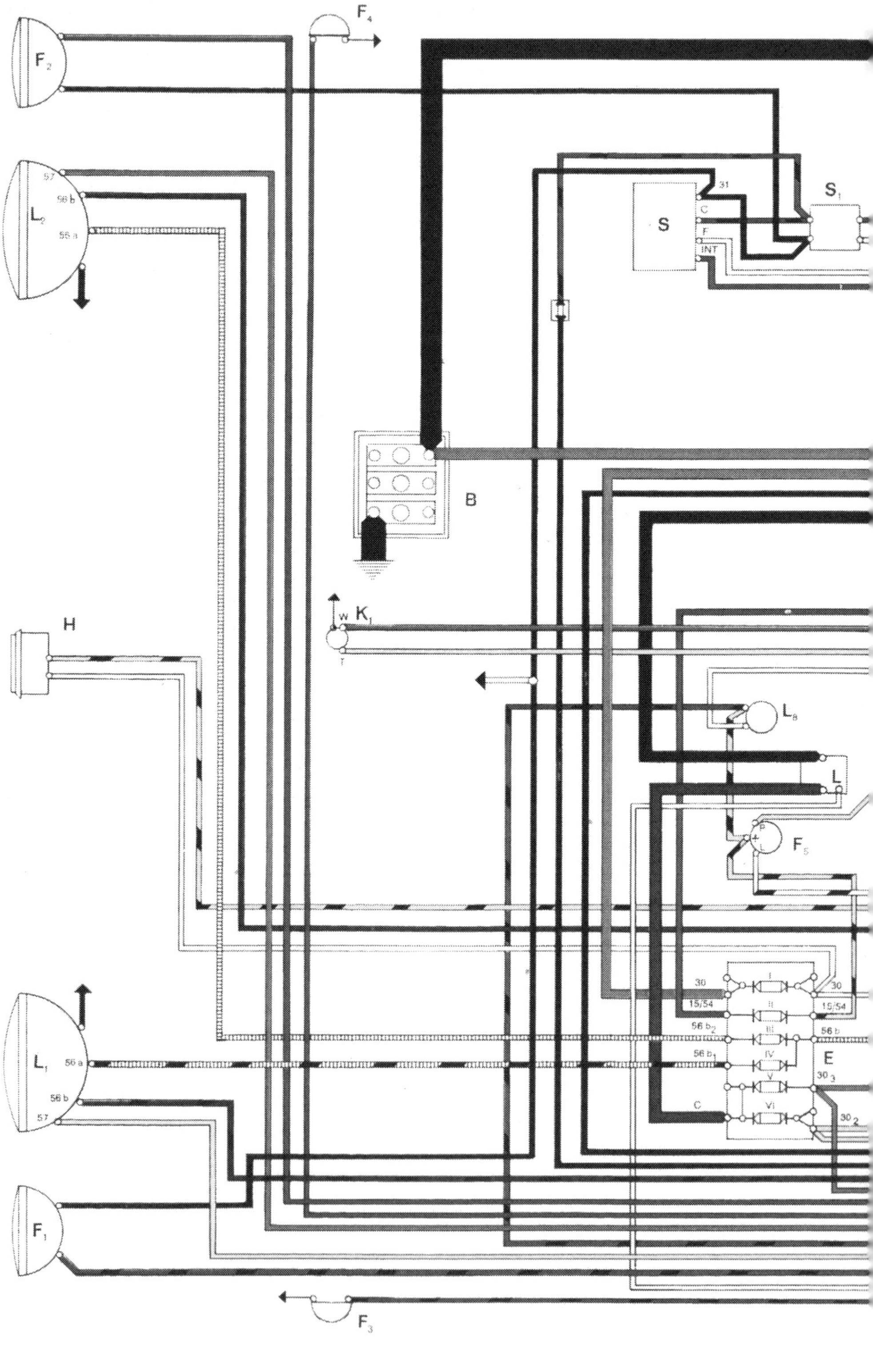

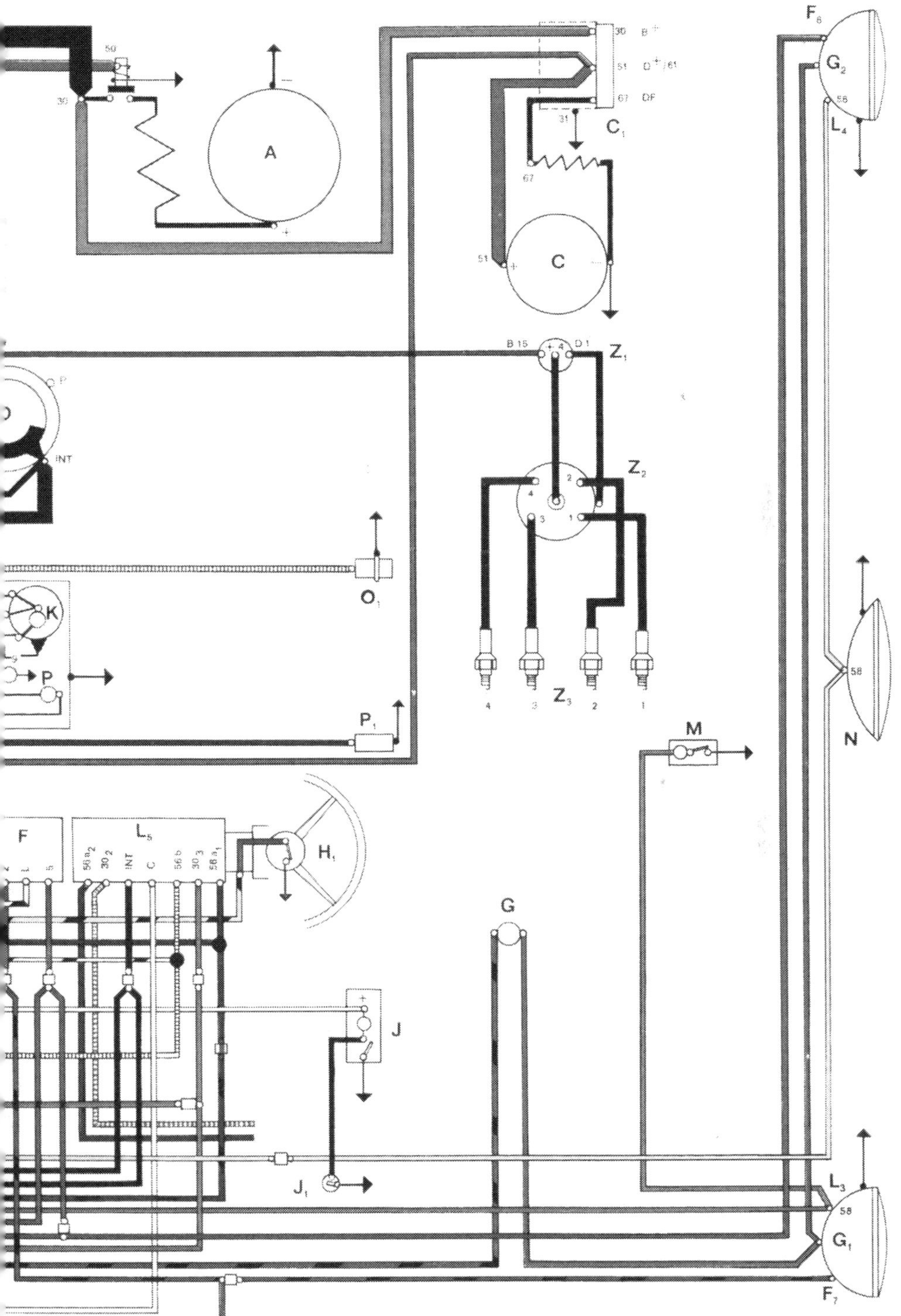

A
C
C1
F6
G2
L4
Z1
Z2
Z3
O1
K
P
P1
N
M
F
L5
H1
G
J
J1
L3
G1
F7

FSC
www.fsc.org
MIX
Papier | Fördert gute Waldnutzung
FSC® C083411

Kolibri 360 GmbH
Ferdinand-Jühlke-Straße 7
99095 Erfurt, Deutschland
produktsicherheit@kolibri360.de